普通高等学校智能采矿工程专业系列教材
教育部新工科研究与实践项目(E-KYDZCH20201809)资助
中国矿业大学首批教学学术研究课题(2022ZDKT04)资助

智能井巷工程

主　编　郑西贵　吴拥政
副主编　许兴亮　刘洪涛
　　　　刘少伟　张向阳

中国矿业大学出版社
·徐州·

内容简介

智能井巷工程是智能化矿山建设的重要组成部分。本书通过分析矿山智能掘进的历史、现状和发展方向，阐述了智能井巷工程概述、井巷工程基本概念与类别、井巷围岩智能感知及工程分级、巷道矿压及断面形状与选择、井巷智能掘进装备及选择、巷道支护原理及辅助设计、炮掘巷道施工原理与技术、掘进智能通风与职业健康、智能掘进施工组织与管理以及井筒、硐室和交岔点的设计与施工，还对特殊条件下的井巷工程以及远程和无人掘进技术进行了介绍，并对太空资源以及后采矿时期的井巷工程进行了展望。

本书可作为采矿工程、岩土工程和土木工程等专业的教材，也可供矿山设计、施工和研究人员使用。

图书在版编目(CIP)数据

智能井巷工程/郑西贵，吴拥政主编. —徐州：中国矿业大学出版社，2023.4

ISBN 978-7-5646-5652-2

Ⅰ. ①智… Ⅱ. ①郑… ②吴… Ⅲ. ①智能技术—应用—井巷工程 Ⅳ. ①TD26-39

中国版本图书馆 CIP 数据核字(2022)第 211480 号

书　　名 智能井巷工程
主　　编 郑西贵　吴拥政
责任编辑 姜　华　吴学兵
出版发行 中国矿业大学出版社有限责任公司
(江苏省徐州市解放南路　邮编 221008)
营销热线 (0516)83884103　83885105
出版服务 (0516)83995789　83884920
网　　址 http://www.cumtp.com　**E-mail**:cumtpvip@cumtp.com
印　　刷 徐州中矿大印发科技有限公司
开　　本 787 mm×1092 mm　1/16　**印张** 17.25　**字数** 430 千字
版次印次 2023 年 4 月第 1 版　2023 年 4 月第 1 次印刷
定　　价 48.00 元

《普通高等学校智能井巷工程专业系列教材》

编审委员会

序

井巷工程是研究地层中井筒、巷道、硐室设计与施工的基本理论、方法和技术的一门综合应用学科。井筒、巷道、硐室等工程是矿山建设和矿井生产准备的重要组成部分，在矿井建设总工程量中占60%～70%，是决定矿井建设质量和工期的主要因素。除煤炭行业外，非煤矿山的井巷，其他地下工程领域如铁路隧道、地铁站线、地下厂房和涵洞的建设，均属于井巷工程的范畴。

以煤矿为例，我国每年新掘的巷道里程超过13 000 km，居世界之最。目前井巷施工技术得到了迅猛发展，在立井施工方面，使用以大型凿井绞车、提升机、大型凿井井架等为主要设备的机械化作业线；在斜井施工方面，也形成以大箕斗、大扒斗、锚喷支护、激光指向为主要内容的机械化施工工艺和作业线；在平巷施工方面，以掘锚机为主体的作业线和以凿岩台车、侧卸装载机为主组成的作业线已得到广泛应用。我国井巷工程施工已基本进入机械化阶段，朝着智能化方向前进。以中国矿业大学为主编撰的《智能井巷工程》一书聚焦于井巷工程的智能化发展，具有非常重要的里程碑意义和实用价值。

安全、高效、经济地破碎岩石并维持井巷围岩的稳定性，一直是井巷工程的核心问题，也是《智能井巷工程》一书中的核心重点。在煤矿中，巷道的支护问题一直是重中之重，尤其是近几年来，随着煤矿开采强度、规模与产量的大幅度提高，以及煤矿开采深度的不断增加，出现了许多前所未有的复杂困难巷道，包括深部高地应力巷道、特大断面巷道、沿空掘巷与留巷、受强烈采动影响巷道及松软破碎围岩巷道等，对锚杆支护提出更高、更苛刻的要求。为了解决这些支护难题，科研院所、大专院校及煤炭企业在锚杆支护技术方面做了大量研究工作。针对复杂困难巷道条件提出多种锚杆支护理论，深化了对锚杆支护本质作用的认识；开发出多种巷道围岩地质力学参数测试仪器，并在井下得到广泛应用，为巷道布置与支护设计提供了比较全面、可靠的基础参数；研制出高强度、高刚度的支护材料，并逐步形成系列；施工机具与工艺进一步完善，掘进速度不断提高；矿压监测仪器不断完善，并向自动化、信息化方向发展；将锚固与注浆加固技术有机结合，研制出注浆锚杆、注浆锚索及钻锚注一体化锚杆，为破碎围岩提供了有效的加固手段。在《智能井巷工程》一书中，对井巷工程的支护难题，以及最为适用的高强度、高刚度、高可靠性与低支护密度的“三高一低”锚杆支护、冲击地压巷道支护等支护技术进行了系统阐述。

《智能井巷工程》一书对我国井巷工程发展具有重大价值，书中不仅涵盖传统井巷工程的相关理念，更重要的是介绍了我国井巷工程的智能化发展方向与前景。《关于加快煤矿智能化发展的指导意见》政策文件提到我国煤矿智能化发展的3个阶段性目标：到2021年，建成多种类型、不同模式的智能化示范煤矿；到2025年，大型煤矿和灾害严重煤矿基本实现智能化，形成煤矿智能化建设技术规范与标准体系；到2035年，各类煤矿基本实现智能化，构建多产业链、多系统集成的煤矿智能化系统，建成智能感知、智能决策、自动执行的煤矿智能化体系。本书响应国家政策要求，在煤矿智能化发展三步走的目标上，提出了具体的井巷工程智能化内容，如井巷围岩智能感知及工程分级、巷道智能掘进装备及选择、智能掘进施工组织与管理、远程及无人掘进施工技术以及井巷工程智能化发展方向等，对推动我国井巷工程智能化发展具有重要作用。

井巷工程与岩土工程具有一定的重叠度，但从我国煤矿发展经验中能够明白，首先，井巷工程绝不同于一般的岩土工程，其特殊性在于煤矿沉积岩地质特征、采掘引起的采动影响及服务周期有长有短，但建设标准与质量要求更为严苛。其次，智能化不可能一蹴而就，应当遵循科学发展规律，避免过分的激进。要进一步解决煤矿井巷工程问题，需要矿业领域人员的共同努力和不懈奋斗。

在《智能井巷工程》即将出版之际，我相信该书将对我国井巷工程领域及其智能化发展起到积极的推动作用，对从事相关领域的科技工作者具有较大的参考价值。

2022年12月

前　言

本书为智能采矿专业核心课程规划教材，由中国矿业大学、中国矿业大学(北京)、中煤科工开采研究院有限公司、中南大学、重庆大学、贵州大学、太原理工大学、安徽理工大学、华北理工大学、西安科技大学、河南理工大学、新疆大学、六盘水师范学院、山东科技大学、华北科技学院、新疆工程学院、贵州理工学院、黑龙江科技大学等18所高校和科研单位的32名作者合作编写而成。

井巷工程是研究地层中井筒、巷道、硐室设计与施工的基本理论、概念、方法和技术的一门应用技术学科。井筒、巷道、硐室等工程是矿山建设和矿井生产准备的重要组成部分，是决定矿井建设质量和工期的主要因素。除煤炭行业外，非煤矿山的井巷，其他地下工程领域如铁路隧道、地铁站线、地下厂房和涵洞的建设，均属于井巷工程的范畴。

“井巷工程”课程一直以来都是我国采矿工程专业及土木工程专业(矿山建设方向)的专业核心课程，是采矿工程专业本科生学位必修课，是一门科学性、实践性、应用性和艺术性很强的专业课程，要求做到理论联系实践、具体工程具体分析。

随着智能矿山的快速发展，到目前为止，全国智能化采掘工作面已达到813个，其中，采煤工作面为477个，掘进工作面为336个，且已有29种煤矿机器人在370余处矿井现场应用。同时，在技术方面，国内首台全断面矩形智能掘进机研制成功，月进度掘进能力达到3 000 m，实现了“掘锚支”智能化作业；自主研发的10 m大采高智能化液压支架，达到了世界先进水平；井下探放水智能操作系统、智能防冲卸压装备、智能防冲限员系统等相继应用，防突水、防治水钻孔机器人已定型量产；露天煤矿无人驾驶车辆达到146台；智能化违章管控系统已经在多个煤矿实际应用。由此可见，现代采矿科学技术发展很快，尤其是采矿智能化的提出以及5G的发展，更是给采矿业带来强烈的冲击与要求，也带来重大的发展机遇。为了适应现代矿井建设的需要，井巷工程施工装备、施工技术、施工组织与管理水平等方面都有了很大提高，井巷工程实践呈现快速发展及愈加智能化、无人化的趋势。技术的革新需要与之相匹配的新型人才的有效供给，智能井巷工程的发展、建设与应用离不开高素质的专业技能型人才。目前，传统的井巷工程教材无法满足新形势下的教学需要，无法做到学生毕业就能上岗、顶岗的教学目标，原有的人才培养方式已经难以满足智能矿山企业的需求。所以，编写体现矿山生产实际、符合矿山智能化发展目标的教材刻不容缓。

本教材的编写，坚持以矿山生产实际为指导，始终与国家行业技术政策和现行规程、规范要求相符合。教材的内容，广泛继承与革新行业经典与传统技术，通过大量的国内外生产实例，介绍新兴生产装备与施工工艺，力求符合当前教育教学的实际需要，符合当下矿山建设的特点。因此，本书着重体现目前井巷工程智能化的特点，反映当下井巷工程方面的新技术、新设备、新工艺。同时，为了能更好地贴合生产实际，培养出更多的现代化采矿人才，本书中的众多工程实例均是来自正在生产的大型及特大型矿井，对于在校学生以及从事矿山生产的人员具有一定的参考意义。

本教材系统地介绍了井巷工程相关的基本概念、施工技术等方面的知识，全书共 14 章，分别为绪论、井巷围岩智能感知及工程分级、井巷工程基本概念与类别、巷道地压及辅助设计、巷道智能掘进装备及选择、巷道支护原理及辅助设计、炮掘巷道施工原理与技术、掘进智能通风与职业健康、智能掘进施工组织与管理、井筒设计与施工、硐室及交岔点设计与施工、特殊条件下的井巷工程、远程及无人掘进施工技术、后采矿时期井巷工程的再利用等。

学习本课程时，要注意理论联系实际，要把课堂教学、实习、课程设计三个环节紧密配合起来，以便更好地掌握课程内容。本书主要作为高等院校采矿工程相关专业教学用书，可适应 32～64 学时的教学要求。同时，本书也可作为相关企业人员培训、学习、参考之用。

本教材由中国矿业大学郑西贵教授任主编，各章编写人员为：第 1 章，郑西贵、刘少伟、万志军；第 2 章，高明仕、彭康、葛兆龙、郑西贵；第 3 章，郑西贵、刘洪涛、吴仁伦；第 4 章，郑西贵、王开、高林；第 5 章，张向阳、刘建庄、冯晓巍、郑西贵；第 6 章，王红胜、郑西贵、贾后省；第 7 章，吴拥政、张志义、杨军伟、郑西贵；第 8 章，吴拥政、李桂臣、辛林、钱德雨；第 9 章，郑西贵、赵启峰、黄艳利；第 10 章，郑西贵、左宇军、许兴亮、金志远；第 11 章，韩昌良、阚甲广、李伟、郑西贵；第 12 章，赵一鸣、郑西贵、吴拥政；第 13 章，郑西贵、王襄禹、徐营；第 14 章，郑西贵、张农、梁顺。

在本书成稿之时，特别感谢中国工程院院士康红普欣然为本书作序，为井巷工程智能化现状和发展给予重要指导，也对井巷工程的智能化未来提出殷切希望，在此表示特别感谢。

本教材在编写过程中，得到了校院领导以及相关专家的关心与支持，在此表示诚挚感谢；特别感谢陕西延长石油巴拉素煤矿总工程师王春林高级工程师以及郑州三捷智能科技有限公司王利锋高级工程师对智能掘进装备资料的提供；特别感谢国家能源集团神东公司、山西晋能控股集团、河北邢矿集团、安徽淮河能源公司、贵州贵能投资有限公司等对现场调研工作的支持。

另外，在本书编写与校对过程中，中国矿业大学采矿工程专业博士研究生刘灿灿、李鹏、郭晓玮，硕士研究生赖国伟、李波阳、王永辉、许文杰、辛维、许鸿翔、陈春、王聪以及黄浩天、高龙、季靖麒等在导师指导下参与部分工作，向他们表示感谢。

本书在编写过程中，参阅和引用众多相关文献、著作、手册等资料，未能将全部出处一一标明，在此向所有相关文献作者表示诚挚的谢意。

由于时间仓促和作者水平有限，书中难免存在不妥之处，希望广大读者批评指正。

编　者

2022 年 12 月

目　录

第1章 绪 论

内容提要 井巷工程是研究矿产资源地下开采过程中井筒、巷道、硐室设计与施工的基本理论、方法和技术的一门应用学科，并涉及相关技术规范、标准、法律、法规和规程。井筒、巷道、硐室等是矿山的重要组成部分，是决定矿井质量和安全的重要因素，是制约矿井发展的重要“瓶颈”。因此，井巷工程一直是矿产资源开采的核心问题。除煤炭行业和非煤矿山，其他地下工程领域如铁路隧道、地铁站线和涵洞等建设，也属于井巷工程的范畴。

1.1 井巷工程的发展历史、现状和特点

1.1.1 井巷工程的发展历史

(1) 远古及古代的井巷工程

水是生命之源，是人类生存和发展的保障。远古时期，人类逐水而居，由于生产力低下，人们直接取用江河湖泽的地表水。随着文明的发展，地表水已经无法满足人类的需要，华夏先民在不懈的探索中找到解决用水问题的途径——凿井。由此，水井成为古代人类文明发展的重要内容。

四川自贡的卤水井已有约 2 000 年的历史，当地劳动人民共开凿了 1.3 万多口盐井，有的井深度甚至达 1 000 m，平均 300 m。李约瑟著的《中国科学技术史》、明代宋应星著的《天工开物》、北宋沈括著的《梦溪笔谈》以及清末魏源撰写的《海国图志》都对“井”进行了描述。可见，井巷工程，由来已久。

(2) 近代、现代的井巷工程

中国正式建成的第一个近代煤矿是台湾基隆煤矿。至 1895 年为止，各地开办了十几个规模较小的近代煤矿，使中国的采煤业进入了一个新的历史时期。1909 年焦作路矿学堂创办了我国第一个采矿工程专业。民国初期，由于战争、灾荒、瘟疫等天灾人祸的影响，煤炭业几起几落，井巷工程发展缓慢。

进入 20 世纪 30 年代，抗日战争爆发后，晋、冀、豫诸省相继沦陷，陇海铁路被切断，豫、晋煤源被阻隔，陕西必须大力开发本省煤炭资源，以济煤炭短缺之虞。同官煤矿应运而生，第一期工程开始施工，采用双立井形式，在五里铺开凿 1 号井，凿至煤层，开始出煤。煤矿不断扩大规模，开凿新井，收购旧井，经过多年苦心经营，累计共有井筒 12 个，井筒最深 76 m，最浅 43 m；井筒直径最大 3 m，最小 2 m。煤矿从开采条件和开采技术手段等实际出发，划分的井田和管理范围颇为合理。每个厂既可以自为独立出煤、通风、排水、运料系统，也可以与相邻的厂联合组成大的生产系统。同官煤矿是近代、现代井巷工程发展的模范案例。但自从鸦片战争(1840—1842 年)以后，中国长期陷入帝国主义、官僚资本主义和封建主义的

统治，矿业发展受到严重阻碍，1940—1949 年平均岩石巷道掘进月进尺仅 20 余米，大大地落后于其他各国。

(3) 中华人民共和国成立以后的井巷工程

中华人民共和国成立之初，从旧中国接收了约 40 个煤矿企业、200 处矿井和少数几个露天煤矿，1949 年生产原煤 32.43 Mt。在国民经济恢复时期(1949—1952 年)，对 32 处矿井进行了改扩建，并开工建设新井 17 处，设计生产能力 12.51 Mt/a，初步奠定了煤矿发展的基础。

井巷工程理念和技术经过不断发展达到新的高潮。1951 年 6 月，河北龙烟铁矿的马万水带领掘进小组在巷道掘进中采用风钻打眼，人工装车运输，月进尺 51 m，创全国黑色金属矿山掘进新纪录；1952 年他采用水式风钻取代了干式风钻；1953 年他又总结出龟裂爆破法和空心爆破法等先进经验，并在全矿推广。1954 年，马万水小组开凿 1080 平硐时，遇到了松散的沙石岩层，他们创造了"超前支架密集棚子开口法"；开凿 1850 平硐时，遇到了"流沙大断层"，他们又创造了"打撞楔法""深坑作业法"等。在平巷掘进方面，1956 年张家山平巷掘进创造了月进尺 192.6 m 的记录；1958 年马万水小组在破碎花岗岩中掘进断面为 10.64 m^2 的石门，创造了月进尺 429.7 m 的记录；夹皮沟矿 101 青年掘进队采用多工作面作业法，在人力装岩的条件下，创造了岩石平巷月进尺 966.5 m 的记录。全国劳动模范马万水"站在排头不让，把住红旗不放"的精神，是激励井巷掘进人前进的不竭动力和力量源泉。

进入 20 世纪 80 年代，随着改革开放的推进，我国新开发了 10 多个新矿区，新建设一批现代化的大型井工矿和露天矿，大力推广采矿机械化和综合机械化，有重点地建设多层次的高产高效矿井，大力发展地方煤矿，开办了遍布全国的乡镇煤矿，有选择地建设了重点产煤县，使煤矿开采在更大规模和高质量的基础上持续向前发展。进入 21 世纪以来，我国煤炭行业发展迅速，掀起了煤矿开发及开采的新高潮，煤矿开采以提高经济效益为中心，应用现代高新技术与采矿技术及装备相结合，加速推进煤矿生产技术的现代化。

1.1.2 井巷工程的现状

当前全国的煤矿矿井数量呈减少趋势，万吨掘进率在下降，但巷道掘进的总里程数在增加，煤炭产量也在持续增加。《2021 年煤炭行业发展年度报告》(图 1-1)显示，2021 年全国原煤产量 41.3 亿 t，创国内产量历史新高，同比增长 5.9%；其中，规模以上煤炭企业原煤产量 40.7 亿 t，同比增长 4.7%。截至 2022 年 2 月，大型煤炭企业掘进工作面月均单进 146 m，同比增加 8 m，掘进增长率为 5.79%。

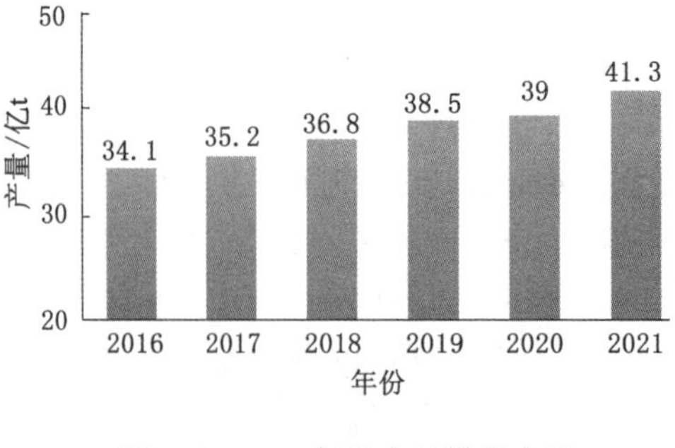

图 1-1　2016 年以来的煤炭产量

当前煤矿安全形势相对有所好转，百万吨死亡率逐年下降，达到历史新低。由于掘进过程的施工作业地点多变，一次投入的临时支护型材使用量较少，以及后期采动、布局的影响，给顶板的安全维护带来了不小的挑战，煤矿巷道顶板安全事故与人员伤亡数仍然高居不下。煤矿顶板支护成本相对于地铁、桥隧、人防等仍处于较低水平，但煤矿巷道在抗扰动、采掘接替等方面对于支护又有较高的要求，两者不配套造成顶板事故频发。另外，在顶板的安全监测方面，对顶板离层、顶板下沉、锚杆(索)受力的监测等，尚未取得根本性的突破。

井巷掘进装备在国外以美国、瑞典等国制造的为主，主要由阿特拉斯、山特维克、小松、卡特四家大型公司研发制造，他们生产的非煤矿山采掘装备水平领先于煤矿。而我国是煤矿采掘装备领先于金属矿山，主要原因在于我国对煤炭能源的依赖性较强，把煤炭作为我国能源体系的"兜底"能源，生产量占全球煤炭产量的一半，并且在未来很长一段时间，煤炭将占据我国能源结构的主要地位。

(1) 建井技术得到高速发展

世界最深的煤矿矿井是山东新汶矿业集团的孙村煤矿，开采深度达到 1 501 m；开采深度最深的非煤矿山为南非的陶特那金矿，开采深度达到 4 500～5 000 m。我国千万吨级煤矿已经达到52处，核定生产能力为 8.21 亿 t/a，约占全国生产煤矿总产能的 1/5。特大型矿井的发展对快速建井提出了更高的要求，也给井巷工程带来更大的挑战。

当前建井技术发展迅速，对立井而言，井筒的断面直径不断提升，从原先的 4～6 m 区间提升到 8 m 以上，大断面井筒不断涌现，同时受浅部资源开采逐渐枯竭化影响，煤矿开采逐步向深部迈进，井筒的深度明显增加。对斜井而言，随着带式输送机技术的革新，大倾角带式输送机得到应用，斜井角度得到提升，由原先的 12°提升到 26°，并且斜井断面也在增加，但为了配套大型设备的运输，斜井一般会配备相应的缓坡斜井(12°左右)承担辅助运输工作。而随着隧道、桥涵等的快速发展，平硐施工技术也得到了快速提升。

(2) 地下采矿，深地开采

随着浅部煤炭资源的枯竭以及开采强度的增大，我国煤矿开采深度不断增加，正以 8～12 m/a 的平均速度向深部延伸，中东部地区的延伸速度达到了 10～25 m/a。目前我国煤矿开采深度超过 1 000 m 的矿井已经达到 50 余座。煤炭深部开采势在必行，井巷工程的技术水平也将随着煤炭深部开采的推进不断发展。

(3) 智能掘进水平整体落后于智能开采

采掘失衡是煤炭生产的难题之一。长期以来，"重采煤、轻掘进"的传统思想存在于煤炭企业生产中，巷道掘进速度只能满足正常采煤需求的 50%～60%。相比于采煤，巷道掘进无法带来直接的经济效益，在智能化、无人化开采高歌猛进的同时，矿井掘进技术水平整体落后 15～20 年。随着"煤矿智能化快速掘锚成套装备"项目的顺利推进，矿井提高掘进速度与效率、摆脱采掘失衡困境，迎来了破题之机。这些探索有望补齐矿井掘进的短板，助推掘进装备和技术水平的提升。

(4) 改建同步，过渡发展

作为"煤矿智能化快速掘锚成套装备"项目的工业性试验装备——国内首台煤矿大断面快速掘锚成套装备在陕煤榆北煤业有限公司旗下的曹家滩煤矿组装调试成功，并已正式投入使用，能够实现巷宽 6.5 m、巷高 4.5 m 大断面巷道机械化施工。掘锚机组既能破岩装运，又可锚杆支护，实现巷道掘进、支护、运输多道工序同步完成，有望破解大型煤矿巷道掘进效率低的难题。“鲁淄一号”盾构机最大开挖直径达 6.53 m，整机长 167 m，全重约 800 t，是目前国内煤炭行业最大直径敞开式岩石隧道掘进机（简称 TBM 或盾构机）。盾构机在正通煤业公司投入使用，为矿井掘进插上“智能化”翅膀，解决了采掘失衡难题。但由于掘进工艺普遍落后，其发展必然遵循改造现有矿井与建设智能化矿井同步、机械化装备与智能化装备并存的发展规律，进一步实现盾构机和掘锚机的大范围应用，实现普通综掘到智能掘进的转变。

1.1.3 井巷工程的特点

（1）系统性

井巷工程是一门系统性学科。井巷工程融合传感与监测技术、液压与控制技术、自动化与智能化技术、信息与计算机技术以及力学、采矿工程、安全工程、地质工程、材料科学、管理科学等相关学科、领域的新理论、新方法、新技术。

（2）实践性

井巷工程来源于矿山建设实践，是在开拓开采实践中形成的学科。井巷工程实践性很强，其发展遵循“实践—科学—再实践”的过程，在此过程中形成一系列井巷工程标准、规范、手册、理念和技术。

（3）科学性

井巷工程以岩土介质为对象，以力学基本理论为基础，研究开凿破岩与围岩稳定的理论和技术；又以管理科学基本理论为基础，研究井巷工程施工管理的理论和技术。

（4）艺术性

井巷工程兼具艺术性。隧道开挖、井底车场布置、硐室设计、地面工业广场选择、井下运输线路的制定等，都是井巷工程艺术性的完美体现，处处展现着井巷工程特有的工业美感。

1.2 智能井巷工程的研究对象、研究方法和研究内容

1.2.1 智能井巷工程的研究对象

智能井巷工程必须以工艺为引导、以技术变革为前提、以装备为核心，进行智能化控制系统及平台建设。

（1）确定标准的新型矿井设计方案。在矿井设计过程中，根据地质条件和环境条件确定井型和开拓方式，以及井筒结构和巷道型式。目前，多数煤矿井巷工程参数变化较大，成为难以开展智能化施工的因素之一。

（2）建立标准的施工工艺。在地下地层中建设井巷工程，地质条件是影响施工工艺的主要因素，在标准的设计方案基础上，研究标准的施工工艺十分重要。地层是井巷工程的载体，井巷工程施工需要按照设计在地层中开挖出相应的空间；同时地层又是维持井巷工程稳定的主体结构，井巷工程施工需要通过一定的支撑结构，共同承担地层及地质构造等产生的外部载荷，以保持井巷工程的长期安全运行。

（3）开发标准的智能化装备。施工装备是井巷工程建设的核心和关键，“没有装备的工艺”和“没有工艺的装备”都是不完善的。因此，针对不同的井巷工程条件，需要开发标准的智能化装备。

本书的研究对象——井巷系统及工程类别如表 1-1 所列，井巷系统剖面示意图如图 1-2 所示。

表 1-1 井巷系统及工程类别

井巷系统及工程类别	开拓系统	井筒	立井、斜井、平硐、暗立井（暗井）、暗斜井、风井
		硐室	井底车场、主变电所、主排水泵房、永久避难硐室、井底煤仓、井下基站
		巷道	主石门、运输大巷、辅助运输大巷、回风大巷石门、穿脉运输大巷、沿脉运输大巷
		其他	轨道-无轨系统换装站、轨道-单轨吊换装站、盾构机安装硐室、盾构机拆除硐室
	准备系统	上山	运输上山、辅助运输上山、回风行人上山、矸石上山
		下山	运输下山、辅助运输下山、回风行人下山、矸石下山
		车场	采（带）区上部车场、采（带）区中部车场、采（带）区下部车场
		硐室	采区煤仓、采区变电所、采区绞车房、采区水仓、采区基站、各类换装站天井
		其他	盾构机安拆硐室
	回采系统	功能	运输平（斜）巷、回风平（斜）巷、切眼、联络巷
		层位	煤巷、煤-岩巷、岩巷
		采动	实体煤巷道、小煤柱沿空掘巷、沿空留巷
		硐室	临时避难硐室、钻场、调车点
		其他	水窝、急救站、工作面安装及拆除绞车窝、换装卸载站

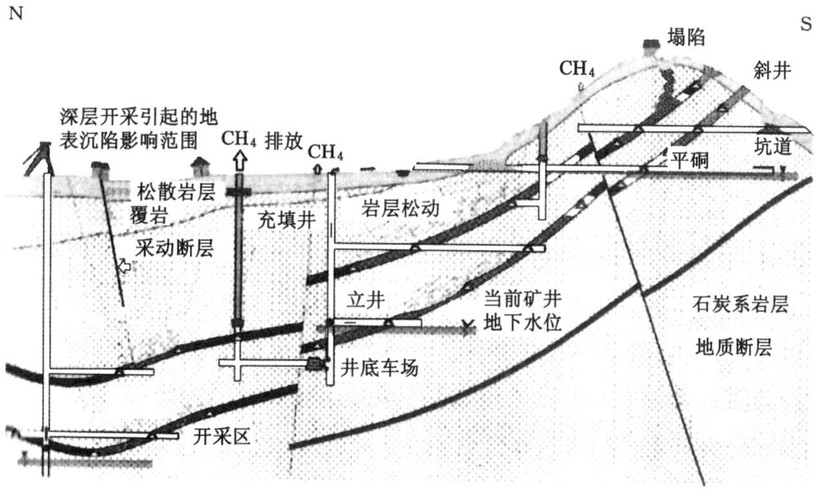

图 1-2 井巷系统剖面示意图

1.2.2 智能井巷工程的研究方法

（1）遵循辩证唯物主义的方法

智能井巷工程的教学须遵循辩证唯物主义的方法，坚持灌输性和启发性相统一。对于井巷工程的专业术语、规章规程等内容，离不开必要的灌输，但这不等于填鸭式的“硬灌输”。

对于井巷工程的提升改进、特殊条件下的井巷设计等创新内容，注重启发式教育，引导学生发现问题、分析问题、思考问题，在不断启发中让学生水到渠成地得出结论。

（2）遵循理论联系实际的方法

本书除理论内容外，还配备了近30个工程案例，并在课程教学中有配套的延伸案例。这些案例内容涵盖大型智能化矿井并结合常态化中小型矿井，注重学科发展方向和规律。

在煤矿实际开采中，井巷和采矿工程涉及的问题需要遵循“采矿为本、智能学科为用”的理念，井巷工程的设计需要遵循矿山压力的显现规律和特征，采动巷道尤为重要，应将巷道布置在应力降低区或原岩应力区，避免布置在支承应力峰值区；井筒等永久性巷道需要考虑煤柱留设问题；井筒揭煤、石门揭煤等可以为隧道建设等提供支撑。

1.2.3 智能井巷工程的研究内容

（1）井巷围岩的智能探测与感知。

（2）井巷工程的布置与智能辅助设计。

（3）智能井巷工程的掘进装备、类别及适用条件、选择依据。

（4）智能支护和顶板的安全监测。

（5）井筒及主要硐室的设计、施工与设计。

（6）炮掘巷道的智能爆破、设计与施工。

（7）井巷掘进过程中的智能通风与职业病防治。

（8）井筒、硐室和巷道的概念、类别。

1.3 智能井巷工程的发展方向

1.3.1 无人、少人和远程掘进逐渐常态化

随着科学技术的进步，采煤工艺持续发展，三机配套等机械设备智能化程度不断提高，采煤工作面的推进速度在不断加快。“少人巡视，无人操作”的智能采煤工作面迈向常态化应用，在地质条件较好的区域，取消了移架工等工种。采煤工艺相对简单且集约化，作业环境也在重型设备保护下，安全得到很好的保障。与之相对应的，煤矿巷道掘进难以实现掘支平行作业，仍然是顺序作业，支护作业时间占到总时间的2/3，掘进速度严重滞后，掘进效率相对难以提高，远不能达到高效安全生产标准。采掘工作面比（采/掘）从2001年的1∶2.25变为2011年的1∶3.20，实际生产中往往一个综采工作面需要4～5个掘进工作面才能确保正常生产，采掘失衡的问题十分严重。

目前，在掘进方面，国外可实现无人掘进、远程掘进，在智能协同控制、远程监控系统等方面取得了较好的发展；国内基本实现各个工序，如割煤、装运等的遥控操作，尚且不能实现地面的远程操纵。国内的大型采煤装备制造以郑州煤矿机械集团、石家庄煤矿机械有限责任公司、太原重型机械集团、国家能源集团、中国中煤能源集团等为代表，掘进机械制造以三一重工、徐工等为代表，相对而言走向国际的品牌较少。在支护方面，国外已实现较为先进的一步式锚固工艺，采用中空注浆锚杆完成钻孔、施加锚杆的同步作业；国内目前仍以锚杆钻机打钻、退钻、施加锚杆的顺序作业为主要方式，施工时间相对较长。关于职业健康方面，国内也做出了一些探索，如取消了干喷、潮喷，选用湿喷方式；采用抽出式通风替代压入式通

风；掘进过程中采用泡沫除尘、长压短抽等，但目前尚未有变革性的降尘技术成果出现。

1.3.2 盾构机、掘锚机引领潮流

智能掘进装备呈现多样化，包含盾构机、掘锚机、连采机、悬臂式掘进机等多种掘进方式。目前我国煤矿已逐渐应用较为先进的盾构机掘进，为平硐、井筒、大巷等的开掘创造了有利的设备条件。盾构机的技术革新使其发展呈现较为繁荣的局面，其中“贵能一号”盾构机断面直径已达到 6.06 m，累计施工 5 000 m。此外，直径在 3.5 m～4.5 m 之间的中小型断面盾构机的应用相对更为成熟和掘进更加高效，但机身盾头长、转弯直径小、体量大、安装时间过长、难以适应地形的起伏等，是目前制约盾构机发展的“瓶颈”；圆形断面盾构机的下部空间难以得到有效利用，是造成掘进成本增加的现实因素。掘锚机主要应用于顶板不稳定、无法采用连续采煤机快速掘进的大型矿井的煤巷单巷掘进中；连续采煤机是自行式连续剥落煤炭并将其装入运输设备的地下采煤机械；悬臂式掘进机也已进入机电一体化的自动控制截割的时代。此外，岩巷的综掘装备也得到了快速发展。

1.3.3 单轨吊车、无轨胶轮车运输缓步推广

单轨吊车是由具有各种功能的吊挂车辆连成车组，用牵引设备牵引，沿轨道运行的系统。单轨吊车本机截面小、巷道断面空间利用率高，可用于平巷和斜巷的连续不转载运输，其运送载荷不受底板条件限制，可在各种竖曲线、平曲线及复杂曲线线路上运行；单轨吊车可完成从采区车场直至工作面不经转载的辅助运输，可用于把主要运输大巷和采区巷道连在一起的辅助运输作业；单轨吊车使用柴油机或电动机牵引，灵活性好，运距不受限制，可以把人员、材料及设备运送到任何需要的地方，爬坡能力强，柴油机车可爬坡度达 30°、蓄电池机车达 15°。单轨吊车凭借其便捷特性将成为井下巷道运输的主流趋势。

无轨胶轮车具有工作效率高、适用性强、安全可靠等特点，将成为未来矿井辅助运输机械发展的重要装备，拥有很好的发展前景。但是无轨胶轮车在结构、驾乘舒适性和制造水平上都有待提高，未来的发展也要将现代通信技术融入其中，实现功能多样化、监测科技化、控制智能化，最终达到无人驾驶的先进水平。

1.3.4 光面爆破成为热点

光面爆破是一种爆出的新壁面保持平整规则而未受明显破坏的控制爆破技术。光面爆破的基本原理是控制炸药的爆破作用，使猛度做功形式更多地转化为爆力做功形式，降低炸药爆炸的初始冲量，从而减少对炮眼壁岩体的破坏，并控制爆破裂缝沿预计方向发展。

光面爆破后壁面成型规整，符合设计断面轮廓要求，特别在松软岩层中更能显示出光面爆破的作用。光面爆破后通常可在新形成的壁面上残留清晰可见的半边孔壁痕迹，超挖量大为减少，从而减少了排渣量，减轻了挖掘装载运输系统的负担；对于喷锚支护的硐室还节省了喷射原材料，加快了掘进速度。光面爆破可使岩体保持稳定，爆破后不产生或很少产生爆震裂隙，原有的构造裂隙不因爆破而有所扩展，增强了围岩自身的承载力，特别是对于松软破碎岩层的作用和效果尤为显著，因而可有效地保证施工安全，为快速施工创造了有利条件。光面爆破后形成的新岩壁平整，通风阻力小，不产生瓦斯聚集；岩面上应力集中现象减少，在深部岩壁表面可以减少岩爆的危害，有利于安全。光面爆破的以上特性奠定了其在井巷工程中的未来地位。

1.3.5 矿山开拓设计占据优先性

矿山开拓设计是指为在地表与矿体间形成完整的运输、提升、通风、排水和动力等系统供井下生产用所进行的地下采矿工程设计。矿山开拓设计是矿山建设与生产中具有长远影响的矿山总体工程布置，应满足安全生产、工程量小、投资少、经营费低、不留或少留矿柱、不占或少占农田、管理集中方便等要求。矿山开拓设计应优先于巷道断面设计。

1.3.6 抽出式或混合式通风不断发展

随着井巷工程和采矿工程的发展，"以人为本"的理念愈发重要。抽出式通风或混合式通风将成为主要的通风方式。抽出式通风指通风机从井下或局部用风地点抽出污浊空气的通风方法，其特点是能够保持巷道中的空气新鲜，保证劳动卫生条件较好。

1.3.7 无巷开采或沿空留巷重点研究

无巷开采或沿空留巷是在采煤过程中不留护巷煤柱而用其他方式维护巷道的开采技术，其优点是煤炭采出率高、可以减少冲击地压、掘进率低、巷道维修费用少。无巷开采或沿空留巷要根据煤层的赋存条件和采用的采煤方法等多种因素进行综合分析后选定，但由于其能实现"近净开采"，因而是重点研究内容和未来发展方向。

1.4 思考题

1. 井巷工程和智能井巷工程的区别是什么？
2. 具体举例说明智能井巷工程的发展变化。
3. 你认为智能井巷工程的发展方向还有哪些？
4. 智能井巷工程和井巷工程研究对象的区别是什么？
5. 简述智能井巷工程有哪些特点并举例说明。

第 2 章
井巷工程基本概念与类别

内容提要　井巷工程是矿产资源地下开采的必要工程。根据划分方式的不同，井巷工程可以分为不同的类别，如开拓、准备和回采巷道三类，或井筒、巷道和硐室。随着矿山智能化建设的推进，煤矿和非煤矿山均出现了无人值守的主要硐室和矿井无人提升等先进做法。随着矿井开采能力的提升，立井井筒断面先后出现了超过 100 m^2 的矿井；无轨胶轮车等辅助运输方式的推广，各级各类斜坡道、换装车场和硐室也应运而生。同时，为了保证矿山从业人员的生命安全，地下开采的矿井必须建设永久避难硐室或临时避难硐室。

2.1　井筒概念及类别

井筒是从地面向矿体开凿的井巷工程，是矿井井下通达地面的主要进出口，是煤矿生产期间提升运输煤炭或矸石、升降人员、运送材料和设备以及通风和排水的咽喉工程。根据矿井开拓方式的不同，井筒可分为立井、斜井、平硐和斜坡道四种。

2.1.1　立井

立井是指在地层中开凿的直通地面的直立巷道，又称竖井。专门或主要用于提升煤炭的立井，叫作主井。生产中，还经常开掘一些专门或主要用于通风、排水、充填等工作的立井，这些立井按承担的主要任务命名，如风井、排水井、充填井等。图 2-1 所示是主井断面示意图。

不与地面直接相通的直立巷道叫作暗立井，其作用与立井相同。一般不装备提升设备，专门用于由高到低溜放煤炭的暗立井叫作溜井，直径较小的溜井称为溜煤眼。

2.1.2　斜井

斜井是指在地层中开凿的直通地面的倾斜巷道，分为主斜井和副斜井，其作用与立井相同。不与地面直接相通的斜井称为暗斜井，其作用与暗立井相同。

以图 2-2 所示斜井为例，整体工程采用全断面硬岩掘进机(TBM)作业方式如下。

a 段：斜井竖曲线起始里程为(K_0＋26.3)～(K_0＋827.0)m，坡度为 5.43°，始点高程为 76.45 m，管片环数截至 536 环。地层为白垩系下统志丹群-侏罗系上统(K_1zh-J_3)，围岩类型为Ⅴ类围岩，地质岩性主要包括粗砂岩、中砂岩、细砂岩三类。

b 段：斜井竖曲线起始里程为(K_0＋827.0)～(K_1＋273.4)m，管片环数截至 849 环。地层为白垩系下统志丹群-侏罗系上统(K_1zh-J_3)，围岩类型为Ⅴ类围岩，地质岩性主要包括粗砂岩、中砂岩、细砂岩三类。

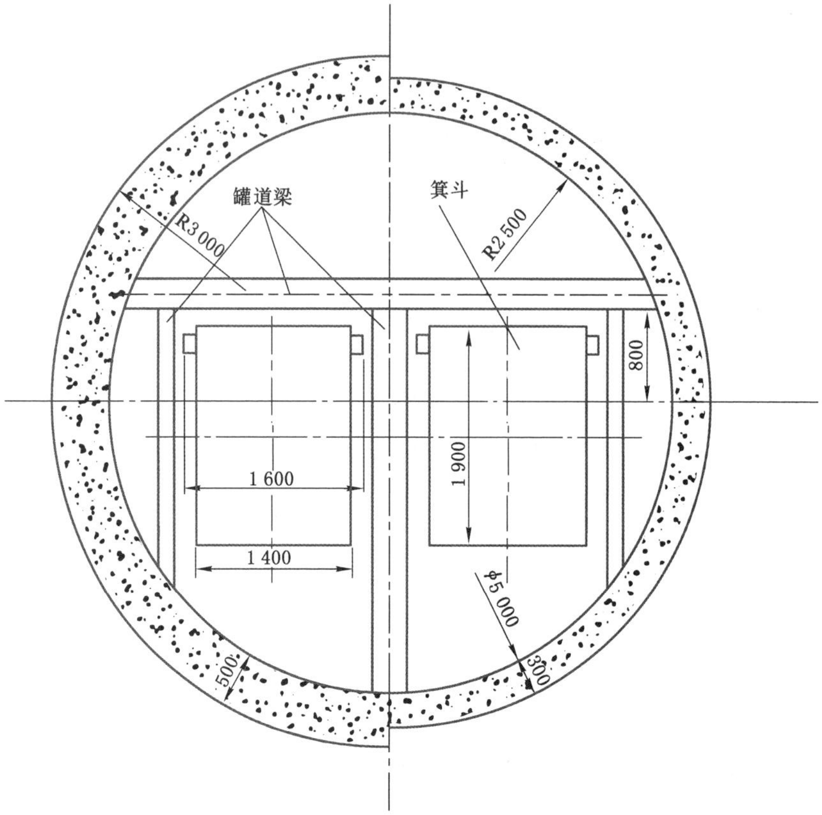

图 2-1　矿井主井断面示意图

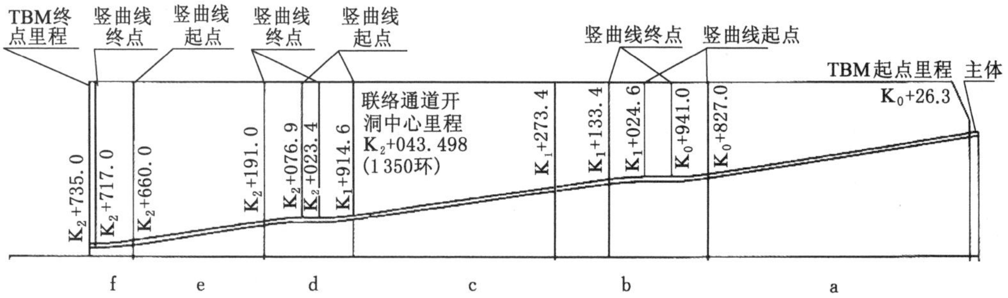

图 2-2　斜井纵断面示意图(单位:m)

c 段:斜井竖曲线起始里程为(K_1 +273.4)~(K_1 +914.6)m,长度为 641.2 m,始点坡度为 5.43°,高程为 60.91 m,管片环数截至 1 230 环。地层为侏罗系中统直罗组(J_2z),围岩类型为Ⅳ类围岩,地质岩性主要包括砂质泥岩、粉砂岩两类。

d 段:斜井竖曲线起始里程为(K_1 +914.6)~(K_2 +191.0)m,管片环数截至 1 450 环。地层为侏罗系中下统延安组($J_{1\text{-}2}y$),围岩类型为Ⅲ类围岩,地质岩性主要包括粉砂岩、砂质泥岩、细砂岩三类。

e 段：斜井竖曲线起始里程为(K_2+191.0)～(K_2+660.0)m，坡度为 5.43°，始点高程为 44.6 m，管片环数截至 1 725 环。地层为侏罗系中下统延安组($J_{1\text{-}2}y$)，围岩类型为Ⅲ类围岩，地质岩性主要包括粉砂岩、砂质泥岩、细砂岩三类。

f 段：斜井竖曲线起始里程为(K_2+660.0)～(K_2+735.0)m，长度为 75 m，包括后 12 环直线段，管片环数截至 1 812 环。地层为侏罗系中统直罗组(J_2z)，围岩类型为Ⅳ类围岩，地质岩性主要包括砂质泥岩、粉砂岩两类。

2.1.3 平硐

平硐是指在地层中开凿的直通地面的水平巷道，如图 2-3 所示。平硐的作用类似于立井，有主平硐、副平硐、排水平硐和通风平硐等，其中主平硐是运输煤炭的巷道。根据煤层和主平硐的不同位置关系，平硐可分为以下两类：

① 走向平硐，指主平硐沿煤层走向开掘，可以开在煤层底板或煤层中。

② 垂直或倾斜走向平硐，指主平硐开掘方向与煤层走向垂直或倾斜相交。

另外，按平硐所处位置不同，还可分为底板平硐、顶板平硐和阶梯平硐等。

图 2-3 平硐口实物照片

2.1.4 斜坡道

斜坡道是指用于通行无轨设备(主要是无轨胶轮车)、运输矿石和设备等出入井下的倾斜通道。斜坡道在金属矿山中比较常见，煤矿中的斜坡道主要用于无轨胶轮车行驶。主斜坡道，从井下运送矿石到地面的斜坡道；辅助斜坡道，不运输矿石，主要作为无轨采掘设备出入井下的通道，并可运送人员、材料设备。

斜坡道一般宽 4～8 m，高 3～5 m，坡度为 10%～15%。使用大型设备时斜坡道弯道半径大于 20 m，使用中小型设备时弯道半径大于 10 m。斜坡道的路面结构根据其服务年限可以是混凝土路面或碎石路面。

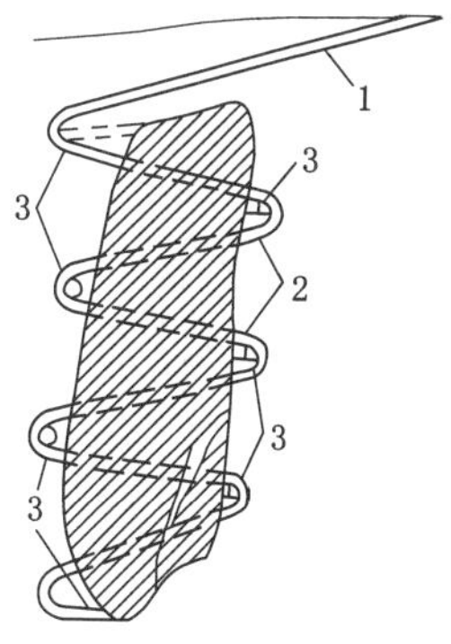

1—斜坡道直线段；2—螺旋斜坡道；3—石门。

图 2-4 螺旋式斜坡道示意图

斜坡道形式有螺旋式和折返式两种。图 2-4 所示为螺旋式斜坡道示意图。螺旋式斜坡道的形状是圆柱螺旋线或圆锥螺旋线，其开拓工程量小，但施工困难，行车时司机视距小、安全性差。

图 2-5 所示为折返式斜坡道示意图。折返式斜坡道是由直线段和曲线段(折返段)联合组成的，直线段变换高程，曲线段变换方向；直线段坡度一般不大于 15%，曲线段近似水平。其优缺点与螺旋式斜坡道相反。

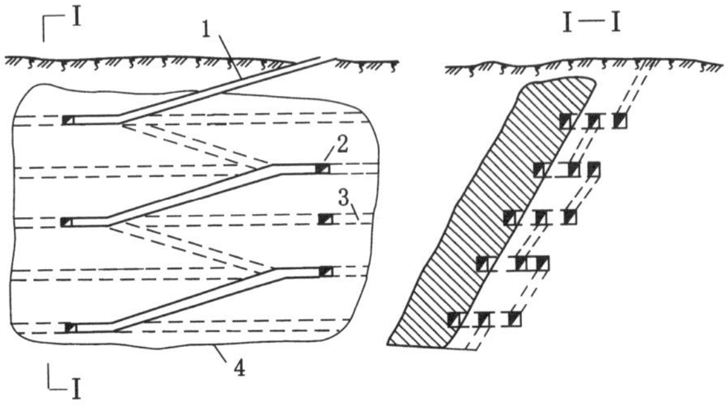

1—斜坡道；2—石门；3—运输巷道；4—矿体沿走向投影。

图 2-5 折返式斜坡道示意图

2.2 巷道概念及类别

巷道是在地表与煤层之间钻凿出的各种通路，用来运煤、通风、排水、行人等，以及为采出煤炭新开凿的各种必要的准备工程等。这些通路，统称为巷道。

2.2.1 直立、水平和倾斜巷道

巷道种类繁多，根据巷道长轴线与水平面的关系，可以分为直立巷道、水平巷道和倾斜巷道。

2.2.1.1 直立巷道

直立巷道的长轴线与水平面垂直，如立井、暗立井和溜井等。

(1) 立井。指在地层中开凿的直通地面的直立巷道，又称竖井。专门或主要用于提升煤炭的立井，叫作主立井；主要用于提升矸石、下放设备和材料、升降人员等辅助提升工作的立井，叫作副立井。生产中，还经常开掘一些专门或主要用以通风、排水、充填等工作的立井，这些立井按承担的主要任务命名，如风井、排水井、充填井等。

(2) 暗立井。指不与地面直通的直立巷道，其用途同立井。

(3) 溜井。通常不装备提升设备，是一种专门用以由高到低溜放煤炭的暗立井。高度不大、直径较小的溜井，称为溜煤眼。

2.2.1.2 水平巷道

水平巷道的长轴线与水平面近似平行，如平硐、平巷和石门等。

(1) 平硐。指在地层中开凿的、直通地面的水平巷道，其作用类似于立井，有主平硐、副平硐、排水平硐和通风平硐等。

(2) 平巷。指在地层中开凿的、不直通地面，其长轴方向与煤层走向大致平行的水平巷道。

按所在岩层层位划分，布置和开掘在煤层中的平巷，称为煤层平巷；布置和开掘在岩层中的平巷，称为岩石平巷。为开采水平或阶段服务的平巷常称为大巷，如运输大巷、回风大巷。直接为区段服务的平巷称为区段平巷，分为区段运输平巷和区段回风平巷。高瓦斯矿井为治理瓦斯可超前区段巷道开凿瓦斯专用巷，专用巷既可以布置在煤层底板，也可以布置在待开采的煤层顶板中。

(3) 石门。指在岩层中开凿的、不直通地面、与煤层走向垂直或呈较大角度斜交的岩石平巷。为开采水平或阶段服务的石门，称为主石门或阶段石门；为采区服务的石门，称为采区石门。

(4) 煤门。指在厚煤层内开凿的、不直通地面、与煤层走向垂直或呈较大角度斜交的平巷。

2.2.1.3 倾斜巷道

倾斜巷道的长轴线与水平面呈一定夹角，如斜井、上山、下山和分带斜巷等。

(1) 斜井。指在地层中开凿的直通地面的倾斜巷道，分为主斜井和副斜井，其作用与立井和平硐相同。不与地面直接相通的斜井，称为暗斜井，其作用与暗立井相同。

(2) 上山。指位于开采水平以上、为本水平或采区服务的主要倾斜巷道。

(3) 下山。指位于开采水平以下、为本水平或采区服务的主要倾斜巷道。

按所在层位划分，布置和开掘在煤层内的上下山称为煤层上下山；布置和开掘在岩层内的上下山称为岩石上下山。按用途和作用划分，运煤的上下山叫作运输上下山，其煤炭运输方向分别由上向下或由下向上运至开采水平大巷；铺设轨道的上下山叫作轨道上下山；专门用作通风和行人的上下山叫作通风、行人上下山。

阶段内采用带区式划分或井田直接划分为带区时，采煤工作面两侧的分带斜巷按用途分为运输斜巷和运料斜巷。此外，溜煤眼和联络巷道有时亦是倾斜巷道。

2.2.2 开拓、准备和回采巷道

根据巷道作用与服务范围的不同，可以分为开拓巷道、准备巷道和回采巷道。

2.2.2.1 开拓巷道

开拓巷道是为井田开拓而开掘的基本巷道。一般而言，开拓巷道是为全矿开采水平或若干采区服务的巷道，其服务年限较长，多在10～30 a或以上，如主副井、主运输石门、阶段运输大巷、阶段回风大巷、风井等。通向采区或带区的开拓巷道均已掘完，并可开始掘进采区或带区准备巷道时所构成的煤量称为开拓煤量。

开拓巷道的作用在于形成新的或扩展原有的阶段或开采水平，为构成矿井完整的生产系统奠定基础。

2.2.2.2 准备巷道

准备巷道是为准备采区、盘区或带区而掘进的主要巷道。准备巷道是在采区、盘区或带区范围从已开掘好的开拓巷道起到达区段平巷或分带斜巷的通路，这些通路在一定时期内为全采区、盘区或带区服务，或为数个区段或分带服务，如采区上下山、采区或带区车场、变电所、煤仓等。

准备巷道的作用在于准备新的采区、盘区或带区，以便构成采区、盘区或带区的生产系统。在开拓煤量范围内，采区准备巷道均已掘完时所构成煤量称为准备煤量。

2.2.2.3 回采巷道

回采巷道是形成采煤工作面、为其服务的巷道。如区段运输平巷、区段回风平巷和开切眼。回采巷道的作用在于切割出新的采煤工作面并进行生产。

在准备煤量范围内，开采前必须掘好的巷道全部完成时所构成的煤量称为可采储量。

2.3 硐室概念、类别及布置原则

2.3.1 硐室概念及类别

2.3.1.1 硐室概念

硐室是一种未直通地表出口的、横断面较大而长度较短的水平坑道。其作用是安装各种设备、机器，存放材料和工具，或作其他专门用途，如机修房、炸药库、休息室等。

2.3.1.2 硐室类别

在矿井开拓系统当中，硐室主要包括井底车场、主变电所、主排水泵房、永久避难硐室、井底煤仓、井下基站；在矿井准备系统当中，硐室主要包括采区煤仓、采区变电所、采区绞车房、采区水仓、采区基站、各类换装站；在矿井回采系统当中，硐室主要包括临时避难硐室、钻场、调车点。

2.3.2 硐室的布置原则

(1) 主要硐室应根据设备安装尺寸进行布置，并应便于操作、检修和设备更换，同时应符合通风、防水、防火等安全要求。

(2) 主要硐室位置的选择应符合下列规定：

① 应选择在比较稳定坚硬的岩(煤)层中，并应避开断层、陷落柱、强含水层和松散破碎岩(煤)层以及膨胀性岩层；

② 不得布置在有煤(岩)与瓦斯(二氧化碳)突出危险的煤(岩)层以及有冲击地压危险的煤层中；

③ 井下机电设备硐室应设在进风流中。

(3) 井下设置的主排水泵房、管子道、水仓、主变电所、架线电机车修理间及变流室、蓄电池电机车修理间及充电变流室、推车机及翻车机硐室、自卸矿车卸载站、爆炸物品库和发放硐室、消防材料库、防水闸门硐室、井下换装硐室、车辆存放间、避难硐室等各主要硐室；其平面和空间布置、安全设防及通风要求、支护方式及水仓有效容量等应符合现行国家标准《煤矿井下车场及硐室设计规范》(GB 50416—2017)的有关规定。

(4) 罐笼提升的立井井筒与井底车场连接处两侧巷道均应设置双侧人行道，人行道宽度不应小于 1.0 m。连接处两侧巷道高度和长度应满足设备布置和通过最长材料、下井最大件设备、罐笼同时进出车层数及操车设备的要求，其净高不应小于 4.5 m，每侧加强支护段长度不应小于井筒净半径的 3 倍。

(5) 箕斗装载硐室布置应根据主井提升方式、装载设备布置，以及便于设备安装、检修、更换和行人安全等因素确定。箕斗装载硐室位置，当大巷采用矿车运煤时，宜设在运输水平以下；当大巷采用带式输送机运煤，且围岩条件适宜时，宜抬高设在运输水平以上。

(6) 井底煤仓位置应根据大巷运输方式、装载硐室位置、围岩条件及装载带式输送机巷与装载硐室相互连接关系等因素经比较确定，并应符合下列规定：

① 井底煤仓宜选用圆形直仓；

② 布置两个及以上的井底煤仓时，煤仓间应留有岩柱，其大小应根据煤仓所处围岩的岩性确定，但净岩柱不应小于其中最大煤仓掘进直径的 2.5 倍；

③ 井底煤仓的有效容量应按合理平衡主运输和提升能力确定；

④ 斜煤仓应采用耐磨材料铺底，其倾角不宜小于 60°。

(7) 清理撒煤硐室及水窝泵房布置应根据井筒淋水量、撒煤量、井底与运输大巷相对关系和清理方式等因素确定，并应符合下列规定：

① 当主井底在运输水平以下时，应将撒煤、淋水引至井筒外侧，并应设置清理斜巷及清理、排水硐室；主井底在运输水平时，应在运输水平设清理硐室，不应设排水硐室。

② 当主井底在运输水平以下时，宜设置主井底泄水巷，并应集中清理；当主井底在运输水平或集中方式不经济时，可在副立井井底水窝设置水泵，并应单独清理，但应设置便于行人的通道。

③ 井底撒煤应采用机械化清理。

(8) 矿井潜水电泵泵房应结合主排水泵房和水仓特点布置，宜与主排水泵房配水巷、水仓或井底水窝联合布置。

2.3.3　井底车场及硐室

井底车场是连接主、副井筒和井下主要运输巷道的一组巷道和硐室的总称。它联系着井筒提升和井下运输两大生产环节，为提煤、提矸、行人、通风、排水、供电和升降人员等各项工作服务，是井下运输的总枢纽。图 2-6 所示为带式输送机上仓立井的井底车场立体示意图。图 2-7 所示为环行刀式立井的井底车场立体示意图。

(1) 主变电所

主变电所通常布置在副井附近，电缆引入井内比较方便，具有良好的通风条件，一旦发生灾害可关闭密闭门，变电所继续正常供电。

(2) 主排水泵房

主排水泵房和主变电所一样通常布置在副井附近。主排水泵房通过管子道与副井井筒相连，通过两侧通道和井底车场水平巷道相连，负责整个矿井的排水。

(3) 水仓

水仓一般由两条独立的、互不渗漏的巷道组成，其中一条巷道清理时，另一条可正常使用。水仓入口一般位于井底车场巷道标高最低点，末端与水泵房的吸水井或配水巷相连。其内铺设轨道或安设其他清理泥沙设备，用以储存矿井井下涌水和沉淀涌水中的泥沙。

(4) 管子道

管子道布置在主排水泵房端部，其断面应满足敷设排水管道和作为主排水泵房安全出口的要求，并满足运送设备的要求，倾角不超过 30°。管子道内安设排水管路并铺设轨道，与副井井筒通过管子道平台相连。为满足通风需要，管子道平台应高于泵房底板 7 m 以上，且必须有通往梯子间的通道。

(5) 推车机、翻车机(或卸载)硐室或胶带机头硐室

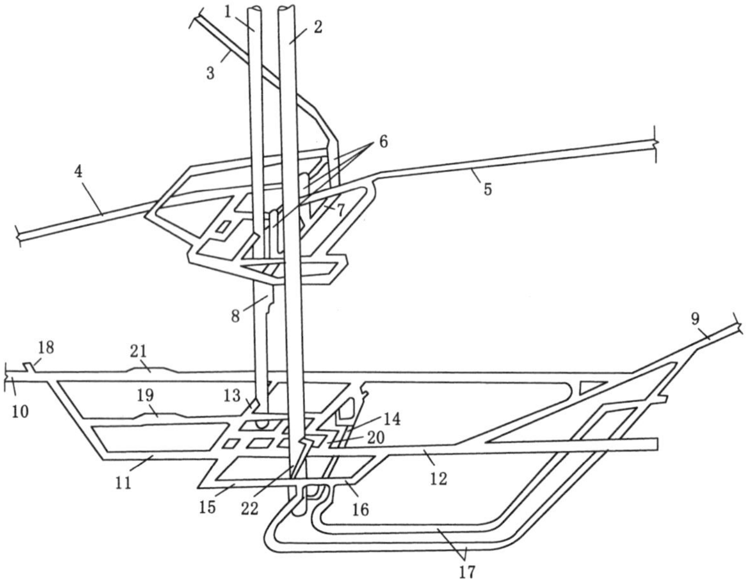

1—主井；2—副井；3，4，5—带式输送机巷；6—圆筒煤仓；7—给煤带式输送机巷；8—箕斗装载硐室；9，10—轨道运输大巷；11—副井重车线；12—副井空车线；13—主井井底清理撒煤硐室；14—副井清理斜巷；15—主变电所；16—主排水泵硐室；17—水仓；18—调度室；19—机车修理间；20—等候室；21—消防材料库；22—管子道。

图 2-6　带式输送机上仓立井井底车场立体示意图

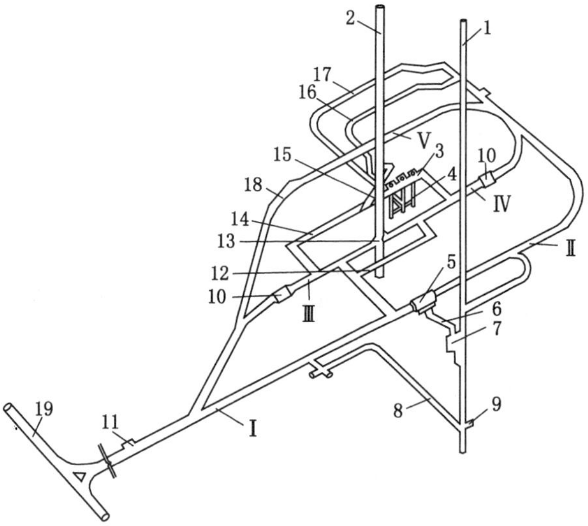

1—主井；2—副井；3—主排水泵硐室；4—吸水小井；5—翻笼硐室；6—斜煤仓；7—箕斗装载硐室；8—清理撒煤斜巷；9—主井井底水窝泵房；10—防火门硐室；11—调度室；12—等候室；13—马头门；14—主变电所；15—管子道；16—内水仓；17—外水仓；18—机车房及修理间；19—主要运输大巷；Ⅰ—主井重车线；Ⅱ—主井空车线；Ⅲ—副井重车线；Ⅳ—副井空车线；Ⅴ—绕道。

图 2-7　环行刀式立井井底车场立体示意图

对于采用矿车运输的矿井，位于主井空、重车线连接处，其内安设推车机和翻车机，将固定式矿车中的煤卸入煤仓。对于底卸式矿车而言，在卸载硐室内安设有支撑托辊、卸载和复位曲轨、支承钢梁等卸载装置。对于采用胶带运输的矿井，胶带机头硐室位于带式输送机巷尽头，直接卸煤于井底煤仓中。

(6) 井底煤仓

煤仓的作用是储存煤炭、调节提升与运输的关系。煤仓上接翻车机硐室或卸载硐室，下连箕斗装载硐室。对于大型矿井，往往有数个立式煤仓，通过给煤机巷间接与箕斗装载硐室相接。

(7) 箕斗装载硐室

对于采用矿车运输的矿井，箕斗装载硐室位于井底车场水平以下，上接煤仓，下连主井井筒；当大巷采用带式输送机运输时，箕斗装载硐室可位于井底车场水平以上，这样可减少主井井筒的深度。其内安设箕斗装载(定容或定重)设备，将煤仓中的煤按规定的量装入箕斗。

主井井底清理撒煤硐室位于箕斗装载硐室以下，通过倾斜巷道或清扫平巷与井底车场水平巷道相连，其内安设清理撒煤设备，将箕斗在装、卸和提升煤炭过程中撒落于井底的煤装入矿车或箕斗清理出来；当装载硐室位于井底车场水平以下时，在主井清理撒煤硐室以下还设水窝泵房，其内安设水泵。

(8) 调度室

调度室位于井底车场进车线的入口处，其内安设电信、电气设备，用以指挥井下车辆的调运工作。

(9) 电机车库及电机车修理间硐室

电机车库及电机车修理间硐室位于井底车场内便于进出车和通风方便的地点，其内安设检修设备、变流设备、充电设备(蓄电池机车)，供井下电机车的停放、维修和对蓄电池机车充电使用。

(10) 防火门硐室

防火门硐室多布置在副井空、重车线上离马头门不远的单轨巷道内，一旦井下或井口发生火灾，用来隔断风流，防止事故扩大。

(11) 爆炸物品库和发放硐室

爆炸物品库和发放硐室一般设在井底车场范围之外适宜的地方，必须有独立的通风系统，回风风流必须直接引入矿井的总回风巷或主要回风巷中。库房最大存放量不得超过该矿井 3 d 的炸药需要量和 10 d 的电雷管需要量。

2.3.4 采区车场及硐室

采区车场是采区上下山与运输大巷、回风大巷或与区段平巷连接的一组线路、巷道和硐室的总称。采区车场一般布置在采区内运输方式改变或车辆存储过渡、转载工作的地方，涉及甩车道、储车线和一些联络巷道，还包括煤仓和绞车房等硐室。

按位置不同，采区车场可分为上部车场、中部车场和下部车场。准备方式不同，采区车场形式和线路布置也不相同。

我国煤矿少数矿井采用新型辅助运输方式，绝大多数矿井的辅助运输仍以轨道、矿车和绞车为主。轨道线路设计是采区车场设计的重要内容，应与采区运输方式、生产能力和巷道工程相适应，保证车场内调车方便、可靠，操作简单、安全，提高工作效率和尽可能减少车场的开掘和维护工作量。

2.3.4.1 采区绞车房

为保证采区内材料等辅助运输，在轨道上山的上部，要开掘绞车安装硐室，即采区绞车房。绞车房有两个安全出口，一个是通往上山的钢丝绳通道，另一个是通往回风巷的风道，风道应安设调节风窗。

绞车房应当布置在围岩稳定的薄及中厚煤层中或底板岩层中，不受岩层移动影响，避开大的地质构造和含水层以及有煤与瓦斯突出危险的地段，与相邻巷道之间一般要有 10 m 以上的煤岩柱，以利于维护。

绞车房的设备均由绳道运入，绳道的尺寸应能使设备最大部件通过，其宽度通常为 2.0～2.5 m，视绞车型号而异，长度不小于 5.0 m。绳道中心线应与提升中心线重合，断面可与上下山断面一致。绳道内一般只设单边人行道，人行道的位置最好与轨道上下山人行道一致，以利于行人和安全。

绞车房风道主要用于回风、存放电气设备，必要时还可运送设备和行人。如图 2-8 所示，按与绞车的相对位置，风道可以布置在左侧、右侧和后侧，应根据巷道布置、车场形式、绞车房施工和通风情况确定。一般情况下，为了有利于电动机散热，风道应靠近电动机一侧布置，宽度一般为 1.2～1.5 m。

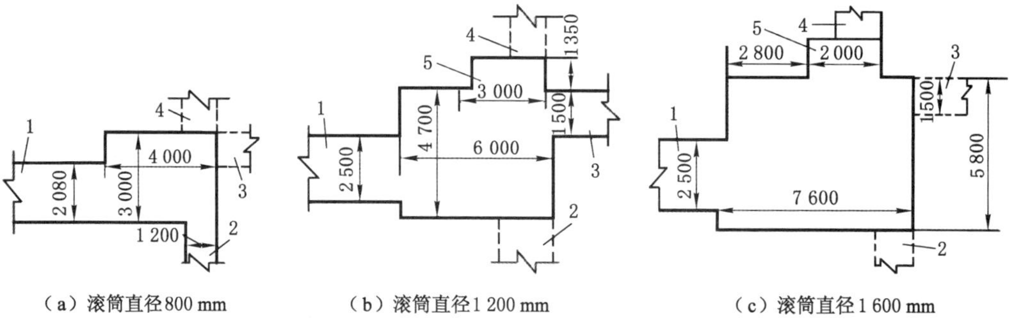

1—钢丝绳通道；2—风道(布置方式之一)；3—风道(布置方式之二)；
4—风道(布置方式之三)；5—电动机仓壁。

图 2-8 绞车房及风道布置图

绞车房内布置原则：保证安全生产，易于安装检修，并尽可能紧凑以减少工程量。

根据绞车基础尺寸和与四周硐室壁的距离确定绞车房的平面尺寸。绞车基础前面和右侧(司机操作台的右侧)与硐室壁的距离要考虑能进出电动机；基础后面要考虑布置部分电气设备后尚能适应司机活动并能从后面行人；基础左侧只考虑行人方便和安全，与硐壁距离一般为 600～1 000 mm。

绞车房的高度与绞车的规格型号及安装要求有关，一般为 3.0～4.5 m。

绞车房断面一般设计成半圆拱形，多用锚喷支护，也可用料石或混凝土砌筑，并用混凝土铺底。采用半圆拱形的采区绞车房硐室断面主要尺寸如表 2-1 所列。

表 2-1　采区绞车房的主要尺寸

绞车型号		宽度/mm			高度/mm			长度/mm		
		左侧人行道	右侧人行道	净宽	自地面起壁高	拱高	净高	前面人行道	后面人行道	净长
新系列	JTB1.6×1.2	700	1 020	8 000	1 150	4 000	5 150	1 200	1 000	7 800
	JTB1.6×1.5	700	1 020	8 000	1 150	4 000	5 150	1 300	900	7 800
	JTY1.2×1.0B	1 150	1 050	5 000	1 500	2 500	4 000	970	1 600	7 300
	JTY1.6×1.2	1 300	1 700	5 700	1 450	2 850	4 300	1 000	800	9 000
原系列	JT800×600-30	600	1 000	3 000	1 200	1 500	2 700	800	1 200	4 000
	JT1200×1000-24	700	950	4 700	800	2 350	3 150	1 000	1 000	6 000
	JT1200×1000-24	700	1 050	5 800	1 200	2 900	4 100	1 200	1 560	7 600
	JT1600×900-20	850	1 020	6 400	900	3 200	4 100	1 200	1 560	7 600

2.3.4.2　采区变电所

采区变电所是采区供电的枢纽，担负着整个采区的受电、配电、变电任务。由于低压输电的电压降较大，所以合理选择采区变电所位置和尺寸是保证采区正常生产、减少工程费用的重要措施。

采区变电所应布置在围岩稳定、地压小、易维护、无淋水、通风良好的地点，尽量位于采区用电负荷中心，一般设在上山附近或上山之间。

为适应机械化开采工作面电气设备总容量大幅度增加和采区尺寸相应扩大的需要，有的采区采用移动变电所，其位置一般在靠近工作面的运输巷中或相邻区段（分带）的轨道巷中，工作面推进 100～200 m 时变电所移动一次。

采区变电所的尺寸由硐室内设备的数目和规格、设备间距以及设备与墙壁间距等因素确定。变电所的高度应根据行人高度、设备高度和吊挂灯具高度要求确定，一般为 2.5～3.5 m，通道高度一般为 2.3～2.5 m。

采区变电所内高压与低压电气设备宜分别集中在一侧布置，硐室宽度一般为 3.6 m；当电气设备较少时，也可以混合布置在一侧，硐室宽度为 2.5～3.0 m。

变电所应采用不可燃材料支护，尽量采用锚喷支护。地面用混凝土铺底并高出邻近巷道底板 200～300 mm 且具有 0.3%的坡度，以防矿井水流入变电所。

变电所长度超过 6 m 时，必须在硐室两端各设一个出口通道，宽度一般为 2.0 m。在硐室与通道连接处，必须安装向外开启的防火栅栏两用门。

2.3.4.3　采区煤仓

设置一定容量的采区煤仓可以有效地提高工作面设备的利用率，充分发挥运输系统的潜力，保证连续均衡生产，尤其是采区或大巷的煤炭运输方式不同，或采掘、运输装备的可靠性相对较低时，采区煤仓的重要性更加显著。当然，随着带式输送机的日益推广及设备可靠性的提高，也有不少矿井在采区或带区不设置煤仓，煤炭直接运往井底车场或地面。

如图 2-9 所示，按中轴与水平面的夹角不同，井巷式煤仓有垂直煤仓、倾斜煤仓、混合式煤仓和水平煤仓 4 种。垂直煤仓断面一般为圆形，其受力条件好，断面利用率高，不易形成死角和发生堵塞现象，便于维护，施工速度快。倾斜煤仓多为拱形断面，倾角不小于 60°，一般为 60°～65°，可以增加煤仓长度和容积，便于与上下口巷道连接，仓口结构简单，可减少煤炭破碎，但施工不方便并需采用耐磨材料铺底。混合式煤仓具有垂直煤仓和倾斜煤仓的特点。当大巷和采区上山在同一煤层中时可设水平煤仓，巷道底板式水平煤仓直接利用巷道作煤仓，容量一般为 400～1 000 t；这种煤仓设备投资少，搬运安装容易，操作简单。通常垂直圆形煤仓使用较多。

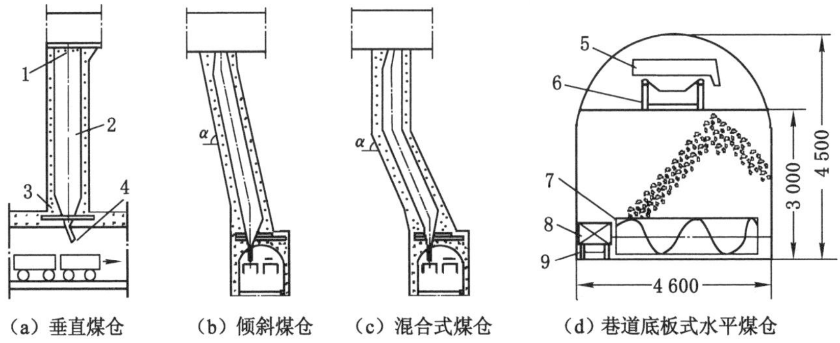

1—上部收口；2—仓身；3—下口漏斗及溜口闸门基础；4—溜口和闸门；5—卸煤犁；6—胶带机；7—装煤螺旋；8—装煤机；9—刮板机。

图 2-9 采区煤仓的形式和结构

采区煤仓的容量可根据采区生产能力进行计算，参考值如表 2-2 所列。

表 2-2 采区煤仓容量

采区生产能力/(Mt/a)	煤仓容量/t
≤0.30	50～100
>0.30～0.45	>100～200
>0.45～0.60	>200～300
>0.60～1.00	>300～500
>1.00	>500

为了便于布置和防止堵塞，圆形垂直煤仓以“短而粗”为好，但为了缩短煤仓高度而过于加大断面，不仅施工困难而且会降低有效容积。为减少煤仓无效容积，随着断面加大必须有相应的煤仓高度。煤仓高度越大，无效容积越小，如果以煤仓有效容积不小于 90%来计算，则煤仓高度不应小于直径的 3.5 倍。

目前服务于采区的煤仓，圆形垂直煤仓直径一般为 2.5～10.0 m，以直径 4.0～6.0 m 的煤仓应用较多。倾斜煤仓拱形断面的宽度一般大于 3.0 m，高度应大于 2.0 m。

煤矿广泛采用的井巷式煤仓常增加岩石巷道和硐室的工程量，人为造成输送机煤流爬坡。20 世纪 70 年代以来，国外逐步发展了机械式水平煤仓，从而弥补了井巷式煤仓的不足。机械式水平煤仓又称为金属活动式巷道煤仓，常见的有箱体静储式水平煤仓、活动列车式水平煤仓和活动仓底式水平煤仓。

箱体静储式水平煤仓如图 2-10 所示。该类煤仓是以带有高壁储煤仓的重型运输机为骨架的装配式煤仓，可以设置在需要转载和储存的运输环节之间的巷道中。

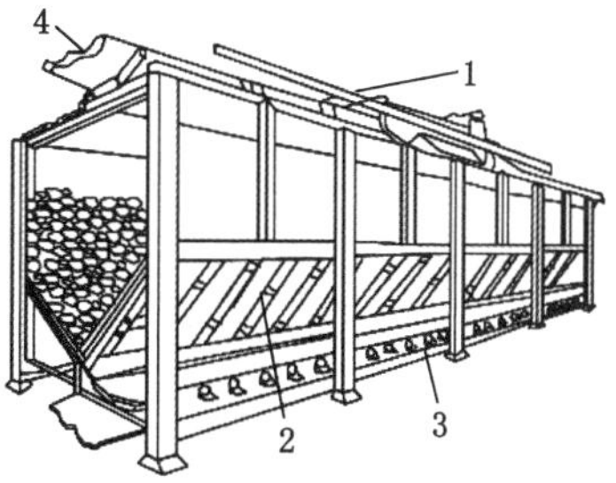

1—卸煤犁；2—液压闸门；3—输出胶带机；4—胶带机。

图 2-10　箱体静储式水平煤仓

活动列车式水平煤仓如图 2-11 所示。该类煤仓由多节底部带有胶带机的列车组成，这些列车与外运胶带机搭接，其上布置有来煤胶带机。移动胶带机和活动列车间的相对位置，可实现储煤和外运煤。

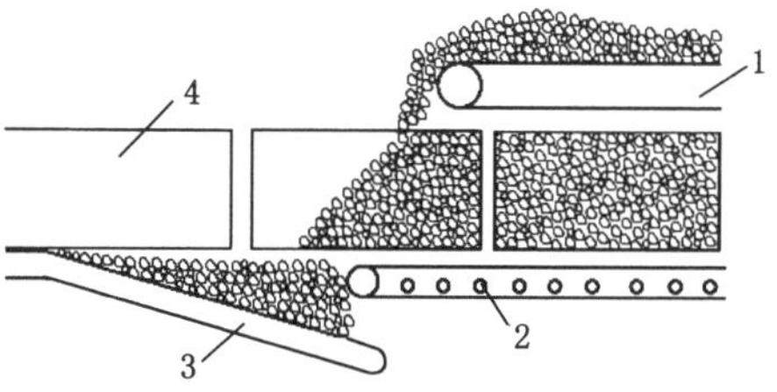

1—来煤胶带机；2—封底胶带机；3—外运胶带机；4—活动列车。

图 2-11　活动列车式水平煤仓

活动仓底式水平煤仓的储煤与运煤原理同活动列车式水平煤仓，只是煤仓为整体结构，底部设置有双排链输送机。

机械式水平煤仓具有岩石工程量小、便于拆卸和移动、可反复使用、安装地点灵活、可调节卸煤量、防止块煤破碎、使用安全、易实现自动控制等优点；但这种煤仓钢材消耗量大、构造复杂、造价较高，所需巷道断面大。

2.3.5　避难硐室

2.3.5.1　永久避难硐室

永久避难硐室一般设置于交通路线附近。如中央避难硐室，可设在井底车场附近，与井下保健站硐室结合在一起；采区避难硐室，设于采区安全出口的路线上，距人员集中工作地点不超过 500 m，其容积应能容纳一个工作班的采区全体人员，如图 2-12 所示。在有煤与瓦斯突出危险的矿井的掘进工作面附近，也应设永久避难硐室，硐室中应装备有一定数量的自救器。永久避难硐室必须构筑严密，以免有害气体侵入使避难人员受害。永久避难硐室有过滤和制氧装置，有的避难硐室能形成封闭式小循环以及必要的救护器材。

2.3.5.2　临时避难硐室

临时避难硐室是利用工作地点的临时巷道、硐室或两道风门之间的巷道，在事故发生后临时修建的。临时避难硐室机动灵活、修筑方便，正确地选择修建临时避难硐室的地点，往

图 2-12　永久避难硐室

往能对避难人员发挥很好的救护作用。

人员在进入临时避难硐室前，应在硐室外留有衣物、矿灯等明显标志，以便救护队发现；避难待救时，应保持安静，避免不必要的体力消耗和空气消耗，借以延长避灾时间；硐室内除留有一盏灯照明外，其余矿灯应全部关闭；在硐室内可间断地敲打铁器、岩石等，发出呼救信号。

2.4　思考题

1. 简述井筒、巷道、硐室的概念。
2. 简单概括斜坡道的概念及用途。
3. 简述开拓、准备及回采巷道的不同。
4. 论述永久避难硐室与临时避难硐室的差异。
5. 简述巷道的分类情况及主要代表巷道。
6. 说明井底车场的主要用途及设施。
7. 简述立井、斜井、平硐的概念及作用。

第3章
井巷围岩智能感知及工程分级

内容提要　随着各种类型传感器在矿山的推广及应用，当前已经能够实现井巷围岩的物理力学性能等参数的智能感知，构建透明地质，以及围岩地应力的智能感知。数据的自动获取、分析和评价涉及计算机、机电和数字控制等多个学科，属于智能井巷工程的基础领域，有关成果是井巷工程确定合理支护方案和参数的重要依据。本章主要讲述井巷围岩地质特征随钻感知、井巷围岩透明地质构造感知以及井巷围岩地应力感知原理和技术，还对井巷围岩分级、普氏系数分级、围岩松动圈分级及国外岩石岩体工程分级方法进行了介绍。

3.1　井巷围岩地质特征随钻感知

3.1.1　单轴抗压强度随钻感知

单轴抗压强度是岩石物理力学性能的重要指标，是采矿工程、隧道工程等地下工程围岩质量评价的重要依据。单轴抗压强度越高，钻进单位体积岩石消耗能量越多。钻进单位体积岩石消耗的能量又称为单位切削能，其与岩石单轴抗压强度具有显著相关性。因此，单轴抗压强度可以通过如下模型预测：

$$R_{\eta C} = aR_{\eta} + b \tag{3-1}$$

式中　$R_{\eta C}$——单轴抗压强度预测值；

R_{η}——单位切削能；

a,b——拟合系数。

以图3-1所示金刚石复合片(PDC)钻头为例，推导钻进单位体积岩石消耗的能量。设钻机施加的对前方岩石的切削力为F_C；钻机施加的钻进压力为F；复合片钻头与孔底岩石相互作用的摩擦力为f。单位时间钻机钻进岩石所做的功包括扭矩做功W_M及钻进压力做功W_F，切削破碎岩石的能量E_C和钻头与孔底岩石摩擦消耗的能量E_F之和为钻进过程中消耗的总能量，根据能量守恒原理，建立能量分析模型：

$$W_M + W_F = E_C + E_F \tag{3-2}$$

钻进扭矩产生的能量W_M为：

$$W_M = 2\pi nMt \tag{3-3}$$

式中　M——钻进扭矩，N·m；

n——钻头转速，r/s；

t——钻进时间，s。

钻进压力产生的能量W_F为：

$$W_F = Fvt \tag{3-4}$$

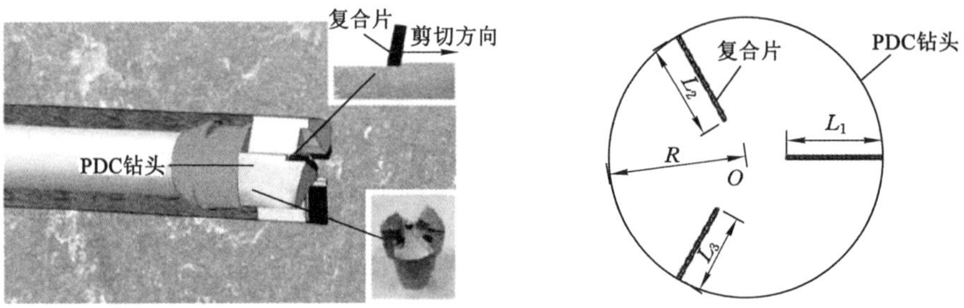

(a) 金刚石复合片钻头　　(b) 钻头切削刃示意

图 3-1　金刚石复合片钻头结构

式中　v——钻进速度,m/s。

如图 3-1(b)所示,钻头半径为 R,具有 3 列切削刃,第 i 列切削刃的长度为 $L_i(i=1,2,3)$,则第 i 列切齿所受的正压力 K_i 为:

$$K_i = \frac{F}{L_1 + L_2 + L_3} L_i \tag{3-5}$$

每列切齿所受摩擦力 f_i 对钻头中心 O 的力矩 m_i 为:

$$m_i = K\mu\left(R - \frac{L_i}{2}\right) \tag{3-6}$$

摩擦力 f 与孔底岩石作用的能量 E_F 为:

$$E_F = 2\pi n\mu Ft\left[R - \frac{L_1^2 + L_2^2 + L_3^2}{2(L_1 + L_2 + L_3)}\right] \tag{3-7}$$

式中　μ——金刚石复合片钻头与孔底岩石的摩擦因数,根据研究成果取值 0.21。

根据上述等式,解得 E_C 为:

$$E_C = 2\pi nt\left[M - F\mu R + \frac{F\mu(L_1^2 + L_2^2 + L_3^2)}{2(L_1 + L_2 + L_3)}\right] + Fvt \tag{3-8}$$

通过上述推导结果可知,只要监测钻头钻进过程中的推力、扭矩、转速和钻速,就可以实现单轴抗压强度的随钻感知。

3.1.2　岩层界面随钻探测

当岩层强度不同时,随钻参数在岩层界面处会发生相应变化。例如,当设定恒定的钻机钻速和转速情况下钻进时,由图 3-2 和图 3-3 分析可知,完整灰岩层 S11 的 M 和 F 分别为 129.66 N·m 和 13.68 kN,破碎泥岩层 S12 的 M 和 F 分别为 24.78 N·m 和 3.88 kN,完整砂岩层 S13 的 M 和 F 分别为 79.88 N·m 和 7.02 kN,三个岩层的 M 和 F 值差异显著,岩体强度差别较大。钻进过程中,钻头由 S11 层进入 S12 层时,M 和 F 迅速减小,由 S12 层进入 S13 层时,M 和 F 迅速增加,随钻参数对岩层强度差别大的界面响应明显。

由图 3-4 和图 3-5 分析可知,M30 水泥砂浆层 S51 的 M 和 F 分别为 24.67 N·m 和 4.66 kN,M5 水泥砂浆层 S52 的 M 和 F 分别为 16.77 N·m 和 3.69 kN,M15 水泥砂浆层 S53 的 M 和 F 分别为 21.77 N·m 和 4.23 kN,三个岩层的 M 和 F 值差异不明显,说明试件 S5 相对试件 S1 岩体强度差别较小。钻进过程中,钻头由 S51 层进入 S52 层时,M 和 F 值迅速减小,由 S52 层进入 S53 层时,M 和 F 值迅速增加,说明随钻参数对岩层强度差别小的界面响应明显。

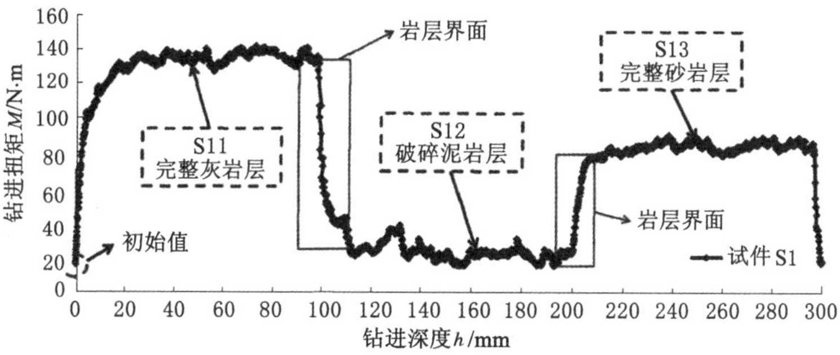

图 3-2　试件 S1 的 M 随 h 变化曲线

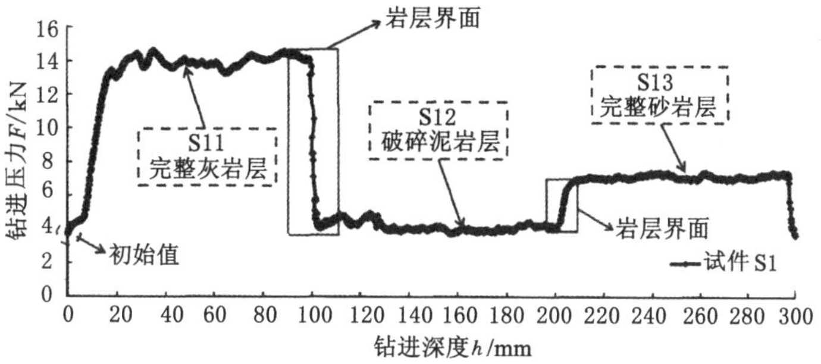

图 3-3　试件 S1 的 F 随 h 变化曲线

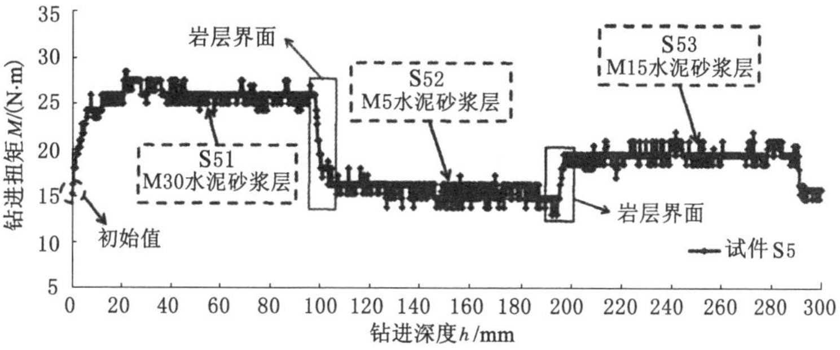

图 3-4　试件 S5 的 M 随 h 变化曲线

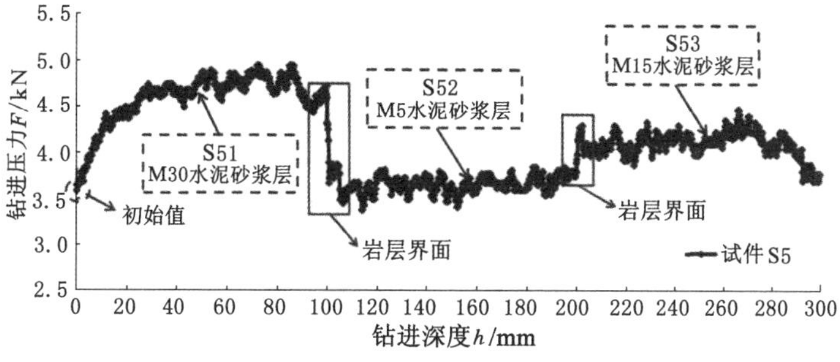

图 3-5　试件 S5 的 F 随 h 变化曲线

3.1.3 岩层裂隙随钻识别

理论上，随钻参数在裂隙处会发生突变，通过变点检测算法可以实现岩层裂隙随钻识别。当设置钻机转速和钻速为定值时，如图 3-6 所示为扭矩在不连续面处的响应特征。当裂隙为水平时，扭矩会在裂隙处突然降至 0；当裂隙有一定倾角时，扭矩在裂隙处呈“倒梯形”。推力和扭矩在不连续面处的响应特征类似。

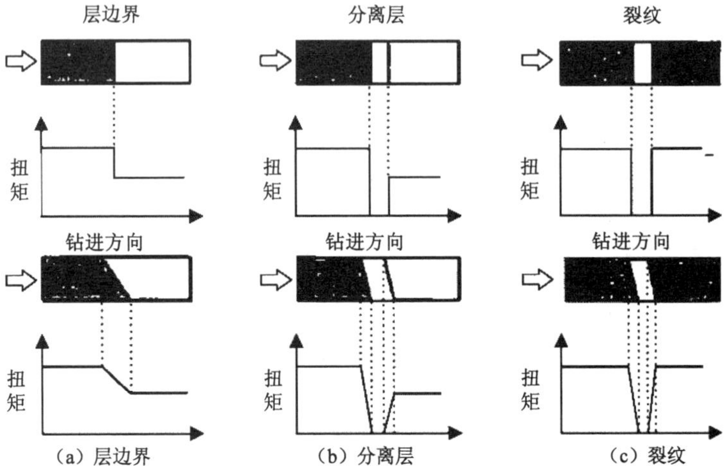

图 3-6 典型不连续面处扭矩响应特征

如图 3-7 所示为一钻机在转速和钻速恒定下，钻头在裂隙岩体中钻进时监测到的随钻参数曲线。明显看到，推力和扭矩在裂隙处均快速下降。相比于扭矩，推力在裂隙处的响应特征更为明显。

基于随钻参数实现裂隙自动识别的算法较多，主要有贝叶斯(Bayes)方法、极大似然法、局部比较法、小波分析法、累积和控制图(CUSUM)等。以 CUSUM 为例，其控制图的设计

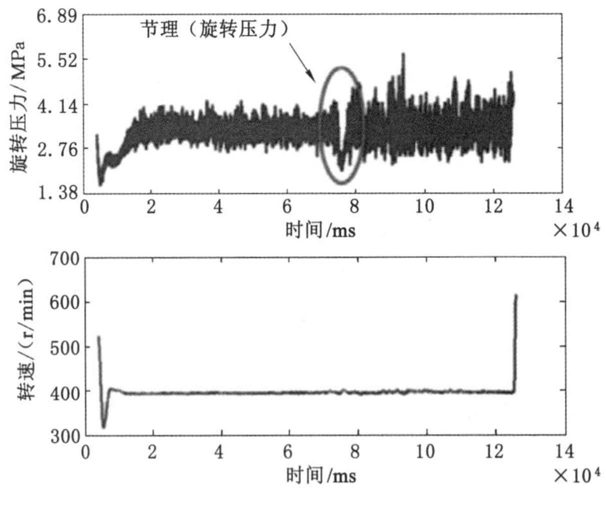

图 3-7 钻头穿过裂隙岩体的随钻参数响应特征

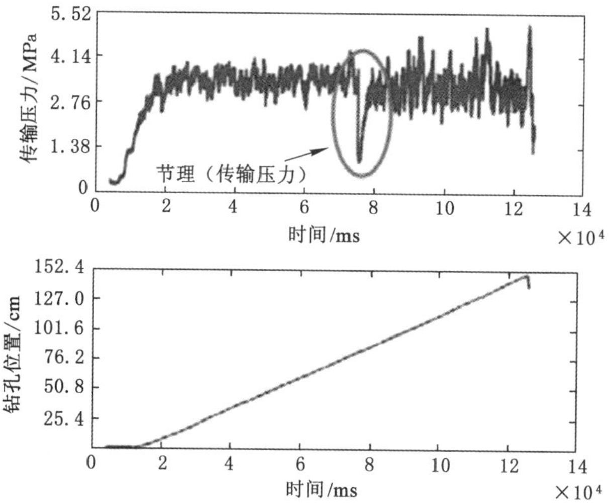

图 3-7(续)

思想是对信息加以累积，将过程的小偏移累加起来，达到放大的结果，从而提高检验小偏移的灵敏度。CUSUM 作为一个统计量，其由来具有严格的数学推理，总的来说，是一个变点假设检验通过极大似然法推导得到的统计量。

3.1.4　岩性成分随钻分析

目前，有学者发明了一种岩性成分随钻分析装置，如图 3-8 所示。该装置包括岩屑采集装置、单体锚杆钻机和增强型手持式矿石分析仪等。单体锚杆钻机垂直设置并向顶板钻孔。岩屑采集装置包括装置外壳、岩屑采集漏斗、导管、烘干装置、过滤管、排气孔和排水管，其

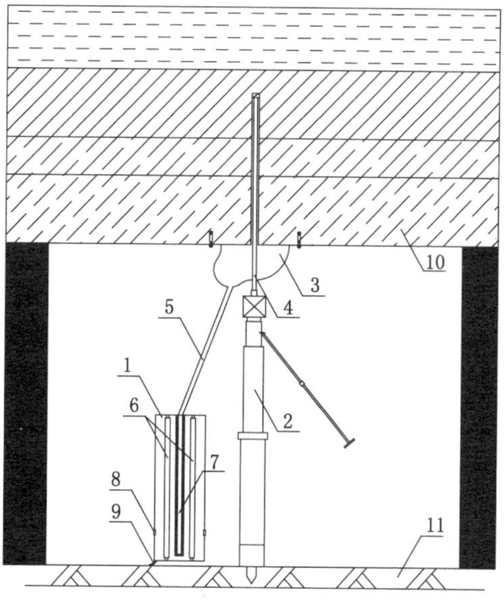

1—岩屑采集装置；2—单体锚杆钻机；3—岩屑采集漏斗；4—漏斗孔；5—导管；
6—烘干装置；7—过滤管；8—排气孔；9—排水管；10—巷道顶板；11—巷道底板。

图 3-8　岩性成分随钻分析装置

中，烘干装置和过滤管分别垂直设置在装置外壳内部，烘干装置在过滤管周围，装置外壳上方设有与过滤管相连接的开口，侧面设有多个排气孔，底部设有排水管；岩屑采集漏斗下方中央设有漏斗孔，一侧设有导管，通过导管与过滤管相连接。漏斗的上开口设置在单体锚杆钻机钻孔下方，以利于岩屑采集。

巷道顶板岩性成分的随钻探测步骤如下：

(1) 凿孔前，将岩屑采集装置的采集漏斗的上开口升至钻孔下方，调整岩屑采集漏斗位置使漏斗孔正对钻孔下方，使用膨胀螺栓将岩屑采集漏斗固定在顶板的岩壁上；

(2) 开始凿孔工序，将单体锚杆钻机的刻度式钻杆、钻头穿过岩屑采集漏斗中央的漏斗孔进行垂直顶板凿孔，在钻进过程中根据钻孔深度需要不断加长刻度式钻杆；

(3) 在凿孔过程中，刻度式钻杆每钻进一定距离就停止凿孔，此时顶板内的岩石碎屑混合液通过岩屑采集漏斗收集起来，经导管引流入岩屑采集装置的过滤管中进行过滤，水分通过排水管排出，岩屑沉淀在过滤管中，同时设置在过滤管周边的烘干装置对过滤管中沉淀留下的岩屑进行烘干，从而得到此段顶板岩石的采样；更换岩屑采集装置中的过滤管，并将已取出的过滤管按顺序记录、编号，从而获得不同深度顶板凿孔的岩石采样；

(4) 根据凿孔深度循环第(2)、(3)步骤，直到达到要求钻孔深度；

(5) 将收集的过滤管按照编号顺序依次使用增强型手持式矿石分析仪对过滤管中的岩屑进行探测分析，对比凿孔深度记录可以由浅到深地确定钻孔中顶板岩层的岩性特征。

3.2 井巷围岩透明地质构造感知

3.2.1 瞬变电磁法探测陷落柱

在石灰岩中古代溶洞非常发育，由于地下水的不断溶蚀，洞穴越来越大。在地质构造力和上部覆盖岩层的重力长期作用下，有些溶洞发生坍塌，这时覆盖在上部的煤系地层也随之陷落，于是煤层遭受破坏。由于这种塌陷呈圆形或不甚规则的椭圆形柱状体，因此叫陷落柱。矿井瞬变电磁法主要是利用磁偶源在掘进工作面发射一次脉冲电磁场，通过接收装置接收掘进工作面前方和周围被激发的二次场信号。该信号的信息是掘进工作面附近煤层、岩层等地质体的综合信号响应，结合已知地质情况，通过对信号的分析达到分辨掘进工作面前方地质体的含水分布情况。由于矿井掘进工作面附近是狭小的空间，不同于地面的瞬变电磁法探测仅是大地内的响应信号，掘进工作面的瞬变电磁场可近似等效为同时向上、向下及向外扩散的电流环，即“双烟圈效应”，如图 3-9 所示。

瞬变电磁法通过分析采集到的地质体感应电动势分布强弱，进而分析、推断探测区域异常的含(富)水性强弱等情况。由于煤层赋存的层状系地层的沉积序列比较清晰，在正常地层状态下，其导电性特征在纵向上有固定的变化规律，而在横向上相对比较均一，而陷落柱的形成会打破地层的电性变化规律。当存在陷落柱构造时，无论其是否含(富)水，对应区域的电性变化规律都会发生较大变化，为矿井瞬变电磁法研究陷落柱的导(含)水状态提供良好的地质条件。

为了能够较好地探测掘进巷道前方可能存在的陷落柱等地质构造，在狭小的掘进工作面，使用边长 2 m 的方形多匝回线装置能够多角度、多方向地进行扇形探测，如图 3-10 所示。扇形扫描技术在狭小空间能够多次对疑似异常区域进行覆盖探测，保证原始资料的质

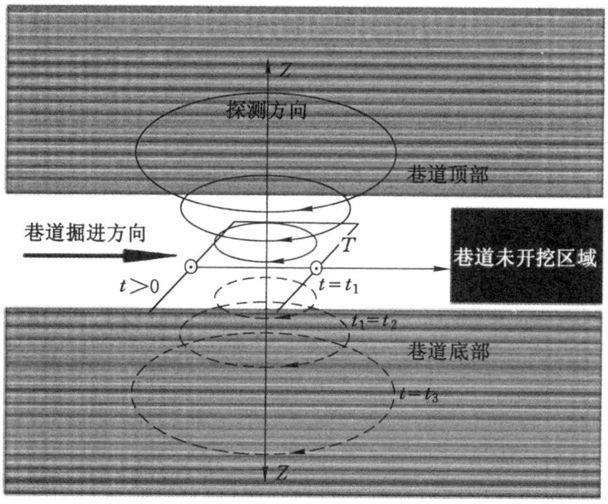

图 3-9 矿井瞬变电磁“双烟圈效应”示意图

量,扇形成图的变化不会导致勘探信息的丢失,完整地记录仪器探测到的数据处理后的信息;扇形成图方法能更加形象地反映异常区域形状,比如在对富水陷落柱进行超前探测时,使用扇形成像的方法得到的异常区域为圆形或椭圆形。

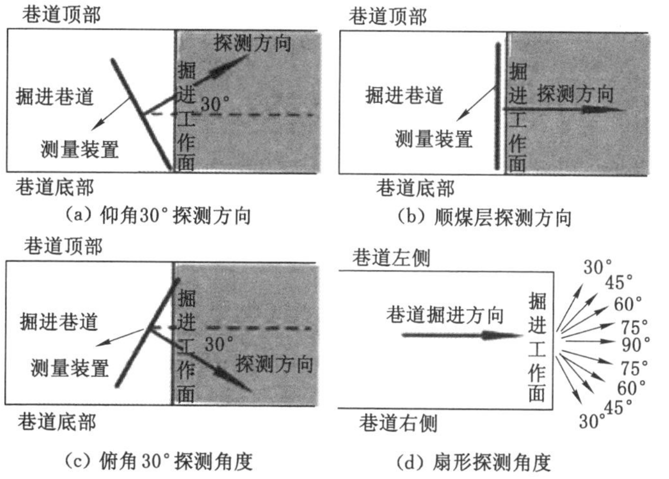

图 3-10 超前探测角度设计示意图

3.2.2 地质雷达法探测褶皱

褶皱指岩层在主要由地壳运动所引起的地应力长期作用下所发生的永久性弯曲变形。褶皱是岩层塑性变形的结果,是地壳中广泛发育的地质构造的基本形态之一,尤以在层状岩石中表现最为明显。褶皱的基本单位是褶曲,褶曲是发生了褶皱变形岩层中的一个弯曲,褶曲的基本类型只有两种:背斜和向斜。背斜在外形上通常表现为岩层向上的弯曲,核心部位的岩层时代较老,而外侧岩层时代较新;向斜常表现为岩层向下的弯曲,核心部位的岩层时代较新,外侧岩层时代较老。

地质雷达是向介质体发射电磁波，在均质介质中电磁波的频率、振幅、相位等波形特征基本保持不变，电磁波衰减特征不明显；但是，当电磁波遇到断层、陷落柱、煤岩界面、破碎带等电性差异较大的界面时，电磁波受到反射、折射、吸收等影响，呈现不同程度的衰减特征，其频率、振幅、相位等波形信息变化较大。

在煤矿巷道掘进中，若掘进前方存在煤层起伏现象，地质雷达探测发射的电磁波遇到煤岩界面时，煤、岩的相对介电常数、电导率有所差异，在该处会产生较为明显的反射，由反射系数可知煤、岩的这种电性参数差异越大，反射越明显。

$$R_0 = \frac{\sqrt{\varepsilon_1} - \sqrt{\varepsilon_2}}{\sqrt{\varepsilon_1} + \sqrt{\varepsilon_2}} \tag{3-9}$$

式中 R_0——反射系数；

$\varepsilon_1, \varepsilon_2$——煤、岩的相对介电常数。

利用地质雷达电磁波的反射特征差异性，即地质雷达波形差异特征，可以确定异常地质体的位置以及其大小、产状、形态特征等具体信息，其发育位置距探测点的位置可由地质雷达的双程旅行时间、地质雷达波速、发射天线和接收天线间距获得，即：

$$L = \frac{\sqrt{(vt)^2 - \Delta s^2}}{2} \tag{3-10}$$

式中 L——探测点与异常地质体的距离，m；

v——地质雷达波速，m/s；

t——地质雷达电磁波由探测点到异常地质体的双程旅行时间，s；

Δs——发射天线和接收天线的间距，m。

3.3 井巷围岩地应力感知原理和技术

3.3.1 地应力感知及测试原理

测量原始地应力就是确定存在于拟开挖岩体及其周围区域的未受扰动的三维应力状态，这种测量通常是通过一点一点的量测来完成的。岩体中一点的三维应力状态可由选定坐标系中的 6 个分量（$\sigma_x, \sigma_y, \sigma_z, \tau_{xy}, \tau_{yz}, \tau_{xz}$）来表示，如图 3-11 所示。这种坐标系是可以根据需要和方便任意选择的，但一般取地球坐标系作为测量坐标系，由 6 个应力分量可求得该点的 3 个主应力的大小和方向，这是唯一的。在实际测量中，每一测点所涉及的岩石可能从数立方厘米到数千立方米，这取决于采用何种测量方法。但不管是数立方厘米还是数千立方米，对于整个岩体而言，仍可视为一点。虽然也有一些测定大范围岩体内的平均应力的方法，如超声波等地球物理方法，但这些方法准确性不高，因而远没有“点”测量方法普及。由于地应力状态的复杂性和多变性，要比较准确地测定某一地区的地应力，就必须进行充足数量的“点”测量，在此基础上，才能借助数值分析和数理统计、灰色建模、人工智能等方法，进一步描绘出该地区的全部地应力场状态。

为了进行地应力测量，通常需要预先开挖一些硐室以便人和设备进入测点。然而，只要硐室开始开掘，硐室周围岩体中的应力状态就会受到扰动。有一类方法，如早期的扁千斤顶法，就是在硐室表面进行应力测量，然后在计算原始应力状态时，再把硐室开挖引起的扰动

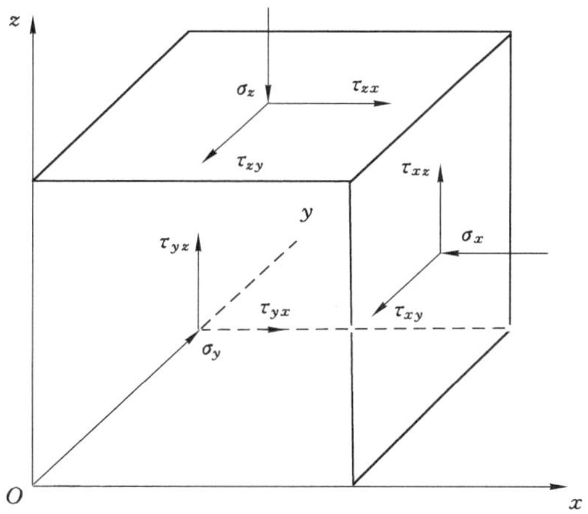

图 3-11　岩体中任一点三维应力状态示意图

作用考虑进去。由于在通常情况下紧靠硐室表面岩体都会受到不同程度的破坏，使得它们与未受扰动的岩体的物理力学性质大不相同；同时，硐室开挖对原始应力场的扰动也是十分复杂的，不可能进行精确的分析和计算。所以这类方法得出的原岩应力状态往往是不准确的，甚至是完全错误的。为了克服这类方法的缺点，另一类方法是从硐室表面向岩体中施工小孔，直至原岩应力区，地应力测量是在小孔中进行的。由于小孔对原岩应力状态的扰动是可以忽略不计的，这就保证了测量是在原岩应力区中进行。目前，普遍采用的水压致裂法和应力解除法均属此类方法。

3.3.2　水压致裂法

3.3.2.1　基本原理

水压致裂法是对某一封闭孔段加压直至岩石产生张性破裂来测量岩体应力的方法。它假定岩体是均质、线弹性和各向同性的介质，并且岩体中有一个主应力的方向与钻孔轴平行，这就相当于在一块中心有一圆孔的无限大岩板上作用着两个主应力，即最大水平主应力 σ_{hmax} 和最小水平主应力 σ_{hmin}。

大量的实验室及现场测量表明，水力压裂的裂缝是沿着最小阻力的方向即在垂直于最小主应力的平面上发展。破裂不是剪切引起的，而是由于张裂受拉造成的，符合最大线应变理论，所以破裂面与最小水平主应力 σ_{hmin} 垂直。若一个水平应力是三个主应力中的最小者，垂直应力为中间主应力，那么起始的垂直裂缝的扩展方向保持不变；若垂直应力为最小主应力，那么起始仍为垂直裂缝，在远离钻孔处则逐渐转变成水平裂缝，以保持与岩石中最小阻力的方向相适应。如果在初始水压裂隙出现之后立即停泵，在岩石裂缝的方向发生变化之前，初始破裂面的延伸也就停止发展。当加压水泵关闭时，维持裂缝张开的关闭压力 p_{s} 就等于垂直破裂面方向的压应力。

(1) 若垂直应力 σ_{v} 不是最小主应力，那么：

$$\sigma_{\mathrm{hmin}} = p_{\mathrm{s}} \tag{3-11}$$

如果使用的高压水管和封隔器不漏水，则 p_{s} 值保持为常数，垂直应力可根据上覆岩体的自重进行计算。

$$\sigma_v = \gamma H \tag{3-12}$$

式中 γ——岩石的重力密度，kN/m³；

H——测点所处的深度，m。

（2）若垂直应力 σ_v 为最小主应力，最初在钻孔附近仍产生垂直裂缝，停泵后得到第一关闭压力 p_{s1}；再加压时，在远离钻孔处破裂面转为水平方向，停泵后即可得到第二关闭压力 p_{s2}（显然 $p_{s1} > p_{s2}$）。此时有：

$$\sigma_{hmin} = p_{s1}$$
$$\sigma_v = p_{s2} \tag{3-13}$$

式中 p_{s1}——钻孔附近产生垂直裂缝的第一关闭压力，MPa；

p_{s2}——远离钻孔产生水平裂缝的第二关闭压力，MPa。

在这种情况下，最小水平主应力和垂直主应力可以直接通过水平压裂试验得出的 p_{s1} 和 p_{s2} 进行确定。

至于水平方向的最大主应力 σ_{hmax} 可按照弹性力学理论推得，即：

$$\sigma_{hmax} = 3p_s - p_b - p_0 + \sigma_t \tag{3-14}$$

式中 p_b——破裂压力，kN；

p_0——孔隙压力，kN；

p_s——关闭压力，kN；

σ_t——岩石的抗拉强度，MPa。

抗拉强度 σ_t 可以在实验室内通过试验得出，也可以在现场通过对封闭孔段多次加压的办法求得，如图 3-12 所示。在第一次加载过程中，当压力达到某一临界值（破裂压力）p_{b1} 时，岩石产生破裂；当第二次给封闭段加压时，由于裂缝已经形成，即抗拉强度 $\sigma_t = 0$，所以使裂缝重新张开的第二次破裂压力为 p_{b2}。据此即可计算出岩石抗拉强度 σ_t 为：

$$\sigma_t = p_{b1} - p_{b2} \tag{3-15}$$

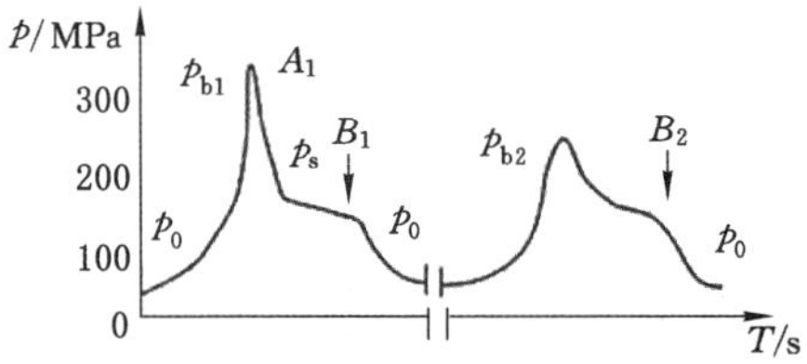

A_1—第一次破裂；B_1—第一次裂隙闭合；B_2—第二次裂隙闭合；p_{b1}—第一次破裂压力；p_{b2}—第二次破裂压力。

图 3-12 水力致裂应力图

3.3.2.2 试验方法与步骤

水压致裂法测量地应力，首先用橡胶封隔器封隔选定测量段，再向封隔段内注入高压水，直到将孔壁岩石压裂。水压致裂试验是在成岩良好的坚硬岩层中进行的，并假定：岩石是均匀的、脆性的和各向同性的线弹性体；钻孔与三个主应力之一平行（三个主应力方向之一接近垂直，一般取垂直孔）；当岩石为多孔介质时，注入流体按达西定律在岩石孔隙中流动。

先对钻孔岩芯做分析。选择岩体完整性好的孔段作为测量段，用一对可膨胀的橡胶封隔器将测量段封隔起来，然后通过耐高压的钻杆向测量段连续注入高压水，如图 3-13 所示。在某一临界压力 p_b 作用下，钻孔壁的岩石膨胀并产生张性裂缝，通过连续泵入压裂液，裂缝就从钻孔壁向外扩展；停止泵液，并使水压回路保持闭合，测得一个平衡状态的关闭压力 p_s，这就是维持裂缝张开所必需的应力。在试验期间，要注意监测破裂压力 p_b 和关闭压力 p_s，两者与原岩应力直接相关。在得到 p_b 和 p_s 之后，即完成了第一次加压过程。此后进行多次裂缝的重张循环试验，以取得可靠的应力参数。在每个压裂、重张过程中，连续记录压力随时间的变化曲线，根据压力-时间的变化曲线可计算出各钻孔横截面上的应力。

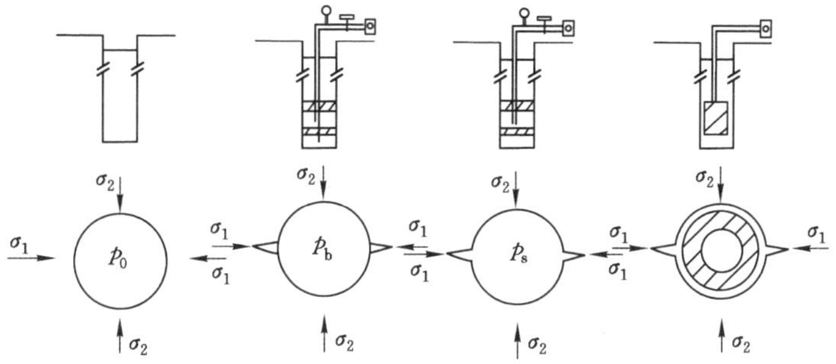

图 3-13　水压致裂法工作程序

试验过程如下：

(1) 封隔测量段。把一对封隔器用送进杆安放到需要测量的孔段位置，启动高压油泵，使封隔器膨胀。

(2) 岩石破裂。转换油路开关，再开动高压油泵，向测量段连续注入高压水，使测量段内的液体压力不断增大。当测量段孔壁上的切向有效张应力等于或大于岩石的抗拉强度时，就会在孔壁上产生裂缝。

(3) 关泵。当破裂形成后，继续施加水压以扩张裂缝，当裂缝扩张至 3 倍直径深度时，关闭高压油泵，保持压力恒定，这时便得到破裂面处于临界闭合时的平衡力，也就是垂直于破裂面的主应力，即瞬时闭合压力。

(4) 卸压。在测量出瞬时闭合压力之后，即进行卸压，地面泵压降为零。此后，在压裂孔段内不再承受外加的液压作用，上述水压所形成的破裂面处于完全闭合状态。

上述四个步骤是水压致裂法测量地应力的基本操作程序。每个测量段都要进行 3～4 次循环操作，以便取得合理的压裂参数，用以研究岩石破裂和裂缝延伸的过程。

(5) 测定裂缝破裂的形态和方向。

水压致裂应力测量法是用两个可膨胀的橡胶封隔器在所需的深度上将钻孔的一段封闭，然后用压裂液(水)给封闭段加压，测定裂缝破裂的形态和方向的方法，一般采用橡胶印模器或井下电视以及其他地球物理方法进行测定。

橡胶印模器是一个可膨胀的封隔体，外面用一层橡胶包裹着。试验时将橡胶印模器下放到压裂孔段的深度上，然后用液压对孔壁加压 1 h，使得软橡胶挤入孔壁的裂缝里。当橡胶封隔器减压收缩时，便在外面留下永久性的压痕。确定压痕的方向一般用磁性定向器，它由一个水平磁针和一架拍摄磁针的照相机组成。整个仪器装在一个密封筒里，使用时将其放到橡胶印模器的上方，其上有一个键与橡胶印模器套筒的切槽和磁针平面上的狭缝对准。地面的仪器开关触发灯泡发光，从而使磁针在胶片上曝光。摄影之后，取出磁性定向器，并冲洗影像，根据照片上磁针的位置，就可以确定钻孔的倾斜度、倾斜方向以及橡胶印模器套筒切槽与磁性定向器上狭缝对准的方向；通过上下槽与缝的连线，就可确定印痕相对于磁性定向器狭缝的位置，这个相对位置确定后，就能确定印痕的绝对方位。

井下电视是确定裂缝方位的另一种常用的方法，这种装置在矿山和工程钻孔的测量中经常使用。井下电路与橡胶印模器两种方法对于确定裂缝方位来说，都能取得良好的效果，每种方法都有其优点和缺点。井下电视的优点在于可以在地面直接对孔壁图像进行观测和摄影，具有观测速度快、效率高的特点；但是，当井下水混浊或受到污染时，孔壁图像往往不太清晰，从而影响观测质量，为此，有时不得不进行长时间的清水洗井工作。采用橡胶印模器时，可得到可靠的印模，不受井水混浊或污染的影响；但是，它比井下电视的工作效率低得多。

目前，虽然对水压致裂资料的解释是否正确以及有关假说是否合乎实际仍有很大争议，但在没有深孔测试仪表的情况下，水压致裂法是估算地壳深部应力的唯一方法。这主要是因为水压致裂法不需要进行岩体弹性参数测试并进行间接计算，而且适用于深部岩体应力测量(可达 5 000 m)，还可以使用各种尺寸的勘查钻孔，在勘查阶段便可测定，同时不须对钻孔进行应力解除，无须精密仪器。但是该方法假定钻孔方向为主应力方向，实测的三维主应力是近似的；此外，测试设备笨重，钻孔封隔加压技术较复杂，测试压力曲线读取与判断需要一定的专业知识。

3.3.3 应力解除法

3.3.3.1 全应力解除法

全应力解除法是使测点岩体完全脱离地应力作用的方法。通常采用套钻的方法实现套孔岩芯的完全应力解除，因而也称套孔应力解除法。套孔应力解除法是发展时间最长且技术比较成熟的一种地应力测量方法。在测定原始应力(绝对应力)的适用性和可靠性方面，目前还没有哪种方法可以和应力解除法相比。目前，应力解除法已形成一套标准的测量程序，具体步骤如图 3-14 所示。

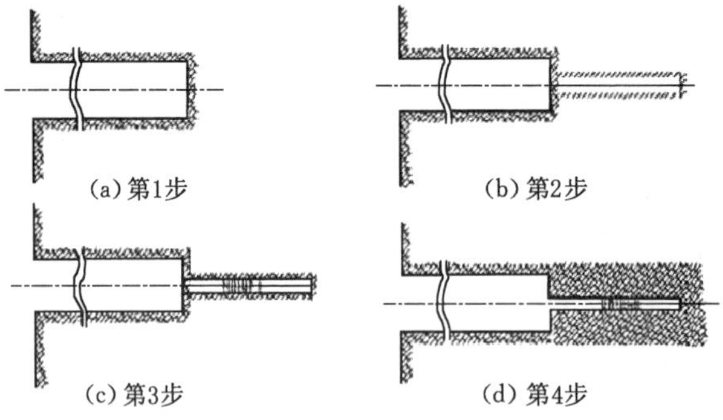

图 3-14　应力解除法测量步骤示意图

第 1 步：从岩体表面，一般是从地下巷道、隧道、硐室或其他开挖体的表面向岩体内部施工大孔，直至需要测量岩体应力的部位。大孔直径为下一步即将施工的用于安装探头的小孔直径的 3 倍以上，小孔直径一般为 36～38 mm，因此大孔直径一般为 130～150 mm。大孔深度为巷道、隧道或已开挖硐室跨度的 2.5 倍以上，从而保证测点位于未受开挖扰动的原岩应力区。硐室的跨度越大，所需的大孔深度也就越大，为了节省人力、物力并保证试验的成功，测量应尽可能选择在跨度较小的开挖空间中进行。要避免将测点安排在道岔口或其他开挖扰动大的地点。为了便于下一步安装测试探头，大小孔要保持一定的同心度，因此在钻进过程中需要有导向装置。大孔钻完后需将孔底磨平，并施工出锥形孔，以利下一步钻同心小孔、清洗钻孔和使探头顺利进入小孔。

第 2 步：从大孔底施工同心小孔，供安装探头用。小孔直径由所选用的探头直径决定，一般为 36～38 mm。小孔深度一般为孔径的 10 倍左右，从而保证小孔中央部位处于平面应变状态。小孔施工完后要放水冲洗，保证小孔中没有钻屑和其他杂物，为此，钻孔需上倾 1°～3°。

第 3 步：用一套专用装置将测量探头，如孔径变形计、孔壁应变计等安装（固定或胶结）到小孔中央部位。

第 4 步：用第 1 步施工大孔用的薄壁钻头继续延深大孔，从而使小孔周围岩芯实现应力解除。由于应力解除引起的小孔变形或应变由包括测量探头在内的量测系统测定并通过记录仪器记录下来，根据测得的小孔变形或应变，通过有关公式即可求出小孔周围的原岩应力状态。

从理论上讲，不管套孔的形状和尺寸如何，套孔岩芯中的应力都将完全被解除。但是，若测量探头对应力解除过程中的小孔变形有限制或约束，它们就会对套孔岩芯中的应力释放产生影响，此时就必须考虑套孔的形状和大小。一般来说，探头的刚度越大，对小孔变形的约束越大，套孔的直径也就需要越大。对绝对刚性的探头，套孔的尺寸必须无穷大，才能实现完全的应力解除。这就是刚性探头为什么不能用于应力解除测量的缘故。对于孔径变形计、孔壁应变计和空心包体应变计等，由于它们对钻孔变形几乎没有约束，因此对套孔尺寸和形状的要求就不太严格，一般只要套孔直径超过小孔直径的 3 倍以上即可；而对于实心包体应变计，套孔的直径就要适当大一些。

3.3.3.2　局部应力解除法

与套孔应力解除法的全应力解除法不同，局部应力解除法只能实现测点的部分应力解除。下面介绍在实际测量中使用较多的三种局部应力解除方法。

（1）切槽解除法

博克（H. Bock）等人提出了一种切槽解除法，具体步骤如下：

① 向岩体内部施工直径为 96 mm 的钻孔，直到需要测定应力的部位。

② 将一个包含金刚石锯片和切向（周向）应变传感器的装置预先固定在钻孔中需测定应力的部位。

③ 利用风动压力将切向（周向）应变传感器预先固定在孔壁上非常靠近准备切槽的部位，然后驱动锯片在孔壁上切出纵向槽，该槽和钻孔中心线位于同一平面内，如图 3-15 所示。在切槽过程中，该槽周围岩体逐步实现局部应力解除并将发生相应的变形，其变形值将通过变形传感器测量并记录下来。当切槽达到一定深度后，岩体变形值趋于稳定。根据有关理论，可以将测得的切槽附近的稳定应变值和图 3-15 所示钻孔轴线平面的二维应力状态联系起来。

④ 为了确定测点垂直于钻孔轴线平面，即图 3-15 所示平面内的应力状态，至少要在 3

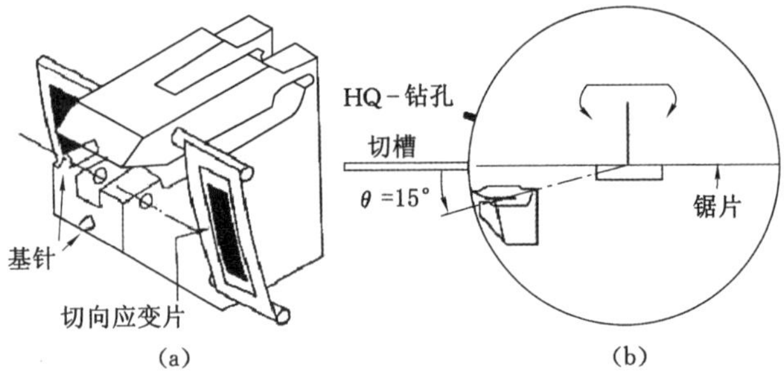

图 3-15 钻孔切槽及切向应变传感器位置示意图

个不同方位(相互间隔 120°)进行这样的切槽测量试验。这样才能根据有关的理论公式计算出切向应变传感器所在的垂直于钻孔轴线平面内的二维应力状态。

⑤ 要确定测点的三维应力状态,必须施工交汇于测点的 3 个互不平行的钻孔,进行上述割槽应力解除试验。

(2) 平行钻孔法

用施工平行孔实现局部应力解除的方法由哈比卜(P. Habib)等人于 20 世纪 60 年代首次提出。

一个带有一个、两个或两个以上圆孔的无限大平板在受到无穷远处的二维应力场作用时,圆孔周围的应力-应变状态可由弹性力学的解析解或数值分析方法求得,这为平行钻孔法确定了理论基础,因此该法主要用于测量岩体表面的应力状态。测量时,首先在测点从岩体表面向其内部施工一个直径较小的孔,并将钻孔变形计或应变计固定于小孔中一定的深度,然后在小孔附近再布置一个或多个直径稍大的孔,如图 3-16 所示。大、小孔之间的距离不超过大孔的直径,大孔的深度应保证应力-应变状态在小孔中测点周围沿钻孔轴线方向是均匀的。根据平行钻孔完成后在小孔中测得的变形或应变,如测得的 3 个方向的孔径变形,使用弹性力学解析解或数值分析方法,即可求得垂直于钻孔轴线平面内的应力状态。

(3) 中心钻孔法

杜瓦尔(W. I. Duvall)和楚尔-拉维(Y. Tsur-Lavie)等人于 1974 年提出一种中心钻孔应力解除法,其测量步骤为(如图 3-17 所示):

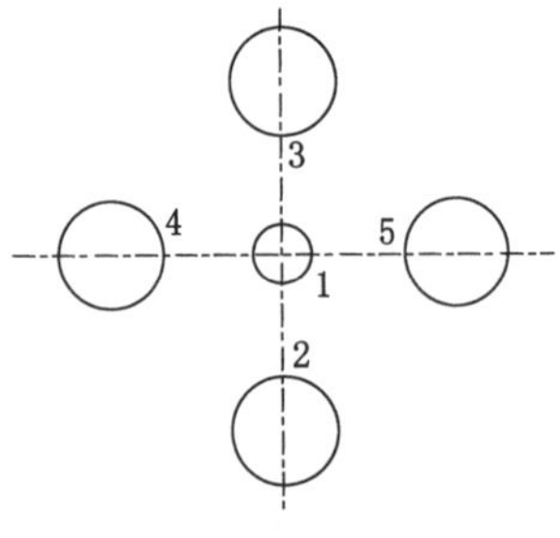

图 3-16 平行钻孔法示意图

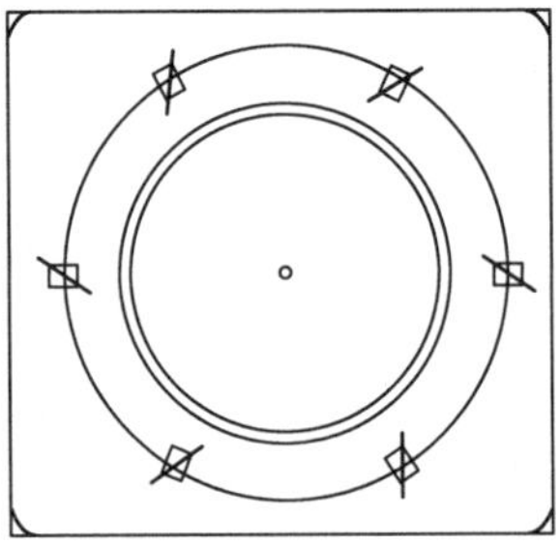

图 3-17 中心钻孔法示意图

① 在需测应力的岩体表面磨平一块约 30 cm×30 cm 的面积,在其中心部位施工一个直径 3 mm、深 6 mm 的中心孔。

② 以中心孔为圆心，使用卡规在岩体表面划出一个直径为 200～250 mm 的圆圈，须保证此圆圈和中心孔是同心的。将此圆圈分成 6 等份，并施工上刻痕。

③ 将 6 个测量柱固定在 6 个刻痕处，并调整两个径向相对的测量柱之间的距离，使3 组测量柱的径向距离基本相等。用微米表精确测量和记录这 3 组测量柱的径向距离。

④ 用带有中心定位器的直径为 150 mm 的空心薄壁钻头钻出中心孔或中心圆槽，深度为 25 cm，连续记录 3 组径向相对的测量柱之间的距离变化（径向位移）直到数值稳定为止。

⑤ 根据测得的 3 组径向位移值，可求得岩体表面的两个主应力 σ_1、σ_2 及其方位。

3.4　井巷围岩工程分级

随着我国煤矿开采强度、开采深度日益增加，回采工作面机械化程度不断提高，相应的回采巷道支护方面暴露出来的问题越来越严重。在回采巷道中，刚性支架使用的比例过大，支架的型式、性能与围岩活动规律不相适应；巷道的设计断面过小，没有预留断面面积；金属支架的使用不尽合理，巷道的掘进与支护质量差；等等。这些问题不仅使维护巷道耗费大量资金，而且严重影响煤矿的安全生产，限制了综采设备能力的发挥。这些问题的主要根源在于巷道的设计与支护缺少科学的根据，缺乏详细的围岩工程分级标准。目前，井巷围岩工程分级标准众多，本节主要介绍适用于煤矿的 5 种井巷围岩工程分级标准。

3.4.1　缓倾斜、倾斜煤层回采巷道围岩分级

由原煤炭工业部出台，众多学者在研究了国内外各种围岩分类方法的基础上，对于模糊性较强、多因素、多指标的回采巷道围岩稳定性的分类，选择了模糊聚类分析方法。根据模糊聚类过程中巷道的归类趋势、我国回采巷道的支护技术、有利于实践中对围岩类别的区分和应用等原则，将缓倾斜、倾斜煤层回采巷道围岩稳定性分为非常稳定（Ⅰ类）、稳定（Ⅱ类）、中等稳定（Ⅲ类）、不稳定（Ⅳ类）及极不稳定（Ⅴ类）五级，如表 3-1 所列。

3.4.2　普氏系数分级

按成因不同，岩石可分为岩浆岩、沉积岩、变质岩三大类。采掘工程要求对岩石进行定量区分，以便能正确地进行工程设计，合理地选用施工方法、施工设备、机具和器材，准确地制定生产定额和材料消耗定额等。岩石工程分级问题由此产生。

岩石工程分级的方法很多。苏联 M. M. 普罗托季亚科诺夫于 1926 年提出用“坚固性”这一概念作为岩石工程分级的依据。坚固性不同于强度，它表示岩石在各种采矿作业（锹、镐、钻机、炸药爆破等）以及地压等外力作用下受破坏的相对难易程度。普罗托季亚科诺夫认为，岩石的坚固性在各方面的表现是大体一致的，难破碎的岩石用各种方法都难于破碎，容易破碎的岩石用各种方法都易于破碎。比如钻孔时，甲种岩石较乙种岩石坚固多少倍，那么爆破或挖掘时，甲种岩石仍较乙种岩石坚固多少倍。因此，他建议用一个综合性分类指标“坚固性系数”表示岩石破坏的相对难易程度。20 世纪 50 年代，我国引进了按岩石坚固性分类的方法（即普氏分类法），煤炭系统至今沿用。

通常用 f 表示普氏系数，f 值可用岩石的单向抗压强度 R_c（MPa）除以 10（MPa）求得，即：

$$f = \frac{R_c}{10} \tag{3-16}$$

表 3-1　缓倾斜、倾斜煤层回采巷道围岩分级及推荐支护措施

巷道围岩类别	围岩稳定状况	预计巷道顶底板移近率/%	单一煤层及厚煤层一分层回采巷道推荐采用的支护措施					
			受一次采动影响的巷道				受二次采动影响的巷道	
			支护强度/(kN/m²)	支护型式	主要支护参数	其他支护措施	巷内支护	巷旁支护
Ⅰ	非常稳定	<5	0～30	不支护点柱或刚性锚杆	锚杆间距 1.0 m 左右，1～2 排；锚固力 50～70 kN/根，锚杆长度 1.2～1.6 m，锚杆密度 1.0 根/m² 左右	在工作面前方 10～20 m 范围内用点柱加强	同Ⅰ类受一次采动影响的巷道	整体浇筑，巷旁充填或砌块，支护强度 3 500～5 000 kN/m² 左右，也可采取强制放顶
Ⅱ	稳定	5～10	30～70	刚性金属支架	棚距 0.8 m 左右	间隔背板，在工作面前方采动影响区内也可用中柱加强	同Ⅱ类受一次采动影响的巷道	整体浇筑，巷旁充填或砌块，支护强度 3 500～5 000 kN/m²，采高小于 2 m 时可采用矸石垛、巷旁密集支柱，巷旁密集支柱的支护强度 500～1 000 kN/m²，必要时也可采用强制放顶措施
				刚性锚杆	锚固力 50～70 kN/根，锚杆长度 1.2～1.6 m，锚杆密度 1.0～1.2 根/m²	工作面前方采动影响区内用点柱或支架加强		
Ⅲ	中等稳定	10～20	70～150	梯形可缩支架	棚距 0.6～0.8 m；垂直可缩量 200～400 mm	工作面前方采动影响区内用中柱加强；间隔背板，架间用拉杆固定	同Ⅳ类受一次采动影响的巷道，支护强度和可缩量适当加大	$K \leqslant 35\%$ 时可不用巷旁支护，但需有密闭采空区的技术措施，如密闭隔板、挂帘等；$K > 35\%$ 时巷旁支护方式同Ⅱ类巷道
				拱形可缩支架	棚距 0.6～0.8 m；垂直可缩量 200～400 mm	间隔背板，架间用拉杆固定		
				刚性或可延伸锚杆	锚固力 50～100 kN/根，锚杆长度 1.4～1.8 m，锚杆密度 1.2～1.5 根/m²；或采用延伸量为 150～300 mm 的可延伸锚杆	与金属网、板梁联合使用，工作面前方采动影响区内可用支架加强		
Ⅳ	不稳定	20～35	100～200	梯形可缩支架	棚距 0.6～0.8 m，垂直可缩量 400～600 mm	工作面前方采动影响区内用中柱加强；密置背板，架间用拉杆固定，壁后填实		
				拱形可缩支架	棚距 0.6～0.8 m，垂直可缩量 400～600 mm	密置背板，架间用拉杆固定，壁后填实		

表 3-1(续)

巷道围岩类别	围岩稳定状况	预计巷道顶底板移近率/%	单一煤层及厚煤层一分层回采巷道推荐采用的支护措施					
			受一次采动影响的巷道				受二次采动影响的巷道	
			支护强度/(kN/m²)	支护型式	主要支护参数	其他支护措施	巷内支护	巷旁支护
V	极不稳定	>35	150～250	封闭可缩性支架	$K<40\%$时采用马蹄形支架;$K\geqslant 40\%$围岩压力不均时用方环形、长环形支架,压力分布均匀时用圆形架,棚距 0.6 m 左右,支架垂直、侧向可缩量均为 400～600 mm	背板或金属网背严,架间用拉杆固定,壁后填实		
				拱形可缩性支架	棚距 0.6 m 左右,支架垂直可缩量 600～800 mm,侧向可缩量 600 mm 左右	背板或金属网背严,架间用拉杆固定,壁后填实;与防治底鼓的措施相结合,如施工底板锚杆、砂浆或化学加固、卧底及其他措施		
倾斜分层一分层以下各分层回采巷道支护技术的选择			巷道受一次采动影响: (1) 巷道内错布置于采空区下时,巷道围岩的稳定性类别不重新划分,其支护较一分层实体煤中维护的巷道有所加强,视不同情况增加支护强度,改刚性支架为可缩性支架或增加支架的可缩量,并注意背帮背顶防止漏矸; (2) 巷道外错布置于煤柱内时,按煤柱护巷条件重新划分巷道类别,再按单一煤层及厚煤层一分层回风平巷支护技术确定支护措施				巷道受二次采动影响(Ⅲ类围岩): (1) 支护型式同一分层; (2) 支架型钢型号较一分层加大一级; (3) 棚距 0.6 m 左右; (4) 支护强度较一分层加大 50～100 kN/m²; (5) 支架垂直可缩量 600～800 mm,侧向可缩量 600 mm 左右	

注:(1) 金属支架型号、结构及具体参数从煤炭行业标准《巷道金属支架系列》(MT 143—1986)中选取。

(2) 表中所列预计巷道顶底板移近率指采用非封闭支架,受一次采动影响条件下巷道顶底板的最终移近率。

(3) K 指非封闭支架条件下,巷道顶底板最终移近率。

(4) Ⅳ类巷道中围岩稳定状况属于下限的,也可考虑使用马蹄形可缩支架。

根据 f 值的大小，可将岩石分为 10 级共 15 种，见表 3-2。

表 3-2　岩石按坚固性分类

级别	坚固性程度	岩石(或岩土)种类	普氏系数 f
Ⅰ	最坚固的岩石	最坚固、最致密的石英岩和玄武岩，其他最坚固的岩石	20
Ⅱ	很坚固的岩石	很坚固的花岗岩类岩石(花岗岩、石英斑岩、硅质片岩)、坚固程度较Ⅰ级岩石稍差的石英岩、最坚固的砂岩和石灰岩	15
Ⅲ	坚固的岩石	致密的花岗岩和花岗岩类岩石、很坚固的砂岩和石灰岩、石英质矿脉、坚固的砾岩、很坚固的铁矿石	10
$Ⅲ_a$	坚固的岩石	坚固的石灰岩、不坚固的花岗岩、坚固的砂岩、坚固的大理岩、白云岩、黄铁矿	8
Ⅳ	颇坚固的岩石	一般的砂岩、铁矿石	6
$Ⅳ_a$	颇坚固的岩石	砂质页岩、泥质砂岩	5
Ⅴ	中等坚固岩石	坚固的页岩、不坚固的砂岩及石灰岩、软的砾岩	4
$Ⅴ_a$	中等坚固岩石	各种不坚固的页岩、致密的泥灰岩	3
Ⅵ	相当软的岩石	软页岩、很软的石灰岩、白垩纪岩盐、石膏、冻土、无烟煤、普通泥灰岩、破碎砂岩、胶结卵石和粗砂砾、多石块土	2
$Ⅵ_a$	颇软的岩石	碎石土、破碎页岩、结块卵石和碎石、坚固煤、硬化黏土	1.5
Ⅶ	软岩	致密的黏土、软的烟煤、坚固的表土层	1.0
$Ⅶ_a$	软岩	微砂质黏土、黄土、细砾石	0.8
Ⅷ	土质岩石	腐殖土、泥煤、微砂质黏土、湿沙	0.6
Ⅸ	松散岩石	沙、细砾、松土、采下的煤	0.5
Ⅹ	流沙岩石	流沙、沼泽土壤、饱含水的黄土及饱含水的土壤	0.3

3.4.3　围岩松动圈分级

巷道开挖前，地层中的集中应力小于岩体强度，围岩处于弹塑性稳定状态。巷道开挖后，当应力超过围岩强度之后，巷道周边围岩将首先破坏，并逐渐向深部扩展，直至在一定深度达到三向应力平衡为止，此时围岩已过渡到破裂状态。将围岩中产生的这种松动破裂区定名为围岩松动圈，其力学特性表现为应力降低，其物理特性表现为声波或电磁波波速降低。在松动圈之外分别是塑性极限平衡区和弹性区(即原岩应力区)，如图 3-18 所示。

大量的测试结果表明，围岩松动圈在煤矿普遍存在。松动圈的主要属性为厚度，厚度值可用地质雷达、超声波测试仪或其他如多点位移计等测得。超声波测试围岩松动圈的原理如图 3-19 所示。沿巷道周边钻一定数量的钻孔，测出孔中不同深度的纵波速度，波速下降段即为破裂区范围，连接各个孔中破裂区波速拐点即可以得出松动圈范围。

理论分析和试验研究发现，围岩松动圈的大小是地应力和围岩强度的函数，即松动圈的大小主要与地应力和围岩强度有关，是一个综合指标。现场调查显示，松动圈越大，围岩收敛变形量越大、支护越困难；反之则支护越容易。松动圈的大小反映出支护的困难程度。软岩支护的试验证明，支护能有限地限制围岩的碎胀变形，但不能明显地阻止松动圈的发展，因此，支护对松动圈的影响在工程上可不予考虑。基于以上内容，董方庭等根据测定的围岩

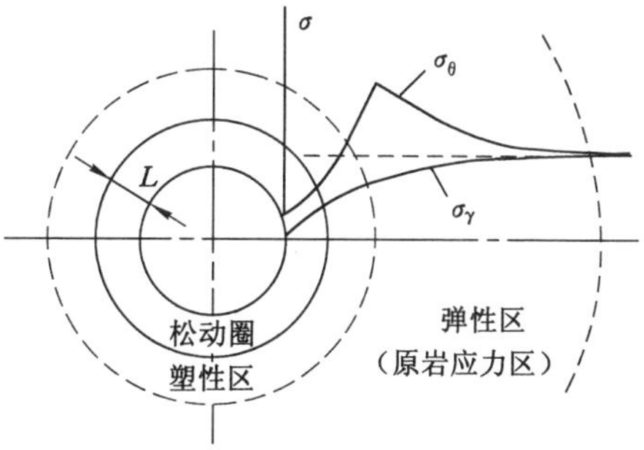

图 3-18 巷道开挖后的围岩状态图

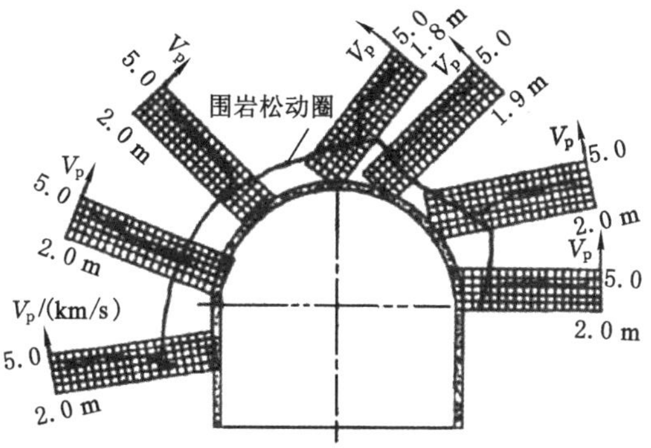

图 3-19 松动圈测试原理图

松动圈，对围岩稳定性进行分级，见表 3-3。

表 3-3 巷道支护围岩松动圈分级表

围岩类别		分类名称	围岩松动圈/cm	支护机理及方法	备注
小松动圈	Ⅰ	稳定围岩	0～<40	喷混凝土支护	围岩整体性好，不易风化的可不支护
	Ⅱ	较稳定围岩	40～<100	锚杆悬吊理论，喷层局部支护	局部锚杆支护
	Ⅲ	一般围岩	100～<150	锚杆悬吊理论，喷层局部支护	刚性支护，有局部破坏
大松动圈	Ⅳ	软岩	150～<200	锚杆组合拱理论，喷层、金属网局部支护	刚性支护大面积破坏，采用可缩性支护
	Ⅴ	较软围岩	200～<300	锚杆组合拱理论，喷层、钢筋网、锚索支护	围岩变形有稳定期，采用可缩性支护
	Ⅵ	极软围岩	≥300	锚杆组合拱理论，注浆、可缩支架等联合支护	围岩变形在一般支护下无稳定期，采用可缩性支护

此外，还应将采动与非采动、矩（梯）形巷道与拱形巷道区分开来，在相似的同类巷道中类推，可以消除诸如断面形状、采动等因素的影响，使分级更为明确可靠。

围岩松动圈分级有三个突出优点：

(1) 绕过了地应力、围岩强度、结构面性质测定等困难问题，但又着重抓住了它们的影响结果，即松动圈是一个综合指标。

(2) 松动圈系实测所得，未在重要方面做任何假设。

(3) 松动圈大小容易用声测法获得，确定支护参数时简单直观，现场应用十分方便。

3.4.4 RMR 分级

南非科学和工业研究委员会(CSIR)的比尼亚夫斯基(Bieniawski)于 1973 年首次提出用岩体质量指标 RMR(rock mass rating)进行岩体分级。此后，他又通过对地下硐室、地基、边坡等大量工程实例进行调查分析，对该分级方法进一步完善，于 1979 年提出了修正的 RMR 岩体分级方法，并得到国际岩石力学学会(ISRM)的推荐。RMR 岩体分级方法考虑了 6 项参数，6 项参数分值的总和就是岩体的 RMR 总分值，根据该值即可确定岩体的类别，见表 3-4。

表 3-4　按 RMR 总分值划分的岩体级别

RMR 总分值	81～100	61～80	41～60	21～40	<20
岩体分级	Ⅰ	Ⅱ	Ⅲ	Ⅳ	Ⅴ
岩体类型	极坚硬岩体	坚硬岩体	中等坚硬岩体	软弱岩体	非常软弱岩体

RMR 岩体分级系统考虑了影响岩体质量和稳定性的主要因素，这些因素的测试方法简单快捷，许多被国际岩石力学学会已颁布的建议方法所规定，可以有统一的标准。该方法还分别考虑了隧洞、地基、边坡等不同类型工程岩体，因此应用范围比较广泛。

3.4.5 *Q* 指标围岩分级

Q 指标围岩分级系统是挪威岩土工程研究所(NGI)的 Barton、Lien 和 Lunde 等人，根据过去地下开挖工程稳定性的大量实例，提出的确定岩体隧道开挖质量指标的方法。*Q* 指标综合表达了围岩质量评价的 6 个地质参数：

$$Q=\frac{\mathrm{RQD}\cdot J_r\cdot J_w}{J_n\cdot J_a\cdot \mathrm{SRF}} \tag{3-17}$$

式中，RQD 表示岩石质量指标。J_n为节理组数目，围岩越破碎，J_n取值越大。J_n可参考下列经验数值：没有或很少节理时，J_n取 0.5～1.0；两个节理组时，J_n取 4；破碎围岩时，J_n取 20。J_r为节理粗糙度，节理越光滑，J_r取值越小。J_r可参考下列经验数值：不连续节理，J_r取 4；平整光滑节理，J_r取 0.5。J_a为节理蚀变值，蚀变越严重，J_a取值越大。J_a可参考下列经验数值：节理面紧密结合，节理中填充物坚硬不软化，J_a取 0.75；节理中填充物是膨胀性黏土，J_a取 8～12。J_w为节理含水折减系数，节理渗水量越大，水压越高，J_w取值越小。J_w可参考下列经验数值：微量渗水，水压小于 0.1 MPa，J_w取 1.0；渗水量大，水压特别高、持续时间长，J_w取 0.1～0.05。SRF 表示应力折减系数，围岩初始应力越高，SRF 取值越大，可参考下列经验数值：脆而坚硬、有严重岩爆现象的岩石，SRF 取 10～20；坚硬、有单一剪切带的岩石，SRF 取 2.5。

上述 6 个地质参数分别表达了岩体结构的影响(RQD/J_n)、节理壁或节理充填物的粗糙度和摩擦特性的影响、作用应力的影响(J_w/SRF)。因此，*Q* 指标实际上是岩块尺寸、岩块间的抗剪强度和主应力粗略量度的复合指标。根据不同的 *Q* 值，围岩质量分为九级，见表 3-5。

表 3-5　围岩质量评估

围岩质量	特别好	极好	良好	好	中等	不良	坏	极坏	特别坏
Q	400～1 000	100～400	40～100	10～40	4～10	1～4	0.1～1	0.01～0.1	0.001～0.01

3.5　思考题

1. 简述井巷围岩地质特征随钻感知的原理。
2. 简述地应力感知的原理。
3. 简述水压致裂法原理及步骤。
4. 论述不同煤矿围岩等级分类标准的适用条件。
5. 简述应力解除法的原理及步骤。
6. 试说明 RMR 分级与围岩松动圈分级的不同。

第4章 巷道矿压及断面形状与选择

内容提要 巷道与隧道、人防等岩土工程的区别主要在于矿压，矿井中巷道的布置必须要考虑矿压因素的影响，如井筒布置必须考虑保护煤柱的影响、回采巷道布置应优先考虑沿空巷道、采区上下山布置应考虑稳定层位或应力降低区。本章将着重论述巷道的矿压显现规律以及巷道断面的辅助设计。

4.1 巷道矿压显现规律

4.1.1 巷道位置参数的选择

巷道位置参数既明确了巷道所在的层位及其围岩性质，也决定了巷道受到采动影响的程度。围岩性质是影响巷道维护诸因素中最为重要的因素，因此，在距开采空间合理距离范围内，巷道应布置在相对稳定的岩层中。本煤层巷道与开采空间在同一层面内，它的位置参数是巷道与采空区边缘的距离，即保护煤柱的宽度 B。底板巷道与开采空间不在同一层面内，它的位置参数是巷道与上部煤层之间的垂直距离 z、巷道与上部煤柱（体）边缘之间的水平距离 x，煤柱的合理宽度 B。巷道布置类型及布置参数见表 4-1。

表 4-1 巷道布置类型及布置参数

巷道布置类型		巷道布置示意图及布置参数	
		沿倾向方向	沿走向方向
采空区内		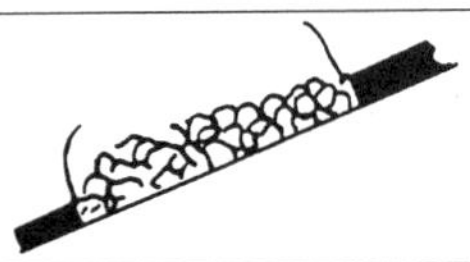	
与所服务的工作面在同一煤层内	保护煤柱两侧采动	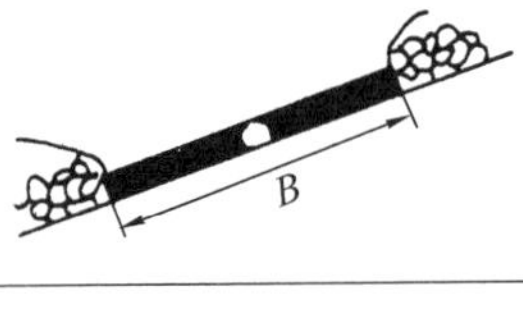	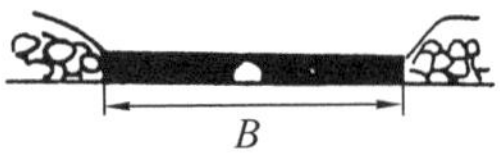
	保护煤柱一侧采动	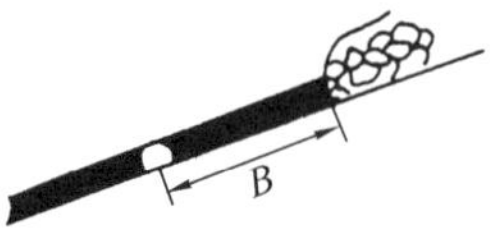	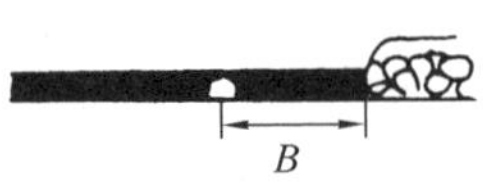

表 4-1(续)

巷道布置类型		巷道布置示意图及布置参数	
		沿倾向方向	沿走向方向
底板内	连续跨采	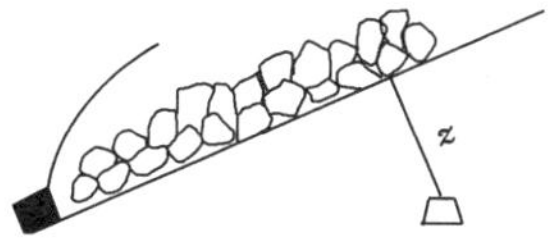	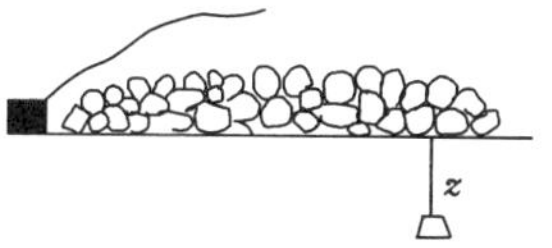
	跨采两侧采动	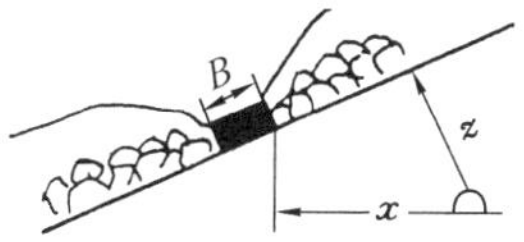	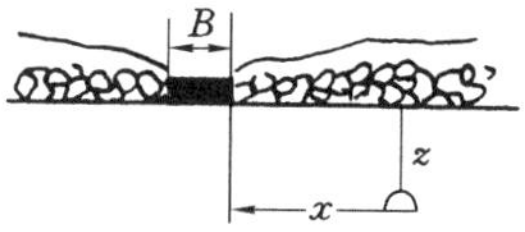
	跨采一侧采动	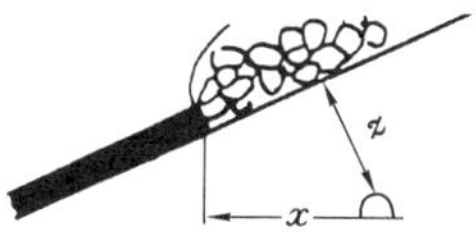	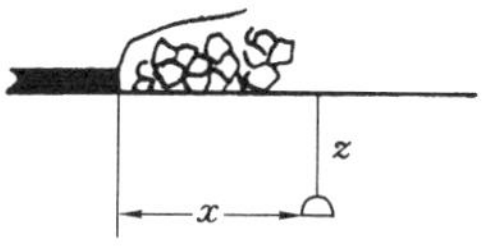
	保护煤柱两侧采动	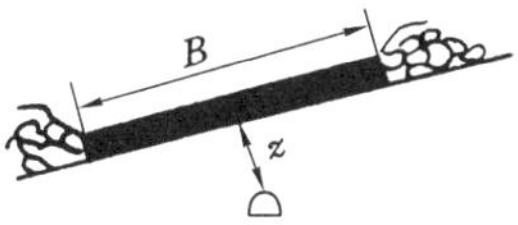	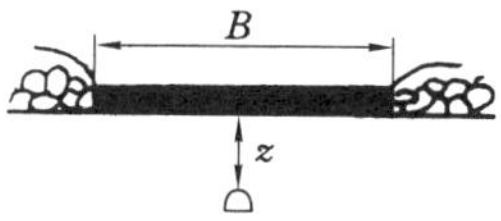
	保护煤柱一侧采动	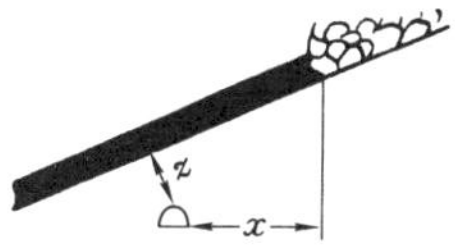	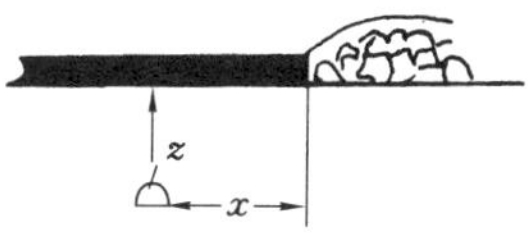
顶板内	保护煤柱两侧采动	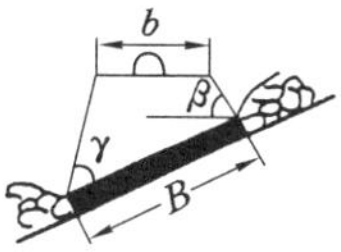	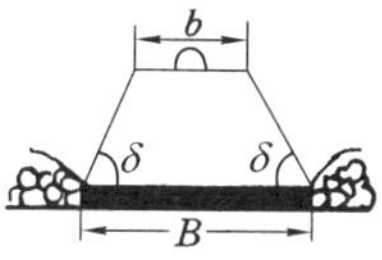
	保护煤柱一侧采动	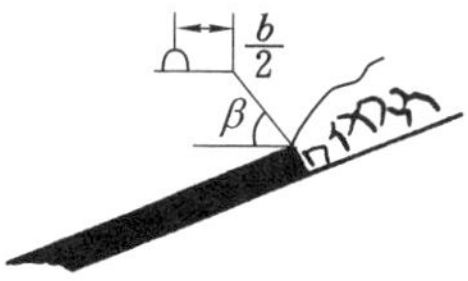	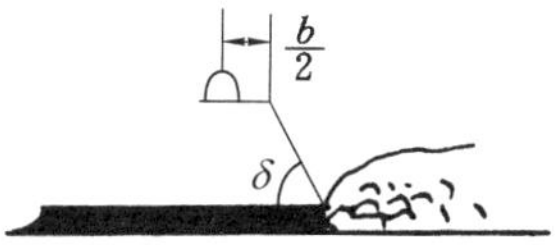

4.1.1.1　巷道围岩变形与 z、x 的关系

现场实测表明，在巷道围岩性质、开采深度和上部煤层采动状况等相同条件下，巷道围岩变形量 u 与 z 值的关系曲线如图 4-1 所示。巷道围岩变形量 u(mm)与巷道至上部煤层的垂直距离 z(m)之间呈幂函数关系：

$$u = az^{-b} \tag{4-1}$$

式中，a、b 参数取决于上部煤层采动状况、围岩性质、开采深度等因素。

现场实测表明，在巷道围岩性质、开采深度、上部煤层采动状况和巷道至上部煤层的垂直距离等相同条件下，巷道与上部煤柱(体)边缘之间的水平距离 x 决定着上部煤层跨采后，巷道是位于采空区下方的应力降低区内，还是处于上部煤柱(体)引起的应力增高区内。

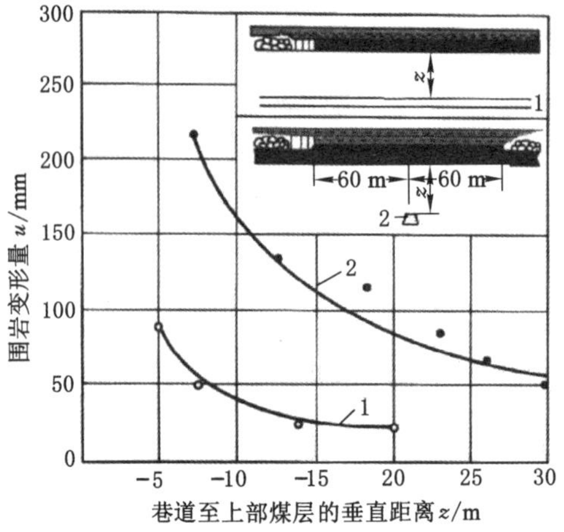

1—区段集中巷；2—盘区上山。

图 4-1　巷道围岩变形量与 z 值的关系曲线

巷道围岩变形速度与上部煤柱(体)两侧已采区水平距离实测关系曲线见图 4-2，巷道围岩变形速度与上部煤柱(体)一侧已采区水平距离实测关系曲线见图 4-3。

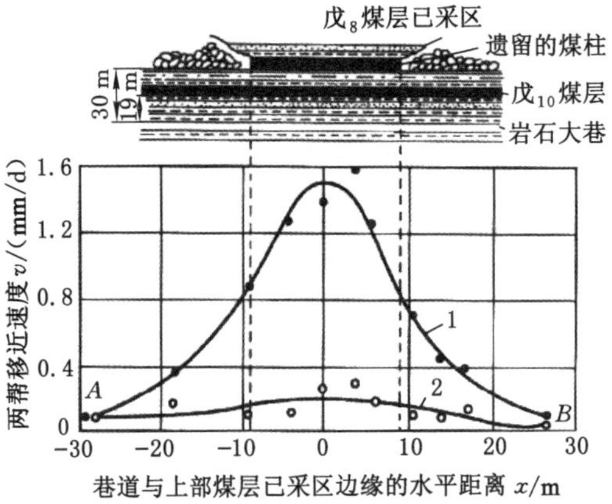

1—两帮移近速度；2—顶底板移近速度。

图 4-2　巷道围岩变形速度与上部两侧已采煤柱(体)边缘水平距离关系曲线

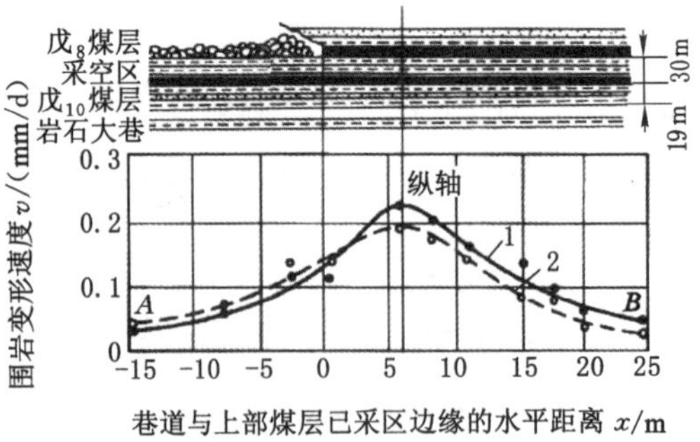

1—两帮移近速度；2—顶底板移近速度。

图 4-3　巷道围岩变形速度与上部一侧已采煤柱(体)边缘水平距离关系曲线

4.1.1.2　巷道位置参数

(1) 底板岩层中应力分布区域

底板巷道矿压显现表明，底板中除铅直应力外，剪应力、水平应力也是影响巷道矿压显现的重要因素。根据数值计算、相似模拟试验和现场实测等多方面分析研究，在煤体与采空区交界区域，采动引起的底板岩层应力分为以下区域（见图 4-4）：原岩应力区、应力集中区、剪切滑移区、卸压区、应力恢复区、拉伸破裂区。卸压区中拉伸破裂区和剪切滑移区以下区域应当是布置底板巷道的理想区域。

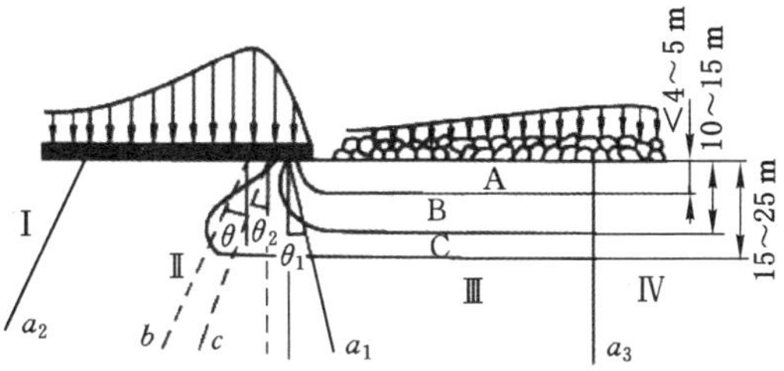

Ⅰ—原岩应力区；Ⅱ—应力集中区；Ⅲ—卸压区；Ⅳ—应力恢复区；

A—拉伸破裂区；B、C—剪切滑移区。

图 4-4　底板岩层应力分布区域

(2) 巷道稳定性指数

在影响巷道稳定的诸多因素中，最重要的是围岩应力、围岩强度以及二者相互关系。在实际应用中对巷道稳定性指数的定义：巷道开掘前所处位置的最大主应力与巷道围岩岩石单向抗压强度的比值为巷道稳定性指数。从大量观测数据中得出的巷道稳定性指数与巷道稳定程度的关系见表 4-2。因此，巷道稳定性指数可以作为确定巷道位置参数的依据。

表 4-2　巷道围岩稳定性指数

围岩稳定程度	巷道稳定性指数	围岩移近量/mm
稳定的	＜0.25	＜50
中等稳定的	0.25～0.4	50～200
不稳定	0.4～0.65	＞200

(3) 底板巷道位置参数

依据巷道需求的稳定程度和巷道实际围岩强度，确定巷道所在位置的最大主应力允许值的范围，计算在不同开采深度条件下，巷道的位置参数。上部煤层跨越底板巷道回采时，一般情况下巷道应采取临时加强支护措施。上部煤层跨采过后，为了确保底板巷道获得卸压效果，需要综合考虑巷道与上部煤层之间的垂直距离 z，以及巷道与上部煤体边缘之间的水平距离 x（见图 4-5）。巷道与上部煤层之间的垂直距离，应尽可能选择在距煤层不小于表 4-3 所规定距离的较坚硬的岩层内，但通常不超过 50 m。已知巷道与上部煤层之间垂直距离情况下，巷道与上部煤体边缘之间合理的水平距离如表 4-4 所列。

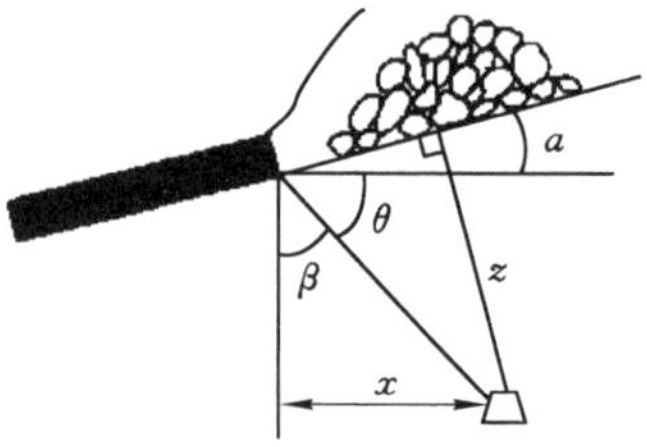

图 4-5　应力降低区内底板巷道位置参数

表 4-3　巷道与上部跨采煤层之间的最小垂直距离　　单位：m

巷道埋藏深度/m	巷道围岩强度/MPa		
	<30	30～60	>60
300	20	10	10
600	—	20	15
900	—	—	20

表 4-4　巷道与上部煤体边缘之间的水平距离　　单位：m

巷道埋藏深度/m	围岩强度/MPa	巷道与上部煤层之间的垂直距离/m					
		10	15	20	30	40	50
300	<30	—	—	25(0.12)	30(0.15)	35(0.16)	40(0.19)
	30～60	15(0.07)	15(0.11)	20(0.10)	25(0.11)	30(0.12)	35(0.13)
	>60	10(0.08)	10(0.12)	12(0.12)	15(0.11)	17(0.12)	20(0.12)
600	30～60	—	—	25(0.13)	30(0.16)	35(0.17)	40(0.17)
	>60	—	17(0.13)	20(0.14)	25(0.16)	30(0.15)	35(0.15)
900	>60	—	—	25(0.12)	30(0.17)	35(0.18)	40(0.17)
1 000	>60	—	—	25(0.12)	30(0.18)	35(0.19)	45(0.19)

注：表中括号内数据为相应的巷道稳定性指数。

（4）顶板巷道位置参数

我国煤层赋存条件复杂，在某些情况下，例如靠近煤层的底板岩层为强含水的奥灰岩或者软弱岩层，以及为了减轻或消除上部煤层的煤与瓦斯突出或冲击地压的危险，先开采下部作为保护层的煤层时，布置顶板巷道更有利。目前，我国主要用保护煤柱保护顶板巷道（见图 4-6），其中，γ、β、δ 为岩层移动角；x_0 为巷道一侧保护带宽度，一般不小于 20 m。苏联煤矿巷道布置规程中规定：布置在尚未开采的煤层顶部、要经历下部煤层开采影响的顶板巷道，z 值不小于回采工作面顶板裂缝带的高度，采用全部垮落法时，z 值不小于 12 倍采高。顶板巷道与下部煤体边缘之间水平距离 $x=z+2L$，且 x 大于 50 m，L 为下部煤层工作面周期来压步距（见图 4-7）。

4.1.2　巷道位置类型

根据巷道与开采空间相对位置及采掘时间关系的不同，巷道位置可以分为以下几类：

（1）与开采空间在同一层面的巷道称为本煤层巷道，分析本煤层巷道位置时，仅考虑开

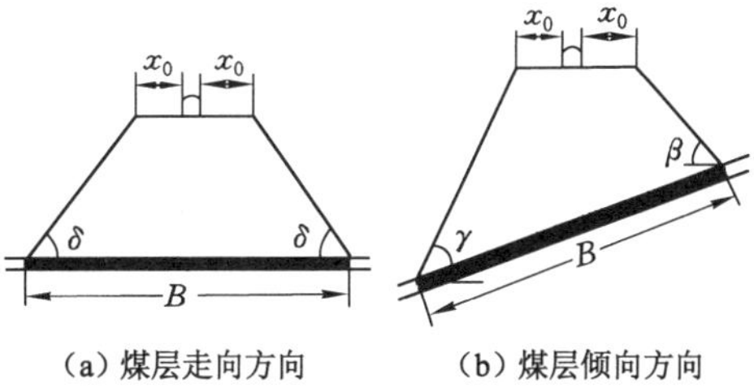

图 4-6　保护煤柱维护顶板巷道示意图

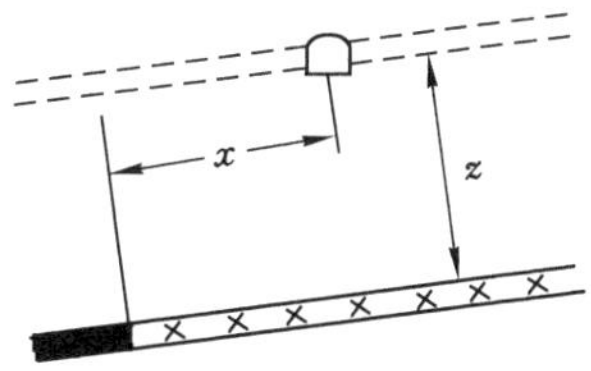

图 4-7　下部煤层(跨采)顶板巷道示意图

采空间周围煤体上支承压力的分布规律，可作为平面问题处理。

(2) 与开采空间不在同一层面，位于其下方的巷道称为底板巷道，分析底板巷道位置时，应该考虑开采空间周围底板岩层中应力分布规律，按空间问题处理。当然，位于开采空间所在层面上方的巷道称为顶板巷道，分析顶板巷道位置时，不仅要考虑开采空间周围顶板岩层中应力分布规律，还要考虑上覆岩层移动、破坏规律。

(3) 厚煤层中、下分层以及相邻煤层中的煤层巷道，有可能同时受到本分层和上分层以及相邻煤层采面的采动影响，分析这类巷道位置时，依据巷道与开采空间位置和采掘时间关系，综合考虑开采空间周围煤体上支承压力和顶、底板岩层中应力的叠加影响。

4.1.3　回采巷道矿压显现规律

4.1.3.1　回采巷道布置方式

根据区段回采的准备系统，回采巷道可分成三种布置方式。

(1) 位于未经采动的煤体内，巷道两侧均为煤体，称为煤体-煤体巷道，如图 4-8 中Ⅰ所示。薄煤层、中厚煤层和厚煤层上分层的区段运输巷一般都属于这种布置方式。

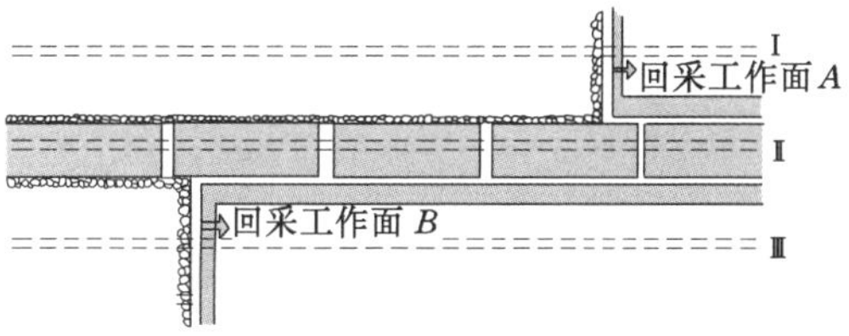

图 4-8　回采巷道布置方式示意图

(2) 巷道一侧为煤体，另一侧为保护煤柱，如果保护煤柱一侧的采面已经采完且采动影响已稳定，掘进的巷道称为煤体-煤柱(采动稳定)巷道(见图 4-8 中Ⅱ$_1$)；如果与保护煤柱一侧的采面回采巷道同时掘出，或在保护煤柱一侧的采面回采过程中掘进巷道，称为煤体-煤柱(正采动)巷道(见图 4-8 中Ⅲ$_1$)。

(3) 巷道一侧为煤体，另一侧为采空区，如果采空区一侧采动影响已经稳定，沿采空区边缘掘进的巷道称为煤体-无煤柱(沿空掘进)巷道(见图 4-8 中Ⅱ$_2$)；如果通过加强支护或采用其他有效方法，将相邻回采巷道保留下来，供本区段工作面回采时使用的巷道，称为煤体-无煤柱(沿空保留)巷道(见图 4-8 中Ⅲ$_2$)。

4.1.3.2　回采巷道矿压显现规律

(1) 煤体-煤体巷道服务期间，围岩的变形将经历巷道掘进影响、掘进影响稳定和采动影响三个阶段。由于巷道在采面后方已经废弃，巷道仅经历采面前方采动影响，围岩变形量比采动影响阶段全过程小得多，一般仅 1/3 左右。

(2) 煤体-煤柱或无煤柱（采动稳定）巷道服务期间，围岩的变形同样经历巷道掘进影响、掘进影响稳定和采动影响三个阶段（工作面前方采动影响）。但是巷道在整个服务期间内，始终受相邻区段采空区残余支承压力的影响，三个影响阶段的围岩变形均大于煤体-煤体巷道。巷道的围岩变形量除了取决于开采深度、巷道围岩性质、工作面顶板结构和相邻区段采空区采动稳定程度外，还与沿空护巷方式及保护煤柱宽度密切相关。

(3) 煤体-煤柱或无煤柱（正采动）巷道服务期间，围岩的变形将经历全部的五个阶段（巷道掘进影响阶段、掘进影响稳定阶段、采动影响阶段、采动影响稳定阶段、二次采动影响阶段），围岩变形量远大于采动稳定后巷道。这类巷道的围岩变形量除了与开采深度、巷道围岩性质、采动状况有关外，工作面顶板结构、沿空护巷方式和煤柱宽度都起决定性作用。

4.1.4 底板巷道矿压显现规律

4.1.4.1 底板巷道位置

在上部煤层回采活动影响下，底板巷道的受力状况和围岩变形有很大差别。按照巷道与上部煤层开采空间的相对位置和开采时间关系，底板巷道的位置可归纳为以下三种情况：

(1) 布置在已稳定的采空区下部，在上部煤层开采空间形成的底板应力降低区内（见图 4-9 中Ⅰ），巷道整个服务期间内不受采动影响。

(2) 布置在保护煤柱下部，经历保护煤柱两侧回采工作面的超前采动影响（见图 4-9 中Ⅱ）。保护煤柱形成后，巷道一直受保护煤柱支承压力的影响。当保护煤柱足够宽或者巷道与保护煤柱的间距足够大时，巷道可以避开采动影响，处于原岩应力场内。

(3) 布置在尚未开采的工作面下部，经历上部采面的跨采影响后，位于已稳定的采空区下部应力降低区内（见图 4-9 中Ⅲ）。

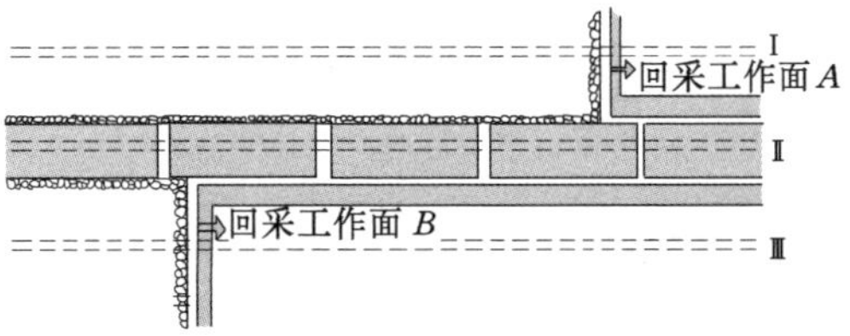

Ⅰ—在已稳定的采空区下部；Ⅱ—在保护煤柱下部；
Ⅲ—在尚未开采工作面下部，经历上部采面的跨采影响。

图 4-9　底板巷道位置

4.1.4.2 底板巷道矿压显现规律

底板巷道从开掘到报废，由于上部煤层的采动影响，引起围岩应力反复重新分布，围岩变形速度随之变化。巷道Ⅰ仅经历在应力降低区内的巷道掘进影响阶段，然后进入掘进影响稳定阶段，围岩变形趋向稳定，变形量不大。巷道Ⅱ围岩要经历掘巷期间明显变形，然后趋向稳定，保护煤柱不足够宽时，受上部煤层工作面 A 回采影响期间显著变形，然后又趋向稳定；受上部煤层工作面 B 回采影响期间强烈变形，然后再次趋向以较大的变形速度持续变形[图 4-10(a)]。巷道Ⅲ围岩变形要经历掘巷期间明显变形，然后趋向稳定，工作面跨越开采时引起围岩强烈变形，然后又趋向稳定[图 4-10(b)]。

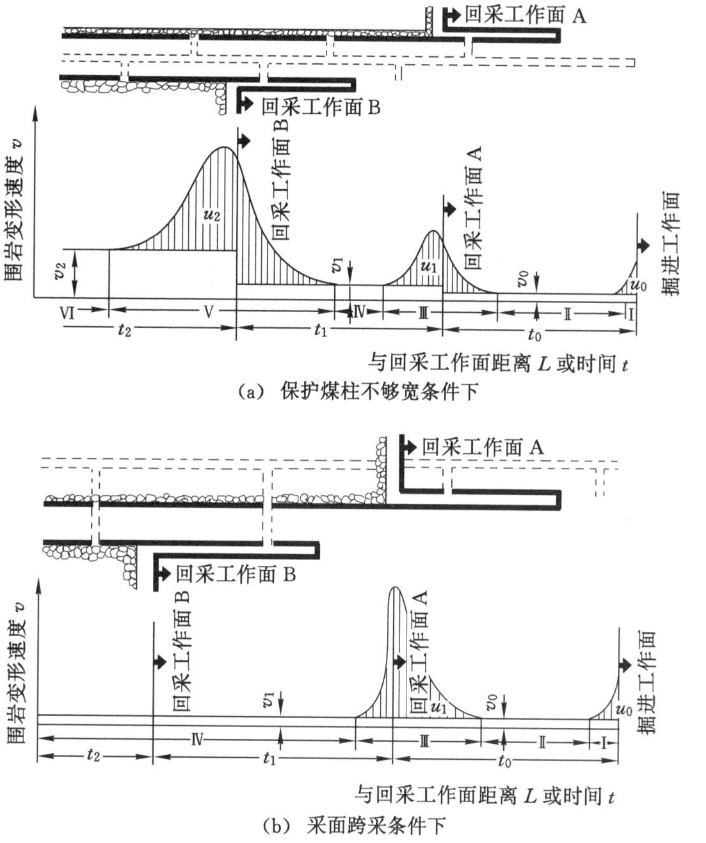

(a) 保护煤柱不够宽条件下

(b) 采面跨采条件下

图 4-10　受上部煤层采动影响底板巷道变形

4.1.5　上、下山矿压显现规律

4.1.5.1　上、下山位置

开采薄及中厚煤层的单一煤层时，适用于布置煤层上、下山，用煤柱保护。位于底板岩层或邻近煤层内的上、下山，按巷道与开采空间的相对位置和开采顺序，可将上、下山的布置方式归纳为图 4-11 所列举的类型。

(1) 位于煤层内用煤柱保护的上、下山[图 4-11(a)]。

(2) 位于底板岩层内、上方有保留煤柱的上、下山[图 4-11(b)]。

(3) 上、下山位于底板岩层内，上部煤层工作面跨越上、下山回采，不留护巷煤柱。跨越方式如图 4-11(c)所示，左翼工作面先回采到上、下山附近处停采，然后右翼工作面跨越上、下山回采到左翼工作面停采线附近处停采，保留停采煤柱。

(4) 上、下山位于底板岩层内，上部煤层工作面跨越上、下山回采，不留护巷煤柱。跨越方式如图 4-11(d)所示，右翼工作面在左翼工作面还远离上、下山时就跨越上、下山。

随着综合机械化采煤的发展，不少矿井采用跨越底板岩层内多组上、下山连续回采，不留停采煤柱，使综采工作面连续推进长度达到 2 000～3 000 m。布置在底板岩层内的上、下

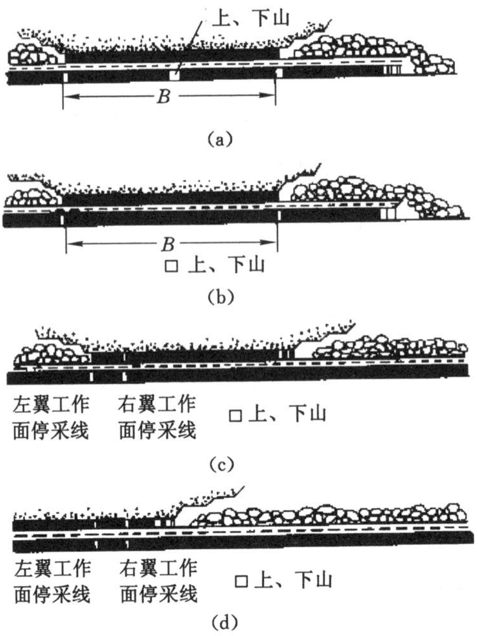

图 4-11　上、下山布置方式

山在上部煤层工作面跨采期间，如果留有区段保护煤柱，位于区段交接部位的上、下山上部会形成两侧采空或三侧采空的区段煤柱；上部工作面跨采过后，上、下山不仅没有处于采空区的应力降低区内，反而要长期受区段煤柱上高度集中的支承压力的影响。因此，底板岩层内上、下山上部煤层工作面跨采时，不宜保留区段保护煤柱。

4.1.5.2　上、下山矿压显现规律

(1) 上、下山[图 4-11(a)、(b)]的围岩变形将经历掘巷期间明显变形，然后趋向稳定，一翼采动影响期间显著变形，然后又趋向稳定，另一翼采动影响期间强烈变形，最后在两侧采空引起的叠加支承压力作用下，再次趋向以较大的变形速度持续变形共六个时期。各时期围岩变形量的大小，主要取决于护巷煤柱的宽度、巷道与上部开采空间的距离及围岩的性质。开采本煤层时，还会受到本煤层保护煤柱两侧工作面超前采动影响，有时应力增高系数可高达 5～7。

(2) 上、下山[图 4-11(c)]的围岩变形在掘巷期间、掘巷影响趋向稳定期间、一翼采动影响期间、一翼采动影响趋向稳定期间与上、下山用煤柱保护时基本相同；但是，在另一翼跨采影响期间，上、下山开始受两侧采动引起的支承压力的叠加影响，随着右翼工作面推进，左、右两翼工作面间的煤柱逐渐缩小，支承压力的影响急剧增加，围岩附加变形量远大于用煤柱保护时围岩附加变形量，而跨采后处于应力降低区内的围岩平均变形速度又明显小于用煤柱保护时两翼采动影响趋向稳定时期的围岩平均变形速度。

(3) 上、下山[图 4-11(d)]的围岩只经过掘巷期间明显变形，然后趋向稳定，跨采引起围岩变形急剧增加，以及跨采之后围岩变形趋向稳定共四个时期，总变形量显著减少，如图 4-12 所示。

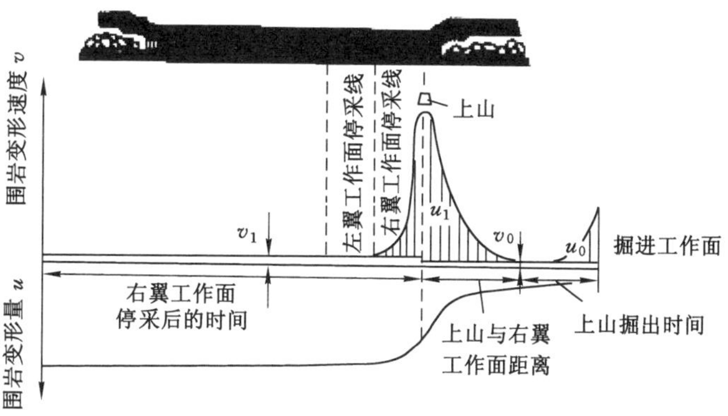

图 4-12 上、下山巷道围岩变形

4.1.6 沿空留巷矿压显现规律

采准巷道的维护状况主要取决于围岩的应力状态、围岩的力学性质以及巷道的支护条件等。在一定的地质条件下，区段巷道可以采用煤柱维护或无煤柱护巷。无煤柱护巷又可应用沿空留巷或沿空掘巷。在不同情况下，由于巷道与回采工作面在空间位置和时间关系上存在不同，受到采动引起的岩层移动和支承压力的影响亦不同，致使巷道的围岩变形和维护状况相差悬殊。因此，研究采场周围压力分布规律对巷道围岩应力和变形的影响，对了解和掌握区段巷道无煤柱维护的基本原理和规律都十分重要。

沿空留巷从开掘到报废，受采动影响的压力分布状态和围岩变形与用煤柱护巷不同。在回采工作面后方，沿空留巷处于两种不同的介质中，一侧为巷道煤帮，属于弹塑性介质，另一侧为冒落岩石，属于松散介质。沿空留巷的围岩变形，除与煤帮的支承压力和直接顶的载荷有关外，其顶板下沉量主要取决于裂缝带岩层取得平衡之前的强烈沉降，如图 4-13 所示。随着采空区岩层运动和煤帮支承压力的减弱，无煤柱巷道煤帮的承载能力与支承压力会很快处于平衡状态，围岩变形显著下降并趋向稳定。这与用煤柱护巷相比明显不同，因为煤柱宽度不足而遭到破坏后，其承载能力与支承压力长期不能平衡，从而引起巷道围岩出现强烈持续变形的现象。

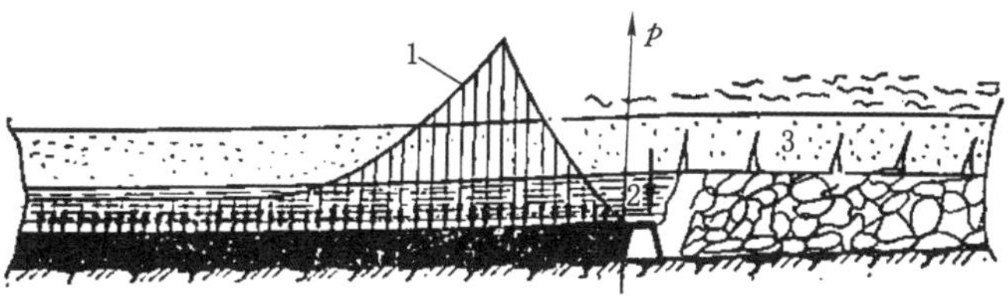

1—支承压力；2—沿空留巷；3—基本顶。

图 4-13 沿空留巷受力情况

当下区段工作面回采时，沿空留巷将受到二次采动影响，其影响范围与一次采动时工作面前方支承压力区的范围基本相同，但影响程度却强烈得多，这主要是由于初次前支承压力作用在未采动岩体内的巷道上，二次前支承压力作用于已采动岩体内的巷道上。二次采动使已稳定的围岩移动又重新剧烈起来，这对巷道的维护极为不利，为此，应在下区段工作面前方 10～15 m 范围内进行加强支护，以控制巷道变形的加剧。若上、下工作面开采错距较近（如在 20～40 m 之内），则沿空留巷将处于叠加影响范围内，从而使顶底板移近量和移近速度加大。这就是说，上、下工作面错距越小，巷道顶底板的移动也越剧烈。因此，工作面必须保持合理的错距，以减少围岩的移动量，改善沿空留巷的维护条件。据现场实测资料可知，上、下工作面的合理错距，应在上工作面后方支承压力稳定区之外。

综合现有观测资料，沿空留巷矿压显现的基本特征可归结为：

(1) 沿空留巷时，在其工作面后方附近，由于裂缝带岩层取得平衡之前的急剧沉降，引起巷道顶板在短期内强烈下沉，使冒落岩石在上覆岩层作用下向巷道挤压。一般在工作面后方 10～20 m，顶板下沉现象最强烈，根据顶板具体条件不同其变化较大，通常在 35 mm/d 以上。由工作面后方 40～50 m 开始，顶板下沉速度明显减小，一般降至 10～20 mm/d 以下。在工作面后方 60～70 m 以远，顶板下沉趋向稳定。

(2) 如果直接顶冒落后可以充满采空区，使基本顶能处于平衡状态，在采动期间，沿空留巷的顶板下沉量与煤层采厚成正比关系，一般少则为采厚的 10%，多则为 15%～20%。煤层厚度越小，越有利于沿空留巷的维护。

(3) 沿空留巷的顶板下沉量，随巷道宽度和悬顶距的增大成正比增长，且靠采空区一侧的下沉量比靠煤帮处要大 1 倍左右。

基于矿山压力观点，判断在某些条件下是否可能实行沿空留巷时，可根据类似地质条件下移近量与煤层采高的关系，预先估算在采动剧烈影响带中，顶板下沉量和沿空留巷过程中总下沉量的大小，以及巷道支架是否会严重变形和破坏。

4.2 新型巷道断面类别及选择

所谓新型巷道，是指当前巷道用途、辅助运输方式以及巷道尺寸与过去巷道相比均有较大的改变。例如，布置有无轨胶轮车、单轨吊车等新型辅助运输方式的巷道。

4.2.1 无轨胶轮车辅助运输巷道

20 世纪 50 年代初期，北美开创了无轨运输设备使用的先河，率先使用矿用无轨胶轮车对有色金属矿进行开采运输。经过 70 多年的发展，国外采用无轨胶轮车辅助运输的煤矿已高达 65%，尤其是在采矿技术发达的国家（美、英、德、南非等），无轨辅助运输的应用已经非常的普遍。我国开始自主研发无轨胶轮车是从 20 世纪 80 年代中期开始的，前期发展比较缓慢，直至 90 年代，才有较大提升。随着我国科研能力的不断提高，无轨胶轮车的研制逐渐走向成熟，为我国矿井辅助运输无轨化的普及创造了有利的条件。如图 4-14 所示。

矿用无轨胶轮车的使用，简化了运输系统，减轻了井下工作人员劳动强度，提高了生产效率，并且费用低、运载能力强、爬坡度大、运行速度快、可靠性高、运输效率高，大幅度提高机械化采煤技术，既保证了煤矿生产的安全、可靠、高效运输，又提高了经济效益。

从国内外使用情况来看，采用无轨胶轮车辅助运输，为提高矿井生产能力创造了有利条件，解决了煤矿长期以来辅助运输制约生产能力的“瓶颈”问题，并在生产上取得了很好的效果。无轨胶轮车辅助运输有以下特点：

(1) 可实现一次装载后从地面直到采区工作面或从井口至采区工作面不经转载的直达

图 4-14　无轨胶轮车示意图

运输，运速快、运输能力大，从而可大量减少辅助运输人员和提高运输效率。

(2) 车型多，应用范围广，可实现一机多用，并可集铲装、运输和卸载功能于一体。综采工作面设备搬迁时，可自装自卸，做到拆除、铲装、运输、卸载和调整就位一机完成，既减轻了工人的劳动强度，又大幅度提高了生产效率和安全性。

(3) 爬坡能力强。无轨胶轮车在最大重载下可爬坡度达 14°，完全可以满足在水平煤层与近水平煤层中的运输要求。

(4) 载重能力大。重型车可整体运输液压支架等大型设备，运输能力可达 35 t。轻型车可运输材料和人员，一车最多可运送 25～40 人，也可载运 14～20 t 矸石，在 20 s 内完成自卸作业。

(5) 运输成本低，从而降低了吨煤成本。传统的辅助运输系统运营费用约占吨煤成本的 15%～20%，为 10～20 元；而无轨胶轮车在大柳塔矿使用时吨煤运输费用仅 1 元，大大低于传统的辅助运输方式。

4.2.2　单轨吊辅助运输巷道

在轨道运输中，单轨吊运输作为一种新的运输方式，适用于煤矿井下人员、材料设备和矸石等的辅助运输，可实现轻型液压支架的整体搬运，主要用于大巷、采区上下山及采掘工作面的巷道运输，如图 4-15 所示。单轨吊克服了卡轨车、齿轨车运输条件限制，实现多条巷道连通使用，可以在多弯道、多起伏的巷道中应用。

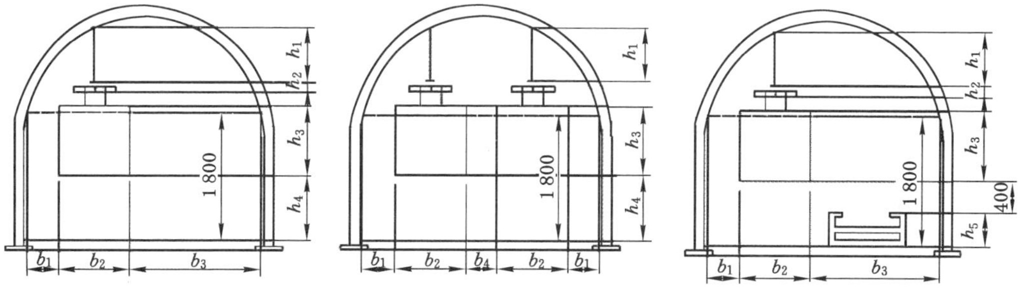

(a) 单轨吊及无轨胶轮车巷道断面　(b) 双单轨吊巷道断面　(c) 单轨吊及槽式运输机巷道断面

b_1—人行道宽度，m；b_2—单轨吊最大宽度，m；b_3—无轨胶轮车或槽式运输机最大宽度，m；b_4—单轨吊间距，m；h_1—底板至单轨吊高度，m；h_2—单轨吊悬挂装置与挂线距离，m；h_3—单轨吊最大高度，m；h_4—挂线长度，m；h_5—槽式运输机高度，m。

图 4-15　单轨吊巷道断面示意图

4.2.3 架空乘人索道巷道

矿山架空乘人索道主要用于地下矿山辅助运输人员，如图 4-16 所示。架空乘人索道是将钢丝绳安装在驱动轮、托绳轮、压绳轮、迂回轮上并经张紧装置拉紧后，由驱动装置输出动力带动驱动轮和钢丝绳运行，从而实现运送人员的目的。用井下矿用架空索道运送人员，其目的是缩短人员上下井的路途时间，减少人员上下井的体能消耗。

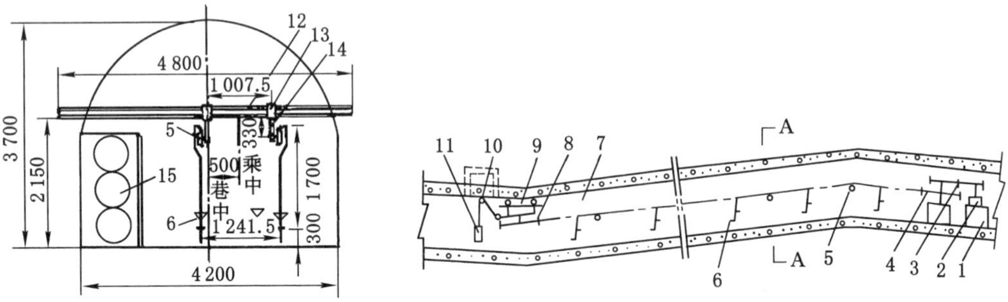

1—电机混凝土基础；2—电机；3—传动装置；4—驱动轮；5—托绳轮；6—座椅；
7—其他巷道；8—尾轮；9—滑道；10—导向轮；11—张紧重锤；12—托架工字钢；
13—U 型卡；14—托轮架；15—排水管。

图 4-16　架空乘人索道巷道断面示意图

4.2.4 巷道断面选择

巷道断面设计合理与否，直接影响煤矿生产的安全和经济效益。巷道断面设计的原则是：在满足安全、生产和施工要求的条件下，力求提高巷道断面利用率，以取得最佳的经济效益。

我国煤矿及其他矿山井下使用的巷道断面形状，按其构成的轮廓线可分为折线形和曲线形两大类。前者如矩形、梯形、不规则形等；后者如直墙半圆拱形、半圆拱形、圆弧拱形、三心拱形、马蹄形、椭圆形和圆形等。巷道断面形状应根据巷道的用途、围岩条件、矿压特点、服务年限、支护方式、掘进工艺等因素确定，并应符合承压性能好、断面利用率高、掘进与支护费用低、便于施工的要求。

矿压大小和方向在巷道断面形状选择时起关键作用。当顶压和侧压均不大时，可选用矩形或梯形断面；当顶压较大、侧压较小时，应选用直墙半圆拱形断面；当顶压、侧压都很大，同时底鼓严重时，就须选用诸如矩形或圆形等封闭式断面。一般巷道的矿压主要是顶压，侧压不明显，直墙半圆拱形断面承受顶压的性能最好，而且施工方便，因此应优先选用直墙半圆拱形断面，如图 4-17 所示。

从断面利用率考虑，矩形断面的利用率最高，梯形次之。沿煤层开凿的斜巷和沿近水平煤层开凿的平巷，煤层顶板稳定性为中等及以上的开拓、准备及回采巷道，宜采用矩形断面，如图 4-18 所示。

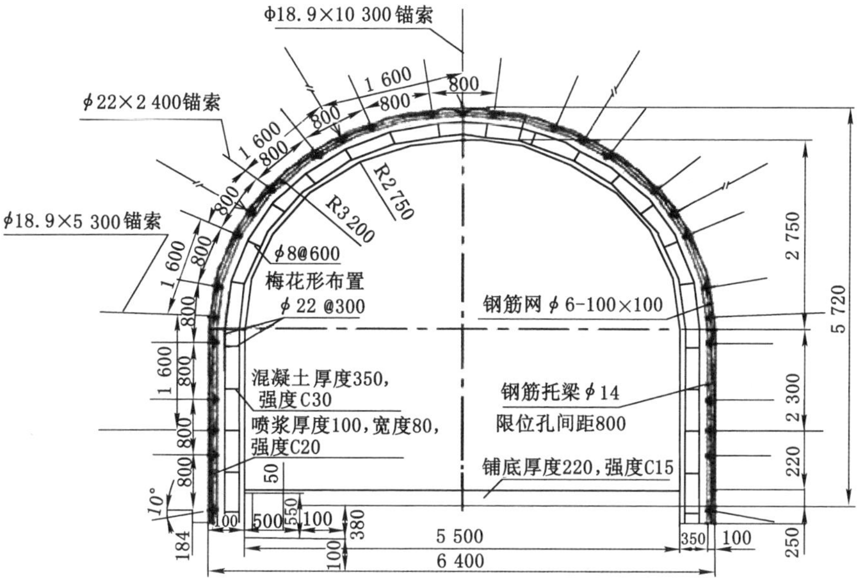

图 4-17　直墙半圆拱形巷道断面示意图

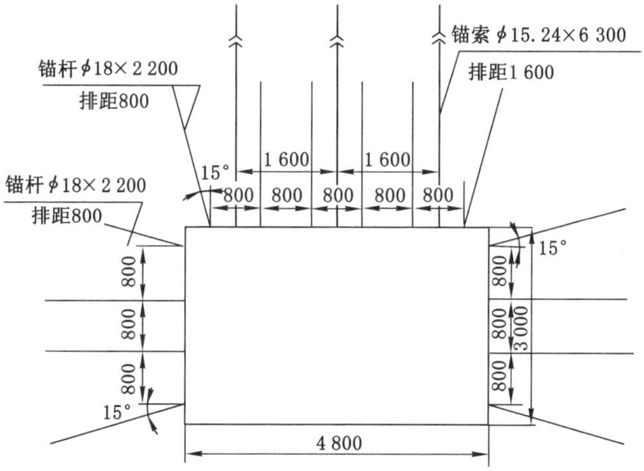

图 4-18　矩形巷道断面示意图

4.3　巷道智能化基站及管缆布置

4.3.1　智能化基站布置

井下巷道场景一般可以分为短巷道场景、长巷道场景、复杂巷道场景。巷道场景与其他场景有很多区别，附近基站的信号很难覆盖，经常出现弯道与坡度，无线信号衰减大，所以处理巷道场景要采取灵活方式。

(1) 井下所有智能化基站的信号覆盖半径按 300 m 布放，条件较差巷道按照覆盖半径 100～200 m 布放，确保能够满足井下 5G 信号强的需要。井下智能化基站按照信号覆盖需求进行壁挂式布放及安装，基站就近接入矿方统一供电电路。

（2）在信号的覆盖强度方面，当巷道长度超过覆盖距离时，采取多基站覆盖方式。

（3）天线布放位置决定巷道内覆盖水平，为了保证良好的覆盖，天线布放位置应满足巷道内天线覆盖边缘场强大于−115 dBm。在直巷道情况下，天线口功率 $W>25$ dBm 时，若保证边缘场强大于−115 dBm，可布放双极化板状天线；在弯巷道情况下，必须考虑弯道对边缘场强的衰减，应把天线布放在弯道的切点处。

（4）对于复杂巷道场景，可采取防爆基站加泄漏电缆的方式进行巷道信号覆盖。直巷道主要采用定向天线覆盖，根据巷道宽度覆盖半径在 300 m 以上；巷道交错区域，在交叉路口设立一个分站，并采用多个天线进行分别覆盖。

4.3.2 管缆布置

根据生产需要，巷道内要布置管缆，如压风管、排水管、供水管及动力、照明、通信电缆等。管缆的布置要考虑安全和检修方便。

（1）电缆及 5G 通信光缆布置的一般要求：

① 人行道一侧最好不敷设动力电缆。

② 动力电缆和 5G 通信光缆一般不要敷设在巷道的同一侧，若必须敷设在同一侧，则应各自悬挂，且将动力电缆设置在通信、照明电缆下面。

（2）电缆、光缆与风、水管道平行敷设时，电缆要悬挂在管道的下方，隔开 300 mm 以上的距离。

（3）电缆、光缆悬挂高度应保证当矿车掉道时不致遭受撞击。

（4）敷设电缆或光缆时，两悬挂点的间距不应大于 3 m，两根相邻电缆或光缆间距不得小于 50 mm，电缆或光缆到巷道顶板的距离一般不小于 300 mm，当有数根电缆或光缆时一般不小于 200 mm。

4.4 思考题

1. 论述不同巷道位置类型的含义。
2. 简述不同巷道的矿压显现规律。
3. 详细论述沿空留巷的矿压显现规律。
4. 巷道断面形状有哪些类别？选择断面形状的依据是什么？
5. 简述新型辅助运输方式巷道断面的类别及主要构成。
6. 试论述智慧矿山附属设施的未来发展。

第 5 章
巷道智能掘进装备及选择

内容提要　掘进装备是巷道快速掘进和高效掘进的重要保证，对装备的全部或部分进行智能化升级改造，能够提升巷道掘进质量、减少现场人员和保护矿工身体健康。本章主要讲述盾构机、掘锚机、连续采煤机和悬臂式掘进机等 4 种机组在巷道掘进中的应用。圆形断面的盾构机主要用于长距离平巷或斜井的重大工程施工，尤其是中型断面巷道应用最为成功；矩形断面的盾构机或掘锚机主要适用于近水平煤巷或煤-岩巷掘进，可以实现割煤与支护平行作业，其后配套设备必须及时跟进；连续采煤机一般用于 2 条或 3 条巷道群组的联合掘进，煤双巷或多巷的回采巷道、带区布置的大巷组等，在煤岩层稳定方面，尤其适用于巷道自稳时间长、一次割煤距离相对较长的房式或房柱式采煤方法中。以悬臂式掘进机组为主的综合机械化掘进为我国煤炭行业的发展提供了相当长时期的保证，但是存在破煤和支护不能实现平行作业的问题，无论是纵轴式还是横轴式的远程操控系统的智能升级使该型装备的应用前景更加广阔。各种装备的选择主要依托于巷道的类别、用途、几何尺寸、地层的倾角和配套等。

5.1　概述

随着科学技术的发展，煤矿的智能化更符合现代工业技术革命发展趋势，同时也是保障国家能源安全、保障煤炭工业高质量发展的核心技术支撑。当前，我国约有 90% 的煤炭资源以井工的方式开采。在井下开采中，首先工序是挖掘出地下运输和通风巷道，必须严格执行“采掘并重，掘进先行”的要求，而且现已不再区分煤巷与岩巷。

伴随着我国煤炭行业的快速发展，采矿技术也取得了很大的进步和发展；但是由于掘进技术发展迟缓，巷道掘进智能化远落后于采煤，导致出现采掘失衡的情况越来越多且逐渐严重，进而导致矿井开采周期长、成本高，严重影响煤矿的开采工作。此外，国内外掘进机采用驾驶员在操作台上亲自操作手柄控制设备，由于操作台位置特殊，驾驶员需要经常面对大量粉尘、脱落岩石等复杂情况。诸多因素的影响，使得驾驶员无法对设备进行正确、有效的操作，同时也给施工人员带来安全隐患。可见，掘进施工质量、施工安全在很大程度上还依赖于人为因素。

煤矿的掘进系统和设备对煤矿的安全生产十分重要。高科技、高质量的掘进设备能够帮助煤矿在短期内打通巷道，开展采煤工作，缩短矿井生产周期；同时在掘进工作过程中，能够和掘进系统高度适配，例如与运输系统、除尘系统、供电系统等进行有效匹配，快速完成掘进任务量。

此外，先进的掘进技术也是不可或缺的。掘进系统应该按照现代工业技术革命的发展趋势不断革新掘进技术，利用技术提高设备质量，改善运行情况。新技术的应用不仅能够促进掘进设备的改良，还能够让掘进工作得到科学指导，减少掘进工作中所消耗的人力、物力，协调掘进工作中各系统的工作运行。为了增加掘进系统和设备的科学性和合理性，提高掘进效率，减少掘进队伍数量，降低生产成本，高质量地完成掘进任务，实现煤矿安全、高效、集约化生产，掘进智能化是必不可少的。

5.2 盾构机

5.2.1 现状及分类

目前，国外生产盾构机的企业主要有德国的海瑞克公司(Herrenknecht AG)、美国的罗宾斯公司(Robbins)、加拿大的罗福特公司(Lovat)以及日本的小松制作所、三菱重工、川崎重工业株式会社等。国内主要盾构机生产企业有中铁工程装备集团有限公司、中国铁建重工集团、辽宁三三工业有限公司、北方重工集团有限公司、中交天和机械设备制造有限公司、中国船舶重工集团有限公司等。

世界上的盾构产业主要有两大技术流派，一是欧美流派，特点是设备耐用，但成本相对较高，在复合地层时有很强的优势，以海瑞克(德国)、罗宾斯(美国)、罗福特(加拿大)、法马通(法国)为典型代表；二是日本流派，特点是以满足设计寿命为前提，成本相对较低，但遇到复合地层时挖掘动力不足，在软土软岩地层优势明显，而且控制技术先进，以日立造船、石川岛、川崎、三菱、小松为典型代表。

盾构机的机型种类很多，按照盾构机的横截面积大小可以分为 6 种类型，如表 5-1 所列。

表 5-1 盾构机的分类

类型	超小型	小型	中型	大型	超大型	特大型
横截面半径 R/m	$R<1$	$1\leqslant R<3.5$	$3.5\leqslant R<6$	$6\leqslant R<14$	$14\leqslant R<18$	$R\geqslant 18$

5.2.2 发展趋势

目前，盾构技术已成为构筑地下铁路、电信、电力、上下水道等城市隧道工程的主要施工方法，随着微电子技术、液压技术和电液控制技术、遥控技术、激光技术、卫星制导技术和数字摄像技术的发展，盾构机的发展趋势可归纳为以下两点：

(1) 盾构机机型研发基本方向

适用于大深度化、高地下水压、大口径化、长距离化的盾构机；能够实现施工机械化、省力化、自动化和高速化的特种工法盾构机；断面异圆化以及应用隧道截面更为合理、空间利用率高的异形断面盾构机；适用于多种地质条件和土层结构的复合式盾构机；断面尺寸继续向超大型和微小型两个方向发展。

(2) 盾构机的机器人化

盾构机将不断采用类似机器人的技术，如控制、遥控、传感器、导向、测量、探测、通信技术等。盾构机的机器人化发展趋势不可阻挡，具体表现在：

① 自动控制技术的应用。电液比例控制技术将被广泛应用于盾构机的液压传动系统，实现压力、流量、位移、速度、加速度等系统输出量的连续、精确控制；变频调速控制技术、能量回馈技术、全局功率自适应控制技术等先进的节能技术将应用于盾构机的动力系统，改善动力系统的能量特性，实现高效节能；负载敏感控制技术、压力适应控制技术、恒功率控制技术等将广泛地应用于盾构机的顶进、刀具纠偏和物料搬运等液压传动系统，实现泵与负载间的功率匹配，减少压力与流量损失；变频技术、可变程控制技术、智能控制软件、现场总线技术等现代控制技术将用于实现原动机、液压泵和马达等的各种调节方式，合理分配动力，自动保护盾构机的最佳状态。

② 状态检测及故障诊断技术的应用。为提高盾构机状态参数的实时检测、控制和分析能力，实现故障的精确预报和设备的自动调整与维护，新型传感材料、传感器、信号分析技术、故障辨识与诊断技术将被进一步研究及应用，使盾构机的设计能力得到最大程度发挥；针对盾构机故障发生率较高的液压系统，引入小波理论、神经网络等先进的信号分析技术，研制具有时变性、隐蔽性、流固多项介质等特点的液压设备故障诊断系统；高性能电机转换器、电子控制器、微处理控制器、内藏式传感器等高新技术产品的开发与应用，将进一步增强盾构机动力与传动系统的自动控制、自动检测、故障预测和主动维护的能力，提高盾构机的机电液一体化及智能化水平。

③ 先进测控与导向技术的应用。采用激光雷达导向技术、GPS测量系统、GIS摄影测量技术以及隧道硐室位移测量技术等，以探明掘进方向的偏离，及时进行纠偏；引入模糊理论、人工智能输入法等自动化方向控制系统，用于深埋、长距离的盾构施工，以实现盾构机掘进方向的精确控制；采用管片拼装的无线遥控技术、全自动化拼装系统、曲线顶管自动遥控测量系统、盾构施工的智能化辅助决策系统等，将进一步扩大盾构机的适应性和应用范围。

此外，随着制造与施工技术的发展，今后的盾构机将需要适应各种复杂地层的施工，寻求耐磨、耐热、耐腐蚀、高硬度的刀具材料，完善当前已问世盾构机的技术细节，不断推出新概念、新材料、新结构的盾构机等，也是未来发展中的重要问题。

5.2.3　盾构机掘进技术及工艺

盾构法施工流程如图5-1所示。采用盾构法施工时，首先要在隧道的始端和终端开挖基坑或建造竖井，用作盾构机及其设备的拼装井(室)和拆卸井(室)，特别长的隧道还应设置中间检修工作井(室)。拼装和拆卸用的工作井，其建筑尺寸应根据盾构机装拆的施工要求确定。拼装井的井壁上设有盾构机出洞口，井内设有盾构机基座和推进的后座，井的宽度一般应比盾构机直径大1.6～2.0 m，以满足铆、焊等操作的要求。当采用整体吊装的小盾构时，井径可酌量减小。拼装井的长度，除了满足盾构机内安装设备的要求外，还要考虑盾构机推进出洞时，拆除洞门封板和在盾构机后面设置后座以及垂直运输所需的空间。中、小型盾构机的拼装井长度，还要考虑便于设备车架转换。盾构机在拼装井内拼装就绪，经运转调试后，就可拆除出洞口封板，盾构机推出井后即开始隧道掘进施工。盾构机拆卸井设有盾构进口，井的大小要便于盾构机的起吊和拆卸。

其他施工主要有土层开挖、盾构推进操纵与纠偏、衬砌拼装、衬砌背后压注等。这些工序均应及时而迅速地进行，决不能长时间停顿，以免增加地层的扰动和对地面、地下构筑物的影响。

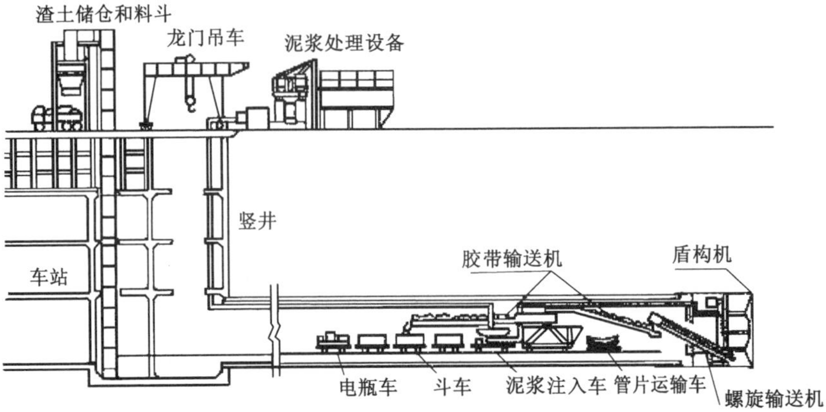

图 5-1　盾构法施工示意图

在盾构机开挖土层的过程中，为了安全并减少对地层的扰动，一般先将盾构机前面的切口贯入土体，然后在切口内进行土层开挖，开挖方式有：

(1) 敞开式开挖。适用于地质条件较好、掘进时能保持开挖面稳定的地层。由顶部开始逐层向下开挖，可按每环衬砌的宽度分数次完成。

(2) 机械切削式开挖。用装有全断面切削大刀盘的机械化盾构机开挖土层。大刀盘可分为刀架间无封板的和有封板的两种，分别在土质较好的和较差的条件下使用。在含水不稳定的地层中，可采用泥水加压盾构和土压平衡式盾构进行开挖。

(3) 挤压式开挖。挤压式开挖方式又有全挤压和局部挤压之分。用全挤压盾构方式施工时，由于掘进时不出土或部分出土，对地层有较大的扰动，使地表隆起变形，因此隧道位置应尽量避开地下管线和地面建筑物。这种盾构不适用于城市道路和街坊下的施工，仅能用于江河、湖底或郊外空旷地区。用局部挤压盾构方式施工时，要根据地表变形情况严格控制出土量，使地层的扰动和地表的变形降低到最低限度。

(4) 网格式开挖。使用网格式盾构机开挖时，要掌握网格的开孔面积，格子过大会丧失支撑作用，过小会产生对地层的挤压扰动等不利影响。在饱和含水的软塑土层中，这种掘进方式具有出土效率高、劳动强度低、安全性好等优点。

(5) 推进纠偏

盾构机在推进过程中，主要采取编组调整千斤顶的推力、调整开挖面的压力以及控制盾构推进的纵坡等方法，操纵盾构机位置和顶进方向。一般按照测量结果提供的偏离设计轴线的高程和平面位置值，确定下一次推进时须有若干千斤顶开动及推力的大小，用以纠正方向。此外，调整的方法也随盾构机开挖方式有所不同，如敞开式盾构机，可用超挖或欠挖来调整；机械切削开挖，可用超挖刀进行局部超挖来纠正；挤压式开挖，可用改变进土孔位置和开孔率来调整。

(6) 衬砌拼装

常用液压传动的拼装机进行衬砌（管片或砌块）拼装。衬砌拼装方法根据结构受力要求，可分为通缝拼装和错缝拼装。通缝拼装是使管片的纵缝环环对齐，拼装较为方便，容易定位，衬砌圆环的施工应力较小；但其缺点是环面不平整的误差容易积累。错缝拼装是使相邻衬砌圆环的纵缝错开管片长度的 1/2～1/3，衬砌整体性好，但当环面不平整时，容易引起较大的施工应力。

衬砌拼装方法按拼装顺序，又可分为先环后纵和先纵后环两种。先环后纵法是先将管片（或砌块）拼成圆环，然后用盾构千斤顶将衬砌圆环纵向顶紧。先纵后环法是先将管片逐块与上一环管片拼接好，然后封顶成环。先纵后环拼装顺序，千斤顶活塞杆可轮流缩回和伸出，以防止盾构机后退，减少开挖面土体的走动。而先环后纵的拼装顺序，在拼装时须使千斤顶活塞杆全部缩回，极易产生盾构后退，故不宜采用。

（7）衬砌压注

为了防止地表沉降，必须将盾尾和衬砌之间的空隙及时压注充填。压注后还可改善衬砌受力状态，并增进衬砌的防水效果。压注的方法有二次压注和一次压注。二次压注是在盾构推进一环后，立即用风动压注机通过衬砌上的预留孔，向衬砌背后的空隙内压入豆粒砂，以防止地层坍塌；在继续推进数环后，再用压浆泵将水泥类浆体压入砂间空隙，使之凝固。由于压注豆粒砂不易密实，压浆也难以充满砂间空隙，不能防止地表沉降，因而这种方法已逐渐被淘汰。

一次压注是随着盾构机推进，当盾尾和衬砌之间出现空隙时，立即通过预留孔压注水泥类砂浆，并保持一定的压力，使之充满空隙。压浆时要对称进行，并尽量避免单点超压注浆，以减少对衬砌的不均匀施工载荷；一旦压浆出现故障，应立即暂停盾构机的推进。

盾构法施工时，还须配合进行垂直运输和水平运输，以及配备通风、供电、给水和排水等辅助设施，以保证工程质量和施工进度，同时还须准备安全设施与相应的设备。

5.3　掘锚机

5.3.1　现状及分类

（1）国外

掘锚联合机组是 20 世纪 80 年代中末期为适应综采工作面的快速推进而研制的一种煤巷快速掘进和锚杆支护的新型技术装备。当前国外掘锚机组拥有自动控制技术、自动截割技术和输送设备监测技术，实现了全功能遥控、截割断面监视；美国、德国、奥地利等国的生产企业已经掌握输送带的转弯技术和线摩擦多点驱动技术等。但目前国外煤矿掘进工作面的技术装备仍处于半自动化水平，尚无智能快速掘进成套技术与装备。国外具有代表性的掘锚机组有瑞典山特维克的 MB670LH、MB670 和 MB670-1 系列，美国久益的 12ED30、EJM2×170/4-2 及 12CM 系列，德国波拉特的 E230，英国安德森的 KBⅡ和 BJD 的 2048HP/MD，澳大利亚阿尔卑尼的 AM30 等。表 5-2 所列为国外具有代表性的几种掘锚机组参数。

（2）国内

2002 年，我国引进了第一台掘锚机，主要应用于顶板不稳定、无法采用连续采煤机快速掘进的大型矿井的煤巷单巷掘进。但因为国内外在采煤方法、巷道布置方式等方面存在较大差异，所以我国的大多数煤矿巷道不适合应用国外的掘锚机组。目前我国掘锚一体化掘进技术的研究方向为：基于悬臂式掘进机的掘支护一体机和基于连续采煤机的掘锚一体机。

表 5-2　国外具有代表性的几种掘锚机组参数

公司	山特维克(Sandvik)	山特维克(Sandvik)	久益(Joy)	久益(Joy)
机型	MR670	MR670-1	12ED30	EIM2×170
开发时间/年	2008	2014	2015	2016
总装机功率/kW	510	546	650	620
截割功率/kW	270	270	340	2×170
机组总质量/t	95	105	111	85
机器长度/m	11.2	11.25	12.09	12.09
截割机构形式	可伸缩滚筒	可伸缩滚筒	可伸缩滚筒	可伸缩滚筒
截割轴形式	横轴式	横轴式	横轴式	横轴式
装煤机构形式	铲板	铲板	铲板	铲板
行走机构形式	履带	履带	履带	履带
顶锚杆机/台	4	4	4	4
侧帮锚杆机/台	2	2	2	2
可掘巷道形状	矩形	矩形	矩形	矩形
截割高度/m	2.9～4.5	2.8～5.0	3.1～4.6	3.0～4.8
截割宽度/m	5～5.5	5～6.2	4.6～5.4	5～6

国内研制成功的具有代表性的掘锚机组有三一重装的 EBZ160-JM 系列化掘锚机、兖煤黑豹的 EBZ160MH 锚护分离式掘护锚一体机、太原研究院的 EJM340/4-2H、天巨重工的 EJM270/4-2、铁建重工的 ZJM4200 护盾式掘锚机及徐工的 EBZ260M-4H 型掘锚机。表 5-3 所列为国内具有代表性的几种掘锚机组参数。

表 5-3　国内具有代表性的几种掘锚机组参数

公司	铁建重工	天巨重工	太原研究院	三一重装	兖煤黑豹
机型	ZJM4200	EJM270/4-2	EJM340/4-2H	EBZ160-JM13	EBZ160MH
开发时间/年	2016	2016	2016	2006	2014
总装机功率/kW	1 068	520	742	265	270
截割功率/kW	270	270	340	160/100	160/100
机组总质量/t	170	110	105	53	50
机器长度/m	29.1	11.2	11.6	10.1	9.6
截割机构形式	可伸缩滚筒	可伸缩滚筒	可伸缩滚筒	不可伸缩滚筒	不可伸缩滚筒
截割轴形式	横轴式	横轴式	横轴式	纵轴式	纵轴式
装煤机构形式	铲板	铲板	铲板	铲板	铲板
行走机构形式	履带	履带	履带	履带	履带
顶锚杆机/台	6	4	4	2	2
侧帮锚杆机/台	4	2	2	0	2
可掘巷道形状	矩形	矩形	矩形	梯形、矩形	梯形、矩形、拱形
截割高度/m	3.4～4.2	4.5	2.8～3.8	2.8～4.0	2.8～4.4
截割宽度/m	5.2～5.4	4.3～5.0	4.5～5.5	3.5～5.0	3.5～5.0

5.3.2　MB670 型掘锚机结构

（1）截割部外挂锚杆机

截割部外挂锚杆机是在原掘进机的基础上，重新设计截割部，在截割部左右两侧配置锚杆机构，在截割部上面加装临时支护。锚杆机可以在液压缸的驱动下向前伸出，超出截割头前端，并完成锚杆机的左右旋转，满足不同位置的锚杆作业。

（2）行走部外挂龙门架锚护机构

此类型掘锚机需要在原有掘进机的基础上，将本体部、行走部、第一运输机以及后支撑等进行重新设计。在左右行走部上加装伸缩滑架，滑架前端设置龙门结构，龙门结构在液压缸的作用下可以完成上下移动，再在龙门架横梁上配置临时支护和锚杆机构。锚杆机构安装在龙门横梁两侧，可以在旋转油缸的带动下完成左右旋转，以满足锚杆安装位置要求。

（3）截割部锚护机构

此类型掘锚机是在新设计的截割部上安装一个锚护机构，锚护机构与截割臂集成为一体，整体铰接在掘进机回转台上。掘锚机掘进作业时锚护机构收缩在截割部上，不影响截割部正常工作。在完成截割之后，锚护机构展开，进行临时支护和锚杆作业。锚护机构主要由 2 台锚杆机和 1 部临时支护构成。临时支护可实现双级伸缩，锚杆机可前后摆动、左右旋转、上下伸缩，实现顶锚杆和帮锚杆的锚固作业。

两台锚杆机分别有单独的控制系统，既可以采用遥控控制，也可以采用手动控制，可同时工作，互不影响，并通过双速液压控制系统控制锚杆机各个动作，提高了锚杆机对孔效率。临时支护采用双级伸缩筒结构，使支护装置能在较小的空间内实现较大的支撑高度，提高了支护的适用性。

（4）掘锚护一体机

掘锚护一体机是在普通掘进机的基础上新设计而成的。首先，增加左、右锚杆机构、摆动伸缩臂、双级伸缩滑动平台，并将其安装在本体两侧的行走部上。第一级伸缩以油缸作为推力，第二级伸缩采用马达驱动回转减速器带动齿轮旋转，通过齿轮、齿条配合，带动小车运动。锚杆机设置站人平台，以便于操作。其次，将液压油箱泵站、电控箱等后移，本体加长，行走部加长，第一运输机加长，临时支护设计在截割部上，操作台安装在本体上，以便于观察。最后，将油箱与泵站整体设计在后支撑上，采用上下结构设计，油箱布置在油泵电机上方，占用空间小，并有效减小吸空概率。

5.3.3　掘锚机掘进技术及工艺

（1）智能截割技术

掘锚机是快速掘进系统的“龙头”装备，掘锚机的智能化研究主要体现在智能截割技术上，主要表现在以下几个方面。

① 掘锚机的自动定位和导向技术。掘锚机在巷道掘进作业过程中，能够检测自身的位姿并且能够随时调整行走机构，使机身的位置和行进方向与巷道设计参数相匹配。自动定位和导向的主要方式有全站仪、陀螺仪、电子罗盘、激光导向仪以及视觉测量。目前，光纤陀螺仪技术成功应用于世界首套高效快速掘进系统的导向中，有效降低了巷道掘偏的情况，提高了掘进的速度和效率，为实现掘锚机的自动定位奠定了基础。

② 煤岩特性智能识别技术。这项技术是掘锚机智能化的重大技术问题，是实现无人化掘进的关键环节。目前的煤岩识别技术主要有：基于煤层厚度原理的射线、雷达探测法；基于煤岩表面检测原理的表面图像法、激光探测法、红外测温法等；基于切削力原理的驱动电流法、振动频谱法等；基于神经网络的多参数融合法；基于模糊理论的人工智能法等。

③ 煤岩自适应截割技术。这项技术是在掘锚机的自动定位技术确定自身在巷道中的三维坐标后，依据采掘工艺的要求自主完成整个煤岩截割过程的技术。整个工艺流程包括截割轨迹指定、截割滚筒转速和截割臂摆动速度根据煤岩特性的调整。实现截割滚筒转速调整的主要技术包括变频调速技术、开关磁阻电机调速电机技术、双速电机技术等；截割臂摆动速度的调整可以通过电磁阀控制技术控制截割臂升降油缸来实现。

④ 掘锚机智能感知技术。煤矿井下特殊工作环境、非正常截割工况、维护保养失当等均是掘锚机故障发生的原因，且故障类型呈多样性、随机性、盲测性、关联性的特点。传统的故障诊断方法存在延迟性、不确定性，诊断结果的客观性和可信度较低。而智能诊断技术实现在线检测和预报功能，是掘锚机智能化的一个重要体现。

(2) 智能锚护技术

目前，巷道支护是制约快速掘进的主要因素。随着掘进能力的提升，掘快支慢的矛盾越来越突出。神东快速掘进系统通过增加锚杆钻架的数量来缓解这种矛盾，锚杆机配有8～10个钻架，掘锚机配有 6 个钻架，即整个系统配有 14～16 个钻架，操作工人 4～8 人，平均一个进尺打锚杆时间 10～15 min，该支护速度仅仅能够满足目前的掘进要求。因此，必须研制全自动钻架和全自动锚杆钻车，实现整个锚杆作业工序(钻孔、装药卷、上锚杆、紧固锚杆、锚杆供给)的全部自动化以及辅助工序(铺网)的自动化，提高锚杆支护的速度和效率，并逐步减少人的参与，最终实现锚杆支护无人化，为整个掘进系统的智能化打下基础。智能锚护技术需要研究的关键问题有围岩状态实时监测及锚护参数的动态设计、锚护位置自动定位技术、智能钻锚集中控制系统、药卷自动喷射技术、智能健康诊断技术、自动铺网技术等。

(3) 输送带多点驱动技术和张紧力自动控制技术

带式输送机是快速掘进系统中的核心装备。目前，带式输送机存在的主要问题有：输送带弯曲运行时张力大、易跑偏；输送带弯曲率与机架最小弯曲半径不匹配；输送带磨损严重、使用寿命低等。为解决上述问题，保证输送机在输送带运行过程中顺利拐弯，需要采用多点驱动技术减小胶带张力，进一步研究带式输送机驱动点的选择、驱动功率的平衡、驱动策略的制定等。同时，需要对输送带张紧力实现自动控制，确定最小张紧力，减小输送带张力对输送机弯曲运行的影响。

(4) 辅助工序自动化技术

快速掘进技术的研究，除需解决掘进与支护的矛盾外，还需解决掘进和辅助工序的矛盾。供水、供电、通风、除尘、辅助运输、带式输送机延伸等辅助工序也是影响巷道掘进效率和速度的制约因素。从时间上讲，辅助作业时间占全天的 1/3；从人力上讲，辅助作业占用较多的人员，且效率低；从安全上讲，辅助作业占用大量人员，必然存在安全隐患，也不符合“机械化换人，自动化减人”科技强安发展理念。因此，有必要考虑将部分辅助作业逐步实现机械化、自动化，从而逐步实现掘进与辅助工序的平行作业。

(5) 物联网集成技术

结合物联网技术，实现工作面的无线传输，组成设备各状态传感器网络，实现相关设备的位姿识别、状态监控、故障预警等功能，从而大幅减少工作面人员数量，降低劳动强度，提高掘进效率，打造协调、连续、高效作业的掘进工作面，实现“机械化换人、自动化减人”目标。

(6) 系统的适应性

结合我国不同矿区特殊的煤层地质条件，特别是在较为复杂的煤层赋存和地质条件下，研究新的作业工艺及设备配套形式，实现掘进一次成巷、掘支运平行连续作业，提高系统的适应性。神东快速掘进系统，适用于中厚煤层巷道的快速掘进，要求顶板、底板比较稳定，具备一定的空顶距；还需要进一步研究适应其他地质条件的快速掘进系统，特别是掘锚联合机组。

(7) 基于 ACP 理论的平行控制方法

平行掘进系统构建的关键是利用信息技术对掘进系统中的各个独立智能体(子系统)及掘进机纠偏智能体、掘进机截割智能体、临时支护智能体、钻锚机智能体、掘支协同智能体与支锚协同智能体的关键动态属性进行数据采集；利用现代通信技术将各个采集点的数据进行实时传输；利用数字建模、虚拟技术、可视化技术、可视计算等方法建立与现实相对应的人工掘进系统，将各采集点的数据实时导入人工掘进系统，使得人工系统成为与现实系统相对应的平行系统；在平行系统中利用各种智能算法、优化算法对现实中的掘进系统的掘进作业进行预测、优化，并将结果反馈给现实系统，从而实现对现实掘进系统的优化控制与 ACP (A—Artificial societies，人工社会；C—Computational experiments，计算实验；P—Parallel execution，平行执行)闭环方法。

5.4 连续采煤机

5.4.1 现状

连续采煤机(简称连采机)是自行式连续剥落煤炭并将其装入运输设备的地下采矿机器，一般在机器前部切割煤层，加装锚杆机之后也可用作煤巷快速掘进设备，被称为掘锚机。连续采煤机按破岩机构型式分为滚筒式、螺旋钻式、悬臂式和摆轮式 4 种。

国外的连续采煤机制造商经历了从分散到集中的过程，目前已聚集到日本小松采矿公司(Komatsu Mining Corporation)(含兼并的美国久益公司机型)、美国卡特彼勒(Caterpillar)公司(含兼并的德国采矿技术公司、比塞洛斯公司机型)和瑞典山特维克(Sandvik)公司(含兼并的奥钢联公司机型)。小松采矿公司收购的久益公司是连续采煤机创始者，它已在全球销售 1 530 余台连续采煤机。

2008 年，我国三一集团推出 ML340 连续采煤机，如图 5-2 所示。该机装机功率为 524 kW，可截割煤炭硬度≤40 MPa，截割断面为 5.4 m×4.2 m，适应巷道坡度不大于 17°。该机于 2009 年 5 月在陕西红柳林矿进行了工业性试验。2012 年，三一集团研发出 ML400 连续采煤机，其截割范围为 2.1～4.5 m，掘进效率是普通掘进机的 4～6 倍。

2015 年，湖南长沙铁建重工集团自主研制出 ZJM4200 型全球首台护盾式快速掘锚机(连续采煤机)。该机采用全液压驱动、履带式行走，可伸缩滚筒的上下截割形式，油缸推进、步进掘进的掘进形式，具有防护盾体的掘锚完全同步的特点，汇聚了掘锚同步、超前探放、智能导向、一次成巷、负压除尘、数字截割、数据交互、远程操控等 8 大功能。

2019 年 10 月，江苏徐工集团推出 EML360 型连续采煤机。该机有多种截割滚筒可选，

图 5-2　三一集团 ML340 连续采煤机

适用于不同煤层，具有自动定位截割功能，可通过设定截割高度实现自动截割，行走采用高压变频调速，可自动根据工况调节速度；此外，该机还具有可视及遥控功能，使视野更开阔、操作更灵活。

2019 年 10 月，黑龙江佳木斯煤矿机械公司在并入小松采矿公司之后，推出 EJM2×170 掘锚一体机。该机是专门用于复杂地质条件下进行煤巷快速掘进的装备，采用久益的 HFX 锚杆机专利技术，全断面滚筒一次截割成形巷道，机载 6 台锚杆机，多位置同时进行锚杆支护作业，实现巷道快速支护，以达到空顶距最小化的目的。

5.4.2 连续采煤机掘进技术及工艺

连续采煤机完成巷道掘进的作业分为切槽和采垛两个工序，如图 5-3 所示。在激光指向仪的导向下，首先定好采煤机的切槽进刀位置，进刀位置一般选择在巷道前进方向左侧，然后按照截割循环推进，当截割进尺达到要求(11 m)后退机，这一工序称为切槽；切槽完成后，将连续采煤机调整到巷道另一侧，截割完剩余部分的煤，这一工序称为采垛。

(1) 连续采煤机截割方式

连续采煤机截割循环方式如图 5-3 所示。

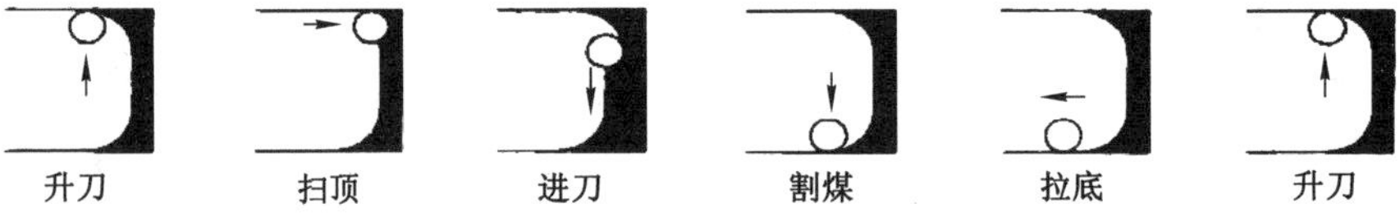

图 5-3　连续采煤机截割循环方式

① 采煤机运行到工作面后，首先将截割头调整升至巷道顶板，切入煤体，即升刀；然后扫去上一刀预留的 200 mm 左右煤皮，即扫顶。

② 将截割头降低 200 mm 左右，向前切入煤体 630 mm 左右，即进刀；调整截割头向下截割煤体，直至巷道底板，即割煤。

③ 采煤机后退割完底煤，使巷道底板平整，并装完余煤，即拉底。

采煤机完成从顶板到底板再到顶板的过程称为一个截割循环。每完成一个截割循环，工作面向前推进约 630 mm 左右。这种截割循环反复进行，直到掘完一个循环，连续采煤机退出，锚杆机调机进行支护。截割时严格按照地测放线进行施工，为确保设备和人身安全、提高掘进速度，方便综采工作面回采，截割时必须沿煤层底板掘进，严禁破顶割底。

（2）装煤工序及具体要求

连续采煤机能够实现自行装煤。连续采煤机截割时，煤落入铲板上，铲板上的星轮连续运转，将煤装入刮板输送机内，刮板输送机再将煤转运到后面的梭车车斗内。

5.5 悬臂式掘进机

5.5.1 现状

（1）国外悬臂式掘进机装备

目前，悬臂式掘进机已进入机电一体化的自动控制截割的时代。以美国、澳大利亚公司生产的连续采煤机为代表以及 20 世纪 80 年代末投入使用的掘锚机组开创了快速掘进的新途径、新纪元。各主要生产公司有奥地利的阿尔卑尼公司，英国的多斯克公司、安德森公司、艾姆克公司，德国的沙尔扎特公司、艾柯夫公司、保拉特公司、维斯特伐利公司，日本的三井三池公司和乌克兰的工厂。国外中型掘进机已日趋完善，其代表机型有英国多斯克公司的 LH1300 型、德国保拉特公司的 E200 型、奥地利阿尔卑尼公司的 AM75 型、日本三井三池公司的 S220 型等，其切割功率在 132～220 kW 之间，机重为 50～70 t，经济切割硬度为 80 MPa，近年德国公司在研究开发切割硬度达 100 MPa 的掘进机。

（2）国内悬臂式掘进机装备

我国悬臂式掘进机的开发主要经历了三个阶段。第一阶段，主要以引进国外掘进机为主，为我国悬臂式掘进机第二阶段的开展打下了良好的技术根底。这一阶段掘进机的主要特点是：使用范围越来越广，截割能力逐步提高，有截割夹岩和过断层的能力。第二阶段，我国与国外合作生产了几种悬臂式掘进机并逐步地实现国产化，其中典型代表是与奥地利、日本合作生产的 AM50 型及 S100 型；其后，我国自行设计制造了几种悬臂式掘进机，其中典型代表是 EMA-30 型及 EBJ-100 型。这一阶段掘进机的特点是：可靠性较高，已能适应我国煤巷掘进的需要；半煤岩巷的掘进技术已经到达相当的水平，出现了重型机。第三阶段，重型机型大批出现，悬臂式掘进机的设计与制造水平已相当先进。

5.5.2 悬臂式掘进机智能控制技术

（1）悬臂式掘进机远程监控技术

掘进工作面的作业环境恶劣，为消除安全隐患，实现工作面的无人化作业，需要对掘进机进行远程监控。掘进机的远程监控主要是实时监视掘进机的工况信息，自动或手动地根据工况信息控制掘进机实现巷道掘进。远程监控系统能够实现对掘进机的工况数据监视并可以手柄控制掘进机，同时实现了对掘进面的视频监视。由于远程监控的所有信息是平面显示，对巷道掘进和掘进机不熟练的操作人员无法快速通过数据和视频画面判断井下情况，因此在远程端只能由经验丰富的人员操作。

为了解决根据远程监控设备位姿数据或视频信息难以直观决策的难题，研发了掘进机虚拟操控系统，以掘进机位姿传感器数据动态修正虚拟场景和虚拟样机位姿，操作人员远程依据实时修正的场景实现远程掘进作业，提出的“数据驱动、虚实同步、远程干预、人机协作”

控制策略为实现煤矿巷道掘进作业高效、高质量提供了很好的思路。

(2) 悬臂式掘进机自主定位技术

掘进机自主定位技术是指掘进机机身的定位和定向，检测掘进机在巷道中的位置和姿态。目前掘进机自主定位技术的主要研究方法有：

① 基于机器视觉的掘进机定位技术。基于机器视觉技术的掘进机定位技术是在掘进机机身上安装特殊的标识物，利用在巷道后方固定的摄像机拍摄含有标识物的图片，通过图像预处理、特征点提取，利用视觉测量原理计算出掘进机坐标系与摄像机坐标系之间的平移量和旋转角。

② 基于激光测距的掘进机定位技术。基于激光测距的掘进机位姿检测方法是将激光发射器或者激光接收器固定安装在巷道中，通过测量发射器与接收器之间的距离，实现掘进机的定位。激光测距方法只能实现直巷道中掘进机位姿测量，且在直巷道中距离不能太长，无法实现掘进机的完全自主定位。

③ 基于全站仪的掘进机定位技术。基于全站仪的掘进机定位技术是通过测量仪器到目标点的直线距离以及水平角和垂直角，以全站仪建立坐标系，求解目标点的坐标，以得到掘进机在巷道中的绝对位姿。全站仪虽然测量精度高，但需要单站多点测量，适合测量静态目标，不适合实时测量掘进机的位姿；另外，井下盲巷中环境复杂，会影响全站仪的测量精度。

④ 基于超宽带的掘进机定位技术。该技术是利用 3 个以上相对距离已知的基站对同一目标进行距离测量，通过三角定理计算目标点的位置。该技术中基站的布局会影响掘进机姿态横滚角和俯仰角的测量精度，需要多组基站或者使用其他传感器校正结果。

⑤ 基于惯性导航技术的掘进机定位技术。惯性导航技术是通过陀螺仪和加速度传感计测量掘进机的三轴角速度和三轴加速度信息，通过积分运算得到掘进机的姿态与位置信息，是一种不依赖外部信息的自主导航技术。

(3) 掘进机状态监视与故障诊断技术

近年来，随着掘进机智能化的不断发展，掘进机的故障诊断技术也得到了长足进步。从最初的针对掘进机的液压、电气、机械等单独部件的问题，采用信息阈值作为判断故障的条件，发展为针对掘进机的不同问题，越来越多的故障诊断方法被使用，如声发射法、基于数据挖掘技术的决策树诊断法、主成分分析法、专家系统诊断法、神经网络法以及故障树诊断法等。针对整个系统的故障诊断推理，基于 PSO-BP、故障树、故障 Petri 网等复合网络拓扑结构的掘进机故障诊断技术被提出，建立了多种网络拓扑结构的掘进机故障诊断理论模型，丰富了掘进机故障诊断的理论方法。

(4) 自动化远程操控智能控制技术特点

① 三维空间定位定向。ESK 型远程智能掘进机具有光纤 INS 纯惯性自主定位定向、准备时间短、反应速度快、抗干扰能力强、先进的动基座寻北能力等特点，可以确保全天候三维空间定位定向。

② 远程智能截割。远程截割距离可达 1 500 m，反应速度快，具有工作面边界报警功能。

③ 实现截割轨迹在线监测。巷道成型准确，断面成型误差小于 15 cm，有效防止超挖、欠挖现象，实现远程精准断面截割。惯性导航系统与传感网络技术相结合，完成掘进机截割头轨迹模拟监控，并上传至操作台和地面监控中心，实时掌握掘进过程中设备与工作面的各

种参数信息。

④ 远程可视化。通过在掘进机上安装的无线摄像头、传输站等相关设备，实现全方位的远程实时监控。监控视频采用红外补光技术，清晰度为 1 080 P；采用一体化封闭式云台设计，水平角度 0～360°，垂直角度 0～90°。

5.6　不同掘进装备的选择

掘进工作面个数应根据采区和回采工作面数目及装备、回采工作面推进度、采区巷道工程量、所选掘进设备和单进指标等因素确定，配备的掘进工作面个数应能确保回采工作面和采区的正常接替，但一个采区内同一煤层的一翼最多不应超过 2 个煤巷（或煤岩巷道）掘进工作面同时作业，一个采区内同一煤层双翼开采或多煤层开采时，采区内不应超过 4 个煤巷（或煤岩巷道）掘进工作面同时作业（现已不区分煤巷与岩巷）。

矿井设计时应结合具体条件，选用与地质、采矿条件相适应的先进掘进设备。

矿井掘进机械配备应符合下列规定：

（1）煤巷道及煤岩巷道掘进，条件适宜时，应采用综合掘进机组、掘锚一体化机组或连续采煤机机组掘进，并应配备相应的后配套设备。

（2）岩巷道掘进，条件适宜时，应配备岩巷掘进机或液压钻车以及相应的后配套设备；当巷道断面小、倾角大或掘进长度短时，可配备气腿式风动凿岩机等普通掘进设备；溜煤眼、煤仓掘进应配备反井钻机。

掘进速度应根据设备技术特征经计算后确定。不同机械化程度的平巷（斜巷）掘进速度不宜低于表 5-4 的规定。

表 5-4　不同掘进装备在平巷（斜巷）中的掘进速度概况

<table>
<tr><th>序号</th><th>掘进装备</th><th colspan="2">巷道煤岩类别</th><th>平均月掘进速度/（m/月）</th><th>煤岩层倾角/（°）</th><th>备注</th></tr>
<tr><td rowspan="3">1</td><td rowspan="3">圆形盾构机</td><td rowspan="3">岩巷</td><td>大断面</td><td>400～3 000</td><td rowspan="3">0～12</td><td rowspan="3"></td></tr>
<tr><td>中型断面</td><td>500</td></tr>
<tr><td>小断面</td><td>800</td></tr>
<tr><td>2</td><td>矩形盾构机</td><td colspan="2">煤巷</td><td>>3 000</td><td><8</td><td></td></tr>
<tr><td>3</td><td>掘锚一体机</td><td colspan="2">煤</td><td>800～3 000</td><td><8</td><td></td></tr>
<tr><td>4</td><td>连续采煤机</td><td colspan="2">煤</td><td>800～1 500</td><td>0～12</td><td></td></tr>
<tr><td>5</td><td rowspan="3">悬臂式掘进机</td><td colspan="2">煤</td><td>400</td><td rowspan="3">0～60</td><td></td></tr>
<tr><td>6</td><td colspan="2">煤岩巷道</td><td>300</td><td></td></tr>
<tr><td>7</td><td colspan="2">岩</td><td>200</td><td></td></tr>
<tr><td>8</td><td rowspan="3">钻爆法</td><td colspan="2">煤</td><td>250</td><td rowspan="4">基本不受限制</td><td></td></tr>
<tr><td>9</td><td colspan="2">煤岩巷道</td><td>150</td><td></td></tr>
<tr><td>10</td><td colspan="2">岩</td><td>110</td><td></td></tr>
<tr><td>11</td><td>液压钻车作业线</td><td colspan="2">岩</td><td>160</td><td></td></tr>
</table>

注：（1）倾角大于 8°的上、下山的掘进速度，其修正系数：上山取 0.9，下山取 0.8；

（2）有煤（岩）与瓦斯（二氧化碳）突出危险、高瓦斯的煤层巷道掘进速度，其修正系数取 0.6～0.8。

5.7 思考题

1. 简要论述智能掘进现状。
2. 概括介绍盾构机发展趋势。
3. 请介绍盾构开挖方式的类别及主要内容。
4. 掘锚一体机的智能掘进工艺有哪些？请列举并简述。
5. 详细论述连续采煤机截割循环方式，需配合必要工序图。
6. 简要概括悬臂式掘进机智能控制技术。
7. 智能掘进设备的选型需要注意哪些方面？按照自己的理解简述。

第 6 章　巷道支护原理及辅助设计

内容提要　采用巷道支护保持巷道畅通和围岩稳定对矿井建设和生产具有重要意义。本章针对巷道围岩支护原理进行了论述，介绍了自钻式锚杆的一步、两步工艺对缩短巷道掘进支护作业时间的重要意义，也对巷道的其他主要支护方式及适用条件进行了阐述。当前对于巷道的支护设计多采用工程类比的方法，科研院校先后研发了煤矿巷道支护智能设计系统，结合自改进型神经网络的预测算法等，可对煤矿巷道的支护方案进行智能决策优化，为巷道提供支护方案、优化支护参数、改善支护效果，以达到安全、高效施工的目的。支护工序也是煤矿安全生产的重要保障，在煤矿安全生产事故中，顶板塌陷等冒顶事故往往高频发生，威胁着井下施工作业人员的生命安全，对此，需要进一步研究煤矿巷道的顶板稳定性智能监测方法以及如何进行灾害预警。

6.1　巷道围岩支护原理

6.1.1　支护与围岩共同作用原理

巷道开挖时，由于临空面的形成，巷道围岩（开挖巷道周围一定范围内，对巷道的稳定有影响的岩土体）开始向巷道内侧移动产生位移，这种位移称为收敛。由于巷道围岩强度和稳定性能不同，开挖后其可能出现两种极端：① 岩体强度高，整体性好，且断面形状对巷道自稳有利，围岩变形小，能保证自身稳定，基本不需要支护。② 岩体强度差，整体性不好，且巷道断面形状对巷道自稳不利（局部应力集中），围岩的变形将自由地发展下去，最终导致围岩整体失稳、破坏，巷道报废。

现场矿山压力监测表明：巷道支架承担重量并不是上覆岩体总重量，而是上覆岩体重量的 1%～2%，大部分重量由巷道围岩承受。根据围岩-支护共同作用原理，在施工中就有柔性支护与刚性支护的区别，以及支护“让压”的说法，它既允许巷道有一定的变形，从而减小支护的承载力，又保证巷道支护安全及降低支护成本。

由图 6-1 可以看出，在围岩松动之前，支护结构承受的载荷随围岩变形逐渐减少，但若围岩出现塑性破坏，则随着塑性破坏和坍落范围的增大，围岩在设置支护前的收敛越大，支护所需要抵抗的围岩坍落载荷也就越大。改变支护的刚度，支护的受力状态就可以改变：支护刚度变小（直线的斜率变小，图中曲线段③），支护受力减小，周边径向位移增加；支护刚度变大（直线的斜率变大，图中曲线段③-②-①），支护受力变大，周边径向位移减小。当然，不是说支护越迟，支护成本就越低，如果支护不及时，上覆岩体松动，支护压力增大，支护成本反而增加，巷道变形很难控制。

上述分析反映了围岩稳定与支护相互作用的基本原理，为确定支护应力及其变形位移

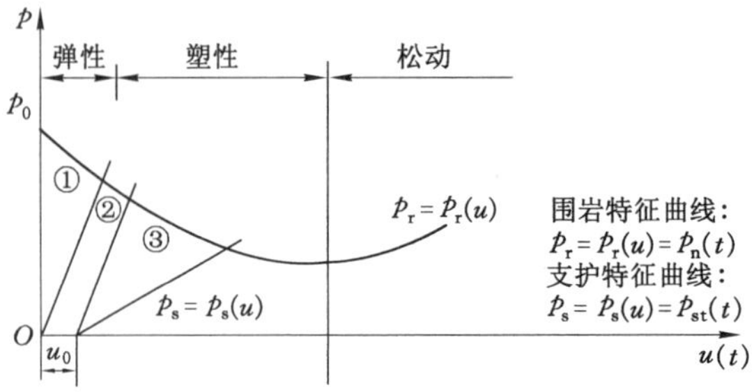

p_r—围岩载荷;$p_r(u)$—围岩载荷随围岩变形变化关系;p_s—支护载荷;$p_s(u)$—支护载荷随围岩变形变化关系;
$p_n(t)$——围岩载荷随时间变化关系;$p_{st}(t)$—支护载荷随时间变化关系;p_0—初始围岩载荷;u_0—初始围岩变形量。

图 6-1　围岩与支护共同作用原理

和选定支护结构、尺寸、参数提供了思路。可见,充分利用围岩-支护共同作用原理,发挥围岩的自承能力,对维持地下工程的稳定和减少支护及对支护的投入十分有利。

6.1.2　现代支护理论与技术

(1) 主动支护法

主动支护原理是通过改进支护结构和技术,提高围岩的整体强度,实现良好的支护目的。其实现途径通常有两类:① 通过注浆加固围岩,提高围岩体的黏聚力 c、内摩擦角 φ 等;② 通过对锚杆/锚索等施加预紧力,实现对锚杆/锚索影响范围内的岩体施加主动作用,进而达到控制围岩变形的支护目的。

(2) 被动支护法

被动支护是指支护结构被动地等待围岩的作用。当围岩的变形或载荷作用到支护结构上时,才能对围岩起到支护作用。被动支护技术主要有:浇筑或喷射混凝土、支设各类支柱、梁等传统支护结构。目前,各类支柱、梁等已逐步被淘汰。

(3) 应力控制法

应力控制法是采取措施降低或者转移巷道周边的较高应力。其主要内容包括巷道布置、开挖方法以及各种辅助措施,如切缝卸压、爆破卸压、钻孔卸压等。

(4) 超前支护法

超前支护原理是采取措施对巷道前方未开挖岩体在开挖前先进行加固,以保证开挖时工作面前方围岩的稳定。超前支护技术主要包括:超前支护支架,超前小导管,超前锚杆,超前管棚,水平旋喷桩等。

(5) 松动圈理论

在巷道周边一定范围内的围岩存在"松动区",以这个松动区范围的围岩为支护对象,形成了松动圈理论。松动圈理论计算的围岩压力包括三部分:松动圈顶部围岩的自重、松动圈围岩体的碎胀变形压力及围岩弹塑性区的形变压力。

运用松动圈理论的支护方法有两个难点:① 松动圈大小的确定;② 松动圈围岩的力学模型构建与计算。因此,目前的有效手段是加强松动圈相关内容的实测。

(6) 软岩工程力学理论与技术

软岩工程力学理论与技术主要原理包括:软岩的基本属性→应用工程地质学原理分析软岩变形的力学机制→应用现代大变形理论分析各类软岩变形力学机制的转化→确定支护

载荷。

（7）护帮理论

对于煤巷或者松散破碎类围岩的岩巷，其支护的重点应该是巷道的帮部，即“若护顶必先护帮”，巷帮稳定是巷道顶板稳定的基础和前提。巷帮一旦发生塑性变形（Ⅰ级完整岩体）、结构变形（Ⅱ、Ⅲ级岩体）或失稳（Ⅳ、Ⅴ级岩体），就意味着巷道的跨度被成倍地扩大。从煤巷揭露出来的两帮和顶板的岩体结构来看，绝大部分煤体都是碎裂体（可能是天然所致，也可能是采动影响所致），其围岩分级通常是Ⅳ、Ⅴ级。从巷道开挖的卸荷机制来看，巷道周边的弹塑性变形是瞬时完成的，巷道围岩变形的控制时机大约是在开挖面后方 $6D$（D 为巷道开挖直径）的范围内进行支护。

（8）其他理论

前人还提出诸多其他支护理论，如：能量支护理论、应变控制理论、最大水平应力理论、主次承载区支护理论、锚杆支护的扩容-稳定理论、锚杆抗剪理论等。但这些理论，或者由于使用困难（如能量支护理论中各部分能量的准确计算），或者由于存在各种瑕疵与缺陷，最终没有发展起来。

6.2　巷道主要支护方式

6.2.1　巷道支护简介

煤矿巷道支护经历了木材支护、砌碹支护、型钢支护到锚杆、锚索支护的漫长过程。从支护形式、机理及支护效果来看，可分为 3 种类型：第一类为被动支护，包括各类支架、砌碹支护等；第二类是以各种普通锚杆支护为主，旨在改善围岩力学性能的积极支护，包括锚喷支护、锚网支护等；第三类是以预应力锚杆、锚索和注浆加固为主的主动支护，能明显改善破裂岩体的力学特性，支护及时，结构整体性好，承载能力高，支护效果最好。巷道支护分类如表 6-1 所列。

表 6-1　巷道支护分类

巷道支护	刚性	整体混凝土砌碹，包括混凝土、钢筋、型钢
		料石砌碹
		金属
		矿用工字钢、U 型钢
	金属可缩性	单体锚杆
	锚杆	组合锚杆，有锚喷、铺网、锚喷网、锚梁网、锚梁带
		锚杆桁架
		配合锚杆使用
	锚索	

实践表明，锚杆支护可显著提高支护效果，降低支护成本，减轻工人劳动强度；更重要的是锚杆支护可大大简化采煤工作面端头支护和超前支护工艺，显著降低巷道维修工作量，为采煤工作面的快速推进、产量和效益的提高创造良好条件。表 6-2 所列为主要支护形式及

其优缺点,供初选时参考。

表 6-2　主要支护形式及其优缺点

序号	支护形式	适用条件	优点	缺点
1	锚杆及组合锚杆支护	不受采动影响和受某些采动影响的巷道,以及同其他支护形式相组合支护的各种巷道	主动的支护形式,能够调动围岩的自承能力,并与之形成共同的承载体系,有效支护围岩;重量轻,成本低,易安装;实现机械化后,能加快掘进速度;易解决紧跟工作面的临时支护问题	锚杆作用机理及适用条件研究还不充分,支护参数不易准确确定
2	金属支架	煤矿井下的各种巷道,以及交岔点、马头门、井底车场和硐室	适应性强,承载能力大;可加工性好,用矿用工字钢可以加工成各种形式的支架;支架构件在达到屈服强度后,塑性工作范围大,安全性好;易修复,可多次重复使用,经济效益好	初期投资大,用钢量多
3	钢筋混凝土支架	压力大的不受回采影响的开拓巷道和回采巷道	承载能力大;结构简单,梯形和拱形钢筋混凝土支架都是由一个顶梁、两根柱腿组成;制造成预应力钢筋混凝土支架可提高承载能力,降低构件质量	与其他支架比较,质量较大
4	联合支护	形式:锚杆+喷射混凝土;锚杆+金属网+喷射混凝土;锚杆+钢带(梁);锚杆+金属网+钢带+锚索;锚杆+喷射混凝土+金属支架+喷射混凝土 特点:根据具体条件确定合适的支护技术,可以取得较好的技术经济效果		
5	砌碹支护	煤矿井下不受回采影响、服务期长的巷道	本身是连续整体,对围岩能起封闭和防止风化作用;较坚固、耐久、防火、阻水,通风阻力小	主要承受顶压,对顶压不均匀或不对称及侧压较大的情况,受力较差,易出现裂缝

6.2.2 锚杆支护

6.2.2.1 巷道锚杆支护理论

基于锚杆对煤岩体的作用,存在多种锚杆支护理论。除传统的悬吊、组合梁与加固拱理论外,还有围岩松动圈支护理论、围岩强度强化理论等。归纳起来有 3 种模式:① 被动地悬吊破坏或潜在破坏范围的煤岩体;② 在锚固区内形成某种结构(梁、层、拱、壳等);③ 改善锚固区围岩力学性能与应力状态,控制围岩变形和破坏。通过不断深入研究后发现,锚杆支护的本质作用以第三种模式为主。

国内外学者对巷道支护理论进行长时间的研究,在强调"支护-围岩"结构的基础上,提出以下几种支护理论。

(1) 悬吊理论

悬吊理论认为,锚杆支护的作用就是将巷道顶板较软弱岩层悬吊在上部稳固的岩层上。对于回采巷道揭露的层状岩体,直接顶板均有弯曲下沉变形趋势,如果使用锚杆及时将其挤压并悬吊在基本顶上,直接顶就不会与基本顶离层乃至脱落。锚杆的悬吊作用主要取决于所悬吊的岩层的厚度、层数及岩层弯曲时相对的刚度与弹性模量，还受锚杆长度、密度及强度等因素的影响。这一理论提出较早，满足其前提条件时，有一定的实用价值。

(2) 松动圈理论

松动圈理论内容要点：凡是无支护坚硬围岩巷道的围岩松动圈都接近于0，尽管围岩弹塑性变形仍然存在，但并不需要支护。与之相比，软岩巷道围岩存在较大松动圈，且松动圈越大，收敛变形越大，支护难度就越大。因此，支护的目的在于防止围岩松动圈发展过程中的有害变形。

(3) 主次承载区支护理论

主次承载区支护理论认为，随着巷道的开挖，在巷道围岩深部形成压缩域，在巷道围岩浅部形成张拉域。压缩域围岩具有自承能力，是维护巷道稳定的主承载区。对浅部围岩采取支护措施后能够形成一定的承载区，但与压缩域主承载区相比其承载能力较小，所以称之为次承载区。根据主、次承载区相互作用过程中呈现的动态特征来确定浅部张拉域围岩的支护结构和参数，协调主、次承载区的作用，从而实现巷道的最终稳定。

(4) 围压恢复加固理论

围压恢复加固理论认为，巷道浅部围岩处于二向受力状态，深部围岩处于三向应力平衡状态。浅部围岩的强度远远小于深部围岩，所以浅部围岩容易失稳破坏，采取锚固措施后可使其恢复三向应力状态，提高其强度，保持和发挥围岩的自支承能力。

(5) 关键承载圈理论

关键承载圈理论认为，在巷道围岩体一定深度范围内存在一个能承受较大切向应力的"岩石圈"，圈外岩石处于应力平衡状态，可以用来悬吊承载圈内的岩层。理论分析及工程实践表明，承载圈厚度越大，圈内应力分布越均匀，承载能力越大；在对围岩未采取人工支护等控制措施时，承载圈离巷道周边越近，载荷高度越低，巷道越容易维护。关键承载圈的位置及厚度，可以根据对围岩状态的分析、计算得出。锚杆的支护作用是将破坏区岩层与关键承载圈相连，对围岩提供径向和切向约束力，阻止破坏区岩层的扩容、离层、滑动，提高破碎区的承载能力。

(6) 新奥法

奥地利科学家在总结前人经验的基础上提出了一种新的隧道设计施工方法，被称为新奥地利隧道施工方法，简称新奥法。1980年奥地利土木工程学会地下空间分会把新奥法定义为：在岩体或土体中设置的以使地下空间的周围岩体形成一个中空筒状支撑环结构为目的的设计施工方法。新奥法的核心是利用围岩的自承作用来支撑隧道，促使围岩本身变为支护结构的重要组成部分，使围岩与构筑的支护结构共同形成坚固的支撑环。

6.2.2.2 锚杆作用力的产生机理

通常，锚杆的轴向变形模量大于岩体的轴向变形模量，而锚杆的横向变形模量小于岩体的横向变形模量，由此导致相同应力场作用下两者所产生的变形趋势不同，锚杆的轴向作用力因此而产生。轴向作用力的产生方式因锚固方式的不同而有所差异：对于机械式锚固，轴向作用力主要靠锚杆与岩体间的摩擦作用产生；对于黏结式锚固，轴向作用力靠由锚固剂所形成的锚杆与围岩间的黏结及摩擦作用产生。

锚杆轴向作用力的数值大小及分布特征取决于锚杆与岩体间的相对位移或相对变形量的大小，以及锚杆与岩体间的连接性能特征。锚杆与围岩的变形特性差异是锚杆轴向作用力产生的前提，因为这种差异是在同一力场作用下两者产生不协调变形及位移的内因；锚杆与岩体间的有机结合是产生锚固力的保证，而锚固方式和锚杆辅助构件的性能及其配置决定着这种结合的紧密程度，锚固方式的不同将导致锚杆与岩体间的连接刚度和强度参数的不同；围岩应力场在安设锚杆后发生一定的改变是锚固力产生的条件，因为有了应力场的改变才会产生锚杆与岩体间变形及位移的相对差异。因此，锚固方式、辅助构件、锚杆与围岩的变形特性差异以及围岩应力场的改变等是轴向锚固力分布特征的主要影响因素。

托锚力是指锚杆辅助构件（托盘、钢梁、锚网等）给围岩表面施加的挤压作用力。托锚力的大小等于锚尾处锚杆的轴力，因此，其影响因素与锚杆轴力分布特征的影响因素基本相同，主要包括锚杆与围岩的性质差异、锚固方式、锚固后围岩应力场的改变等，同时还与预应力大小以及锚杆辅助构件的配置及其性能等因素有关。通常，在锚杆最大轴力相等的条件下，端锚时的托锚力大于全长锚固时的托锚力。

锚杆的横向作用力是指锚杆因对围岩沿锚杆轴向以外的任意方向发生剪切变形及围岩间相对位移的约束作用而在横截面及斜截面上所产生的剪应力以及在黏结面（锚杆表面）上所产生的法向应力。这种约束作用主要包括阻止围岩沿弱面滑移、阻止围岩中产生新的剪切破坏面以及阻止围岩中的块体产生相对回转等。

通常，在一定应力场的作用下，岩体中会产生以下类型的横向位移或位移趋势：① 各部分之间会沿弱面发生相对错动；② 沿特定方向产生新的剪切破坏面，并沿此破坏面发生错动；③ 碎块状岩体发生转动。安装锚杆后这些横向位移将受到锚杆的约束，锚杆中的横向作用力也由此产生。横向作用力产生的条件可概括为三个：① 锚固范围内的围岩产生一定量的横向（斜向）剪切变形、甚至相对错动。通常认为锚杆支护是一种主动支护方式，主要是因为通过辅助构件可使锚杆产生一定的预应力，从而使岩体在因应力场改变而产生变形之前就可受到一定的支护作用力；而预应力之外的锚杆作用仍属于被动支护的范畴，尤其是锚杆横向作用力的产生，更是以锚固范围内岩体各部分之间的横向相对位移为前提条件的。② 锚杆与围岩紧密接触，以使锚杆与岩体间具备良好的传力性能。③ 锚杆要具有一定的抗剪切强度及刚度，以使锚杆对岩体的横向变形产生较强的灵敏性和控制作用。

根据锚杆横向作用力的产生条件可知，锚固方式的不同将会导致横向作用力的不同，因为不同的锚固方式使锚杆与岩体间所具有的传力特性不同。全长锚固时，锚杆的整个有效长度范围内都会产生较强的横向作用力；而端部锚固时，锚杆只有在锚固段可对围岩产生较强的横向作用力，其余部分的横向作用力比较弱。

6.2.2.3 锚杆杆体力学作用

对于锚杆杆体本身来说，由于其长度方向的尺寸远大于其他两个方向的尺寸，所以在力学上属于杆件。这种杆件主要可以提供两方面的作用：一是抗拉作用，二是抗剪作用。至于杆体的抗弯能力和抗压能力是非常小的，可以忽略不计。

（1）锚杆杆体所能承受的拉断载荷可用下式计算：

$$P = \frac{\pi d^2}{4}\sigma_b \tag{6-1}$$

式中 P——锚杆拉断载荷，N；

d——锚杆直径，mm；

σ_b——锚杆钢材抗拉强度，MPa。

（2）锚杆杆体所能承受的剪切载荷可用下式计算：

$$Q = \frac{\pi d^2}{4}\tau_b \tag{6-2}$$

式中　Q——锚杆剪切载荷，N；

τ_b——锚杆钢材抗剪强度，MPa。

6.2.2.4　锚杆托盘的作用

托盘是锚杆的重要构件，对锚杆支护作用的发挥影响很大。托盘的作用可分为两个方面：一是通过给螺母施加一定的扭矩使托盘压紧巷道表面，给锚杆提供预紧力，并使预紧力扩散到锚杆周围的煤岩体中，从而改善围岩应力状态，抑制围岩离层、结构面滑动和节理裂隙的张开，实现锚杆的主动、及时支护作用；其二是围岩变形使载荷作用于托盘上，通过托盘将载荷传递到锚杆杆体，增大锚杆的工作阻力，充分发挥锚杆控制围岩变形的作用。

托盘力学性能应与锚杆杆体的性能相匹配，才能充分发挥锚杆的支护作用。托盘强度不足、安装质量差、受较大偏载，都会显著降低锚杆的作用。对于端部锚固锚杆，托盘是锚杆尾部接触围岩的构件，通过托盘给锚杆施加预紧力，传递围岩载荷至锚杆杆体；若托盘本身失效以及托盘下方的围岩松散脱落，导致托盘与巷道表面不紧贴，都会使锚杆失去支护作用。对于全长锚固锚杆，托盘的作用同样重要，通过托盘压紧巷道表面给锚杆施加预紧力，预紧力对锚杆工作阻力和受力分布又产生影响，提高支护效果。

托盘对全长锚固锚杆的受力分布有明显的影响。无托盘时，锚杆轴力在巷道表面为 0，在一定深度达到最大值，剪力在轴力最大处为 0；有托盘时，由于锚杆施加的预紧力和围岩通过托盘作用在锚杆杆体上的力，使得锚杆轴力在巷道表面达到一定值，而且使锚杆轴力最大的位置向孔口移动，更接近巷道表面。

6.2.2.5　锚固剂的作用

锚固剂的主要作用是将钻孔孔壁岩石与锚杆杆体黏结在一起，使锚杆发挥支护作用。同时锚固剂也具有一定的抗剪与抗拉能力，与锚杆共同加固围岩。

（1）锚固剂的黏结作用

在工程设计时，计算锚杆拉拔力的简化方法是假定锚固剂与杆体、锚固剂与钻孔孔壁之间的黏结应力沿锚固长度均匀分布，则锚杆拉拔力可用下式计算：

$$\begin{cases} P = \pi d \tau_1 l \\ P = \pi d \tau_2 l \end{cases} \tag{6-3}$$

式中　P——锚杆拉拔力，kN；

l——锚固长度，m；

τ_1——锚固剂与杆体之间的黏结强度，MPa；

τ_2——锚固剂与孔壁之间的黏结强度，MPa；

d——锚杆直径，mm；

D——钻孔直径，mm。

（2）锚固剂的抗拉与抗剪作用

锚固剂提供的抗拉力远小于锚杆，我国树脂锚固剂的抗拉强度一般可取 11.5 MPa。锚固剂可提供一定的抗剪力，树脂锚固剂的抗剪强度一般可取 35 MPa。

6.2.3 锚杆联合支护

6.2.3.1 锚网支护

(1) 锚网支护

锚网支护是将金属网或钢筋网、塑料网用托盘固定(绑扎)在锚杆上所组成的支护形式。金属网既用来阻止锚杆间小块松散岩石掉落,也可用作喷射混凝土的配筋。被锚杆拉紧的金属网还能起到联系各锚杆组成支护整体的作用。

常见的金属网采用直径 3～4 mm 的铁丝编织而成,一般采用镀锌铁丝。由于金属网消耗钢材较多,目前我国正在用具有一定抗拉强度和延伸率的玻璃纤维网或塑料网代替金属网。

(2) 锚带网支护

锚带网支护由锚杆、钢带及金属网组成。钢带和金属网的作用在于增加单体锚杆间的联系,防止锚杆间围岩松脱冒顶。其中,钢带是支护系统的关键部件,它可以将单根锚杆连接起来,组成一个整体承载结构,以提高锚杆支护的整体效果。

钢带由 2～3 mm 的薄钢板制成,钢带上有锚杆安装孔,使打眼、安装非常方便。根据制作钢带的材料不同,主要有平钢带、W 型钢带、M 型钢带等。

6.2.3.2 锚杆桁架支护

锚杆桁架由在巷道肩窝处顶板上沿 45°～60°方向安装钢丝绳、钢筋或钢绞线锚杆,并用拉紧装置将锚杆的外露部分连接起来再背上木楔而形成的结构。一般情况下,锚杆桁架由锚杆、拉杆、拉紧螺栓及木楔等组成,如图 6-2 所示。在斜锚杆和水平拉锚杆作用下,锚杆桁架支护系统对顶板中部产生压缩和托顶作用,增大了顶板裂隙体中的压应力和摩擦力,减小甚至抵消了顶板中部可能产生的拉应力。两根斜锚杆通过拉杆协调受力,具有一定的柔性,允许顶板适量下沉,在下沉过程中顶板裂隙体摩擦力增大,产生自锁作用,从而能够有效地维护高应力区的破碎顶板。

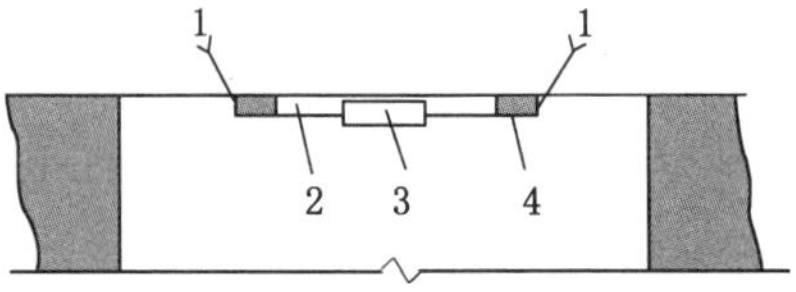

1—锚杆;2—拉杆;3—拉紧螺栓;4—木楔。

图 6-2　顶板锚杆桁架支护系统

锚杆桁架除有锚杆支护作用外,还有支撑顶板作用,可用于处理顶板锚杆或其他常规方法护顶无效的恶劣顶板条件。巷道两帮需用锚杆进行加固,其长度应大于顶板锚杆的水平投影,如图 6-3 所示。

6.2.3.3 小孔径预应力锚索支护

小孔径预应力锚索支护技术是把长锚索锚入深部的稳定岩体上,然后对锚索施加预应力,预先对岩体或构件施加主动作用力,如图 6-4 所示。该技术施工简便,效果显著,应用范围广泛。

(1) 钢绞线

钢绞线是锚索承受、传递支护力的主体,采用单根 7 m×5 mm(长×直径)冷轧钢绞线。

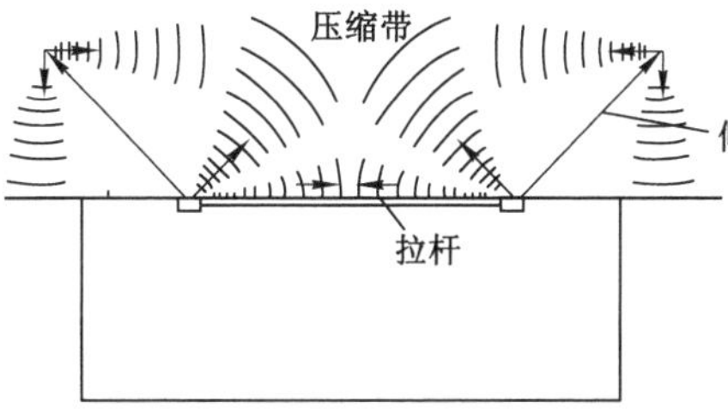

图 6-3　锚杆桁架的支护原理图

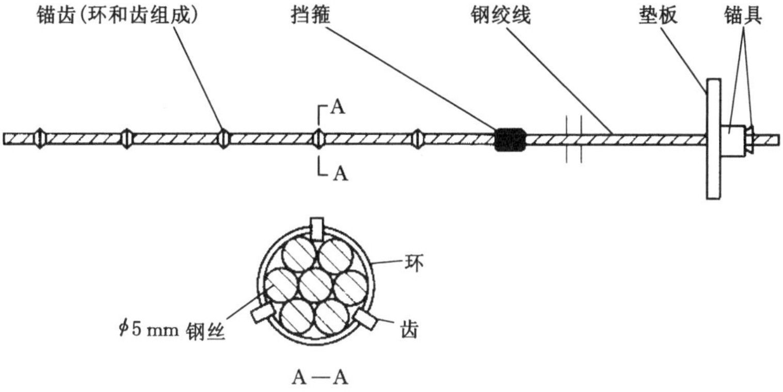

图 6-4　小孔径预应力锚索的结构

其力学性能指标见表 6-3。钢绞线的长度可根据孔深而定，一般比孔深大 0.5 m，通常取 5～8 m。

表 6-3　钢绞线力学性能

直径/mm	15.24	17.8	18.9	21.6	21.8	28.6
破断力/kN	240～260	＞370	530～570	＞950	—	—
股数	1×7			1×7	1×19	1×37
		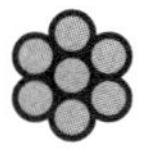			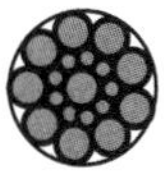	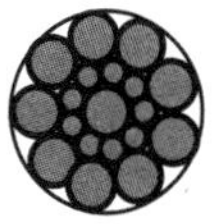

注：ϕ21.8 mm 和 ϕ21.6 mm 统称为 ϕ22 mm，是由不同国家标准换算而来。特别地，中空注浆锚索为 1×6 股。

（2）锚齿

锚齿的作用是打破和搅拌树脂卷，同时也起到使钢绞线居中定位的作用，避免钢绞线偏靠孔壁而影响锚固质量。锚齿一般可用螺栓或点焊的方式固定在钢绞线上，沿钢绞线锚固段 200～300 mm 设一个锚齿。

（3）挡箍

挡箍的作用是在搅拌树脂卷、推送钢绞线的过程中，阻止胶状树脂外流到锚固端外。挡箍材料选用橡胶或塑料，内径应以能箍紧在钢绞线上为准，外径应略小于孔径。

（4）垫板、锚具(索头)

垫板和锚具是锚索外锚固端的受力部件。垫板一般采用槽钢加锚杆盘，锚具须选购标准件。

6.2.4 锚注支护

对于“松”“散”“软”“弱”的巷道围岩，巷道维护是个难题，许多巷道在服务期间需要多次维修。围岩注浆后，锚注加固是一种理想的改善软弱围岩承载性能的措施。锚注加固巷道围岩是利用空心锚杆兼作注浆管(简称注浆锚杆)，注浆锚杆前段是带若干个射浆孔的注浆段，后段是锚固段。松动和裂隙发育的围岩经过锚杆注浆加固后，围岩强度等力学性能得到提高和改善，使破裂结构的围岩胶结成拱形连续体加固圈。同时，注浆锚杆又起到悬吊、挤压、楔固组合拱等作用，防止围岩松动范围进一步扩展，从而使巷道径向应力减小到仅用较小支护阻力就能使围岩长期处于稳定的状态。锚杆注浆支护加固机理如图 6-5 所示。

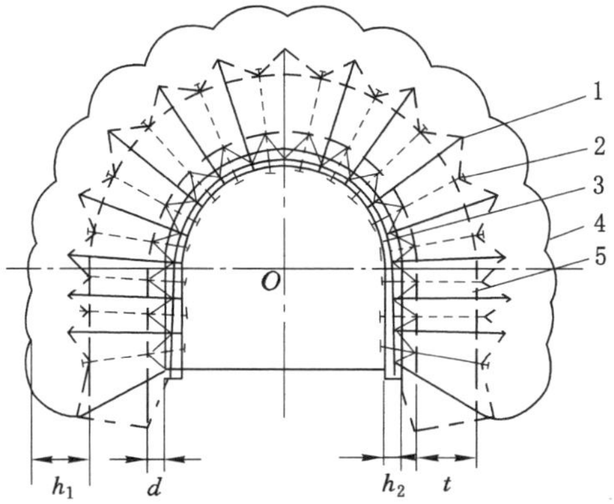

1—普通金属锚杆；2—注浆锚杆；3—喷层与金属网；4—注浆扩散范围；5—锚杆作用形成的砌体拱。

图 6-5 锚杆注浆支护结构加固机理图

锚注支护机理包括以下几个方面：

(1) 浆液可封堵围岩裂隙，隔绝空气，防止围岩风化，且能减少水对围岩强度的影响。

(2) 将松散破碎的围岩胶结成整体，提高岩体的黏聚力、内摩擦角及弹性模量，从而提高岩体强度，使围岩作为支护结构的一部分。

(3) 使得喷层壁后充填密实，这样保证载荷能均匀地作用在喷层和支架上，避免出现应力集中点而首先破坏。

(4) 配合锚喷支护，可以形成一个多层有效组合拱，即喷网组合拱、锚杆压缩区组合拱及浆液扩散加固拱，形成的多层组合拱结构扩大了支护结构的有效承载范围，提高了支护结构的整体性和承载能力。

注浆材料主要包括单液水泥浆、黏土水泥浆、水泥-水玻璃双液浆，是注浆加固应用最广的材料。水泥-水玻璃双液浆可克服单液水泥浆凝结时间长、凝结时间不易控制、结石率低的缺点。锚注支护工艺如图 6-6 所示。

注浆加固参数主要有注浆时间、注浆压力、注浆量、浆液扩散半径以及注浆孔的布置参数等。注浆孔的布置参数主要指钻孔的间排距与深度。注浆孔间排距的选择与扩散半径密切相关。注浆孔的孔距应使两个注浆孔的扩散范围有一定交叉，应比 2 倍扩散半径小，一般

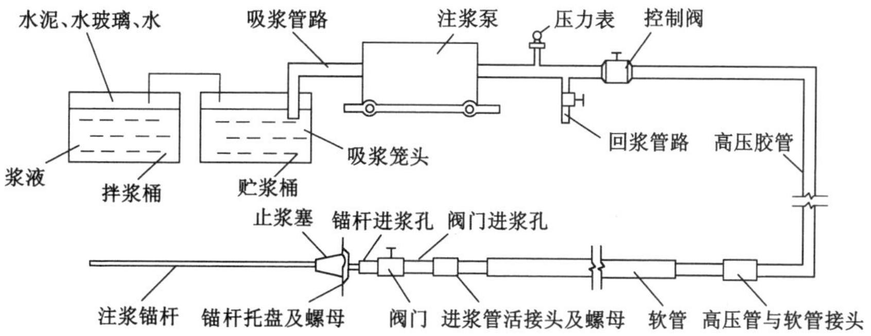

图 6-6　锚注支护工艺

取 0.65～0.75 的系数。注浆孔深度应达到围岩裂隙发育、破碎区的边缘。深部围岩裂隙不发育，浆液不易渗透，因此过深的钻孔作用不大。

6.3　自钻式锚杆支护工艺

6.3.1　自钻式锚杆简介

自钻式锚杆施工技术是近年发展起来的一种新型锚固工艺，适用于各种复杂地质条件和施工现场环境。自钻式锚杆施工实现了钻进、注浆、锚固功能一体化，施工工艺简单，施工效率高，锚固效果好，而且无须担心塌孔问题。

自钻式锚杆由六大部件组成，中空锚杆体、钻头、连接套、垫板、螺母和居中器。中空锚杆体由高抗拉合金钢无缝钢管制成，抗拉强度和屈服强度能够按照设计要求满足多种复杂地质条件；钻头由耐磨金属铸造而成，并留有浆液出孔，根据岩土体情况选择不同的型号，有球齿型钻头、十字型钻头等多种，根据加工工艺分为全钢钻头和合金钻头；连接套为杆体接长部件，与适配中空锚杆体达到等强，通过连接套可以把两根杆体无缝接长，注浆时不会漏浆；螺母和垫板配合使用，螺母先将中空锚杆体的锚固力传递给垫板，垫板再将锚固力施加给围岩，传递应力，改善端部受力，增强自钻式锚杆的锚固效果；居中器可以保证自钻式锚杆在施工过程中，杆体始终位于钻孔中心位置，从而保证浆液在杆体周围厚度均匀，进一步加强锚固效果。

6.3.2　自钻式锚杆应用工艺

自钻式锚杆主要有两种：自带树脂锚固剂的和不带树脂锚固剂的，因此也产生两种使用工艺：一步锚固法和两步锚固法。这两种锚杆和锚固工艺在德国、澳大利亚、美国均得到广泛应用。

（1）一步锚固法

一步锚固法工艺使用的自钻式锚杆自带树脂锚固剂，其关键结构如图 6-7 所示。

一步锚固法主要的施工工序包括钻孔、安装锚固剂、释放钻具。同等支护能力的传统锚杆与一步锚固法锚杆参数如表 6-4 所列，相较传统锚杆，一步锚固法锚杆的锚杆直径相对较大。

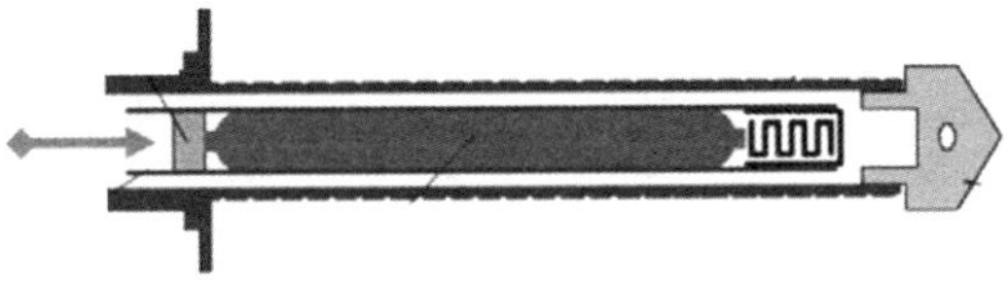

图 6-7　自钻式锚杆关键结构

表 6-4　传统锚杆与一步锚固法锚杆技术参数

技术参数	传统锚杆	一步锚固法锚杆
钻机类型	湿式/干式	湿式
承载能力	32 t	32 t
锚杆直径	25 mm	38 mm
锚杆长度	2.4 m	2.4 m
钻孔直径	32 mm	45 mm

一步锚固法锚杆虽然效率较高，但是也有一定的局限性，比如同等支护能力下杆径较粗，所需的钻机扭矩较大；不能用于较硬的顶板，一般用于抗压强度<60 MPa 的岩石。这种支护方式支护速度快，对于软岩支护效果较好，对于容易塌孔的岩石条件也比较适合，因此在隧道、边坡、基坑方面也有广泛应用。

(2) 两步锚固法

两步锚固法工艺使用的自钻式锚杆不带内置树脂锚固剂，因此相对于自带树脂锚固剂的自钻式锚杆直径要细一些，可以应用于硬岩支护。生产这类锚杆的典型代表厂家有澳大利亚的 GSS、Minova 和瑞典的 Sandvik 等。

由于两步锚固法的自钻式锚杆是自钻后再注入树脂锚固剂，锚固剂要便于注射和流动，因此一般锚固剂是由两种原料混合后注入，需要专用的泵送系统和注射系统。其主要的施工工序包括钻孔、切换适配器、充填树脂、释放钻具等。

传统锚杆支护、一步锚固法、两步锚固法三种方法的安装时间对比如表 6-5 所列。由表中数据得出，一步锚固法、两步锚固法相较传统锚杆支护作业时间大幅度减少，可有效缩短支护作业所占用的时间，使巷道掘进效率得到提高。

表 6-5　传统锚杆支护、一步锚固法、两步锚固法安装时间

传统锚杆支护	一步锚固法	两步锚固法
钻孔 70 s	钻孔 90 s	钻孔 70 s
退钻清孔 20 s	安装锚固剂 15 s	切换适配器 20 s
安装锚固剂和锚杆 80 s	等待时间 5 s	充填树脂 25 s
搅拌锚固剂 30 s	释放钻具 5 s	等待时间 5 s
等待时间 10 s	—	释放钻具 5 s
总时间 210 s	总时间 115 s	总时间 125 s

6.4　巷道支护辅助设计

6.4.1　辅助设计概况

煤矿巷道支护智能设计系统基于智能技术及FLAC3D数值模拟二次开发技术，采用多种支护设计方法进行有机结合，利用计算机智能技术和支护专业知识，建立了具有智能化的推理机、内容丰富的知识库和解释系统，基本具备了煤矿巷道支护方案决策优化以及支护断面工程图自动绘制功能。该系统旨在基于支护专业性知识和计算机智能技术提供支护方案、优化支护参数、改善支护效果，达到安全、高效施工的目的。该系统从设计到开发调试，一直基于现场实用性，在不同矿区进行长期反复使用及反馈的基础上进行了多次升级和完善。应用该系统对实际煤矿支护案例进行方案决策和优化，咨询结果与实际情况基本吻合，证实了系统决策的可靠性。同时，该系统开发了智能化的支护断面自动绘图系统。煤矿巷道支护智能设计系统为煤矿信息化建设和支护技术发展提供了参考。

6.4.2　辅助设计主要目标

(1) 提出煤矿巷道支护设计专家系统的设计思路

学习专家系统开发的相关知识，对计算机处理技术的程序开发、信息转换原理等知识进行了解和学习，力求获得最新的技术知识，使开发的系统能跟上计算机信息的发展。学习和研究支护参数设计的专家系统模型、推理机设计、合适的计算机环境(尤其是软件环境)、系统的配置方案、面向对象的人工智能语言、知识库的设计等。

(2) 用多种知识表示方法把巷道支护专家知识建成一个便于推理的知识库

把收集的大量锚杆支护设计专家知识建成一个便于推理的知识库。知识库主要用来存放领域专家提供的专门知识和收集的现场资料，是专家系统的核心部分。知识库与传统数据库的主要区别是：数据库一般是被动的，而知识库更有创造性；数据库中的事实是固定的，而知识库总是不断补充新的知识。

(3) 用支护的专业规范知识和收集的专家推理性知识对支护的各种参数进行优选

根据现场实测资料、施工技术人员的经验、锚杆支护的专业规范知识、专家推理性知识和支护参数理论经验公式，结合现场不同的实际情况，确定比较合理的锚杆支护参数。将系统应用到生产矿井，推理出在特定的地质开采条件下，回采巷道应选取的合理的锚杆支护形式和支护参数，从而实现支护设计的自动决策。

(4) 基于FLAC3D二次开发技术实现支护参数的优化

利用计算机开发技术，基于先进的岩土工程数值模拟工具进行二次开发。基于分析功能强大的FLAC3D，利用开发语言以及FLAC3D接口程序开发，所有本构模型均以动态链接库的形式提供给用户，系统会自动调用用户指定的动态链接库DLL文件，实现建模的直观、快速和自动化。系统界面友好、简洁、直观，用户不需要具备任何FLAC3D软件知识，只需输入指定的相关原始数据，系统便可自动进行方案模拟和参数优化。

(5) 运用计算机开发和设计C语言和ObjectARX开发工具，建立一个具有良好人机交互界面的煤巷支护设计专家系统

采用面向对象的编程技术开发出一个比较通用的基于AutoCAD的绘图智能系统，并

在此基础上实现系统与专家知识库的结合，使之具有较高的智能化水平。用 C 语言编写的程序经过编译、链接，最后生成 ObjectARX 应用程序。ObjectARX 开发环境提供一个面向对象的应用程序接口，开发人员可以利用接口使用、修改和扩展 AutoCAD。

6.4.3 辅助设计思想

系统设计遵循由小到大、由简到繁、使系统逐步趋于成熟的原则。系统设计的主要目的是能更合理、准确、快捷地提供支护方案，自动生成支护设计报告及支护图表。系统推理结构图如图 6-8 所示。

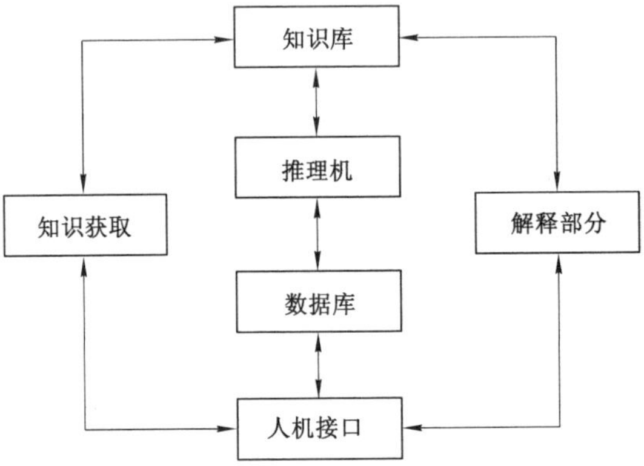

图 6-8 系统推理结构图

具体而言，辅助设计系统的主要设计思想包括以下几个方面：

(1) 准确定位。明确使用辅助设计系统的用户群体，基于用户实际需要，选择合适的开发平台、语言及系统结构设计，便于用户方使用，能够解决他们在煤巷支护方面的技术问题。

(2) 实用至上。系统的研发手段是有机结合领域诸多专家知识及先进的计算机智能技术，在探索一种新的支护设计方法的基础上力争保障系统的实用性。同时，为了尽可能满足用户实际使用需求，系统知识库内容丰富，能够满足不同条件下的实际使用需求，体现系统较高的实用性。

(3) 结构简单。利用分层结构和模块化设计实现系统操作流程简单的目标，充分发挥系统的运行效率及安全稳定性，为用户提供实用、高效、准确及合理的煤巷支护方案设计。

6.4.4 辅助设计系统结构

基于工程类比的煤矿巷道支护智能设计系统的特点和工程实际需求，采用自改进型神经网络为预测算法。模块化的系统结构主要包括人机接口、典型工程案例知识库、数据分析计算、智能预测、信息管理等组成，如图 6-9 所示。

6.4.4.1 系统人机接口

人机接口是实现用户与系统、知识工程师与系统进行交互的窗口。该系统在较大程度上体现了界面友好、操作简单、实用的特点，是煤矿生产一线技术人员应用系统功能的平台（见图 6-10）。

人机界面自主设计研发的系统功能按键，可以满足系统使用所需要的所有程序。其各功能如下：

(1) 读取功能。该功能是根据 BP 神经网络的运算原理，结合工程类比思想，对收集的

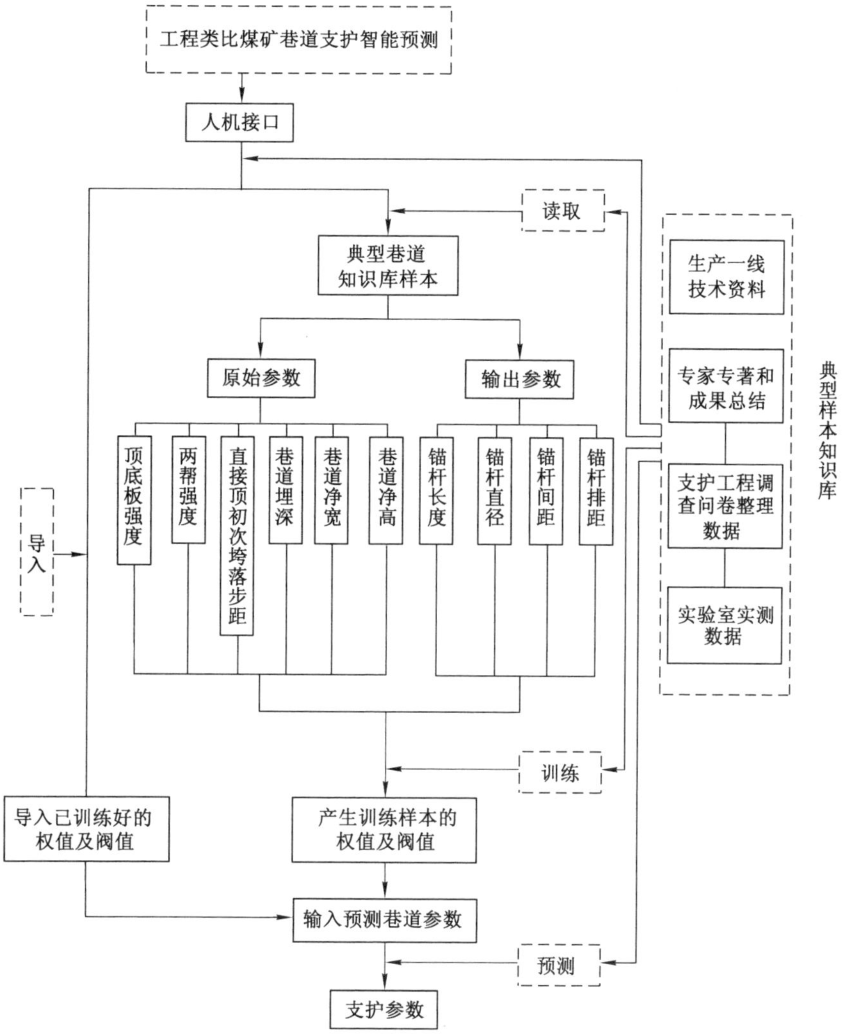

图 6-9　基于工程类比的煤矿巷道支护智能设计系统结构图

各矿区典型巷道支护知识库样本进行调用，作为下一步神经网络训练的基础。

(2) 导入功能。该功能是相对已训练的 BP 神经网络而言的，前提是系统已对典型巷道支护样本进行训练并保存各层的权值与阈值。使用时，将已保存的各层权值与阈值导入系统，输入待预测巷道支护数据，不经系统样本的学习训练直接对巷道进行支护设计。

(3) 导出功能。将基于原始数据进行处理后的数据库导出，系统自动默认的导出格式为 Excel 文件(见图 6-11)。

(4) 训练功能。训练功能是系统的主体功能，其主要原理是：利用 BP 神经网络算法，通过对已读取的典型巷道支护样本进行训练，利用 BP 神经网络所具有的非线性映射能力对样本进行归纳分析，找出其规律，并以输入层、隐含层权值与阈值的形式体现出来(见图 6-12、图 6-13)。

(5) 预测功能。基于已训练完成的典型样本，利用训练得到的各层权值与阈值，对待预

图 6-10　系统人机接口

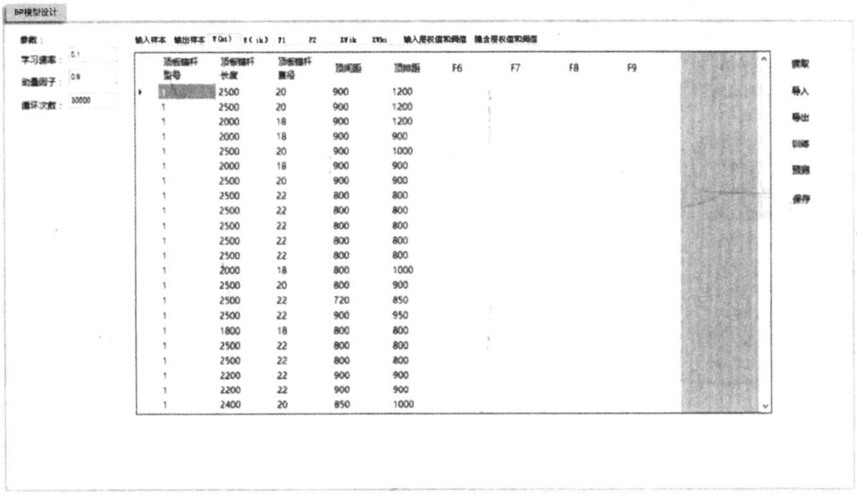

图 6-11　样本输出

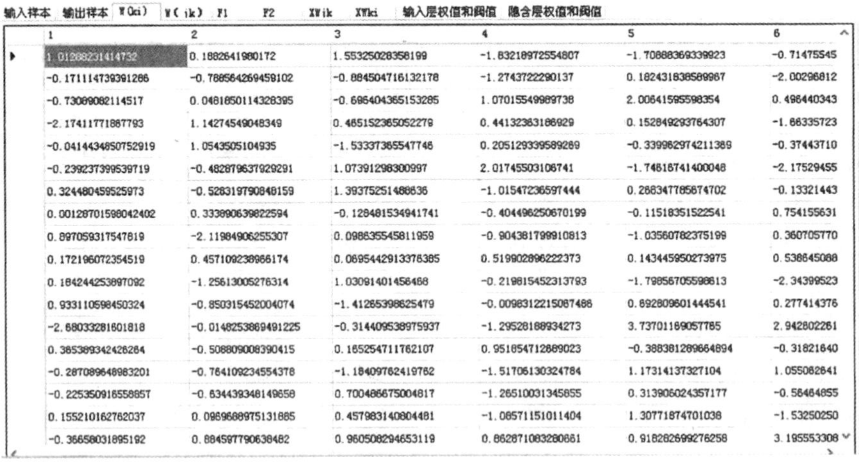

图 6-12　W(ki)训练数据

输入样本　输出样本　W(ki)　W(ik)　F1　F2　XWik　XWki　输入层权值和阈值　隐含层权值和阈值

1	2	3	4	5	6
0.119134580924265	0.148489244049691	0.489923147972175	0.228899879723877	0.151728116359114	0.576573077
0.0985833090618268	0.0805358509526745	0.173681851796184	0.159760092757077	0.0975878008052592	0.095259561
0.861353232002013	0.812721467943137	0.408001920017727	0.623976617328488	0.807317830450512	0.433307919
0.175583231378149	0.199447368717778	0.239855144380892	0.459964416900007	0.192998499922133	0.378137595
0.526050868072285	0.657783414492833	0.714235684874045	0.692373902444095	0.630650449084268	0.295481219
0.0274126774111978	0.0277387932275712	0.240465272058397	0.313028508454994	0.0309642310234023	0.565789552
0.680443469790868	0.594170436331093	0.585835098999115	0.515776001610585	0.614696899356053	0.820591920
0.804578354716329	0.830639294780594	0.781981025601654	0.755314694359247	0.821376509402159	0.714193427
0.0932903464526329	0.0677044737844646	0.172857089903227	0.10844186753823	0.0852513428557315	0.226304785
0.825208915842858	0.839595475901458	0.776871418889064	0.778971727535148	0.82887750238978	0.772388159
0.0232453275292804	0.0197949884167488	0.226739343307291	0.182854928185942	0.0253820343523273	0.455579328
0.392583892847358	0.342388329271876	0.253812352705598	0.213158724308422	0.359839425583422	0.105578922
0.995528762303811	0.991161628271414	0.550836624866289	0.848744097102995	0.990765093722487	0.714552757
0.606108270124684	0.581222088733834	0.710803016681582	0.721208985357349	0.593309783956512	0.788521244
0.710636066302459	0.650851095866954	0.335456671804546	0.345840970028451	0.670408376077651	0.178784171
0.74243353594875	0.671410823529182	0.689832648466197	0.674568053335301	0.699919722724635	0.816661195
0.312985152251493	0.237888094458403	0.186184036945055	0.18885825871234	0.25103728558238	0.231721274
0.962583885232542	0.984062327842271	0.720147844190221	0.794948858583827	0.954181601755191	0.887869188

图 6-13　F1 训练数据

测巷道进行支护参数确定，得到有关支护数据，对预测完成的数据自动保存到数据库（见图 6-14）。

输入样本　输出样本　W(ki)　W(ik)　F1　F2　XWik　XWki　输入层权值和阈值　隐含层权值和阈值

1	2	3	4	5	6
1.01288231414732	0.1882641980172	1.55325028358199	-1.83218972554807	-1.70888369339923	-0.71475545
-0.171114739391288	-0.788584269459102	-0.884504716132178	-1.2743722290137	0.182431838589987	-2.00296812
-0.73089082114517	0.0481650114328395	-0.696404365153265	1.07015549989738	2.00641595598354	0.496440343
-2.17411771867793	1.14274549048349	0.465152365052279	0.44132363186929	0.152849293764307	-1.66335723
-0.0414434850752919	1.0543505104935	-1.53337365547746	0.205129339589269	-0.339962974211369	-0.37443710
-0.239237399539719	-0.482879637929291	1.07391298300997	2.01745503106741	-1.74616741400048	-2.17529455
0.324480459525973	-0.528319790848159	1.39375251488636	-1.01547236597444	0.268347785674702	-0.13321443
0.00128701598042402	0.333890639822594	-0.128481534941741	-0.404496250670198	-0.11516351522541	0.754155631
0.897059317547819	-2.11984906255307	0.098635545811959	-0.904381799910813	-1.03560782375199	0.360705770
0.172196072354519	0.457109238966174	0.0695442913376385	0.519902898222373	0.143445950273975	0.538845088
0.184244253897092	-1.25613005276314	1.03091401456468	-0.219815452313793	-1.79856705598613	-2.34399523
0.933110598450324	-0.850315452004074	-1.41265398625479	-0.0098312215067486	0.692809601444541	0.277414376
-2.68033281601618	-0.0148253869491225	-0.314409538975937	-1.29528188934273	3.73701169057765	2.942602261
0.385389342426264	-0.508809008390415	0.165254711762107	0.951854712689023	-0.388381289664894	-0.31821640
-0.287089648983201	-0.764109234554378	-1.18409762419762	-1.51706130324784	1.17314137327104	1.055062641
-0.225350916558857	-0.034439348149658	0.700486675004817	-1.26510031345855	0.313906024357177	-0.56464855
0.155210162762037	0.0969688975131885	0.457983140804481	-1.08571151011404	1.30771874701038	-1.53250250
-0.36658031895192	0.884597790638482	0.960508294653119	0.862871083280661	0.918282699276258	3.195553308

图 6-14　输入层权值和阈值

（6）保存功能。对预测的数据及原始参数数据进行保存，保存训练结果可以进行选择，包括顶板锚杆、两帮锚杆及锚索选项等，如图 6-15 所示。

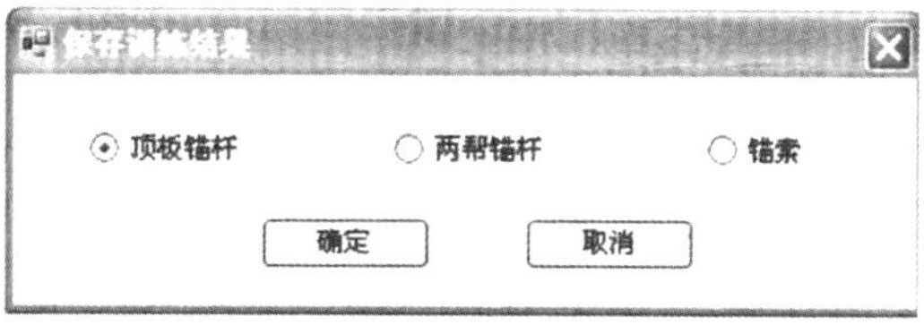

图 6-15　系统训练结果保存窗口

6.4.4.2 系统知识库

(1) 典型工程案例获取的主要依据

典型工程类比分析法是巷道支护设计中传统方法的继承和发展。工程类比主要考虑类比的样本,也就是参照物,这对于新开挖巷道的支护设计至关重要。基于煤巷支护工程类比法实现的具体特点,确定典型工程案例的主要依据包括:

① 典型工程案例具有普遍适用性,其地质条件和生产条件均能代表一般巷道特点。

② 确实能够体现出典型特点,且经过一定时间检验后表现为支护效果好、返修率低、围岩变形小等。

③ 典型工程案例各项支护技术指标齐全,能够为工程类比提供参考。

(2) 典型工程案例数据来源

系统建立的典型工程案例数据库中,各种类型的巷道支护典型案例共 52 条。其数据来源包括以下几个方面:一是深入大型矿区生产一线,通过已开展科研项目取得第一手生产技术资料;二是参阅有巷道支护工程实例的文献;三是开展巷道支护典型案例问卷调查,由生产一线技术负责人填写,并对调查问卷进行分析和整理,调查问卷技术参数如图 6-16(a)、(b)所示;四是对开展科研项目的相关巷道进行地应力测试,并通过实验室试验获取相关数据。

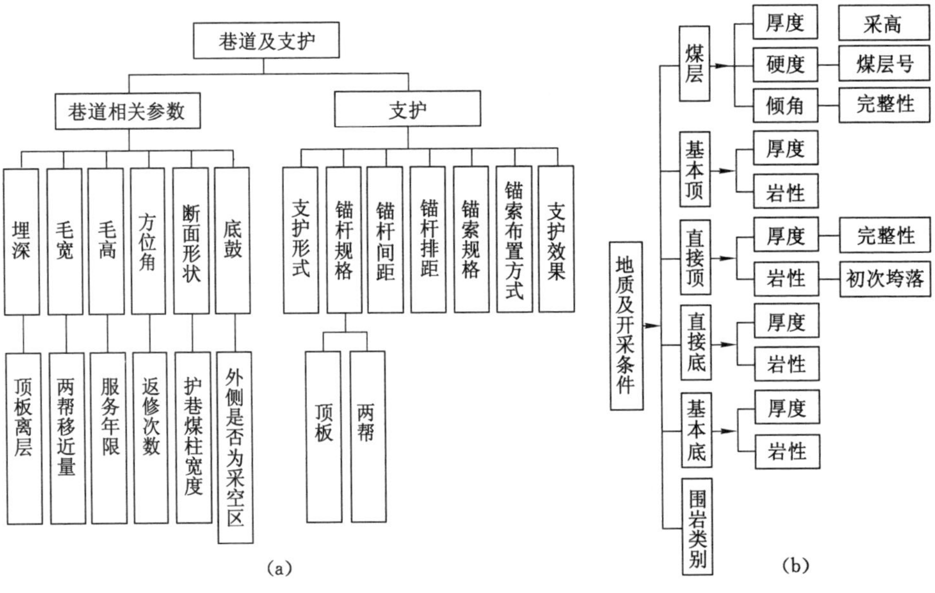

图 6-16 巷道支护典型案例调查问卷结构设计图

6.5 巷道顶板安全预警

6.5.1 煤矿巷道围岩事故影响因素

造成巷道顶板及两帮破坏的影响因素可分为自然因素和开采技术因素两大类。

6.5.1.1 自然因素

(1) 围岩的物理力学特性及结构特征

围岩的密度、矿物组分、结晶程度、颗粒大小及胶结物种类等物理特性，一定程度上决定巷道围岩是否易变形破坏以及变形破坏的类型和程度。一般通过岩石的单轴抗压强度来评价巷道围岩的力学特征。

与巷道的变形破坏有密切关系的围岩物理特性还有产状，即结构特征，主要包括岩层厚度、层理和节理裂隙发育程度。

(2) 巷道埋深和煤层倾角

巷道埋藏深度增加时，在高地应力作用下，巷道围岩变形加剧，其“挤、压、鼓”破坏现象将更加严重，发生冲击矿压的危险加大，且随着深度的增加，巷道顶板事故发生的次数与强度都将有所增加。

煤层倾角不同时，岩层倾角也是不同的，巷道位置与煤岩层产状的关系将导致巷道围岩受压方向不同，可能因此改变巷道变形破坏形式。位于倾斜或急斜煤层中的巷道常出现非对称式变形和破坏，常导致巷道片帮引起的顶板事故，也可能出现抽条式局部冒顶。

(3) 地质构造和地应力影响

处于构造带的煤岩层受到强大的构造应力作用，岩层内产生大量剪切裂隙，比较破碎；处于构造带的巷道还可能受残余构造应力影响，发生顶板冒落、底板鼓起、两帮内挤等现象。因此，有必要根据实际调整巷道轴向与构造应力方向之间夹角，降低构造应力对巷道围岩稳定性的影响。

(4) 水的影响

岩石浸水后普遍发生软化现象，因此巷道围岩含水较大时，会加剧巷道的破坏，巷道围岩的强度明显降低，稳定性变差。

6.5.1.2 开采技术因素

(1) 开采技术影响因素

煤炭开采对巷道的影响取决于巷道掘进与工作面回采在时间上和空间上的相互关系，应尽量避免巷道受多次采动影响。

(2) 掘进技术影响因素

巷道掘进过程中，巷道断面形状和大小、掘进方法以及巷道本身采用的支护类型、支护方式、支护参数等都直接影响巷道顶板的稳定性。

6.5.2 煤矿巷道顶板监测参数

6.5.2.1 采场顶板监测指标

由于地下采场是位置不断移动的工作空间，其顶板和围岩只是为开采服务的临时结构物，因而采场顶板的稳定程度只要能保证开采期间的顶板安全使用即可。反映采场顶板力学参数的直接指标有支架载荷(顶板压力)、支架可缩量(顶底板移近量)；间接相关的指标选择顶板岩层结构状态和采场风流负压(压强)参数。监测时，支架载荷由立柱下腔的压强信号反映，支架可缩量由支架高度的监测变化信号反映，顶板岩层结构状态用地质雷达的监测信号反映，而采场风流负压(压强)用监测到的工作面空间风流静压信号表达。

上述四者之间及其与采场顶板状态的逻辑关系如图6-17所示，顶板岩层结构状态监测信号可以归纳成三种情况：① 分层厚度变小；② 层间离层；③ 存在软弱夹层或薄厚相间的复合顶板岩层。监测信息有这三种情形之一，即可单因素预警，否则顶板处于安全状态。

采场风流负压(压强)监测信号在气候缓慢变化和无顶板垮落来压时，一般趋于一个定

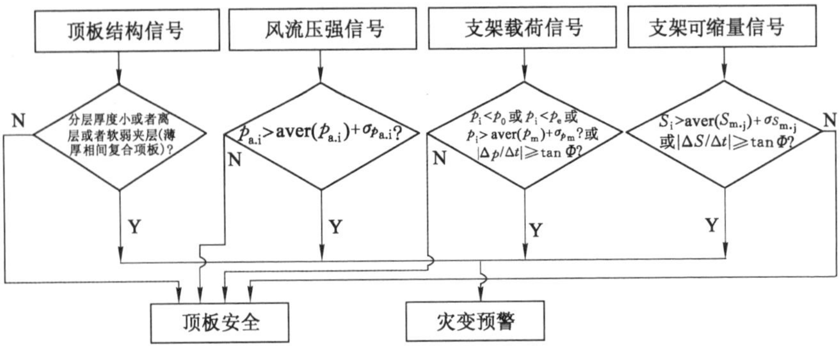

图 6-17　采场顶板状态多因素监测预警流程

值;而顶板较大范围出现垮落时,将会对采场风流压强形成扰动,使压强增大或时间梯度很大,此时应据此信息进行顶板灾害的单因素预警。

在特定采场条件下,支架选定后,若安全阀无开启卸载,其承受载荷可直接反映顶板压力的大小;而若有卸载,需和支架可缩量信号联合起来考虑顶板的灾变与否状态。以支架立柱下腔的压强参数作为监测数据,若监测数据大于初撑力小于额定工作阻力,此时采场顶板安全;若监测数据大于额定工作阻力,应发出采场顶板灾害预警。

对于支架可缩量,其与支架载荷具有很大程度的一致性,若支架载荷平稳则可缩量缓慢变化,若支架载荷有卸载则可缩量将显著增加。一般可缩量信号可以小于观测最大值的平均值,也可大于观测最大值的平均值,或时间梯度很大,前者采场顶板安全,后者两种情况进行顶板灾变预警。

以上四种监测指标之间的一般对应关系,应该是顶板岩层结构变异存在危险对应于支架载荷增加、可缩量增加,采场风流压强突增对应于支架载荷增加、可缩量增加,有顶板垮落冲击;支架载荷增加,则可缩量增加,支架载荷剧增或卸载,则可缩量剧增而出现台阶变化。

6.5.2.2　巷道围岩监测指标

巷道围岩状态监测主要包括巷道围岩位移、锚杆载荷以及围岩破裂的声发射信号等参数。这些反映工作面开采或巷道掘进过程中巷道围岩稳定状态的指标,能揭示巷道围岩的安全与临界灾变状态。

一般而言,若巷道围岩破裂的声发射事件增多,同一位置的巷道围岩位移和锚杆载荷参数均表现为变化规律的一致性,即位移增加和载荷升高。巷道围岩位移与锚杆载荷变化在巷道围岩未破坏前也呈现同样的增函数特性;有时在破坏后,支护结构有可能被破坏,此时位移增加而载荷减小。

巷道围岩监测的各因素之间及其与巷道围岩稳定性的影响关系如图 6-18 所示。

在一般的智能软件研制中,即可按照图 6-17 和图 6-18 所示的判断准则作出各个单因素的安全与灾害状态的预测。

6.5.3　煤矿巷道顶板监测预警

6.5.3.1　综采工作面单点多参数监测方式

对综采工作面端头支架工作阻力的连续在线监测,可以保障工作面端头顶板岩层的稳定性和安全性,并为确定端头支护方式及最优的支护技术参数提供依据。

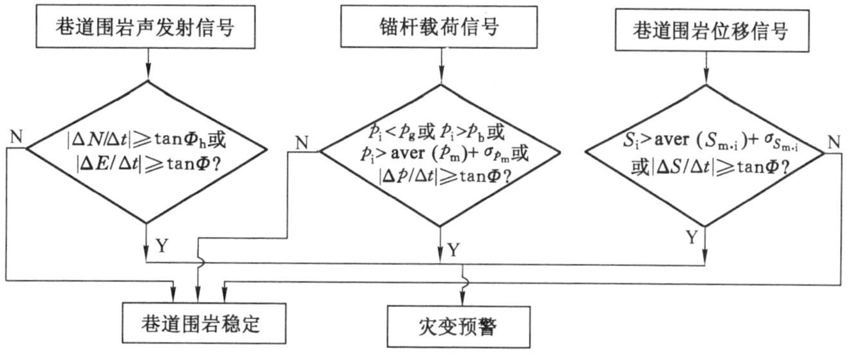

图 6-18　巷道围岩稳定性多因素监测预警流程

对综采工作面支架工作阻力进行分区连续在线监测，可以掌握在该工作面顶板及开采技术条件下工作面的来压规律，为评价支架对顶板的适应性及支护效果提供依据。

(1) 支架载荷传感器

支架载荷传感器是现场实时数据采集、显示、传输单元，集监测电路、显示器、数据通信接口为一体。传感器负责工作面所有测区中的液压支架立柱压力、支架高度数据的采集和通信，传感器采用 CAN 总线传输。

支架载荷传感器采用吊挂或固定式安装，可吊挂在综采支架的顶梁下面或固定在支架立柱的内侧，传感器的压力监测通道为国标 KJ10 的矿用连接插孔，用 10 mm 的高压油管与支架立柱高压腔连接即可。传感器可连接支架前、后(左、右)立柱、平衡千斤顶和前探梁。

(2) 顶底板位移(移近)传感器

顶底板位移(移近)传感器是通过对综采工作面液压支护设备的采掘高度和立柱伸缩量的监测判断顶底移近量的传感器。安装时将传感器基点固定于液压支架的底座上，传感器的软管沿支架后连杆与支架的高压管捆绑在一起，将测量点固定于支架顶梁上。

(3) 负压传感器

通过监测煤矿采场空间的风流压强变化趋势与突变状态，捕捉顶板大面积断落失稳时压力异常变化情况，对采场顶板垮落灾害发生过程进行分析。

负压传感器分别在综采工作面的上部、中部、下部指定的液压支架上各安装 1 台，采用吊挂或固定式安装，可吊挂在综采支架的顶梁下面或固定在支架立柱的内侧。

6.5.3.2　巷道单点多参数监测方式

在巷道内主要通过顶板位移传感器监测顶板下沉量、顶底板移近量、顶底板移近速度的变化，用于判断巷道顶板状态，识别巷道围岩稳定性，评价巷道的安全等级。

巷道顶板锚杆(索)及两帮锚杆锚固力的变化规律主要采用锚杆载荷应力传感器进行连续在线监测，同时可对锚杆锚固力沿着长度方向变化规律进行监测，实现巷道支护-围岩相互作用的信息反馈，评价锚杆(索)的工作状态、顶板安全性等，并为巷道支护参数优化设计提供数据支持。支架载荷传感器与支架的连接图如图 6-19 所示。

(1) 锚杆(索)载荷传感器

锚杆(索)载荷传感器主要用于监测煤矿锚杆支护巷道顶板及两帮的载荷变化，通过监测锚杆或锚索中载荷的大小，可了解煤岩体中应力变化。

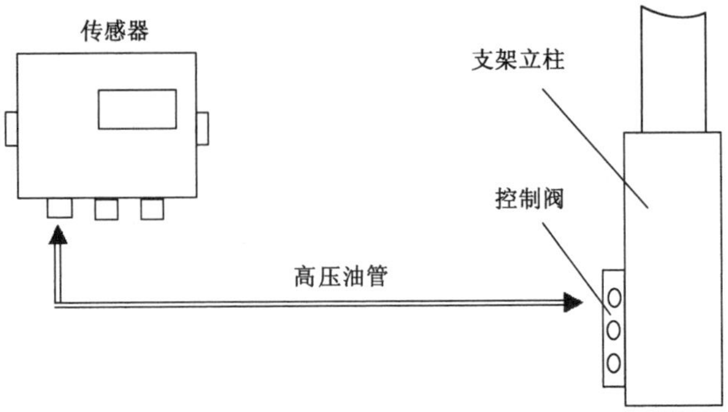

图 6-19 支架载荷传感器与支架的连接图

锚杆(索)载荷传感器在巷道中每隔 50～100 m 安装一个测区,对测区中顶部相邻 3 个锚杆(索)进行监测、两帮各相邻 3 个锚杆(索)进行监测,锚杆(索)载荷传感器采用端头固定式安装,从传感器的圆孔中穿入锚杆(索)。监测锚杆载荷时,将传感器安装在锚杆的托盘和紧固螺母之间;监测锚索载荷时,将传感器安装在托盘与索具之间。这样可解决测点钻孔安装和不可重复使用的缺点。

(2) 巷道围岩表面(离层)位移传感器

巷道围岩表面(离层)位移传感器是通过对巷道的高度进行监测来判断顶底板移近量的传感器。安装时将传感器基点固定于巷道帮接近底板的锚杆上,传感器的软管沿巷道帮至顶板固定,将测量点固定于巷道顶板正中。

(3) 地音(声发射)传感器

地音(声发射)传感器安装于综采工作面运输平巷或回风平巷中,距工作面 30～50 m 采用顶板钻孔安装,用 30 mm 的钻头向工作面的方向钻进 2 m,钻孔与顶板夹角成 30°,将传感器放入孔内,用特定填充物夯实。在巷道支护和采动影响下,通过地音(声发射)传感器监测巷道围岩破裂状态,用声发射信号监测巷道围岩的破坏发展过程,据此考察工作面顶板断裂和巷道围岩破坏规律,确定巷道围岩失稳的预警参数,评价巷道围岩控制支护效果与灾害程度。

6.5.3.3 测点布置方式与数据分析

(1) 测点布置方式

根据采场顶板和巷道围岩的赋存条件,结合开采技术条件和巷道断面特征,对易发生灾害的重点区域和能维持安全稳定的正常区域,分别采用重点监控和一般监控的布点方式,能够在满足工程技术要求的前提下保证围岩安全,并且在经济上最合理,同时给出针对不同采场顶板级别和巷道围岩类型的监测布点方式、布点参数参照表。

采场(回采工作面)的布点方式:沿工作面方向按"三区五线"布置测线。每条测线连续安装 3 台采集分站,共计 15 台采集分站,分别监测液压支架上的左柱、右柱、平衡缸的载荷和立柱下缩量。

巷道的布点方式:根据安全预警控制理论,在煤巷上部、中部、下部布置 3 个测区,每个测区连续监测顶部 3 组锚杆(索)的载荷、两帮各 3 组锚杆(索)的载荷、顶板宏观下沉量。

(2) 数据分析

借助顶板状态预警监测系统在线监测的数据信息，建立反映围岩稳定状态或支护体工作状态的数学力学模型，由智能顶板灾害预警系统软件进行过程分析与自动识别判定，提交采场顶板或巷道围岩的安全性程度以及灾害发生的可能性，为现场工程决策以及指导生产实践提供实测依据。

对于采场顶板而言，给出顶板压力显现是否异常、移近量是否在限定范围内，以及顶板灾害或安全的状态、液压支架在当前状态下安全运行的概率、大面积顶板来压(冲击地压)的可能性等监测判断结果。

对于巷道围岩而言，给出顶板及两帮的压力显现是否异常、顶底板移近量和顶板离层量是否在限定范围内，以及巷道(围岩)灾害或安全的状态、锚杆(索)当前状态下支护是否合理等监测判断结果。

6.6　思考题

1. 支护与围岩共同作用原理是什么？
2. 简述一步锚固法和两步锚固法的内容。
3. 巷道的支护形式可分为哪几大类？
4. 什么是锚杆支护？较其他支护类型有何优越性？
5. 简述锚杆支护理论。
6. 与锚杆组合的支护有哪几种支护方式？其使用条件是什么？
7. 锚注支护的原理是什么？
8. 煤矿巷道支护智能设计系统实现的主要目标是什么？
9. 煤矿巷道围岩事故影响因素有哪些？

第7章 炮掘巷道施工原理与技术

内容提要　炮掘是巷道掘进的重要组成部分，在过去相当长的一段时间内，炮掘是我国各类矿山采用的主要掘进方法。随着工业的发展，综掘设备截割能力的提升，在坚固性系数 f 小于甚至等于6的岩巷、煤巷、半煤岩巷中实现了综合机械化掘进，在 f 大于6甚至少数 f 等于8的巷道中也实现了综合机械化掘进。但是，对于较大断面的硐室和坚硬岩石巷道的掘进仍然需要依靠炮掘。此外，炮掘在非煤硬岩矿山的掘进中占据主导地位。炮掘是利用炸药爆炸产生的巨大能量，对周围岩石产生强烈冲击作用，遵循“先掏槽，后辅助，再周边”的炮眼布置方式的岩石爆破技术。同时，根据断面大小、岩石的坚硬程度和节理、层理的发育程度，应选择适宜的掏槽眼布置形式。本章主要通过讨论爆破破岩原理、常见爆破器材、凿岩机械以及爆破技术等介绍炮掘巷道施工原理与技术。

7.1 爆破破岩原理

7.1.1 爆破原理

如果将一个球形或立方体形药包(爆破上称之为集中药包)埋入岩石中，岩石与空气相接的表面叫作自由面，药包中心到自由面的垂直距离叫作最小抵抗线。

当最小抵抗线很大时[图7-1(a)中 W_1]，自由面对爆破不产生影响。药包起爆后，药包附近的岩石受爆轰波和爆生气体的冲击，产生粉碎性破碎或被压缩成一个空洞，这个区域称为粉碎(或压缩)区。虽然爆轰压力远远超过岩石的抗压强度，但一则岩石本身在短暂的冲击下的动态强度比静态强度要高得多，二则在岩石中传播的冲击波因能量消耗于粉碎岩石而很快衰减，所以粉碎区的范围并不大，通常只有2～3倍的装药半径。粉碎区外面是裂隙区，产生纵横交错的径向裂隙和环向裂隙。它们因压缩应力波在传播时衍生的拉应力而产生，又因爆生气体的充入而扩大所形成的破坏区。裂隙区外面由于应力波继续衰减成地震波，以致连裂隙也不能产生，只能使岩石产生震动，故称为震动区。在这种炸药量小、抵抗线大的情况下，由爆破作用而破坏的范围比较小。

随着最小抵抗线的减小[图7-1(b)中 W_2]，应力波传到自由面衰减的程度还不大就在自由面处产生反射。反射波可以看作是与入射应力波大小相等、方向相反的拉伸波，而岩石的抗拉强度远远小于其抗压强度，因此就产生了从自由面向药包一层层剥落的拉伸破坏，这个破坏区域叫作拉断(或片落)区。

当最小抵抗线再小一些时[图7-1(c)中 W_3]，拉断区和裂隙区连接起来，爆生气体沿着这些裂隙冲出，使裂隙扩大、岩石移动，于是靠近自由面一侧的岩石便完全破坏而形成漏斗状的坑，叫作爆破漏斗。若岩石只产生松动的叫作松动漏斗，若岩石不但松动而且被抛掷出

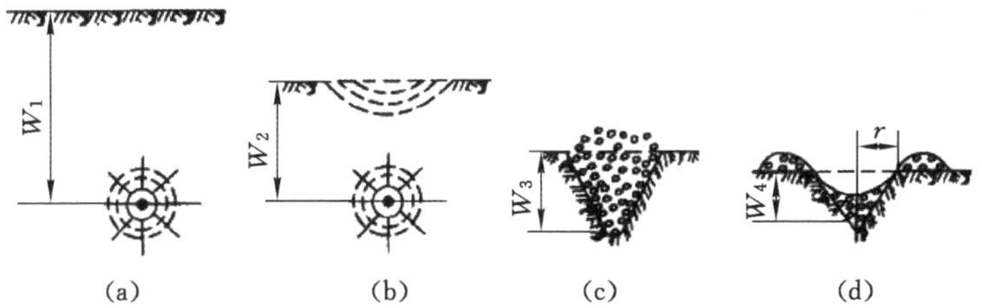

图 7-1 集中药包的爆破现象

去的叫作抛掷漏斗[图 7-1(d)]。通常把爆破漏斗半径 r 与最小抵抗线 W 的比值叫作爆破作用指数 n，即：

$$n = \frac{r}{W} \tag{5-1}$$

当 $n=1$ 时，形成的爆破漏斗称为标准抛掷漏斗；当 $3>n>1$ 时，叫作加强抛掷漏斗($n>3$时破坏岩石很少，无使用价值)；当 $0.75<n<1$ 时，叫作减弱抛掷漏斗；当 $n=0.75$ 时，岩石只产生松动而不产生抛掷，叫作松动漏斗；当 $n<0.75$ 时，爆破漏斗将不能形成。一般认为，$n=1$ 时形成的爆破漏斗体积最大，爆破作用最好，但 n 略大于 1(约为 1.3～1.4)时，可减少清理坑内岩石的工作，而 n 略小于 1(约为 0.8)时，岩石不致飞散过远，使装岩容易进行。可见，爆破作用指数应按爆破要求来选用。井巷掘进的爆破作用指数一般选用介于 0.8～1.0 之间，掏槽炮眼可以稍大于 1。如果自由面不止一个，则应力波在各个自由面都能产生反射，都能产生从自由面向药包中心的拉断破坏区。因此，增多自由面就可使炸落单位体积岩石的炸药消耗量降低，而且岩石的块度也比较小且均匀。在爆破工程实践中，常使几个炮眼先爆发，为后继炮眼的爆炸造成附加自由面，这种方法称为掏槽。

7.1.2 炮眼类别

掘进工作面上的炮眼可依据不同的标准进行分类，本节依据炮眼起爆顺序，将炮眼分为掏槽眼、辅助眼和周边眼。

7.1.2.1 掏槽眼

在巷(隧)道开挖过程中，在掘进工作面的中央偏下布置几个炮眼并先起爆形成一个适当的空腔，作为新的临空面，为其余炮眼爆破创造有利条件，使周围的岩石爆破后都顺序向这个空腔方向崩落，以获得较好的爆破效果。这个空腔的形成，通常称为掏槽。

掏槽眼布置原则：

(1) 掏槽眼位置一般应布置在开挖断面的中部或中偏下位置。

(2) 在岩层层理明显时，炮眼方向应尽量垂直于岩层的层理面。

(3) 掏槽眼一般由 4～6 个装药眼和 2～4 个空眼组成，空眼个数应随孔深增大而增加。

根据巷(隧)道断面、岩石性质和地质构造等条件，掏槽眼排列形式有很多种，归纳起来可分成倾斜掏槽和垂直掏槽两大类，此外还有两者结合的混合掏槽。

(1) 倾斜掏槽

倾斜掏槽的特点是掏槽眼与自由面斜交，当掏槽眼中的炸药起爆时，眼底至自由面的岩石被破碎抛出，通常有单向掏槽、锥形掏槽和楔形掏槽几种形式。

(2) 垂直掏槽

垂直掏槽的所有掏槽眼相互平行，且均垂直于工作面。掏槽眼分空眼和装药眼，空眼为装药眼提供自由面和补偿空间。这种掏槽法由于凿岩操作简单，在能够利用凿岩台车钻凿大空孔（直径可达 100 mm）时，用得比较广泛。垂直掏槽又分缝形掏槽、桶形掏槽和螺旋掏槽。

（3）混合掏槽

混合掏槽是指两种以上的掏槽方法混合使用，主要用于一些复杂的掘进条件。例如，在岩石特别坚硬或巷（隧）道断面较大时，可采用复式楔形或桶形加锥形等混合掏槽。在特殊情况下，有时需用（药壶式）扩底掏槽。

7.1.2.2 辅助眼

辅助眼又称为崩落眼，它均匀布置在掏槽眼与周边眼之间，孔向与工作面垂直，孔底应落在同一平面上，以使爆后工作面平整。其作用是进一步扩大掏槽体积和增大爆破量，并为周边眼爆破创造有利条件。

7.1.2.3 周边眼

周边眼布置在开挖断面的轮廓上，用以控制开挖断面的轮廓和规格。周边眼应向外倾斜（其外倾角为 3°～5°），以保证断面轮廓不缩小和凿岩机的操作净空，利于下一循环周边眼的钻凿。孔底都应落在同一个垂直于巷（隧）道轴线的平面上，使爆后工作面平整。

7.2 炸药及起爆器材

炸药在一定条件下是具有相对稳定性的物质，必须借助于一定的外界能量作用才能使其产生爆炸。因此，将用来激发炸药爆炸的材料统称为起爆器材。常用的起爆器材包括雷管、导火索、导爆索、继爆管、导爆管、起爆药柱（或起爆具）等。

起爆器材的品种较多，根据起爆过程中所起作用的不同，起爆器材可分为起爆材料和传爆材料两大类。各种雷管属于起爆材料，导火索、导爆管属于传爆材料，导爆索既有起爆作用又有传爆作用。

7.2.1 常见工业炸药

（1）单质起爆药

常见的单质起爆药为二硝基重氮酚，简称 DDNP，原料来源广、生产工艺简单、安全、成本较低，而且具有良好的起爆性能，用于装填电雷管和毫秒延期雷管及其他火工品，是目前用量最大的单质起爆药之一。

（2）单质猛炸药

常见的单质猛炸药有梯恩梯、黑索金、特屈儿和泰安。

（3）硝酸铵系列炸药

① 铵梯炸药。铵梯炸药由硝酸铵、梯恩梯和木粉三种成分组成，具有雷管感度，适合于各种直径的炮眼爆破作业，但不具有抗水性。铵梯炸药又分为岩石铵梯炸药和露天铵梯炸药。

② 铵油系列炸药。以硝酸铵和燃料油为主要成分的粒状或粉状（添加适量木粉）爆炸性混合物称为铵油炸药，亦称 ANFO 爆破剂。铵油炸药的原材料主要有硝酸铵、柴油和木粉。

③ 膨化硝铵炸药。膨化硝铵炸药是以膨化硝酸铵为氧化剂，复合油（燃烧油与石蜡的混合物）和木粉为可燃剂，并按一定比例均匀混合制得的工业炸药。由于膨化硝酸铵比普通硝酸铵的吸油性好，所以制成的工业炸药爆炸性能更稳定。膨化硝铵炸药适合于露天和无沼气（瓦斯）、矿尘爆炸危险的爆破工程中。

（4）铵松蜡与铵沥蜡炸药。这两种炸药克服了铵梯炸药和普通铵油炸药吸湿性强和贮存期短的缺点，具有一定的抗水性能，同时保持了铵油炸药的原料来源广、易加工、成本低和使用安全等特点。铵松蜡炸药以硝酸铵、松香、石蜡为原料，铵沥蜡炸药以硝酸铵、沥青、石蜡为原料，都是采用轮辗机热辗加工而成的。

（5）浆状炸药

浆状炸药是由氧化剂水溶液、敏化剂和胶结剂为主要成分的抗水性硝铵类炸药。该炸药在外观上呈糨糊状，故称为浆状炸药，具有抗水性强、密度高、爆炸威力较大、原料来源广、成本较低和安全等优点，因此曾在露天有水深孔爆破中广泛应用。

（6）水胶炸药

一般地说，水胶炸药与浆状炸药没有严格的界限，二者的主要区别在于使用不同的敏化剂，浆状炸药的主要敏化剂是非水溶性的炸药成分、金属粉和固体可燃物，而水胶炸药是采用水溶性的甲胺硝酸盐作为敏化剂，而且水胶炸药的爆轰敏感度比普通浆状炸药高，具有雷管感度。

（7）乳化炸药

乳化炸药是一种含水工业炸药，是通过乳化剂的作用，使硝酸铵类氧化剂水溶液的微滴均匀地分散在含有空气微泡等多孔性物质的油相连续介质中的一种油包水型（W/O）的乳胶状混合炸药。

乳化炸药抗水性强、密度高、爆速大、猛度高，适用于含水爆破环境，易沉入有水炮眼底部；其摩擦、撞击、枪击感度和热感度大大低于铵梯炸药，可塑性好，并具有雷管起爆感度；成分中不含有毒物质，使用安全；原料来源广泛，加工工艺简单，生产成本低。乳化炸药缺点是耐冻性差，使用时一般要求炸药温度在 0 ℃以上。有的厂家采用纸卷包装，容易破包，给装药工作带来很多不便。

（8）粉状乳化炸药

粉状乳化炸药习惯上又称为乳化粉状炸药，它是依据乳化炸药主要成分和反应机理，在一定的工艺条件下，将乳胶体经过雾化制粉、冷却形成的新型粉状硝铵炸药。

粉状乳化炸药由于含水量低，其爆炸性能和做功能力高于乳化炸药，虽具有较好的抗水性，但抗水性能低于乳化炸药。粉状乳化炸药具有雷管感度，作为一类新型无梯粉状炸药，已成为替代粉状铵梯炸药的最具竞争力的炸药品种之一。因生产厂家、用途和配方不同，粉状乳化炸药又有多个品种和商品名称，选择和使用前要详看其说明书。

7.2.2 煤矿许用炸药

（1）煤矿许用炸药的特点

一般地说，允许用于有瓦斯和煤尘爆炸危险煤矿的炸药应该具有如下特点：

① 煤矿许用炸药的能量要有一定的限制，其爆热、爆温、爆压和爆速都要求低一些，使爆炸后不致引起矿井大气的局部高温，这就有可能使瓦斯、煤尘的发火率降低。

② 煤矿许用炸药应有较高的起爆感度和较好的传爆能力，以保证其爆炸的完全性和传

爆的稳定性，这样就使爆炸产物中未反应的炽热固体颗粒和爆炸瓦斯的量大大减少，从而提高其安全性。

③ 煤矿许用炸药的有毒气体生成量应符合国家规定，其氧平衡应接近于零。

④ 煤矿许用炸药组分中不能含有金属粉末，以防爆炸后生成炽热固体颗粒。

(2) 煤矿许用炸药的种类

根据炸药的组成和性质，煤矿许用炸药可分为 6 类。

① 粉状硝铵类许用炸药。有 1 号煤矿铵梯炸药、2 号煤矿铵梯炸药和 1 号抗水煤矿铵梯炸药等。

② 许用含水炸药。这类炸药包括许用乳化炸药和许用水胶炸药，是近几十年来发展起来的新型许用炸药。由于它们组分中含有较大量的水，爆温较低，有利于安全，同时调节余地较大，因此有极好的发展前景。

③ 硝化甘油类许用炸药。这类炸药大多数含有硝酸铵，也有用其他硝酸盐的，都是以液体硝酸酯(硝化甘油或硝化甘油与硝化乙二醇的混合物)作为敏化剂的，含量为 7%～35%不等。这类炸药的爆炸能量较大，消焰效果较差，我国目前很少使用，在西欧各国使用较多。

④ 离子交换炸药。含有硝酸钠和氯化铵的混合物，称为交换盐或等效混合物。在通常情况下，交换盐比较安定，不发生化学变化，但在炸药爆炸的高温高压条件下，交换盐就会发生反应，进行离子交换，生成氯化钠和硝酸铵。在爆炸瞬间生成的氯化钠，就作为消焰剂高度弥散在爆炸点周围，有效地降低爆温和抑制瓦斯燃烧；与此同时生成硝酸铵，作为氧化剂加入爆炸反应。

⑤ 当量炸药。一般地说，当量炸药的瓦斯安全性是相当高的，但由于爆炸能较小，其爆轰稳定性较差，容易发生爆燃，从这个意义上讲，反而影响了它的安全性。

⑥ 被筒炸药。用含消焰剂较少、爆轰性能较好的煤矿硝铵炸药做药芯，其外再包覆一个用消焰剂做成的“安全被筒”。这种复合装药结构，就是人们通常所说的被筒炸药。

7.2.3 雷管

雷管是各种雷管的简称，它是一种最基本的起爆材料，可以引爆炸药、导爆索和导爆管。根据雷管点火方式的不同，爆破工程中常用的工业雷管有火雷管、电雷管和非电雷管等。电雷管和非电雷管可分为瞬发雷管和延期雷管。延期雷管根据延期时间的不同又可分为秒延期、半秒延期、毫秒延期电雷管和秒延期、半秒延期、毫秒延期非电雷管等品种。常用工业雷管的分类如图 7-2 所示。

此外，根据管壳的材料不同，可分为金属(铜、铁、铝等)管壳雷管与非金属(塑料、纸等)管壳雷管。金属管壳强度高、加工容易，制成的雷管封闭性能好，有利于防潮抗水；其缺点是：铝壳雷管不能用于有瓦斯和煤尘爆炸危险的矿山；铜壳管壳的原材料缺乏，价格比较高，并且不能装填叠氮化铅；铁壳雷管强度高、来源广，但它能与硫氰酸铅起化学反应。非金属管壳雷管的特点是：塑料壳雷管用量少、强度低、尺寸易变、起爆威力小；纸壳雷管用量大，大部分火雷管和相当一部分延期雷管均是纸壳雷管，其材料来源广，但是强度低、不抗水、防潮能力差。

工业雷管是爆炸危险品，因此，对工业雷管在技术方面有以下要求：

(1) 足够的灵敏度和起爆能力。工业雷管必须有足够的灵敏度，以保证雷管在使用时

- 雷管
  - 火雷管
  - 电雷管
    - 瞬发电雷管
    - 延期电需管(秒、半秒和毫秒延期)
  - 非电雷管
    - 瞬发导爆管电雷管
    - 延期导爆管电雷管(秒、半秒和毫秒延期)

图 7-2 常用工业雷管的分类

按设计要求准确起爆,并保证具有足够的起爆能力,以使被引爆的炸药能达到正常的爆轰。

(2) 性能均一。雷管的技术参数要求有均一性,以保证使用时的一致性。

(3) 制造安全和使用安全。在保证足够的起爆能力的前提下,感度要适宜,以保证装配、运输和使用过程中的安全。

(4) 长期贮存的稳定性。雷管生产后不能立即使用,有一个入库、出库、运输、现场使用的过程,在时间和空间上都有变化。因此,工业雷管存储 2 年以上,应不发生变化和变质现象。

7.2.4 导爆索

导爆索是用单质猛炸药黑索金或者泰安作为索芯,用棉、麻、纤维及防潮材料包缠成索状的起爆器材。经雷管起爆后,导爆索可以直接引爆炸药,也可以作为独立的爆破能源。

根据使用条件及用途的不同,目前国产导爆索主要有五类。

(1) 普通导爆索

普通导爆索的结构与导火索相似,不同之处在于导爆索的芯药是采用黑索金或泰安制成的,而且在缠包层的最外层涂上红色颜料。目前国产的普通导爆索芯药量为 12～14 g/m,爆速不低于 6 500 m/s。普通导爆索具有一定的耐热性能及防水性能,在 1 m 深的 10～25 ℃水中浸泡 4 h 后,性能不变。塑料导爆索在水压为 50 kPa、水温为 10～25 ℃的静水中浸泡 5 h,其感度及爆炸性能仍能符合要求;在(50±3)℃的条件下保温 6 h,其传爆性能和外观不变。

普通导爆索的外径为 5.7～6.2 mm,每(50±0.5)m 为一卷,有效期通常为 2 年。普通导爆索在爆轰过程中产生强烈的火焰,因此只能用于露天爆破和没有瓦斯或矿尘爆炸危险的井下爆破作业。

(2) 安全导爆索

安全导爆索专供有瓦斯或矿尘爆炸危险的井下爆破作业使用。

安全导爆索在结构上与普通导爆索相似,不同的是在药芯中或缠包层中多加了适量的消焰剂(通常是氯化钠),使安全导爆索爆轰过程中产生的火焰小、温度较低,不会引爆瓦斯或矿尘。安全导爆索爆速大于 6 000 m/s,索芯黑索金药量为 12～14 g/m,消焰剂药量为2 g/m。

(3) 油井导爆索

油井导爆索是专门用于引爆油井射孔弹的导爆索,其结构与普通导爆索相似。为了确保在油井内高温、高压条件下的爆轰性能和起爆能力,油井导爆索增强了塑料涂层并增大了索芯药量及密度。目前国产的油井导爆索主要品种有:无枪身油井导爆索与有枪身油井导爆索。无枪身油井导爆索用于油井、深水、高温中的爆破作业;有枪身油井导爆索用于油井、深水井中爆炸作业。

(4) 铅锑管导爆索

铅锑管导爆索适用于无枪身射孔,可耐较高井温(260 ℃)和井压,其外观为淡黄色。

(5) 震源导爆索

震源导爆索分为棉线与塑料震源导爆索两种,外观为红色或者用户要求的颜色,每卷长度为(100±1) m。震源导爆索主要用于勘探地震震源用。

上述各品种导爆索的每米装药量都较大,通常都在 10 g 以上,因此也叫作高能导爆索。用这种导爆索组成的导爆网路起爆时噪声太大。近年来国内外研制出一种每米装药量很少的导爆索,称为低能导爆索。这种导爆索爆炸所产生的噪声较低,同时由于它的爆速高,克服了导爆网路起爆时因打断网路而产生拒爆的缺点;但是它必须与雷管配套使用。

7.2.5 塑料导爆管

塑料导爆管简称导爆管,是一种内壁涂敷有猛炸药,以低爆速传递爆轰波的挠性塑料细管。我国普通塑料导爆管(见图 7-3)一般由低密度聚乙烯树脂加工而成,无色透明,外径 $3.0^{+0.1}_{-0.2}$ mm,内径(1.4±0.1) mm。涂敷在塑料导爆管内壁上的炸药量为 14～18 mg/m(91%的奥克托金或黑索金,9%的铝粉)。

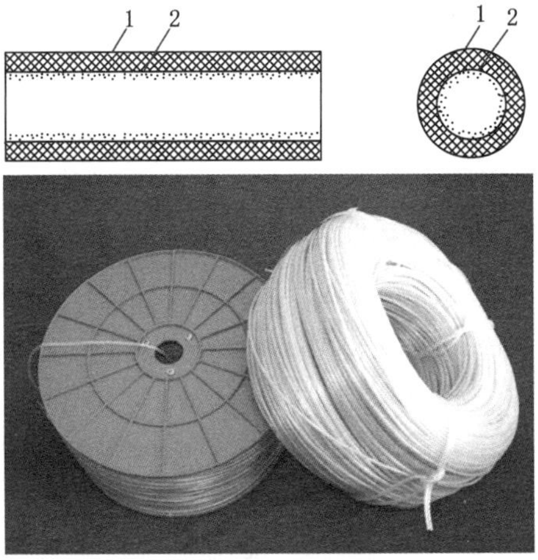

1—塑料管;2—炸药粉末。

图 7-3 塑料导爆管的结构

导爆管起爆以后,管内将产生爆轰波。在起爆的瞬间可以看到,爆轰波似一闪光通过导爆管,在导爆管出口端部喷出的爆轰波可以引爆火雷管,但不能直接引爆工业炸药。导爆管的传爆不会破坏环境,传爆后的管壁亦无破损。导爆管本身不具有爆炸危险性,在火焰和机械碰撞的作用下不能被起爆,可以作为非危险品运输。

7.3 凿岩钻孔机械

工程爆破一般需将炸药放入炮眼中,以期炸药能均匀地分布到矿岩中,为此需先钻凿炮眼。凿岩是指在矿岩中钻凿炮眼,凿岩作业是工程爆破的主要工序之一,工作量大,效率低,花费时间多。为此，必须对凿岩机械进行分析研究。

7.3.1 液压凿岩机

液压凿岩机是以循环的高压油作为动力，而气动凿岩机是以压缩空气推动活塞运动的冲击凿岩工具，这是两者之间最本质的区别。液压凿岩机克服了气动凿岩机存在的一系列问题，具有以下优点：

(1) 能量利用率高，可达40%以上；动力消耗少，仅为气动凿岩机的1/4～1/3。

(2) 力学性能好，凿岩速度高。由于油压比气压高20～40倍，因此液压凿岩机的冲击功大为提高，进而使凿岩速度高出气动凿岩机1倍以上。

(3) 液压作为动力便于根据岩石情况调整冲击频率和旋转速度，使机器在最佳工况下工作。

(4) 便于和柴油驱动的液压凿岩台车配套，实现能源单一化，提高设备机动性和台班工效。

(5) 无排气，从而消除了排气噪声和油雾，工作面环境大为改善。

(6) 活塞等运动部件均在油液中工作，润滑条件好，寿命长。

(7) 气动设备在高海拔地区，不但自身效率会下降，而且空压机工作效率也会大幅下降，综合能耗增加很多。液压凿岩机的效率不会受此影响。

实际使用的液压凿岩机绝大多数为导轨式。按配油方式不同，液压凿岩机可分为有阀型和无阀型两大类；有阀型液压凿岩机按阀的结构又可分为套阀式和芯阀式(或称外阀式)两种。按回油方式不同，液压凿岩机分为单面回油和双面回油两种；单面回油液压凿岩机又分为前腔回油和后腔回油两种。

7.3.2 掘进凿岩钻车

掘进凿岩钻车虽然类型较多，但其主要部件大都包括推进器、钻臂、回转机构、平移机构及托架、转柱、车体、行走装置、操作台、凿岩机和钻具等。有的钻车还装有辅助钻臂(设有工作平台，可以站人进行装药、处理顶板等)和电缆、水管的缠绕卷筒等，钻车功能更加完善。CGJ-2Y型轨轮式全液压凿岩钻车结构组成如图7-4所示，轮胎式凿岩钻车结构组成如图7-5所示。

(1) 推进器。推进器的作用是在凿岩时完成推进或退回凿岩机的动作，并对钎具施加足够的推力。

(2) 钻臂。钻臂9是支撑托架、推进器、凿岩机进行凿岩作业的工作臂，它的前端与托架6铰接(十字铰)，后端与转柱11铰接。由支臂缸29、摆臂缸15、仰俯角缸30及摆角缸7四个油缸执行钻臂和推进器的上下摆角与水平左右摆角运动，其动作符合直角坐标原理，因此称为直角坐标钻臂。支臂缸使钻臂做垂直面的升降运动，摆臂缸使钻臂做水平面的左右摆臂运动，仰俯角缸使推进器做垂直面的仰俯角运动，摆角缸使推进器做水平摆角运动。

(3) 补偿机构。补偿缸8联系着托架和推进器，其一端与托架铰接，另一端与推进器铰接，组成补偿机构。该机构的作用是使推进器做前后移动，并保持推进器有足够的推力。钻臂是以转柱的铰接点为圆心做摆动的机构，当它做摆角运动时，推进器顶尖与工作面只能有一点接触(即切点)，随着摆角的加大，顶尖离开接触点的距离也增大。凿岩时必须使顶尖保

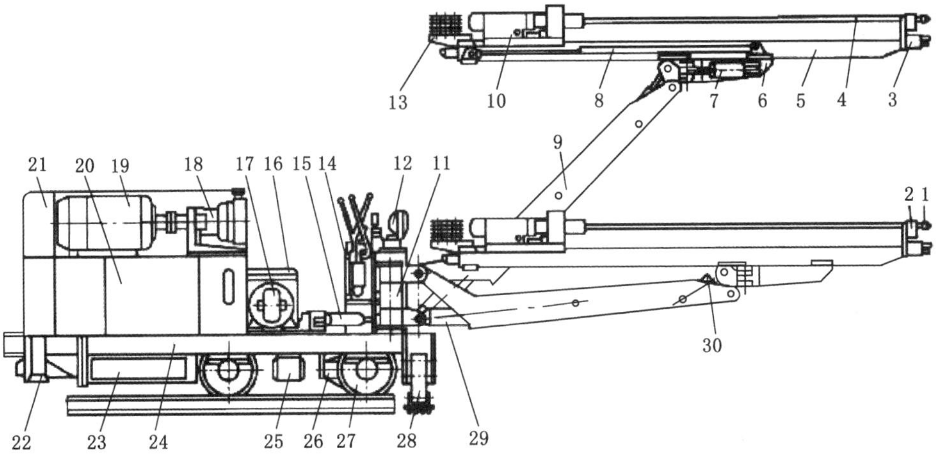

1—钎头；2—托钎器；3—顶尖；4—钎具；5—推进器；6—托架；7—摆角缸；8—补偿缸；9—钻臂；10—凿岩机；11—转柱；12—照明灯；13—绕管器；14—操作台；15—摆臂缸；16—座椅；17—转杆油泵；18—冲击油泵；19—电动机；20—油箱；21—电器箱；22—后稳车支腿；23—冷却器；24—车体；25—滤油器；26—行走装置；27—车轮；28—前稳车支腿；29—支臂缸；30—仰俯角缸。

图 7-4　CGJ-2Y 型轨轮式全液压凿岩钻车结构图

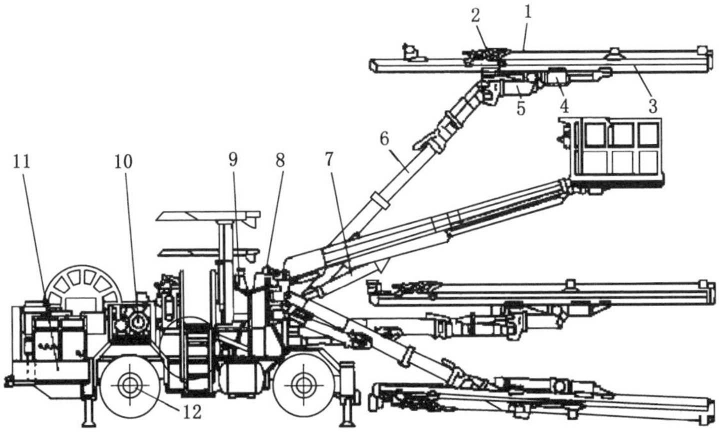

1—钎具；2—凿岩机；3—推进器；4—托架；5—摆角缸；6—钻臂；
7—支臂缸；8—转柱；9—操作台；10—转杆油泵；11—车体；12—行走装置。

图 7-5　轮胎式凿岩钻车结构图

持与工作面接触，因此必须设置补偿机构。通常采用油缸或气缸使推进器做前后直线移动。补偿缸的行程由钻臂运动时所需的最大补偿距离来确定。

(4) 托架。托架 6 是钻臂与推进器之间相联系的机构，它的上部有燕尾槽托持着推进器，左端与钻臂相铰接，依靠摆角缸、仰俯角缸的作用可使推进器做水平摆角和仰俯角运动。

(5) 转柱。转柱 11 安装在车体 24 上，它与钻臂相铰接，是钻臂的回转机构，并且承受钻臂推进器的全部重量。

(6) 车体。车体 24 上布置着操作台 14、油箱 20、电器箱 21、油泵 17、行走装置 26 和稳车支腿 22 等，还有液压、电气、供水等系统。车体上带有动力装置，对整台钻车起着平衡与稳定的作用。

7.3.3 采矿凿岩钻车

(1) 采矿凿岩钻车基本动作

① 钻车行走。地下采矿钻车一般都能自行移动，行走方式有轨轮、轮胎、履带，行走驱动可由液压马达或气动马达提供。

② 炮眼定位与定向。钻车要能按照采矿钻凿要求的炮眼位置、方向与深度钻眼，而炮眼的定位与定向动作由钻臂变幅机构和推进器的平移机构完成。

③ 推进器补偿运动。推进器前后移动又称补偿运动，一般都由推进器具的补偿油缸完成。

④ 凿岩机推进。凿岩时，对凿岩机必须施加轴向推进力(又称轴压力)，以克服凿岩机工作时的反弹力，使钻头能紧压炮眼底部岩石，提高钻凿速度。凿岩机的推进动作是由推进器完成的，推进器的推进方法有 3 种：油压推进、液压马达(气动马达)-链条推进、液压马达(气动马达)-螺旋(又称丝杆)推进。

⑤ 凿岩钻孔。这是钻车最基本、最重要的动作，由凿岩机系统完成。

除上述 5 种基本动作外，还有钻车的调整水平、稳车、接卸钻杆、夹持钻杆、集尘等辅助动作，各由其相应机构完成。

(2) 采矿凿岩钻车结构组成

① 底盘。底盘用来完成钻车转向、制动、行走等动作。钻车底盘的概念中一般将原动机也包括在内，是工作机构的平台。国外钻车底盘基本采用通用底盘。

② 工作机构。工作机构用来完成钻孔的定位、定向、推进、补偿等动作。钻车的工作机构由定位系统和推进系统组成。

③ 凿岩机与钻具。凿岩机与钻具用于完成凿岩钻孔作业。凿岩机有冲击、回转、排渣等功能。凿岩机包括液压凿岩机和气动凿岩机。钻具由钎尾、钻杆、连接套、钻头组成。

④ 动力装置。动力装置一般分为柴油机、电动机、气动机三类。

⑤ 传动装置。传动装置一般分为机械传动、液压传动、气压传动三类。部分钻车同时具有液压传动和气压传动两套装置。

⑥ 操纵装置。操纵装置可分为人工操纵、计算机操纵两种。人工操纵又可分为直接操纵和先导控制两种。一般大中型采矿凿岩钻车因所需操纵力过大，所以都采用先导控制。先导控制又可分为电控先导、液控先导和气控先导。凿岩钻车由计算机程序控制，又称凿岩机器人，是目前最先进的操纵方式。

如图 7-6 所示，CTC-700 型采矿凿岩钻车由推进机构、叠形架、行走机构、稳车装置(气顶及前、后液压千斤顶)、液压系统、压气和供水系统等组成。钻车工作时，首先利用前液压千斤顶 17 找平并支承其重量，同时开动气动千斤顶 9 把钻车固定。然后根据炮眼位置操纵叠形架对准孔位，开动推进器油缸(补偿器)使顶尖抵住工作面，随即可开动凿岩机及推进器进行钻孔工作。

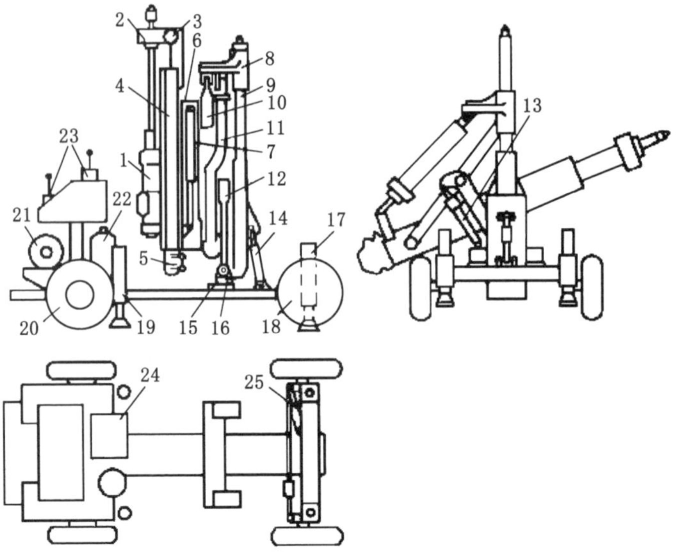

1—凿岩机;2—托钎器;3—托钎器油缸;4—滑轨座;5—推进气动马达;6—托架;
7—补偿机构;8—上轴架;9—气动千斤顶;10—扇形摆动油缸;11—中间拐臂;
12—摆臂;13—侧摆油缸;14—起落油缸;15—销轴;16—下轴架及支座;
17—前千斤顶;18—前轮对;19—后千斤顶;20—后轮对;21—行走气动马达;
22—注油器;23—液压控制台;24—油泵气动马达;25—转向油缸。

图 7-6 CTC-700 型采矿凿岩钻车结构图

7.3.4 QZJ-100B 型潜孔钻机

地下潜孔钻机,是以冲击作用为主、回转作用为辅的冲击回转式凿岩机械。各种地下潜孔钻机的构造及工作原理基本相同,都由钻具、回转供风机构、推进调压机构、操纵机构、凿岩支柱等组成。按行走方式不同,地下潜孔钻机可分为非自行式潜孔钻机和自行式潜孔钻机。

QZJ-100B 型潜孔钻机为低气压非自行式潜孔钻机,是我国仿制、改进定型的支架式潜孔钻机,其结构如图 7-7 所示。

(1) 回转供风机构。回转供风机构由气动马达 12、减速箱 11 和风接头、钻杆接头等组成。气动马达直接与减速箱连接。减速箱采用四级圆柱直齿轮减速,其输出轴为空心轴。空心轴前端用螺栓与钻杆接头连接,把回转扭矩传给钻具。空心轴内部安装不随空心轴转动的供气管道,由操纵阀来的气、水混合物经此进入钻杆直达冲击器。采用气动马达作为回转机构的原动机,可以无级调速,有利于提高钻孔效率。

(2) 推进调压机构。推进调压机构由推进气缸 7、滑板 10、支架 13、滑架 14 组成。用螺栓将回转供风机构和支架连接在滑板上。压气通过管道进入气缸作用于活塞上,活塞杆通过支架带动滑板,使回转供风机构沿滑架向前滑动。钻具以一定的轴压(推)力作用于孔底,实现钻孔作业。调节气缸的进气压力,便可实现在合理轴推力下钻孔。QZJ-100B 型潜孔钻机采用单气缸推进并调压,取消了链条传动机构,因而机构更简单、体积小、重量轻,便于井下搬运,易于制造和维修。

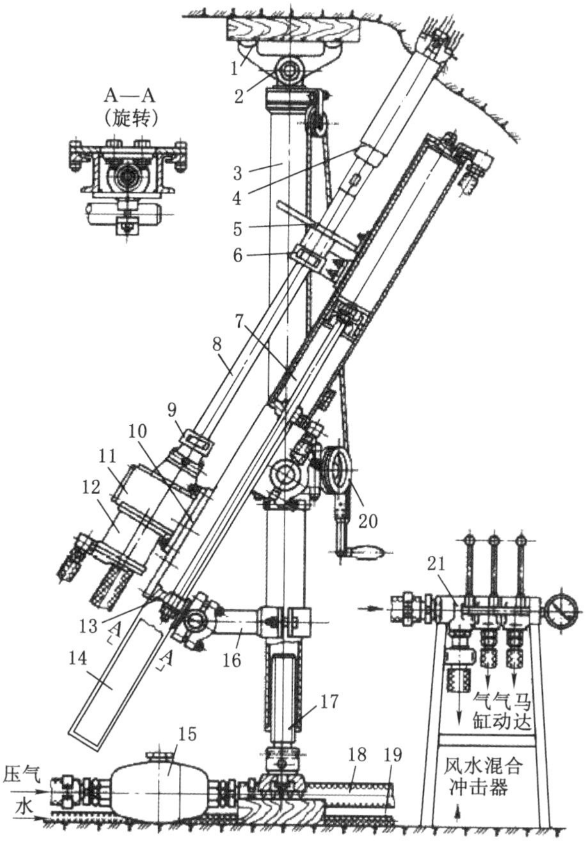

1—垫木;2—上顶盘;3—支柱;4—冲击器;5—挡板;6—托钎器;
7—推进气缸;8—钻杆;9—卸杆器;10—滑板;11—减速箱;
12—气动马达;13—支架;14—滑架;15—注油器;16—横轴;
17—升降螺柱;18—气管;19—水管;20—手摇绞车;21—操纵阀。

图 7-7 QZJ-100B 型潜孔钻机结构图

(3) 操纵阀。操纵阀 21 上有 3 个手柄。左手柄控制回转用气动马达,有正、反、停三个位置;中间手柄控制推进气缸的往复运动,有进、退、停三个位置;右手柄控制开、停冲击器的气水混合物,有开、闭两个位置。供水量由水阀控制,在操纵阀进气的前方装有注油器 15。

(4) 凿岩钻架。凿岩钻架由上顶盘 2、支柱 3、横轴 16、升降螺柱 17、手摇绞车 20 等组成。使用时根据硐室高度调整升降螺柱,使支柱紧顶在顶板和底板上。横轴由 3 个部件组成,组合起来使用,用以适应不同的孔向(可旋转 360°)。升高或降低钻机由手摇绞车操纵。

地下支架式潜孔钻机也可以架设在台车上进行钻孔作业。

7.3.5 Simba260 系列潜孔钻机

目前国内外地下矿山广泛使用轮胎自行式潜孔钻机。轮胎自行式钻机较履带行走式钻机的优点是机动灵活、行驶方便、机重轻。阿特拉斯·科普柯公司生产的 Simba260 系列潜孔钻机(车)适用于阶段崩落法、分段崩落法、阶段矿房法采矿及其他大孔采矿作业,能钻出扇形孔、环形孔和平行孔等多种布孔方式。Simba260 系列钻机均是用该公司的标准模块组装，大大提高了机器的可靠性和适应性。图 7-8 为 Simba260 系列钻机的正视图。

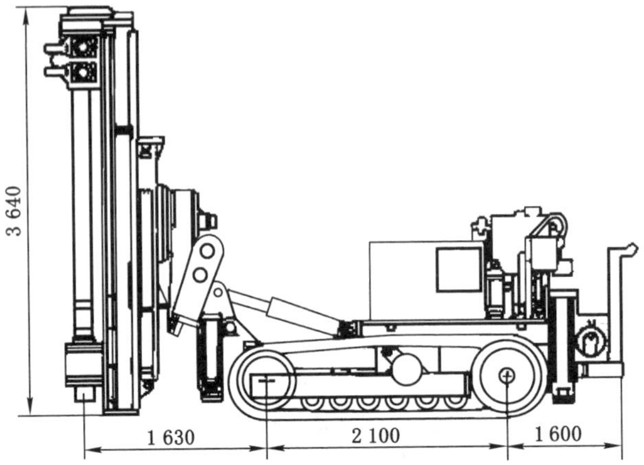

图 7-8 Simba260 系列钻机的正视图

Simba260 系列钻机可以安装在履带式或轮胎式底盘上，这两种底盘均可配备电动液压式或内燃液压式牵引系统。Simba260 系列钻机设计工作压力高达 2.7 MPa，可大大提高生产能力，并降低生产成本。该系列钻机还可配数据记录系统、遥控系统、机械式钻管装卸系统等。

7.4 起爆方法与爆破技术

7.4.1 常用起爆方法

随着火雷管起爆法被淘汰，目前在爆破工程中常用的起爆方法主要有：电雷管起爆法、导爆索起爆法、导爆管雷管起爆法和混合起爆法。相应的起爆网路分别是：电力起爆网路（简称电爆网路）、导爆索起爆网路、导爆管起爆网路及混合起爆网路。

起爆方法是爆破作业的基础，从事爆破作业人员必须精益求精、熟练掌握，以便准确、可靠地完成爆破任务。

7.4.1.1 电雷管起爆法

电雷管起爆法是利用电雷管通电爆炸产生的爆炸能来引爆炸药的方法，所以又称为电力起爆法。

电力起爆法的优点是：爆前可以用仪表检查电雷管和对电力起爆网路进行测试，检查网路的施工质量，从而保证网路起爆的准确性和可靠性；电力起爆网路可以远距离起爆并控制起爆时间；调整起爆参数，实现分段延期起爆，但分段数量与灵活性不如导爆管雷管起爆法。

电力起爆法的缺点主要是：在各种环境的电干扰下（如杂散电流、静电、射频电、雷电等），存在早爆、误爆的危险，在雷雨季节和存在电干扰的危险范围内不能使用电爆网路；在药包数量比较多的工程爆破中，采用电力起爆网路，必须有可靠的起爆电源，对网路的设计和施工有较高的要求，且网路连接比较复杂。

7.4.1.2　导爆索起爆法

导爆索起爆法是利用导爆索爆炸的能量直接引爆炸药的方法。其起爆过程是，先利用电雷管或导爆管雷管起爆导爆索，然后依靠导爆索爆轰产生的能量在瞬间传（起）爆多个装药。导爆索可以单独组成起爆网路，也可以与继爆管组成毫秒微差起爆网路，也可与毫秒电雷管或毫秒导爆管雷管组成毫秒微差起爆网络。

导爆索起爆法适用于深孔爆破、硐室爆破和光面或预裂爆破，其优点是：

(1) 操作技术比较简单，与电雷管起爆法相比，准备工作量少；

(2) 安全性较高，通常不受外来电的影响，除非雷电直接击中导爆索；

(3) 有一定的抗水性能和耐高温、低温性能，可以用在有水的爆破作业环境；

(4) 爆速较高，对提高炸药传爆的稳定性有利；

(5) 可以使成组炮眼或者药室同时起爆，而且同时起爆的炮眼数不受限制。

导爆索起爆法的缺点是：成本较高；起爆前，不能用仪表检查起爆网路的质量；在露天爆破时，噪声比较大；导爆索起爆网路不适应城市控制爆破。

7.4.1.3　导爆管雷管起爆法

导爆管雷管起爆法简称导爆管起爆法。导爆管起爆法的实质是利用导爆管传递低能爆轰波引爆雷管，进而直接或通过导爆索起爆法起爆工业炸药。导爆管不能直接起爆炸药，只能起爆雷管，导爆管本身需用击发元件来起爆。

导爆管起爆法应用范围比较广泛，除了在有瓦斯和矿尘爆炸危险环境中不能采用外，几乎可以在各种环境条件下应用。

导爆管起爆法的优点是：可以在有电干扰的环境下进行操作，网路连接时不受外来电的影响，安全性较高；一般情况下，起爆网路起爆的药包数量不受限制，网路不必进行复杂的计算；起爆方法灵活、形式多样，可以实现多段延时起爆；起爆网路连接操作简单，容易掌握，起爆准备工作量较小；导爆管传爆过程中声响小，没有破坏作用。

导爆管起爆法的缺点是：起爆前起爆网路连接的质量无法用仪表来检查；不能用于有瓦斯或者矿尘爆炸危险的地点；爆区太长或者延期段数太多时，空气冲击波或地震波可能会破坏起爆网路；高寒地区塑料管硬化会使导爆管传爆性能恶化。

7.4.2　特殊起爆方法

7.4.2.1　高精度导爆管雷管起爆方法

我国生产的一般毫秒系列雷管延时段别只有 15～20 段，半秒系列只有 10 段，而且这些雷管的延期误差较大。目前，国内一些厂家已能生产 30 段到 60 段的毫秒延期雷管。随着工程爆破的发展，对起爆器材的要求越来越高；同时，起爆器材的发展，也促进了工程爆破技术的不断进步。

瑞典的起爆器材工业发展较快，导爆管雷管的延时精度比较高，其起爆系统采用的是接力式网路，如导爆管 UNIDET 起爆系统：由孔内导爆管雷管（延迟时间为 500 ms）和地表导爆管连接起爆件（延迟时间为 0 ms、17 ms、25 ms 和 42 ms）组成，是在地表连接孔内导爆管实现逐孔起爆的毫秒导爆管起爆系统。

我国目前使用的高精度导爆管雷管起爆系统，基本上是澳瑞凯（威海）爆破器材有限公司的产品。该公司生产的 Exel 系列非电导爆管雷管分为毫秒导爆管雷管、长延时导爆管雷管和地表延期导爆管雷管三种。其特征和性能如下：

(1) Exel 毫秒导爆管雷管，采用粉红色 Exel 导爆管和 8 号加强雷管，可承受拉力 450 N。

(2) Exel 长延时导爆管雷管，采用黄色 Exel 导爆管和 8 号加强雷管，可承受拉力为 450 N。特别适合于地下井巷(隧道)和矿山开挖爆破。

(3) Exel 地表延期雷管，与瑞典导爆管 UNIDET 起爆系统相似，也是在地表连接孔内导爆管实现逐孔起爆的毫秒导爆管起爆系统。它由一个导爆管雷管、塑料连接块(即塑料 J 型钩)构成，雷管镶嵌在塑料连接块中，可在两个方向起爆 5 根导爆管，被起爆的导爆管卡在塑料连接块内。

7.4.2.2 电磁波起爆法

电磁波起爆法是一种为实施水中大规模遥控爆破而研究出来的起爆方法，其优点在于：采用低频后发射机造价低，结构简单；接收线圈内不装电池，完全靠强力电磁波经检波器积分进行电压积累，成本低，结构简单，安全；穿透能力强，海水中可达到100 m 深。这种起爆方法所使用仪器的关键部件是运用电磁感应原理制成的遥控装置，其原理如图 7-9 所示。整个系统由振荡器、环形天线、接收线圈以及起爆元件组成。振荡器和环形天线连在一起；环形天线用直径 1 mm 的硬铜线盘绕 6 圈，围成直径约 100 m 的环状，用浮子悬浮在爆破区域的水面之上；接收线圈与起爆元件装成一体，设在炮眼口。当爆破指挥所接通振荡器之后，它所产生的低频交流电电流经过环形天线时便会形成交变磁场，在接收线圈中感应，产生感应电动势，经整流器整流之后，变成直流电，并向电容器中充电。当电容器的充电电压达到额定值时，就会停止充电，电子开关闭合，接通电容器与电雷管，储存于电容器中的电流便流入电雷管并引爆雷管和炸药。

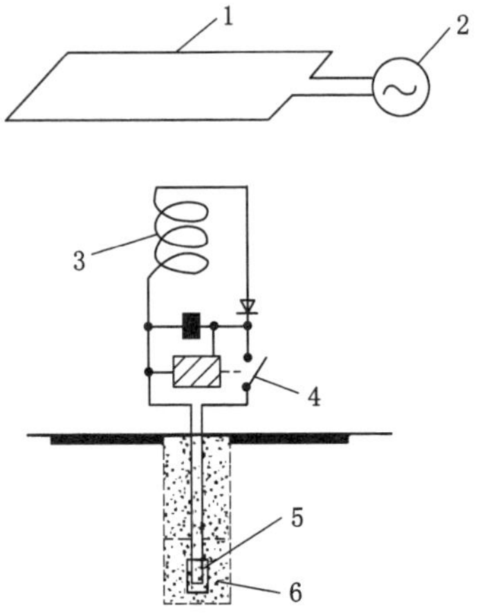

1—环形天线；2—振荡器；3—接收线圈；4—电子开关；5—电雷管；6—炸药。

图 7-9 电磁波起爆装置原理图

7.4.2.3 高能电磁感应起爆法

高能电磁感应起爆法是利用电流互感原理的起爆方法。如图 7-10 所示，它由小型携带式起爆电源(即起爆器)、电爆网路以及带有小型磁环的电雷管所组成。起爆时，由起爆器输出数万赫兹的高频脉冲电流，流经爆破母线与辅助母线(相当于一次线圈)，然后经过电磁转换器的磁芯，使电雷管短接的环形脚线中产生几伏的感应电压而引起雷管起爆。

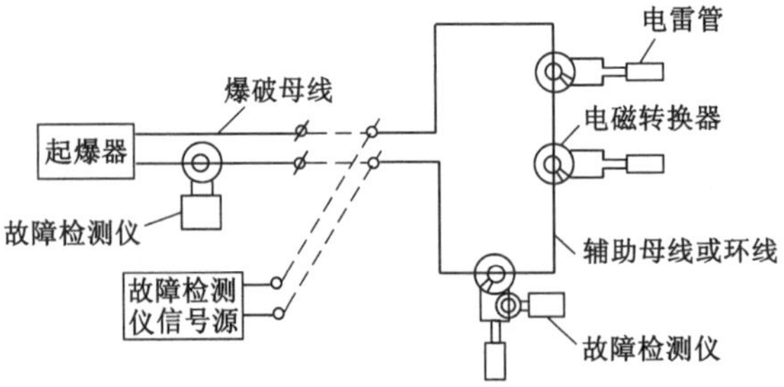

图 7-10 高能电磁感应起爆系统

高能电磁感应起爆系统因为带磁环的电雷管只接受起爆器输出的一定频率的交流电，所以工频电和其他频率的交流电对它不发生作用；同时在网路中电雷管一直处于短接状态，而且与起爆器没有直接的电联系，所以大大提高了该系统抗外来电的安全性。因此，它在水中与外来电干扰较严重的场合均能使用，扩大了电起爆法的适应性，是一种具有广泛发展前景的起爆系统。

7.4.2.4　数码电子雷管起爆法

电子雷管起爆系统是目前起爆器材领域最为引人瞩目的技术进展。电子雷管又称数码雷管或数码智能雷管，其本质在于用一个微型电子定时器（电子芯片）取代普通电雷管中的延期药与电点火元件，不仅使延期精度大大提高，而且控制了通往引火头的电源，从而最大限度地减少了因引火头能量需求所引起的误差。典型的电子雷管结构如图 7-11 所示。

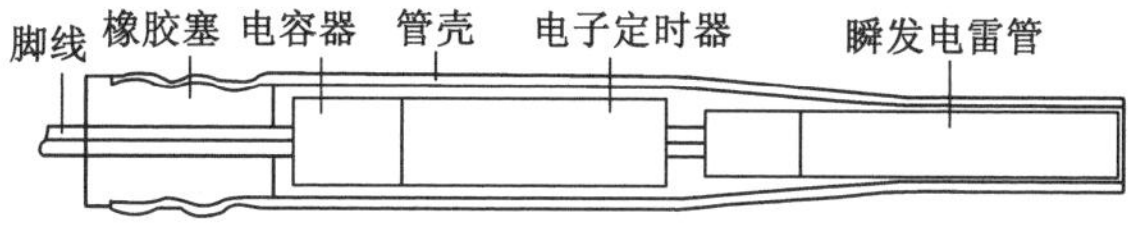

图 7-11　数码电子雷管结构示意图

电子雷管的起爆能力与传统的延期药雷管相同，延期和控制是它的两个基本功能。电子雷管的性能主要体现在以下三个方面：

(1) 延期时间。每只电子雷管的延期时间可在 0～15 000 ms 的范围内按毫秒量级编程设定，能够以 1 ms 的间隔根据需要任意设定；而且延期时间可在爆破现场由爆破作业人员对爆破系统实施编程设定和检测。

(2) 延期精度。精度可达±0.1%。

(3) 安全性。必须使用专用的起爆器引爆，可抵御静电、杂散电流、射频电等各种外来电的影响，使起爆系统的安全性大大提高。

7.4.3　常用爆破技术

7.4.3.1　光面爆破技术

光面爆破的实质是在井巷掘进设计断面的轮廓线上布置间距较小、相互平行的炮眼，控制每个炮眼的装药量，选用低密度和低爆速的炸药，采用不耦合装药，同时起爆，使炸药的爆炸作用刚好产生炮眼连线上的贯穿裂缝，并沿各炮眼的连线——井巷轮廓线，将岩石崩落下来。

应用光面爆破技术可使掘出的巷道轮廓平整光滑，便于锚喷支护，岩帮裂隙少，稳定性高，超挖量小。所以，光面爆破是一种成本低、工效高、质量好的爆破方法。经典光面爆破的质量标准为：

① 围岩面上留下均匀眼痕的周边眼数应不少于其总数的 50%。

② 超挖尺寸不得大于 150 mm，欠挖不得超过质量标准规定。

③ 围岩面上不应有明显的炮震裂缝。

眼痕率指光面爆破后，可见眼痕的炮眼个数与不包括底板的周边眼总数之比。当炮眼眼痕长度大于炮眼长度的 70%时，即算一个可见炮眼的眼痕。眼痕率是检验光面爆破质量的主要指标之一。

光面爆破的爆破参数主要有光爆孔装药量、不耦合系数、炮眼间距、光爆层最小抵抗线等。

周边眼装药结构形式常用的有小直径药卷间隔装药结构和小直径药卷连续装药结构等。间隔装药结构主要用于开凿质量较高的巷道，对围岩破坏作用小。连续装药结构主要用于炮眼深度小于 2 m 时，爆破效果较好。

光面爆破施工方法虽有多种，但国内使用最多的是普通光爆法，即先用一般的爆破方法在巷道内部做出巷道的粗断面，给周边留下一个厚度比较均匀的光面层；然后再由布置在光面层上的边眼爆出整齐的巷道轮廓，这些边眼就是光爆炮眼，它的爆破参数要慎重选取，才能达到既降低对围岩的破坏，又在边眼间形成贯穿裂缝，把岩石整齐地切割下来。

关于贯穿裂缝形成的机理，一般认为：当光爆炮眼同时起爆后，在各炮眼的眼壁上将产生细微径向裂隙。由于起爆器材的起爆时间误差，各炮眼不可能在同一时刻爆炸，先爆炮眼的径向裂隙，由于有相邻后爆炮眼所起的导向作用，结果沿相邻两炮眼连心线的那条径向裂隙得到优先发展，并在爆生气体的静压作用下扩展形成贯穿裂缝。贯穿裂缝形成后，使周围岩体内的应力释放而下降，从而能够抑制其他方向上有害裂隙的发展，同时又隔断了从自由面反射的应力波向围岩传播，因而爆破形成的壁面平整。若光爆炮眼起爆时差超过 100 ms，各炮眼就同单独起爆一样，炮眼周围将产生较多的裂隙，并形成凹凸不平的壁面。因此，在光面爆破中应尽量减少光爆炮眼的起爆时差。

为保证贯穿裂缝的形成，光爆炮眼之间的距离要适当减小，具体尺寸视岩石性质、炮眼直径、炸药性能而定，一般情况下取 400～600 mm；轮廓线的曲线段的炮眼应比直线段的炮眼稍微密一些。如果两装药炮眼之间增加空眼，就能为形成贯穿裂缝创造更有利的条件，但增加空眼将相应地增加了钻眼工作量。

光面层厚度是光爆炮眼起爆时的最小抵抗线，一般应大于或等于光爆炮眼的间距，以防止反射波侵入围岩使其遭受破坏。但是最小抵抗线也不能过大，否则光面层得不到适当的破碎，甚至不能从原岩体脱离下来。

7.4.3.2 微差爆破技术

微差爆破是利用毫秒延时雷管，在炮孔之间、排间或孔内以毫秒级的时间间隔(25～50 ms)，按一定顺序起爆的一种爆破方法，又称为毫秒延时爆破。微差爆破的特点是各药包的起爆时间相差微小，被爆破的岩块在移动过程中互相撞击，形成极其复杂的能量再分配。因此，微差爆破具有以下优点：

① 增加了岩石的破碎作用，降低了单位炸药消耗量。

② 能够降低爆破产生的地震效应，防止对井巷围岩或地面建筑造成破坏。

③ 减小了抛掷作用，爆堆集中，防止崩坏支架或其他设备，有利于提高装岩效率。

④ 在有瓦斯与煤尘工作面采用微差爆破，可实现全断面一次爆破，缩短爆破和通风时间，提高掘进速度。

在瓦斯矿井煤层中爆破，如果使用毫秒雷管，整个爆破的进程加快，瓦斯还未来得及涌出，也没有被充分预热，爆破工作就已经结束，因而安全上是可靠的；但总延期时间必须控制在 130 ms 以内。

7.4.3.3　预裂爆破技术

预裂爆破是一种控制爆破方法，用以减弱在预定方向上的爆破破坏作用。该方法的实质是沿设计边坡界线钻一排间距较小的密集炮孔，称为预裂孔，在生产炮孔（即主炮孔）爆破之前，预裂孔先起爆。爆破结果是在岩体中沿预裂孔连线形成一定宽度的裂隙，称为预裂缝，以此来隔离或降低主炮孔爆破产生的应力波和地震波对边坡的作用。同时，由于预裂孔孔径一般均较小，不耦合装药，采用低威力炸药爆破，因而预裂孔爆破对边坡的影响程度和范围大大减小，并且可以形成较为光滑的预裂面。此外，炮孔连线上首先形成的裂隙，使炮孔的爆炸气体通过该裂隙散出，降低其对周围岩石的压力，这就使得爆生气体在其他方向上的压缩与破坏作用减弱或消除，保证边坡的坡面比较完整，达到维护边坡稳定的目的。

预裂爆破参数主要包括预裂孔直径、孔间距，线装药密度等。这些参数及装药结构对于预裂爆破效果起决定性影响；此外，还要确保预裂孔的同时起爆。至于这些爆破参数的确定，目前仍然建立在经验基础上，一般都是参照类似条件的矿山预裂爆破的经验、资料，并考虑具体矿山条件加以修改完善。

预裂孔直径一般为 150～250 mm，孔间距 $a=(8\sim13)d$，d 为预裂孔直径，硬岩时取小值。线装药密度为 0.6～3.5 kg/m，不耦合系数取 3.5～5.0。预裂孔普遍采用导爆索同时起爆，超前主炮孔 50～150 ms 起爆。

随着孔径的增大，预裂孔的孔间距通常也随之增大。表 7-1 列出了预裂爆破设计参数。在普通岩石条件下，预裂爆破装药量随炮孔直径的增大而增大。松软或裂隙岩石需要减少药量和孔距，具有较高强度的完整岩石可能需要装药量大些。在松散地层中，炮孔上部的每延米装药量需要减少 50%或更多，以便最大限度地减少坡顶线周围的破坏。

表 7-1　普通强度岩石预裂爆破设计参数

孔径/mm	炸药单耗/(kg/m)	孔距/m	孔径/mm	炸药单耗/(kg/m)	孔距/m
76	0.5	0.9	152	1.4	2
89	0.8	1.2	200	3.3	2.6
102	0.8	1.3	251	5.3	3.3
114	1.1	1.4	270	6.1	3.6
127	1.3	1.5	311	7.8	4

预裂孔装药长度通常至孔口约 8 倍孔径以下，在裂隙岩石中，孔口不装药长度为孔径的 15 倍以上。对于 200 mm 及以上的大直径预裂孔，没有特制的炸药，通常的方法是在孔底和孔中将空气间隔器同散装的乳化油炸药或铵油炸药联合使用，有时采用将大直径药包按一定间隔放置在孔中并用导爆索连接。

预裂爆破的起爆，是将所有预裂孔中的导爆索连接到一根主导爆索上，以确保预裂孔装药的同时起爆。如果最小抵抗线小于 150 倍的预裂孔直径，预裂孔的起爆应与毗邻的主炮孔一起起爆。如果最小抵抗线较大或在坚固岩石中爆破，预裂爆破在邻近最终边帮爆破之前提前起爆，一般可获得较理想的预裂效果。

7.5 拒爆的处理原则与方法

7.5.1 拒爆的处理原则

(1) 爆破后，检查人员发现拒爆或其他险情，应及时上报或处理；处理前应在现场设立危险标志，并采取相应的安全措施，无关人员不得接近。

(2) 应派有经验的爆破工处理拒爆；硐室爆破的拒爆处理应由爆破工程技术人员提出方案，并经单位主要负责人批准。

(3) 电力起爆发生拒爆时，应立即切断电源，及时将拒爆电路短路。

(4) 导爆索和导爆管起爆网路发生拒爆时，应首先检查导爆管是否有破损或断裂，发现有破损或断裂的应修复后重新起爆。

(5) 不应拉出或掏出炮孔和药壶中的起爆药包。

(6) 拒爆处理后应仔细检查炮堆，将残余的起爆器材收集起来销毁；在不能确定炮堆无残余的起爆器材之前，应采取预防措施。

(7) 拒爆处理后应由处理者填写登记卡或提交报告，说明产生拒爆的原因、处理的方法和结果、预防措施等。

7.5.2 拒爆的处理方法

(1) 裸露爆破的拒爆处理

处理裸露爆破的拒爆，可去掉部分封泥，安置新的起爆药包，加上封泥起爆；若发现炸药受潮变质，则应将变质炸药取出销毁，重新敷药起爆。

(2) 浅孔爆破的拒爆处理

对于浅孔爆破的拒爆，经检查确认起爆网路完好时，可重新起爆；否则，可采取以下方法处理：

① 打平行孔装药爆破，平行孔距拒爆孔不应小于 0.3 m；对于浅孔药壶法，平行孔距药壶拒爆边缘不应小于 0.5 m；为确定平行炮孔的方向，可从拒爆孔口掏出部分填塞物。

② 用木、竹或其他不产生火花的材料制成的工具，轻轻地将炮孔内填塞物掏出，用药包诱爆。

③ 在安全地点外用远距离操纵的风水喷管吹出拒爆填塞物及炸药，但应采取措施回收雷管。

④ 处理非抗水硝铵炸药的拒爆，可将填塞物掏出，再向孔内注水使其失效，但应回收雷管。

拒爆应在当班处理，当班不能处理或未能处理完毕，应将拒爆情况(拒爆数目、炮孔方向、装药数量和起爆药包位置、处理方法和处理意见)在现场交接清楚，由下一班继续处理。

(3) 深孔爆破的拒爆处理

对于深孔爆破的拒爆，若爆破网路未受破坏，且最小抵抗线无变化者，可重新连线起爆；最小抵抗线有变化者，应验算安全距离，并加大警戒范围后，再连线起爆。可在距拒爆孔口不小于 10 倍炮孔直径处另打平行孔装药起爆；爆破参数由爆破工程技术人员确定，并经爆破领导人批准。所用炸药为非抗水硝铵类炸药，且孔壁完好时，可取出部分填塞物，再向孔内灌水使之失效,然后做进一步处理。

(4) 硐室爆破的拒爆处理

对于硐室爆破的拒爆,若能找出起爆网路的电线、导爆索或导爆管,经检查正常仍能起爆时,应重新测量最小抵抗线,重划警戒范围,连线起爆。可沿竖井或平硐清除填塞物,并重新敷设网路连线起爆,或取出炸药和起爆体。

7.6 思考题

1. 井巷掘进的主要凿岩设备有哪些? 各自的特点及使用条件如何?
2. 常用的起爆器材有哪些?
3. 概述爆破破岩原理。
4. 解释最小抵抗线、自由面、震动区、爆破漏斗的概念。
5. 根据炮眼起爆顺序,对炮眼进行分类,并分别介绍其概念。
6. 简述掏槽眼的布置原则以及布置形式。
7. 煤矿许用炸药需要满足哪些要求? 分别有哪些种类?
8. 什么是导爆索? 什么是导爆索起爆法?
9. 与气动式凿岩机相比,液压凿岩机有哪些优点?
10. 什么是光面爆破?
11. 拒爆的处理原则是什么?

第 8 章 掘进智能通风与职业健康

内容提要 巷道掘进期间，为保护工人职业健康，需要进行智能通风。掘进通风方式通常有抽出式通风、压入式通风、混合式通风三种，其中，抽出式通风方式应用最为广泛。掘进智能通风设施主要有智能风门、智能风窗、测风机器人等。而对于职业健康防范，需要考虑井下潮湿、煤尘、高温、噪声等对井下从业人员的健康威胁。本章主要介绍掘进巷道通风方式、掘进通风设计、通风设施、掘进期间职业健康防范等内容。

8.1 掘进巷道主要通风方式

掘进巷道通风方法有局部通风机通风、全风压通风和引射器通风 3 种。

8.1.1 局部通风机通风

局部通风机通风是利用局部通风机作为动力，用风筒导风对掘进巷道(或其他局部地点)进行通风的方法。按其工作方式不同分为抽出式、压入式和混合式通风 3 种。

8.1.1.1 抽出式通风

抽出式通风如图 8-1 所示，局部通风机安装在距掘进巷道口 10 m 以外的回风侧巷道中，新鲜风流沿抽出式通风掘进巷道流入工作面，污风经风筒由局部通风机抽出。

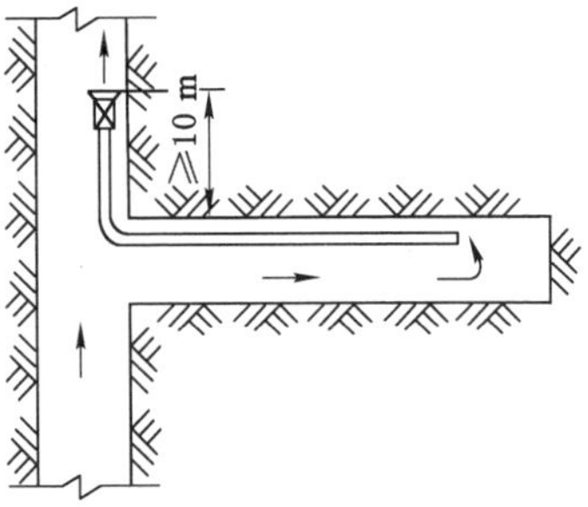

图 8-1 抽出式通风示意图

抽出式通风在风筒吸入口附近形成一股流入风筒的风流，离风筒口越远，风速越小，所以只在距风筒口一定距离以内有吸入炮烟的作用，此段距离称为有效吸程，用 $L_{吸}$ 表示(单位：m)，即

$$L_{吸} = 1.5\sqrt{S} \tag{8-1}$$

式中 S——巷道断面积，m^2。

如果风筒末端距工作面的距离较长，有效吸程以外的风流将形成涡流停滞区。因此，抽出式通风的风筒吸入口距工作面的距离应小于有效吸程 $L_{吸}$。

(1) 抽出式通风的优点

① 污风经风筒排出，掘进巷道中为新鲜风流，劳动卫生条件好。

② 爆破时人员只需撤到安全距离之外即可，无须撤至掘进巷道口以外，往返时间短。

③ 所需排烟的巷道长度为工作面至风筒吸入口的长度，故排烟时间短，有利于提高掘进速度。

(2) 抽出式通风的缺点

① 污风经局部通风机排出，一旦局部通风机产生火花，将有引起瓦斯、煤尘爆炸的危

险，安全性差。

② 风筒吸入口的有效吸程短，风筒吸入口距工作面距离过远则通风效果不好，过近则爆破时易崩坏风筒。

③ 只能使用硬质风筒或带刚性支架的柔性风筒，适应性差。

8.1.1.2　压入式通风

压入式通风如图 8-2 所示，局部通风机和启动装置安设在距掘进巷道口 10 m 以外的进风侧巷道中，局部通风机把新鲜风流经风筒送入掘进工作面，污风沿掘进巷道排出。

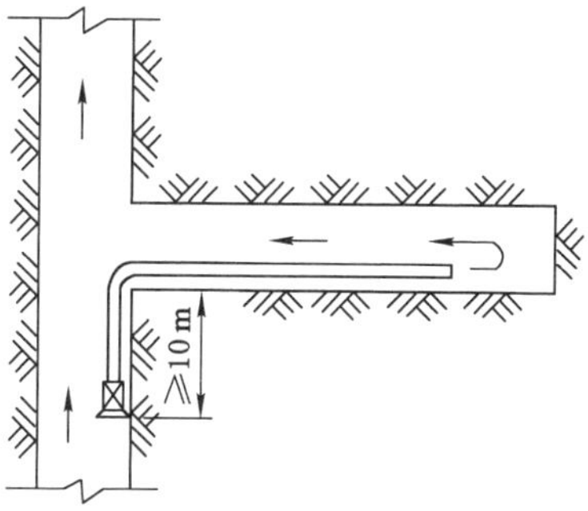

图 8-2　压入式通风示意图

压入式通风风流从风筒出口以自由射流状态射向掘进工作面，自风筒出口到风流转向点处的距离称为有效射程，用 $L_{射}$ 表示（单位：m），即

$$L_{射} = (4 \sim 5)\sqrt{S} \tag{8-2}$$

在有效射程以外的独头巷道会出现风流循环涡流区，为有效地排出炮烟等，风筒出口与工作面的距离应小于有效射程 $L_{射}$。

（1）压入式通风的优点

① 局部通风机和启动装置都位于新鲜风流中，安全性好。

② 风筒出口风流的有效射程长，排除炮烟和瓦斯的能力强。

③ 既可以用硬质风筒，又可以用柔性风筒，适应性强。

（2）压入式通风的缺点

① 污风沿巷道排出，污染范围大，劳动环境较差。

② 炮烟从掘进巷道排出的速度慢，影响掘进速度。

8.1.1.3　混合式通风

混合式通风是同时采用压入式和抽出式通风的联合通风方式，其中压入式通风向工作面供给新风，抽出式通风从工作面排出污风。按局部通风机和风筒的布设位置不同，混合式通风分为长抽短压式、长压短抽式和长压长抽式 3 种。

（1）长抽短压式

其布置方式如图 8-3 所示。抽出式通风机安设在掘进巷道口回风侧风流中，工作面风量由抽出式通风机满足，小功率压入式通风机只作为辅助通风设备安装于掘进巷道内。压入式风筒口超过吸入式风筒口，压入风流起到稀释工作面瓦斯、提高工作面风速、加速粉尘和炮烟排出的作用。抽出式通风机的风量应大于压入式通风机的风量。长抽短压式通风适用于低瓦斯矿井，即瓦斯涌出量较小、粉尘危害比较严重的掘进工作面。

（2）长压短抽式

其布置方式如图 8-4 所示。压入式通风机安设于掘进巷道口进风侧风流中，压入式风筒沿巷道全长布置，抽出式通风机为除尘风机，随工作面延伸而前移。新鲜风流经压入式通风机送入工作面，工作面污风经抽出式通风除尘系统净化后沿巷道排出。工作面风量由压入式通风机提供，抽出式通风机起到排除粉尘的作用。压入式通风机的风量应大于抽出式通风机的风量。长压短抽式通风适用于高瓦斯矿井及瓦斯涌出量较大的掘进工作面。

（3）长压长抽式

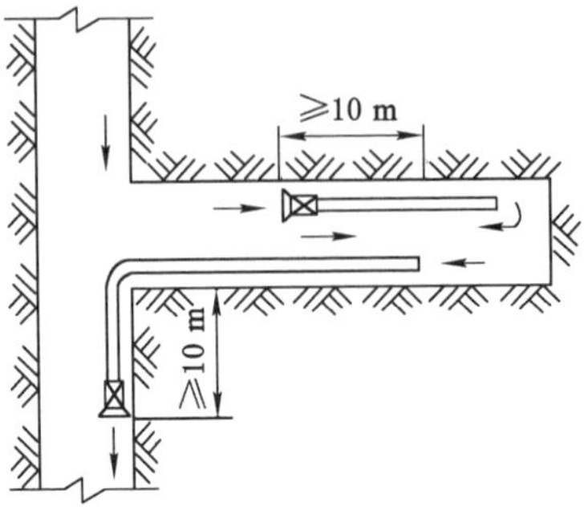

图 8-3　长抽短压式通风示意图

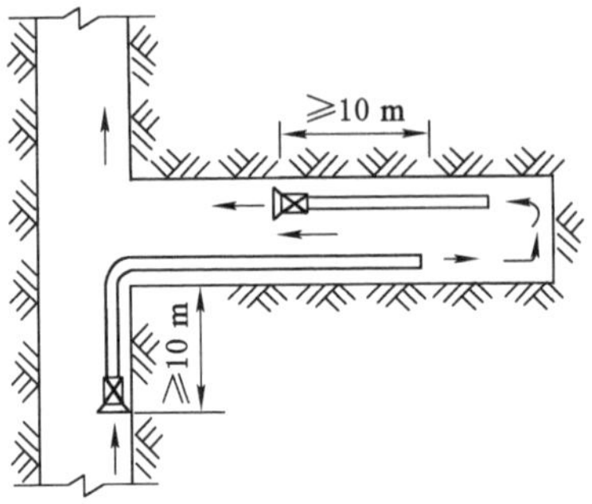

图 8-4　长压短抽式通风示意图

其布置方式如图 8-5 所示。压入式通风机和抽出式通风机分别安设在掘进巷道口的进风侧和回风侧，压入式风筒和抽出式风筒均沿巷道的全长布置。抽出式风筒口接近工作面迎头，距工作面的距离小于有效吸程，压入式风筒口距工作面的距离小于风流的有效射程。

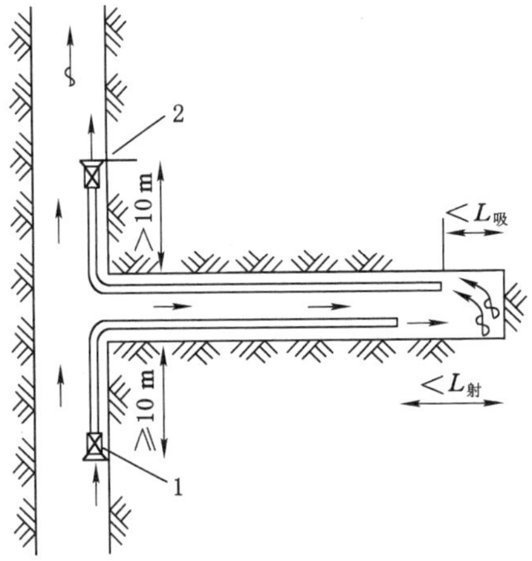

图 8-5　长压长抽式通风示意图

8.1.1.4　智能变频通风机

矿井智能局部通风系统是一个闭环控制系统，采用 PLC（可编程逻辑控制器）与变频器组成的控制系统实现通风机自动变频，通过井下传感器、井下分站采集的参数来确定供风量的多少，避免了现有局部通风机供风的"一风吹"现象，从而解决了矿井局部通风按需供风的问题。智能局部通风系统从安全和节能的要求出发，对风机转速实时调控，达到"实时预警、人机双控、按需供风、防灾减灾"的效果。

智能变频通风机将传统的电机调速技术、现代电力电子技术以及计算机控制技术结合在一起，当煤矿通风量发生变化时自动调速，使通风机在经济的转速下高效运行，从而达到节电的效果。智能变频通风机的变频调速节能控制装置的特点是调速效率高、调速范围大、调速精度高、启动电流小、容易实现闭环控制。由于该装置可以利用原普通交流异步电动机，所以特别适合对原有旧设备的技术改造，既保持了原通风机的电动机不用更换的优点，又能达到节电的显著效果，是矿用通风机调速节能的理想方法。

通过智能变频局部通风机可以轻松实现以下功能：

(1) 按需通风功能。自动调节局部通风机转速、输出风量、风压，避免瓦斯超限，使局部通风机能节能经济运行。当智能局部通风系统检测到瓦斯浓度值低于设定值上限时，通风机自动进入调速状态。

(2) 排放瓦斯功能。人工或自动进入排放瓦斯状态后，根据传感器检测的工作面、工作面回风流和总汇合风流中的瓦斯浓度自动控制局部通风机转速。当瓦斯浓度不超过设定值(1.5%)时，升速加大风量，当瓦斯浓度超过设定值(1.5%)时，减速减小风量，依此原则调节输出风量，控制排至回风流的瓦斯浓度在安全设定值的范围内，即以最大效率安全排放瓦斯，能够避免瓦斯超限，减少瓦斯安全事故。

(3) 人工调节风量功能。通过变频器显示面板和智能控制开关显示面板的人机界面设置变频器输出频率，以控制局部通风机的转速来调节风量。

(4) 瓦斯电闭锁功能。系统主控制开关工作且各瓦斯传感器数据低于闭锁值时，掘进工作面动力有电，能够正常生产。此时，备用控制开关的真空接触器断开，备用控制开关处于断电预备状态。当各瓦斯传感器数据高于闭锁值时，系统主控制开关输出控制信号控制馈电开关，馈电开关控制掘进工作面动力电源断电，实现瓦斯电闭锁功能。系统备用控制开关处于工作状态时，仅仅实现巷道通风，不能控制掘进工作面动力电源实现瓦斯电闭锁。

(5) 风电闭锁功能。系统主控制开关故障时(主控制开关停机)，输出控制信号，馈电开关控制掘进工作面动力电源断电，实现风电闭锁功能。

(6) 声光报警功能。为了在异常情况下及时提醒现场工作的人员，可配接一个声光报警装置，当 PLC 通过探头检测到瓦斯传感器超限或通过 485 总线通信发现变频器故障时，PLC 会发出声光报警，提示工作人员采取相应措施，解决异常情况。

8.1.2　全风压通风

矿井全风压通风是指利用矿井主要通风机所造成的风压对掘进工作面进行的通风，借助纵向风墙、风障或风筒等导风设施将新风引入工作面，并将污风排出掘进巷道。矿井全风压通风的形式有利用风筒导风和利用平行巷道通风两种。

(1) 利用风筒导风

如图 8-6 所示，利用风筒将新鲜风流导入掘进工作面，工作面污风由掘进巷道排出。为使新鲜风流进入导风筒，应在风筒入口处设置风墙或调节风门。这种方法通常适用于需风量不大的短距离巷道掘进。

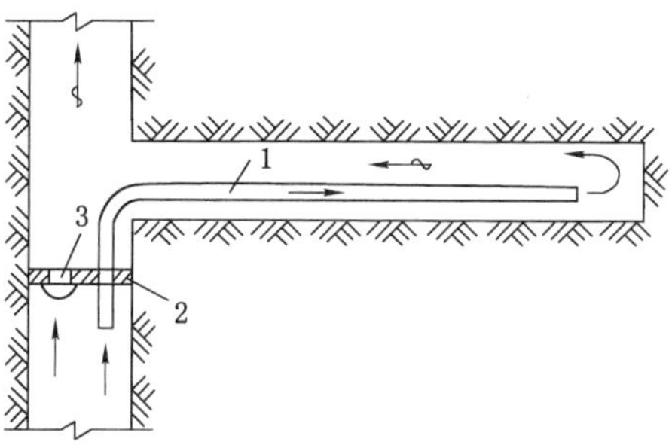

1—风筒；2—风墙；3—调节风门。

图 8-6　利用风筒导风示意图

随着煤炭资源应用需求不断增大，煤矿开采所面临的技术压力及质效要求不断提高。矿井巷道掘进长度不断增加，掘进长度在 1 000 m 以上的矿井数量不断增多，掘进长度超过 2 000 m 的矿井十分常见。在这种情况下，井下作业所面临的通风压力不断提升，目前主要采用大口径柔性风筒单风机压入实现井下长距离局部通风。这种长距离通风技术主要应用在掘进距离不超过 3 000 m 的矿井中，大口径柔性风筒大多数搭配大功率的局部通风机共同使用。

大口径柔性风筒单风机压入式技术不需要配备大量的通风设施就可达到良好通风效果，技术应用环节必须保证通风设备的性能参数合理，以提高通风可靠性。从现实角度来看，“大口径柔性风筒＋大功率局部通风机”的组合，充分利用了设备性能互补性和协调性解决长距离通风问题。在实际作业环节，生产人员也可适当增加柔性风筒尺寸，为提高通风质效提供保障，如选用 1 000 mm 的柔性风筒。

(2) 利用平行巷道通风

如图 8-7 所示，当掘进巷道较长，利用纵向风障和风筒导风有困难时，可采用两条平行巷道通风。采用双巷掘进，在掘进主巷的同时，距主巷 10～20 m 平行掘进一条副巷（或配风巷），主、副巷之间每隔一定距离开掘一个联络眼，前一个联络眼贯通后，后一个联络眼便封上。这种通风方法用主巷进风、副巷回风，两条巷道的独头部分可利用风筒或风障导风。

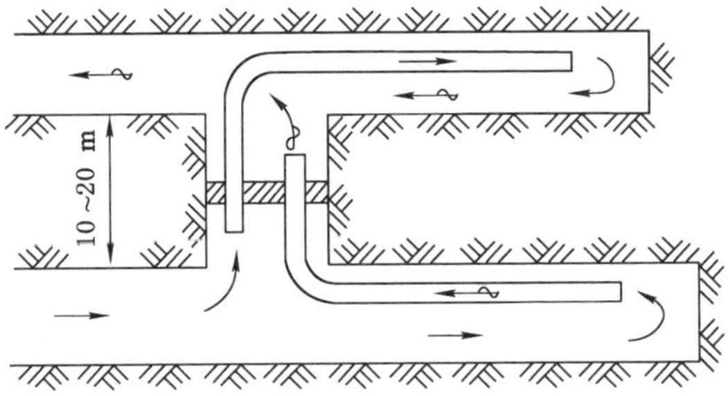

图 8-7　平行巷道通风示意图

利用平行巷道通风，不用局部通风机就可实现较长距离的通风，风流连续可靠，安全性好。因此，平行巷道通风适用于有瓦斯、冒顶和透水危险的长巷掘进，特别适用于在开拓布置上为满足运输、通风或行人需要而必须掘进两条并列的斜巷、平巷或上下山的掘进中。

上述两种通风方法是单巷道掘进时最为常用的长距离通风技术。在煤炭开采中，双巷道以及 3 条巷道以上的多巷道掘进同样常见，此时大多数矿井采用多巷道通风技术，保证井下通风效果。以双巷道通风技术为例，供风系统需要同时为两条平行巷道供风，工作面无交叉，通风量以及通风要求都比单巷道大。在实践中，可采用全风压通风与局部通风机通风组合保证通风效果。

8.1.3　引射器通风

利用引射器产生的通风负压，通过风筒导风对掘进巷道或其他局部作业地点进行通风的方法称为引射器通风。引射器有水力引射器和压气引射器两种。

引射器通风一般采用压入式，其布置方式如图 8-8 所示。利用引射器通风的主要优点是设备简单、无噪声，水力引射器通风还能起降温、降尘作用；缺点是供风量小，需要水源或压气。引射器通风适用于需风量不大的短距离通风。

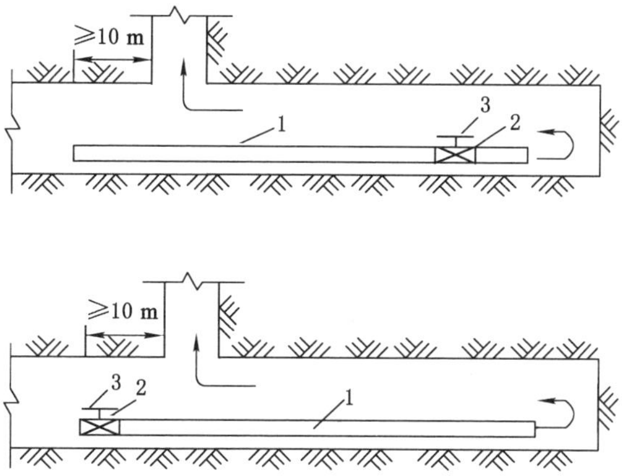

1—风筒;2—引射器;3—水管(或风管)。

图 8-8 引射器通风示意图

8.2 掘进通风设计

8.2.1 通风设计的原则

矿井通风设计是煤矿生产环节中最基本的一环,在矿井建设和生产期间占有非常重要的地位。矿井局部通风设计的原则包括如下几个方面。

(1) 安全可靠原则

安全可靠是设计通风系统时的基础原则,只有使用规范的通风设备才能够让矿井内部的通风机械能够正常工作。

(2) 创造条件

矿井内部的通风系统要有效地创造可靠的条件,以便能够更好地实现通风。

(3) 选择合适的通风机

要尽量选择噪声较小的通风机,同时要保证通风机的能耗较低,还要选择质量尽可能高的通风机。

(4) 防治瓦斯爆炸

通过采取以下措施防治瓦斯爆炸:

① 在维护通风系统稳定性的基础上分配合适的风量和风速;

② 在设计通风系统时重点关注采掘作业的通风方式,并在通风系统内部装入合适的报警断电装置;

③ 通过强化局部的通风管理让风流动的速度不受到停风和其他现象的影响,进而更好地防止瓦斯聚集;

④ 在对通风系统进行管理时,注意将长距离的掘进通风技术当作瓦斯防治的重中之重。

8.2.2 掘进工作面所需风量的计算

对于新设计矿井可用以下方法计算掘进工作面所需风量。例如炮掘工作面，除考虑炸药消耗量外，还要考虑通风时烟流流动和稀释过程的关系，而这种关系又和通风方式有关。

(1) 压入式通风

掘进工作面所需风量或风筒出口的风量 Q_{bp}(单位：m^3/min)应为：

$$Q_{bp}=\frac{7.8}{t}\sqrt[3]{A(SL_d)^2} \tag{8-3}$$

式中 t——通风时间，min；

A——一次爆破的炸药消耗量，kg；

S——掘进巷道的净断面积，m^2；

L_d——从工作面至炮烟被稀释到安全浓度的距离，可按下式计算，m：

$$L_d=500\times\frac{kA}{S} \tag{8-4}$$

k——紊流扩散系数，取 0.8。

当掘进巷道的长度小于 L_d时，用巷道长度代替 L_d。

(2) 抽出式通风

掘进工作面所需风量或风筒入口的风量 Q_{be}(单位：m^3/min)应为：

$$Q_{be}=\frac{18}{t}\sqrt{ASL_t} \tag{8-5}$$

式中 L_t——炮烟抛掷的长度，m。L_t取决于起爆方式和炸药消耗量，即

电雷管起爆时： $L_t=15+A/5$

火雷管起爆时： $L_t=15+A$

(3) 混合式通风

在长抽短压的混合通风方式中，应满足抽出式风筒入口的风量 Q_{be}大于压入式风筒出口的风量 Q_{bp}，以防止循环风和维持风筒重叠段内的巷道中具有排尘或稀释瓦斯的最低速度。因此，须先用式(8-3)计算 Q_{bp}，然后用下式计算 Q_{be}：

$$Q_{be}=Q_{bp}+60vS \tag{8-6}$$

式中 v——排尘的最低风速 0.15～0.25 m/s，或稀释瓦斯的最低风速 0.5 m/s；

S——风筒重叠段的巷道面积，m^2。

一般应使 $Q_{be}:Q_{bp}=3:1\sim5:1$ 为宜。

在长压短抽的混合通风方式中，为防止产生循环风和保证风筒重叠段具有最低风速，要求 Q_{bp}大于 Q_{be}。所以先用式(8-5)计算 Q_{be}，然后用下式计算 Q_{bp}：

$$Q_{bp}=Q_{be}+60vS \tag{8-7}$$

用上述各公式计算出的风量都应进行风速验算，方法如下：

① 根据最低风速验算(也可作为机掘工作面的风速验算方法)。

岩巷：按最低排尘风速 0.15 m/s 计算，最低风量 $Q_{bs}\geqslant 9v_{min}S$，$m^3/min$；

半煤岩巷和煤巷：按不能形成瓦斯层的最低风速 0.15 m/s 计算，最低风量 $Q_{bc}\geqslant 30v_{min}S$，$m^3/min$；

② 根据最高风速验算，岩巷、半煤岩巷和煤巷皆以最高风速 4 m/s 计算，掘进工作面风

量 $Q_b \leqslant 240v_{max}S$，$m^3/min$。

8.3　通风设施

通风设施是指为保证进入矿井的风量能按生产的需要定向、定量地流向用风地点而设置的用以引导、隔断和控制风流的设施，也称通风构筑物，是矿井通风系统中必不可少的设施。合理选择设置位置，保证施工质量，严格管理制度，使通风设施经常处于完好状态，是矿井通风工作的一项重要任务。

根据通风设施用途不同，可分为引导风流的设施、隔断风流的设施和控制风流的设施。引导风流的设施主要有风硐、风桥等；隔断风流的设施主要有防爆门、风门、挡风墙等；控制风流的设施主要有调节风窗等。

8.3.1　智能风门

煤矿井下风门是矿井通风设施的重要组成部分，具有阻断风流、改变风流方向、调节风量、稳定通风系统的作用。智能化自动风门主要适用于行人巷道、行人车场或人车共用巷道内通风设施的设置和通风系统的调整，可根据车辆和行人通行情况实现自动启闭。自动风门安装后，能满足矿井反风要求，提高了矿井自动化程度；即使在矿井停电状态下，也可由人工手动进行启闭，使用方便，便于维护，安全可靠。

智能化自动风门监控系统的主要结构如图 8-9 所示，主要通过地面主服务器、采集系统、井下不同的风门设备、工业网络及控制软件等实现自动监控及控制运行的功能。

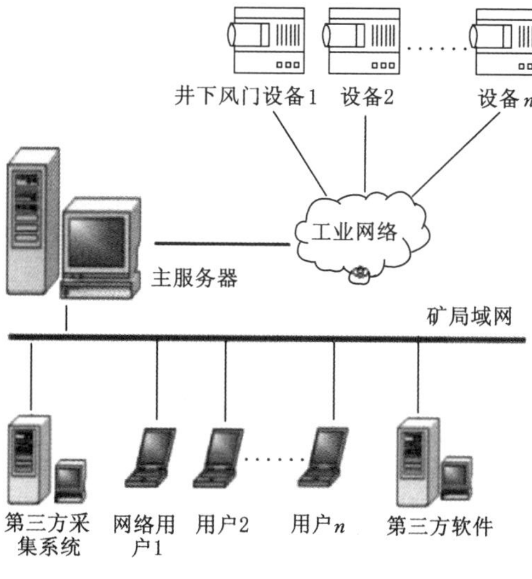

图 8-9　智能化自动风门监控系统

自动风门控制结构如图 8-10 所示，主要包括钢结构的风门本体、推杆、摄像头、喷头、红外传感器等。根据矿井风流进出的需求，风门可分为单道风门和双道风门。根据矿井的分布及作业需求进行不同类型风门的布置，保证正常的生产作业及灾害发生时的有效救援和撤离。风门控制装置采用单片机控制芯片，用于接收远程控制中心的指令。采用 RS485 串口通信的方式实现对环境传感器信息的传输，采用 RS232 通信接口作为备用接口。采用

X5045系统看门狗用于对系统进行保护，当系统存在故障时，实现系统的自动恢复，保证系统的稳定工作。

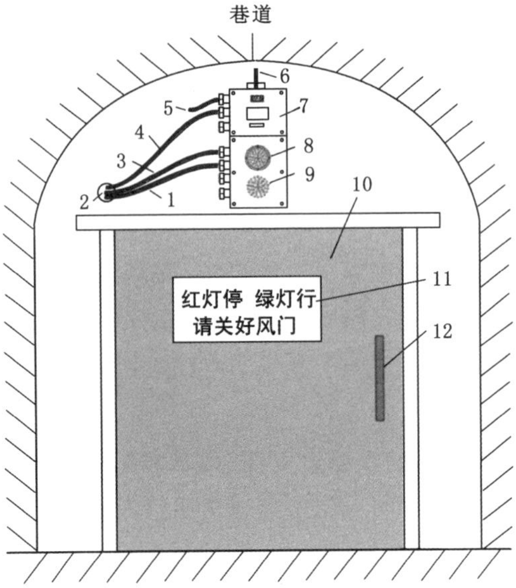

1—连锁线；2—过线孔；3—接磁控传感器；4—接电磁锁；5—接AC127 V电源；6—挂钩；
7—风门语音闭锁控制箱；8—红绿灯；9—扬声器；10—风门本体(正面)；11—警示牌；12—外拉手。

图8-10 自动风门控制结构

8.3.2 智能风窗

控制风流的设施主要有调节风窗。调节风窗是在风门或挡风墙上方开设一个面积可调节的矩形小窗口，移动窗板的位置可调节窗口面积的大小，从而改变巷道通过的风量，达到调节风量的目的，如图8-11所示。

图8-11 远程可控调节风窗

随着煤矿智能化的发展，手动机械式或者说人工经验调节的风窗已无法满足现在的要求。目前煤矿最新应用的调节风窗是远程精准调节风窗，具备以下特点：

① 调节精度高，可以实现0～180°的自动调节；

② 自动调节，可以通过巷道内的超声波风速传感器、风压传感器、温湿度传感器等实现智能计算，根据通风要求自动调节，不再需要人工手动调节；

③ 实时调节，可以根据巷道内实时环境感知实现实时调节；

④ 科学调节，实时抓取数据，实时调节风量，进行科学调节，不再单独依赖技术人员经验进行人工调节；

⑤ 可以实现特殊时期的手动调节、自动调节以及远程调节。

8.3.3　测风机器人

测风机器人的机械结构是其实现整个测风动作的硬件基础，现有的测风机器人大多数采用多节分体式、轮臂式、仿生式结构，本节以轨道式机器人为例加以介绍。轨道式测风机器人的轨道结合井下实际情况采用的是工字钢轨道，工字钢轨道不仅实用而且其材料能够适应井下的恶劣环境。轨道式测风机器人具有行走驱动机构、机器人本体机构。行走驱动机构主要由驱动轮、夹紧机构、承载部分、齿轮传动部分以及同步带传动部分组成。驱动轮和夹紧机构均分布在工字钢结构两侧的凹槽内，夹紧机构将驱动轮紧贴在工字钢内侧，同时驱动轮在齿轮传动部分及同步带传动部分的带动下在工字钢上实现机器人本体的移动前行。行走驱动机构与机器人本体机构通过螺栓等连接，机器人本体上装有 PLC 硬件、供电电源、传感器和伺服驱动系统等，在机器人本体外部安装有运行状态指示灯、天线和红外摄像头。滚珠丝杠电动伸缩杆固定于机器人本体结构下方，在丝杠末端端盖上安装有多参数气体测定器。井下测风机器人的位置移动装置如图 8-12 所示，井下测风机器人的主要机体结构如图 8-13 所示。

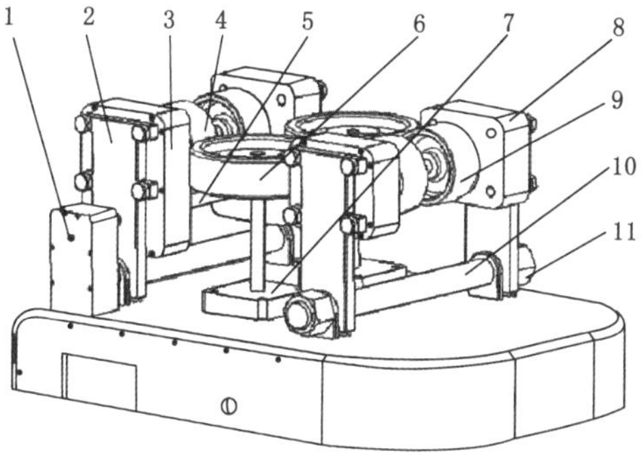

1—同步带传动箱；2—连接板；3—齿轮传动箱；4—驱动轮；5—传动轴；
6—夹紧轮；7—夹紧轮基座；8—承载轮基座；9—承载轮；10—连接螺杆；11—螺母。

图 8-12　井下测风机器人的位置移动装置

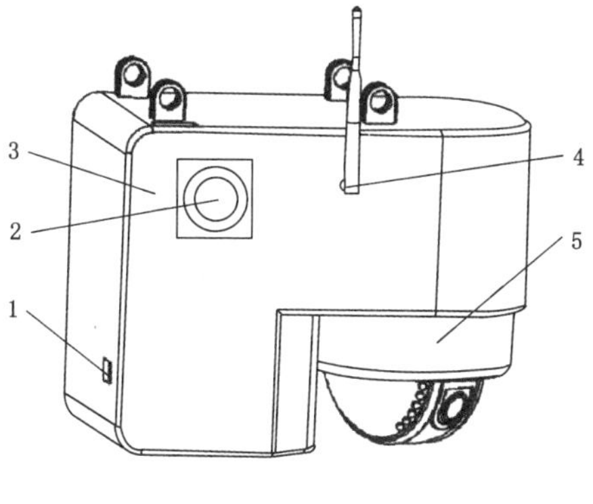

1—充电插孔；2—运行状态指示灯；3—本体防爆外壳；4—无线天线；5—红外摄像头。

图 8-13　井下测风机器人的主要机体结构

8.3.4 风筒

风筒是连接矿井主要通风机和出风井的一段巷道，是最常见的导风装置。对风筒的基本要求是漏风小、风阻小、质量轻、拆装简便。由于通过风筒的风量大，且风筒内外压力差较大，因此应尽可能降低风筒的阻力、减少漏风。

（1）风筒的种类

风筒按其材料力学性质不同可分为刚性和柔性两种。刚性风筒用金属板或玻璃钢制成。常用的铁风筒规格如表 8-1 所示。玻璃钢风筒比金属风筒轻便、抗酸和碱的腐蚀性强以及摩擦阻力系数小。

表 8-1 铁风筒规格参数

风筒直径/mm	风筒节长/m	风筒壁厚/mm	垫圈厚/mm	风筒质量/(kg/m)
400	2，2.5	2	8	23.4
500	2.5，3	2	8	28.3
600	2.5，3	2	8	34.8
700	2.5，3	2.5	8	46.1
800	3	2.5	8	54.5
900	3	2.5	8	60.8
1 000	3	2.5		68.0

柔性风筒是应用更广泛的一种风筒，通常用橡胶、塑料制成。常用的胶布风筒规格如表 8-2 所示。柔性风筒的最大优点是轻便、可伸缩、拆装运搬方便。

表 8-2 胶布风筒规格参数

风筒直径/mm	风筒节长/m	风筒壁厚/mm	风筒断面面积/m^2	风筒质量/(kg/m)
300	10	1.2	0.071	1.3
400	10	1.2	0.126	1.6
500	10	1.2	0.196	1.9
600	10	1.2	0.283	2.3
800	10	1.2	0.503	3.2
1 000	10	1.2	0.785	4.0

（2）风筒设计要求

① 风筒的断面不宜太小，通过风速以 10 m/s 为宜，最大不超过 15 m/s；

② 风筒不宜过长，转弯部分要平缓、呈圆弧形，内壁光滑，无堆积物，以减少通风阻力；

③ 风筒及其闸门等装置要结构严密，防止大量漏风；

④ 风筒内应安设测量风速及风流压力的装置，风筒和主要通风机相连的一段长度应不小于 10～20 倍主要通风机的动轮直径。

8.3.5 风桥

风桥是将两股平面交汇的新风和污风隔成立体交叉风路的一种通风设施。一般污浊风流从桥上通过，新鲜风流从桥下通过。

（1）风桥的种类

风桥按其结构不同分为绕道式风桥、混凝土风桥和铁风筒风桥 3 种。

① 绕道式风桥。绕道式风桥如图 8-14 所示，它适用于通过风量大（一般风量在 20 m^3/s 以上）、需要行车和服务年限长的地点。这种风桥工程量大，耐用，漏风极小。

② 混凝土风桥。混凝土风桥由混凝土浇筑而成，如图 8-15 所示。这种风桥常在通过风量较大（一般风量在 10～20 m^3/s）、服务年限较长的条件下采用。

③ 铁风筒风桥。铁风筒风桥由一节或数节铁质风筒组成，如图 8-16 所示。这种风桥通常在通过风量小（一般风量在 10 m^3/s 以下）、服务年限很短的条件下使用。

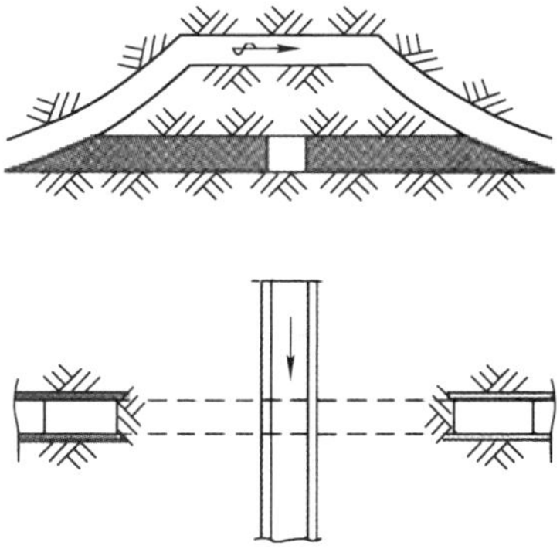

图 8-14　绕道式风桥

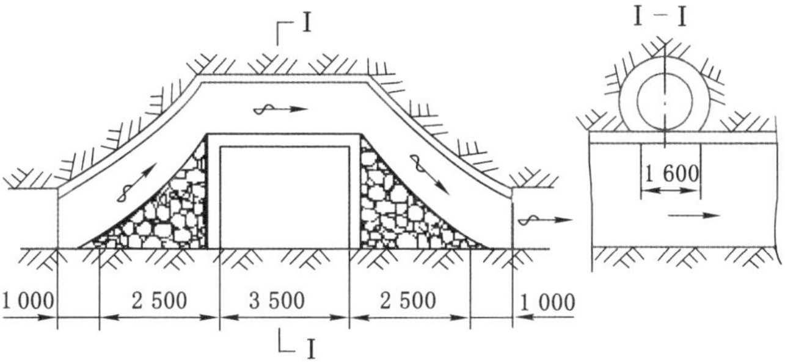

图 8-15　混凝土风桥

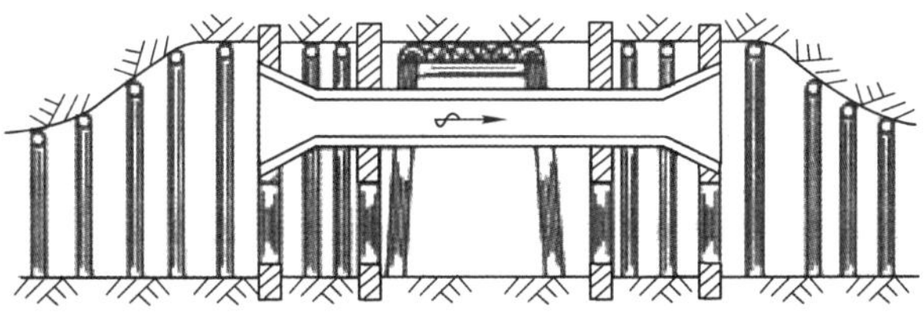

图 8-16　铁风筒风桥

（2）风桥的建筑质量要求

① 用不燃性材料建筑，桥面平整，手触感觉不到漏风；

② 风桥通风断面不小于原巷道断面的 80%，成流线型，坡度小于 30°；

③ 风桥前后 5 m 范围内巷道支护良好，无杂物、积水和淤泥；

④ 风桥两端接口严密，四周见实帮、实底，充填结实；

⑤ 风桥上下不得设风门；

⑥ 铁风筒风桥（隔墙）四周须掏槽，风筒直径不得小于 750 mm，风筒壁厚不得小于 5 mm；

⑦ 漏风率不大于 3%；

⑧ 通风阻力不得超过 150 Pa，风速不大于 10 m/s。

8.3.6 挡风墙

挡风墙是指在既不允许风流通过，也不准许行人和通车的巷道中所设置的一种通风设施，也叫密闭。如采空区、废巷、火区等处都必须设置挡风墙。按结构及服务年限的不同，挡风墙可分为临时性挡风墙和永久性挡风墙两种。

(1) 临时性挡风墙

为临时切断风流或在处理火灾时为阻止火势蔓延而用木板、帆布或帘子等构筑的简易风墙。一般是在立柱上钉木板，木板需鱼鳞状搭接，用黄泥或石灰抹面，基本不漏风。这种挡风墙要设在顶、帮良好处，四周要掏槽；墙内、外 5 m 要支护良好；墙外要设置栅栏、提示警标。

当巷道压力不稳定，且风墙的服务年限不长(2 年以内)时，可用长度约 1 m 的圆木段和黄泥砌筑风墙。这种挡风墙的特点是可以缓冲顶板压力，使风墙不产生大量裂缝，从而减少漏风，但在潮湿的巷道中容易腐烂。

(2) 永久性挡风墙

为了长期切断风流，采用砖、石或混凝土等不燃性材料构筑的风墙，称为永久性挡风墙。一般服务年限在 2 年以上的风墙按永久性挡风墙建造。为了便于检查墙内的气体成分及密闭区内发火时便于灌浆灭火，墙上应设观测孔和注浆孔；密闭区内有水时，应设放水管或反水沟以排出积水。为了防止放水管在无水时漏风，放水管一端应做成 U 形，利用水封防止放水管漏风。

8.4 掘进期间的职业健康保障

煤矿生产主要是井下作业，而井下作业环境十分复杂多变，如地质构造、气候变化、生产环境和条件以及相应生产系统的配备都将严重影响到采掘工作。在煤矿井下特殊的环境中，不但容易发生各类安全事故，而且特别容易引发煤矿工人的职业病。

煤矿井下生产条件特殊，主要表现为两个方面：一是工作空间狭小，视觉环境差，矿尘与噪声污染严重，不少矿井还存在温度高、湿度大的热害；二是矿工的劳动强度大，即使是机械化程度很高的矿井，采掘工作面多数工种仍属重劳动强度的体力劳动。在这种特殊的"人-环"系统中，矿工发生工伤事故的概率在各产业中居首位。

8.4.1 职业健康的主要威胁因素

8.4.1.1 潮湿

潮湿，通常指空气的相对湿度大于 75%。井下空气潮湿，在低温情况下，加剧了导热而增加了空气对人体的冷作用，人就感到阴冷；在温度高的情况下，增加了空气对人体的热作用，人就感到闷热。阴冷，能加快人体散热，使人受到"湿害"的侵袭；闷热，使蒸发散热困难，破坏人体的热平衡，使人提不起精神，产生昏昏欲睡、性情烦躁等症状，甚至会发生呕吐、昏倒、中暑现象。

井下空气潮湿的危害表现为：加剧井下材料和设备的腐烂、锈蚀；电气线路和设备的绝缘程度下降、寿命缩短；井下可见度降低，影响行车、行人安全；影响矿工身心健康，引起疾病，最终导致事故率增高，劳动效率降低。

矿井空气湿度的变化，主要取决于地面气温，尤其是进风系统随季节性变化的影响最明显。夏季，地面高温空气进入井下后其温度相对下降，饱和能力逐渐变小，相对湿度上升，当相对湿度达到100%时，出现水珠，进风巷较潮湿；冬季，当冷空气进入井下后其温度相对上升，饱和能力逐渐变大，相对湿度下降，进风巷空气比较干燥。至于矿井总回风巷，不论冬夏，相对湿度都比较高，非常潮湿，这是因为采掘工作面温度比较高，从工作面到总回风巷风流温度不断下降，相对湿度逐渐增大。

8.4.1.2 粉尘

粉尘是由自然力或机械力产生的，能够悬浮于空气中的固态微小颗粒。国际上将粒径小于75 μm的固体悬浮物定义为粉尘。在通风除尘技术中，一般将1～200 μm乃至更大粒径的固体悬浮物均视为粉尘。

煤矿里的粉尘特别是微细粉尘的浓度比金属矿里高得多，这是因为煤的脆性大，煤的强度比金属矿石低得多，煤矿的采掘工作集中化和机械化程度高。影响煤矿井下粉尘量的主要因素有以下几个方面。

(1) 机械化程度

随着采掘机械化程度的提高，粉尘产生量随之增多。由于生产的机械化促进了生产的集中化，使矿井的工作面个数减少，工作面长度增加，工人集中，其结果是一个较小的空间产生较多的粉尘，工作场所中空气的粉尘浓度显著增加。同时，由于采掘工作的集中化，要求加强通风和提高风速，其结果使粉尘在矿井巷道里传播得更远。

(2) 煤或岩的物理性质

一般情况下，节理发达、脆性大而易碎、结构疏松、水分较低、坚硬的煤或岩产生的粉尘量较多。

(3) 地质构造情况

地质构造复杂、断层褶皱发育、受地质构造运动破坏强烈的地区，开采时粉尘产生量较大，反之则较小。

(4) 煤层赋存情况

虽然钻眼、爆破、装载和其他开采工作产生的粉尘量基本上是一定的，但开采薄煤层或薄矿脉时，采煤工作面矮小，空间体积也小，粉尘量相对来说增大了。而且开采薄煤层时，掘进巷道必须挑顶或拉底，产生不少矽尘，使矽肺发病率增高。

一般说来，开采缓倾斜煤层比开采急倾斜煤层粉尘产生量要少，这与开采方法有关。

(5) 采煤方法

急倾斜煤层采用倒台阶采煤法比水平分层采煤法煤尘产生量要大，全面垮落采煤法比充填采煤法煤尘产生量要大。

(6) 围岩的成分

煤层的顶底板围岩是松软而有塑性的岩石比顶底板围岩中有砂岩、砾岩或其他含有大量石英的岩石产生的粉尘要少得多。

(7) 采掘机械的结构

例如采用宽截齿采煤机械，合理的截割速度、牵引速度、截割深度以及截齿排列均能减少粉尘的产生。

(8) 通风状况

通风和粉尘量关系密切，风量大些能稀释粉尘，并能将粉尘带出矿井；但风量过大，风速必高，又能将已沉降的粉尘或大颗粒粉尘吹扬起来，增加了工作面粉尘浓度。研究表明，回采工作面的风速在 1.2～1.6 m/s 时浮游煤尘量最少，而掘进工作面的风速须大于0.64 m/s。

上述各主要因素中，生产过程是粉尘的主要来源，而地质作用生成的原生煤尘是次要来源。从粉尘产生量来看，以采掘工作为最多，其次为运输系统各转载点。

这里必须指出，各个矿井里产生的粉尘量是不同的，甚至在同一矿井里，各个地点的粉尘浓度也不相同。由于矿井里各种作业是按一定顺序重复进行的，所以在一个工作班里随时间变化产尘量也会发生变化。但是，在同样的条件下，进行一定的作业，用相同的工作方法，产生的粉尘量大致相同。

8.4.1.3 煤尘

煤尘是从爆炸角度定义的，一般指粒径在 0.75～1 mm 以下的煤炭微粒；它能通过人体上呼吸道进入肺泡区，是导致尘肺病的原因，对人体健康威胁很大。

(1) 煤尘的特性

① 煤尘表面吸附一层空气薄膜，阻碍煤尘间或水滴与煤尘间的凝聚沉降；

② 煤尘的分散度增大，吸附在其表面的氧分子增多，加快了煤尘氧化分解过程；

③ 细微煤尘表面积增大，煤尘中的游离二氧化硅很容易溶解于人体肺细胞中；

④ 采掘工作面产生的新鲜煤尘较回风巷道中的煤尘易带电。

(2) 煤尘的危害

人体通过各种清除功能，可以排除进入呼吸道的 97%～99%尘粒，而 1%～3%的尘粒沉积在人体内。长期较大量吸入煤尘可削弱人体各项清除功能，导致煤尘过量沉积，酿成肺组织病变，引起呼吸系统疾病。

除此以外，煤尘还易引起爆炸；能加速机械的磨损，减少精密仪器的使用时间；能降低工作场所的能见度，使工伤事故增多。因此，认真做好矿尘防治工作，是矿井生产管理中必不可少的环节。

8.4.1.4 热害

有些矿井由于地质条件和开采深度等的影响，存在高温高湿现象。煤矿工人在井下高温环境中作业，主要的生理功能改变表现为体温调节功能失调、水盐代谢紊乱、血压下降，严重时可导致心肌损伤、肾脏功能下降。通风是矿井排湿降温的首要手段，先进的通风技术及设备能够有效降低矿井温度和湿度。

已知的矿井热害基本上可划分为以下 4 种类型。

(1) 热水型

这种类型的矿井热害主要由地下热水造成。大气降水渗入地下深部受地温加热，然后在适当的地质构造条件下上升至浅部或地表，构成地下热水或温泉。地下热水多发育在较深的断裂错动带，所以多为裂隙脉状水，其分布面积通常不大，有时相隔很近的钻孔，有的出热水，有的出冷水。

(2) 正常地热增温型

这种类型的矿井热害是由于开拓深度增加、地温逐步升高造成的。其特点是地温分布范围较广，等温线起伏平缓，无明显异常带。许多煤矿的矿井开采深度已达 600～800 m，最深已经超过 1 000 m，在这样的深度开采，即使地温以正常的地温梯度增加，也会遇到不同程度的矿井高温环境。在其他金属和非金属矿井也存在这种类型的矿井热害。

（3）地热异常型

这种类型的矿井热害的地质条件特殊、地温梯度大，开采浅部矿层也会出现热害。随着矿井开拓深度增加，热害会更加严重。这种特殊的地质条件多为岩浆活动地区、构造断裂地带以及基底抬高并处于断裂封闭的地区等。如河南平顶山八矿于 350 m 深度的矿井气温已达 31～32 ℃，510 m 深度的气温普遍高达 35 ℃左右。

（4）含硫化合物氧化型

这种类型的矿井热害主要由于含硫化合物的矿石在开采过程中与空气接触，发生氧化反应并伴随放热，从而聚集热量产生高温，且易导致煤炭自燃，造成严重的矿井热害。通常对这一类型的划分，是从热害类型和治理措施观点出发，而不是从地质勘探和研究矿床地温考虑的。

8.4.1.5　噪声

煤炭行业是高噪声行业之一，噪声污染相当严重，不仅声压级高且声源分布面广，从井下的采煤、掘进、运输、提升、通风、排水、压气，到露天矿的开采、地面选煤厂煤的分选加工，以及机电设备的装配维修等，噪声源无处不在。煤矿噪声具有强度大、声压级高、连续噪声多、频带宽等特点，对作业环境污染特别严重。

噪声对人体的影响和危害一般可分为劳动保护级和环境保护级两方面。前者指噪声危害人的身体健康，导致各种疾病的发生；后者指噪声干扰环境安静，影响人们正常的工作和生活。

煤矿噪声存在于煤矿生产建设的各个环节，对施工人员的身心危害很大。噪声危害主要有：一是损害听力；二是引发各种心血管疾病；三是对通信联络造成干扰，甚至还会因此出现安全事故；四是使人疲劳，注意力下降，劳动效率降低；五是使人烦躁，妨碍休息；六是特别强的噪声还会导致仪器失灵。

煤矿井下在回采、掘进、运输及提升等各生产过程中都会产生噪声，煤矿工人长期工作在高噪声环境下又没有采取有效的防护措施，将导致永久性的无可挽回的听力损失，甚至导致严重的职业性耳聋。

强噪声除了可导致耳聋外，还可对人体的神经系统、心血管系统、消化系统以及生殖机能等产生不良的影响。

8.4.1.6　瓦斯

从广义上理解，矿井瓦斯是煤矿生产过程中，从煤、岩内涌出的以甲烷为主的各种有害气体的总称。煤矿井下的有害气体有甲烷（沼气）、乙烷、二氧化碳、一氧化碳、硫化氢、二氧化硫、氮氧化物、氢、氮等，其中甲烷所占比例最大，在 80％以上。从狭义上理解，矿井瓦斯单指甲烷。本书中的瓦斯概念是狭义上的理解。

瓦斯的危害主要表现在以下几个方面。

（1）瓦斯窒息

矿井瓦斯一般游离储存在密闭的岩缝或煤层中，当进行采掘作业时，储存有瓦斯的煤层或岩层被破坏，便有大量的瓦斯涌出。此时，如果矿井的通风设施不能正常、高效地运作，就会造成井下工作人员因吸入瓦斯而窒息。

(2) 瓦斯燃烧

瓦斯是一种非常容易燃烧的气体，而煤层中的瓦斯含量普遍较高，如果不能及时、有效地对矿井瓦斯进行稀释、排出，当矿井局部空间有浓度较高的瓦斯积聚时，一旦有火源出现就有可能引起瓦斯燃烧，造成煤矿火灾。

(3) 瓦斯爆炸

一定浓度的瓦斯与一定浓度的氧气在合适的温度作用下会产生激烈氧化反应，这就是瓦斯爆炸。瓦斯爆炸对于矿井而言是非常重大的灾难。在矿井生产过程中，常常会因为各种生产行为而产生火花，从而可能引发瓦斯爆炸，严重的还会产生煤尘连锁爆炸。

(4) 环境污染

目前，全球的煤炭开采日渐规模化，这在一定程度上加大了矿井瓦斯的排出量，大量瓦斯被排放到矿井外部空气中，就会加剧温室效应。而新兴采煤技术——煤与瓦斯共采很好地解决了瓦斯气体排入空气的问题，也避免了可燃资源的浪费，同时很好地响应了构建绿水青山的国家战略。

8.4.2 保障职业健康的技术手段

8.4.2.1 尘肺病的防治手段

(1) 抑尘剂＋喷雾降尘

抑尘剂＋喷雾降尘方法，是在传统喷雾降尘的基础上，通过添加抑尘剂降低水表面张力，改善水对煤的润湿能力，把粉尘由疏水性变为亲水性，使粉尘快速浸润而被捕获。相对于传统喷雾降尘，降尘效率有所增加，但对呼吸性粉尘的降尘效果欠佳。这种方法用于综掘面降尘的缺陷是迎头处雾气较大，能见度低，严重影响作业视线，还需配备抑尘剂自动添加装置实现抑尘剂的自动添加，以及购买专用抑尘剂。

(2) 干雾抑尘

干雾抑尘又叫作气雾抑尘，其原理基于欧美科学家的理论研究成果，即水雾颗粒与尘埃颗粒大小相近时，吸附、过滤、凝结的概率最大。通过“云雾”化的水雾捕捉粉尘，水雾颗粒与粉尘颗粒大小一致、比重相近、在空气中滞留时间相等，让水雾与空气中的粉尘充分结合，形成粉尘和水雾的团聚物，受重力作用而沉降。干雾抑尘实际上还是喷雾降尘的一种，价格相对便宜，降尘率达 70%～80%；其缺陷是由于干雾为更细更小的颗粒，更容易飘浮在空气中，水雾与粉尘结合需要时间，降尘速度较慢，雾化水粒会形成较重的水雾团，工作地点能见度很差，严重影响作业视线，且喷头容易阻塞、发生故障，更换频率高，需要购买多个专用雾化喷头以及用于自动调节气路和水路的控制系统，增加除尘费用。

(3) 泡沫抑尘除尘技术

泡沫高效抑尘除尘技术是利用井下的除尘水管和压风管路，通过发泡器将发泡剂、空气和水按照一定的配比充分混合后产生大量均匀细腻的泡沫群，经管道输送，最后通过专用喷头直接喷洒到尘源上。喷射出的泡沫具有较高的动能，在与粉尘颗粒发生碰撞、覆盖、湿润等综合作用下，凭借其液膜具有良好黏性、湿润性、隔绝性和弹性的优点，基本可以将与之相遇的所有粉尘捕集。泡沫高效抑尘除尘技术彻底打破了传统被动降尘的思想，从主动降尘的理念出发，利用泡沫的覆盖性对尘源进行全面包裹，从源头上抑制粉尘的产生。

8.4.2.2 热害的防治手段

为了有效控制矿井内部高温高湿环境，常见的热害防治措施如下。

(1) 保温隔离措施

通过对岩壁喷涂隔热物质形成保温层，减少围岩传热。

(2) 减少井下设备散热

对大功率的局部通风机应合理布置其安设位置，机电硐室应设置独立通风，调整工作面布置方式，减小不必要的风路长度。

(3) 管道热控制

井下存在部分热水管路和热压风管，该类管路应尽量敷设在矿井回风段，并且进行超前疏水，管路进行保温处理，导水沟盖板选用隔热材质。

(4) 爆破热控制

井下爆破也是产热源之一，该类热量应及时通过矿井回风段排出，同时为人员安全考虑，爆破作业尽量与开采作业岔开进行。

(5) 调节通风系统

通过调节矿井通风系统的风流速度，加快风流流速，尽快将工作面内的空气冷却并带离。这就需要对主要通风机的工作特性进行提升，并且减少矿井中不必要的漏风，降低整个矿井的通风风阻值。

(6) 矿井通风的辅助降温

通过对进风井口喷水可对进风进行冷却，必要时可采取井壁冻结、局部喷淋、压风引射器调风、岩层调热圈冷却巷道风流等措施。

当利用矿井通风降温、保温隔离等方式也无法正常控制井下作业环境温度超标时，应考虑利用局部制冷调温措施。由于井下空间需冷量范围较大，同时空间相对密闭，因而对设备规模、设备安全性能都有极高的要求。通常制冷系统包含压缩制冷、传输、散热等部分，制冷剂必须符合井下防火、防爆以及无毒要求，冷量输送介质可选用水作为载体，通过管道输送。对于深度较大矿井，必要时可将冰块直接输送到井下工作面。另外，制冷机的散热问题也是一个较大难点，通常利用矿井回风系统将热量带出，但是应注意制冷机温度不能超出回风温度上限。

8.4.2.3 噪声的防治手段

(1) 掘进工作面噪声防治措施

爆破掘进施工巷道的凿岩机是强噪声源，应推广使用新型凿岩机消音器。煤矿井下测试结果表明，与旧的凿岩机消音器相比，新型消音器的消音效果良好。在掘进工作面作业，要求工人佩带听觉保护装置，如耳塞等。同时，注重凿岩机的技术革新，以电动或液动代替风动凿岩机，研究新型钎杆等，以降低凿岩机的噪声。

(2) 采煤工作面噪声防治措施

采煤工作面的主要噪声源为采煤机和刮板输送机。消除采煤工作面噪声的主要方法有：

① 煤层注水预湿煤体，使煤软化，降低煤的强度和硬度，以降低采煤机的截割和破碎噪声。实践表明，煤层水分增加3%，煤的单轴抗压强度下降32%，硬度系数下降0.5～1.5，截割和破碎噪声可降低10 dB(A)左右。同时，注水对防治采煤工作面的粉尘具有良好的效

果。因此，条件适合时，应采用煤层预注水方法防治噪声。

② 选择合理的截齿、降低滚筒转速和截齿数、提高牵引速度，也可以降低采煤机噪声，同时可以减少煤尘污染。

③ 对刮板输送机可以采用隔声罩降低噪声，同时刮板输送机应尽量避免空载运行。

8.4.2.4 瓦斯的防治手段

煤矿井下巷道的掘进头属于独头巷道，通常采用局部通风机进行通风，即巷道的进风口和出风口位于同一位置。若采用的通风方式不合理，则很容易发生瓦斯的局部积聚，会出现排出的瓦斯又被重新压入掘进头内的现象，这样导致掘进头内的瓦斯浓度越来越高，在遇到明火时很容易发生瓦斯爆炸。为此，需要做好矿井局部通风。

（1）合理布置局部通风机。掘进头与回风巷道的位置较远时，可考虑采用多台局部通风机加快掘进巷道内的空气流动。

（2）选择合适的局部通风方式。局部巷道通风时可采用的局部通风方式有压入式和抽出式两种，需根据局部巷道的实际情况选择合适的通风方式。

8.5 思考题

1. 掘进巷道主要通风方式有哪几种？请简要概括。
2. 抽出式、压入式、混合式三种通风方式的优缺点是什么？
3. 混合式通风有哪几种布置形式？
4. 掘进通风设计的原则是什么？
5. 通风设施有哪些？各自的作用是什么？
6. 井下威胁职业健康的主要因素有哪些？请分别论述。
7. 请概括煤尘的特性以及防治措施。
8. 矿井热害有哪几种类型？请分别论述。
9. 什么是矿井瓦斯？瓦斯的主要危害是什么？

第9章 智能掘进施工组织与管理

内容提要　掘进施工组织与管理是矿山企业生产过程中的一个重要组成部分。随着煤矿机械化、智能化水平的提高，智能掘进施工势必成为未来的主要发展方向。煤矿施工方式的转变也会带来施工组织与管理相应的变革，煤矿当前主流工作制度为“二六一四”工作制，并且大部分矿井开始向取消夜班的工作方式转变。煤矿智能化的发展、工作制度的变革，相对应的施工组织与管理也应当进行转变与调整，以符合智能掘进施工的相应要求和保障智能掘进施工的高效性、准确性。本章将介绍智能掘进施工作业的几种主要方式，如掘支运一体化、全断面掘进机、双锚掘进机、连续采煤机等智能掘进，以及相对应的智能掘进施工组织与管理设计。

9.1 智能掘进施工作业方式

我国煤矿煤层赋存条件的复杂性决定了巷道掘进技术及装备的多样性，因此，智能掘进要不断扩大其核心技术支撑的覆盖面，同时要总结、优化智能掘进方式，并在工程实践中不断完善。目前，我国煤矿主要采用的智能掘进施工作业方式有掘支运一体化、全断面掘进机、双锚掘进机及5G＋连续采煤机等4种，在国能、中煤、山能、陕煤等集团得到推广应用，取得了良好的经济效益。

9.1.1 掘支运一体化

我国已建成年产120万t以上大型现代化煤矿1 200处以上，其煤炭产量占全国煤炭总产量的80％左右，这些煤矿对采掘接续要求迫切，同时在资金、人才及智能化建设等基础方面均具有一定的优势。因此，针对截宽5 m以上、空顶距0.5 m以上、空帮距1.0 m以上的煤巷掘进，应优先选用掘支运一体化智能掘进方式。该方式是以掘锚一体机为核心，以多维度同步支护等技术为支撑，配套锚杆转载机、跨骑式锚杆钻车、柔性连续运输系统、自移机尾等设备组成的智能掘进系统，共有4种适应不同围岩条件的配套方式，见表9-1。

(1) 配套方式1

该配套方式主要应用于稳定围岩条件(半坚硬-坚硬顶底板)，如图9-1所示，掘锚一体机截割落煤，煤岩经破碎转载机缓冲、破碎后，通过下穿于跨骑式锚杆钻车的柔性连续运输系统出料，柔性连续运输系统搭接100 m，满足月进尺2 500 m的搭接要求；跨骑式锚杆钻车机载多臂钻机进行锚杆支护，实现掘支完全独立；跨骑式锚杆钻车集成集控中心功能，实现自动截割、可视化监控、流程起停等功能。

表 9-1　掘支运一体化智能掘进配套方式

序号	空顶距/m	空帮距/m	月进尺/km	配套设备
1	20.0	25.0	2.5	掘锚一体机＋转载破碎机＋柔性连续运输系统＋跨骑式锚杆钻车
2	2.5	4.0	1.5	掘锚探一体机＋锚杆转载机＋柔性连续运输系统＋集控中心
3	1.5	2.5	0.7	掘锚探一体机＋锚杆转载机＋柔性连续运输系统(桥式转载机＋自移机尾＋自延伸托辊系统)＋集控中心
4	0.5	1.0	0.4	适应软弱围岩巷道的掘锚探一体机＋锚杆转载机＋桥式转载机＋自移机尾＋集控中心

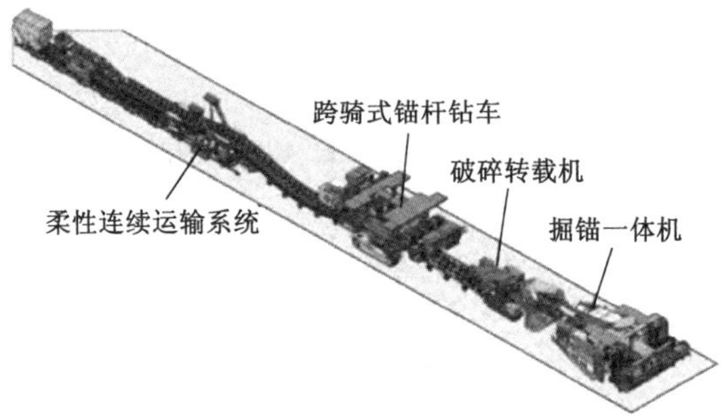

图 9-1　配套方式 1 的系统组成

(2) 配套方式 2

该配套方式主要应用于中等稳定围岩条件(半坚硬顶底板),采用掘锚探一体机和锚杆转载机进行平行支护,锚杆转载机兼作转载单元;柔性连续运输系统搭接 50 m 左右,满足月进尺 1 500 m 的搭接要求;集控中心安装于柔性连续运输系统后部,具有多机协同控制、可视化监控等功能。

(3) 配套方式 3

该配套方式主要应用于中等复杂围岩条件(软弱-半坚硬顶底板),与配套方式 2 相比,可采用桥式转载机＋自移机尾＋自延伸托辊系统替换原有的柔性连续运输系统,搭接 25 m 左右,满足月进尺 700 m 的搭接要求;自移机尾后部集成缆线存储、材料暂存等装置,并安装集控中心。

(4) 配套方式 4

该配套方式主要应用于复杂围岩条件(软弱顶底板),与配套方式 3 相比,掘锚探一体机需要采用小空顶、小空帮距设计。

应用案例:2020 年,黄陵二号煤矿针对自身中等复杂地质条件,在充分论证水、瓦斯、油型气、油气井等“七害”俱全的施工条件基础上,研发了地面远程智能快速掘进控制系统,应用集群设备多信息融合网络控制技术,实现远程割煤、煤岩运输、锚索支护自动连续钻孔、一键启停、设备运行参数的远程实时监测等功能,工作面共 5 人作业(锚杆支护 5 人),掘进工效提高 2 倍。

9.1.2　全断面掘进机

针对斜井、平硐、瓦斯抽放巷等岩巷掘进,应优先选用全断面掘进机智能掘进方式。全断面掘进机集截割、支护、出渣、除尘等功能于一体，具有低扰动、成型好、高效率（主要指硬岩截割效率）、高安全性等优势，同时也有进转场时间长（安装、拆除工期 2.5 个月）、地质条件变化适应性差、支护效率低、转弯半径大（不能联巷转弯掘进）等缺陷，因此，要求施工巷道长度长（3 km 以上）、缓倾斜（坡度 8°以内）、揭煤少、围岩稳定（软岩易卡机）等，其配套方式主要有 3 种，见表 9-2。

表 9-2　全断面掘进机智能掘进配套方式

序号	空顶距/m	空帮距/m	月进尺/km	配套设备
1	6.5	25	0.6	全断面护盾式矩形掘进机＋锚杆转载机＋柔性连续运输系统＋集控中心
2	6.5	25	0.6	全断面敞开式矩形掘进机＋锚杆转载机＋柔性连续运输系统＋集控中心
3	7.0	7	0.4	矿用 TBM＋集控中心

与工程隧道掘进相比，煤矿巷道全断面掘进一般采用锚网喷支护替换传统的管片施工，要求掘进机集成支护钻机。针对传统矿用 TBM 采用圆形巷道断面利用低、两帮稳定性差和支护难度大等问题，中煤科工集团上海研究院在顶管技术的基础上，研制了 MJJ3800×5800 全断面护盾式矩形掘进机，如图 9-2 所示。整机质量 320 t，装机功率 2 807 kW，采用镐型和刀型截齿、5 组刀盘实现全断面切割，并通过刀盘运动实现可变异形截割（拱形、梯形）；机载 4 组顶钻锚机实现掘锚平行作业。另外，Sandvik、Prairie、北方重工等公司研制了全断面敞开式矩形掘进机，主要采用 2 组或多组刀盘＋上下顶底板滚筒进行全断面截割，巷道形状为双腰矩形。

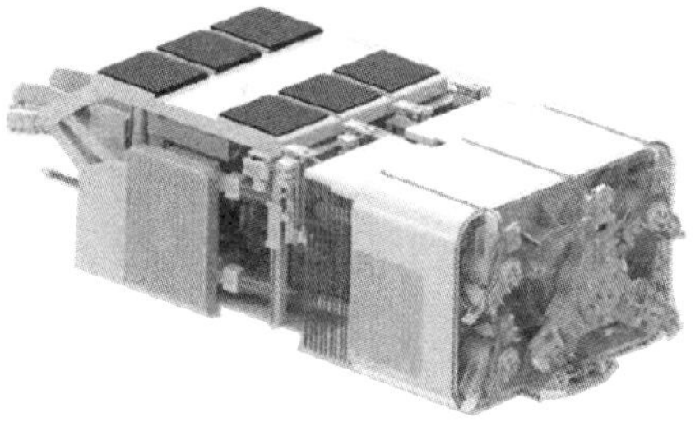

图 9-2　全断面护盾式矩形掘进机

全断面掘进机智能掘进技术主要包括岩体感知、煤岩界面识别、智能截割、智能导向、智能支护和故障诊断等。岩体感知采用激发极化、破岩震源等超前地质探测方法；煤岩界面识别是融合岩渣图像视觉识别、电-液传感数据分析等技术，实现对煤岩分界面的预知预判；智能截割是以获取最佳粒度值、最佳比能耗及减少滚刀消耗、换刀时间、换刀频率为目标，基于煤岩界面预测结果对推进速度、刀盘转速及贯入度等自适应调整；智能导向采用惯性导航及激光雷达融合技术，对全断面掘进机的行走位置及三维姿态进行实时监测和动态调整，满足精准导向需要；针对管片支护难以适应煤矿巷道支护的问题，创新集成机载锚杆钻机，实现空间大断面实时锚杆支护要求；研制基于大数据信息的 TBM 云平台，实现多源传感器信息感知、传输、融合和智能决策等功能，以及全断面掘进机智能故障诊断，实时显示卡机等故障状态预警信息。

应用案例：2020 年，MJJ3800×5800 全断面护盾式矩形掘进机在神东煤炭集团哈拉沟煤矿 22524 运输巷投入使用，累计掘进超 900 m，实现 6 h 截割落差 5.1 m、长 30 m 断层的破岩纪录。

9.1.3 双锚掘进机

我国煤炭年产量在 30 万 t 以下的小煤矿有 1 000 处左右，这些煤矿地质条件较差、智能化基础薄弱。针对此类煤矿的智能快速掘进，应优先选用双锚掘进机智能掘进方式，如图 9-3 所示。该方式适用于复杂地质条件下煤、半煤岩和岩巷掘进(空顶、空帮距 0.3 m)，采用双锚掘进机＋锚杆转载机＋桥式转载机＋自移机尾＋集控中心的配套方式，锚杆支护选用双锚掘进机＋锚杆转载机平行支护方式。双锚掘进机机载 2 组钻机和临时支护，实现部分顶帮支护；锚杆转载机对剩余锚杆补支护。

图 9-3　双锚掘进机

双锚掘进机智能掘进技术主要包括断面自动成型、自适应截割、远程集控等。断面自动成型技术通过实时在线采集、监测掘进机位姿信息，解算截割头运动状态参数，规划截割头运动轨迹，控制截割机构动作，自动完成一个截割循环，实现断面自动成型；自适应截割技术通过振动、电机电流等参数的提取和处理，控制截割电机转速，实现电机输出转速与岩石硬度的自适应匹配；远程集控技术通过在工作面后方建立远程操作站，实现掘进机超视距远程监控。

应用案例：中煤新集刘庄煤矿煤层平均厚度为 3.54 m，平均倾角为 14°，煤层直接顶为砂质泥岩，直接底为泥岩，较致密且性脆。双锚掘进机智能掘进系统在该矿应用累计进尺 925 m，临时支护效率提高 25%，锚索支护效率提高 30%，单日进尺 23 m，月最高进尺 506 m，掘进效率提高 1 倍以上(原月进尺约 240 m)，刷新该矿单日单面掘进进尺纪录。

9.1.4 5G＋连续采煤机

陕北矿区因巷道围岩条件稳定或中等稳定(空顶距大于 6 m)，多采用双(多)巷道施工工艺。该工艺的特点是存在 2 个逃生出口，安全性好；采用连续采煤机双巷掘进工艺，掘进效率高。基于 5G 通信技术，对连续采煤机、梭车等装备进行自动化、智能化提升，突破了连续采煤机远控割煤、梭车自主驾驶、破碎机自动启停等关键技术，形成了 5G＋连续采煤机智能连掘方式。

(1) 连续采煤机远控割煤

如图 9-4 所示，连续采煤机成巷分为切槽和采垛两个工序，为保证连续采煤机正确调动入位，连续采煤机两侧各安装 2 组激光测距传感器，实时采集并计算连续采煤机与两帮的夹角和距离；通过惯性导航系统实现掘进定向；截割臂和运输机机尾回转中心均安装角度传感器，实时检测采高和运输机摆动角度；通过角度传感器并安装 360°云台摄像仪实时监测截割和运煤过程。

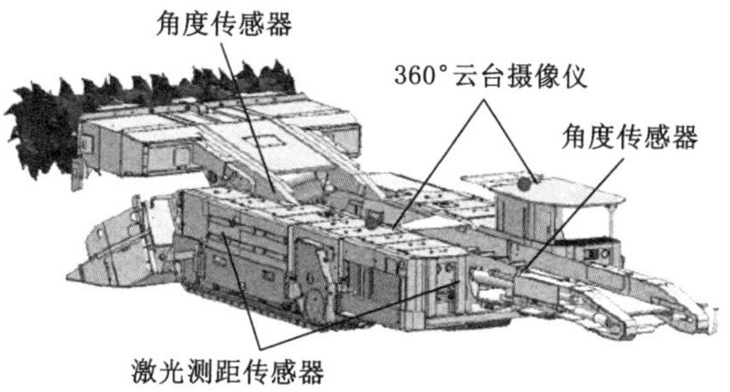

图9-4　连续采煤机传感器布置

(2) 梭车自主驾驶

该技术包括梭车自主行走和自主卸料泊位、自主装料泊位3个部分。梭车自主行走是通过激光扫描和UWB定位融合测距技术实施巷道路径跟踪，保证梭车外廓点与巷道侧壁及巷道内障碍物的距离保持相对稳定，从而实现梭车按巷道中心直线行走，当梭车进行联巷转弯时，在转弯点安装转向定位标签，实现按目标转弯；梭车自主卸料泊位是在破碎机处安装自主泊位标签，通过毫米波雷达判断是否进入卸料泊车位；梭车自主装料泊位需要已知连续采煤机的位置，并在连续采煤机处安装定位标识卡，一般设计梭车泊位处于巷道中心，连续采煤机摆动机尾卸料，当梭车与连续采煤机距离小于10 m时，梭车控制进入装料泊位程序，通过降低车速、超声雷达精确微调进入泊位。

(3) 破碎机自动启停

当梭车进入自主卸料泊位时，破碎机和可伸缩胶带输送机自动启动；当梭车远离泊位时，破碎机结合负载电流情况，适时停机。

应用案例：2020年，5G+连续采煤机智能连掘在陕西红柳林煤矿应用，利用低延时、低功耗、高速率、大带宽的5G网络通信技术，实现红柳林煤矿地面集控中心、井下工作面连采机及太原远程控制中心的三方实时、高清视频通话互动交流，可实现地面集控中心对连续采煤机远程割煤、破碎机自动启停等功能。

9.2 智能掘进施工组织

9.2.1 劳动组织形式

我国矿山常用的掘进施工组织形式有综合掘进队和专业掘进队两种。综合掘进队是将巷道施工中的主要工种(掘进、支护)以及辅助工种(机电维修、运输、通风、管路等)组织在一个掘进队内。其特点是指挥统一，各工种密切配合协作，有利于培养工人一专多能；在施工中能根据不同工序的需要，灵活调配劳动力，使工时得到充分利用，提高工作效率。这种组织形式有利于保证正规循环和多工序平行交叉作业的实现，是提高岩巷施工速度的有效组织形式。专业掘进队只有主要工序的工种(掘进、支护)，辅助工序另设工作队，工作队服务于若干个专业掘进队。专业掘进队任务单一，管理比较简单，但辅助工种的配合不如综合掘进队及时。专业掘进队受辅助工序影响较大，工时利用率低，现在较少采用。

9.2.2 正规循环作业

在巷道施工中，各主要工序和辅助工序都是按一定的顺序周而复始地进行的，因而称为循环作业。为了组织循环作业,应将循环中各工序的工作持续时间、先后顺序和相互衔接关系,周密地以图表的形式固定下来,使全体施工人员心中有数,一环扣一环地进行施工,这种图表就称为循环图表。

在掘进施工中,正规循环作业是指在掘进、支护工作面,按照作业规程和循环图表的规定,在一定的时间内,以一定的人力、物力和技术装备,完成规定的全部工序和工作量,取得预期的进度,并保证生产有节奏、周而复始地进行。

9.2.3 施工工序组织

在过去传统的煤矿掘进工作面作业流程中,广泛推行多工序平行交叉作业,对提高掘进速度和工效是有效的。所谓多工序平行交叉作业,是指在同一工作面,在同一循环时间内,凡能同时施工的工序,尽量安排同时进行;不能全部平行施工的工序,也可以部分平行进行,即交叉作业。

目前,随着煤矿机械化、智能化的发展,智能掘进相关技术如空间信息技术、云网融合技术、数据挖掘技术、智能采矿和服务技术等的成熟,越来越多的大型智能掘进设备诸如盾构机、掘锚机、连续采煤机等投入矿山实际生产,在智能掘进工作面更加提倡顺序作业。采用顺序作业,工作单一,工作条件好,便于应用高效率的掘进设备,提高掘进机械化水平,从而提高掘进施工工效,减轻工人劳动强度。

9.2.4 施工组织图表

施工组织图表即循环图表,是施工组织设计(施工措施)的一部分。为确保正规循环作业的实现,必须编制切实可行的循环图表。

(1) 确定日工作制度

过去我国煤矿都采用“三八”工作制(即每天分为 3 个工作班,每班工作 8 小时),建井单位多采用“四六”工作制(地面辅助工为“三八”工作制)。在 20 世纪 70 年代,有的矿井也采用过“四八”交叉作业制。

目前,随着煤矿智能化发展,矿山企业取消夜班逐渐成为行业发展趋势。为了实现取消夜班,切实加强井下安全管理,减少职工劳动时间,减轻劳动强度,提高工作质量,提升施工队伍专业化管理水平,并做好对非正常作业的集中控制,煤矿推行“二六一四制”工作制度。

(2) 确定作业方式

在工作制度确定以后,要根据巷道设计断面和地质条件、施工任务、施工设备、施工技术水平和管理水平,进行作业方式的比选,确定巷道施工的作业方式。

(3) 确定循环方式和循环进度

巷道掘进循环方式可根据具体条件选用单循环(每班一个循环)或多循环(每班完成两个以上循环)。每个班完成的循环数应为整数,即一个循环不要跨班(日)完成,否则不便于工序间的衔接,施工管理比较困难,也不利于实现正规循环作业。当求得小班的循环数为非整数时,应调整为整数。调整方法应以尽量提高工效和缩短辅助工序时间为原则。

(4) 计算循环时间

各主要工序的工作量确定后,就可根据设备情况、工作定额(或实测数据)计算各工序所需要的作业时间。在所需的全部作业时间中,扣除能够与其他工序平行作业的时间,就是一个循环所需要的时间 T。

(5) 循环图表的编制

根据以上的计算和初步确定的数据，即可编制循环图表。图表名称为：××矿××巷道掘、支(砌、喷)平行(或顺序)作业循环图表。编制好的循环图表需在实践中进一步检验修改，使之不断改进、完善，真正起到指导施工的作用。图9-5所示是某矿开拓－700 m水平东大巷时的综掘作业循环图表。

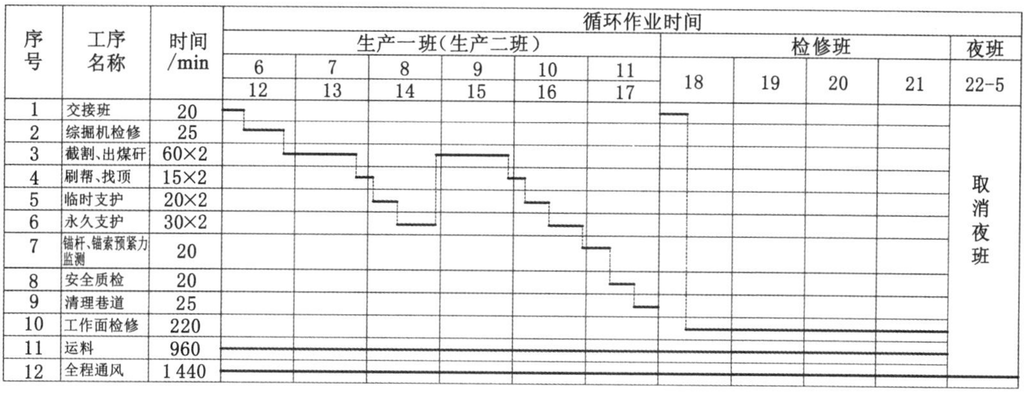

图9-5 某矿“二六一四”制取消夜班综掘作业循环图表

9.3 智能掘进施工管理

9.3.1 基本管理制度

在掘进施工作业过程中，各工种、各工序繁杂。为使各工种、各工序忙而不乱，工作紧张而有序，除了有先进的技术装备和合理的劳动组织外，还要加强施工管理工作。为充分发挥掘进队的设备、技术优势，加快施工进度，必须健全和坚持以岗位责任制为中心的各项管理制度。

(1) 工种岗位责任制

工种岗位责任制的特点是：任务到组，固定岗位，责任到人。具体做法是：按照工作性质，将每个小班的人员划分成若干作业组，每个小组或个人按照循环图表规定的时间，使用固定的工具或设备，在各自的岗位上保质保量地完成任务。岗位责任制要求形成人员固定、岗位固定、任务固定、设备固定、完成时间固定的制度，做到人人有专职，事事有人管，办事有标准，工作有检查。

(2) 技术交底制

掘进队施工的工程都要有施工组织设计(或作业规程、施工技术安全措施)，并在开工前由工程技术人员向掘进队全体施工人员进行技术交底，使每个施工人员对自己所施工的巷道的性质、用途、规格质量要求、施工方案、施工设备、安全措施等有比较全面的了解。技术交底后施工人员应在签到簿上签名，未经技术交底的人员不允许上岗。在工作面处挂有施工大样图、施工平面图、循环图表，以便随时查看，用以指导施工。

(3) 施工原始资料积累制

施工原始资料积累制要求，对施工的工程质量，班组要有自检、互检，掘进队要有旬检，工程处要有月检的质量检查原始记录；班组要有工人出勤、主要材料消耗、班组进度、工程量、正规循环作业完成情况等原始记录资料；对隐蔽工程应做好原始记录（包括隐蔽工程图）；对砂浆、混凝土应做取样试验，并有试压证明书；对锚杆应有锚固力检验记录等。为竣工验收，还应提供巷道的实测平面图，纵、横断面图，井上下对照图；井下导线点、水准点图及有关测量记录成果表；地质素描图、岩层柱状图等。这些资料要在施工过程中收集和积累，它们是施工的重要成果和评定工程质量的重要依据。

(4) 工作面交接班制

工作面交接班制要求，每班的负责人、各工种及每个岗位的人员，都要在现场对口交接，并做到交任务、交措施、交设备、交安全，使工作面及时连续作业，充分利用工时。

(5) 安全生产制

为确保安全生产，要根据作业特点，制订灾害预防计划、安全技术措施，并严格贯彻执行；要定期开展安全活动，经常进行安全生产教育；要建立和健全群众的安全组织和正常的安全检查制度；要按规定配齐安全生产工具和职工的劳动保护用品；要搞好工业卫生，改善劳动条件，做好综合防尘。

(6) 质量负责制

贯彻质量负责制就是要把质量标准、施工规范、设计要求落实到班、组、个人，并严格执行；实行工程挂牌制（班、组、个人留名），队长、技术员要全面负责本队的工程质量；要建立自检、互检等质量检查制度；要严格按照质量标准进行验收、评定等级，不合格的工程要返修；对质量不负责任的人员要追究责任，对一贯重视质量、工程优秀的人员要表扬、奖励。

此外还有考勤制、设备维修包机制、岗位练兵制和班组经济核算制等。

9.3.2 掘进作业规程

(1) 编制概况

掘进巷道工程概况：巷道名称、用途、设计长度、工程量、坡度、服务年限、开竣工时间等。编制依据：经过审批的设计、地质说明书、矿压资料、技术规范等。

(2) 巷道工程相对位置及地质情况

地面相对位置、井下邻近采区与已有巷道的生产使用情况、煤（岩）层赋存特征、地质构造情况、水文地质资料。

(3) 巷道设计布置与支护说明

设计巷道布置情况、矿压观测记录数据、巷道支护设计形式与种类、设计工艺等。

(4) 巷道施工工艺

施工方法、凿岩方法、综掘作业、爆破作业（包括爆破作业图表）、装载与运输、管线及轨道铺设、设备及工具配备、设备布置。

(5) 施工生产系统

① 掘进通风系统：通风方式、设备、供风距离、风量计算与验算、设备布置。附：通风系统图。

② 压风供风系统：风源、压风供风方式、管路布置、管路直径、风压，压风设备型号和布置。附：压风系统布置图。

③ 瓦斯防治系统（高瓦斯矿井有抽放时）：临时或永久瓦斯抽放泵站的安设情况、管路

布置和长度、瓦斯抽放浓度、通风方式、风量要求、抽出瓦斯排放地点、瓦斯抽放工操作程序。

④ 综合防尘系统：防尘水源、水量、水压，供水管路系统管径、长度、水幕设置、防爆水袋、喷雾点个数与位置，湿式钻眼、水炮泥、冲洗巷道岩帮与装岩(煤)洒水。

⑤ 防灭火系统：巷道施工防灭火措施、消防供水管路系统、防灭火器材的布置。

⑥ 安全监控系统：瓦斯自动检测报警断电装置、甲烷传感器、掘进机机载甲烷断电仪及装载点、运输巷、进回风风流中甲烷传感器布置，便携式甲烷检测报警仪的设置，瓦斯报警浓度、报警处理方法。

⑦ 巷道施工供电系统：供电电源来源、供电方式、电压等级、电气设备、供电系统图。

⑧ 排水系统：排水方式(自流排水，机械排水)、工作面涌水、排水设备型号、管路规格与布置、临时水仓的地点与容量、排水线路。附：排水系统图。

⑨ 运输系统：运输方式、设备型号、运输线路。

⑩ 其他：工作面照明设施、位置；测量定向装置；通信设施、电话位置；信号装置种类与用途。

(6) 劳动组织及主要技术经济指标

① 劳动组织：工作面作业方式、劳动组织、劳动力配备。

② 作业循环：根据工艺流程确定循环作业方式(日、班正规循环个数)、循环进尺，编制正规循环作业图表；采用正规循环作业提高工效的组织、技术措施。

③ 预期技术经济指标：工作面长度、巷道掘进断面和静断面、岩性、支护形式、队组在册人数、日进尺、工效、月循环进尺、月进尺、循环率等。

(7) 安全技术措施

① 发生火灾、瓦斯、煤尘爆炸、煤(岩)与瓦斯(二氧化碳)突出、透水、冒顶、提升等事故时的应急措施。

② 发生灾害时快速、有效的传报技术与办法，撤出人员的区域和避灾路线、自救条件，防止灾害扩大的应急措施，统计井下人员的应急措施，其他应急措施。

③ 根据巷道特征和地质条件，由区队主管技术人员制订切实可行且较先进的施工技术组织措施(巷道作业规程)，用以指导巷道施工，并以此为依据，定期检查执行情况，以便不断调整、充实提高，从而获得更高的施工进度和良好的技术经济指标。

9.4　经典案例

9.4.1　盾构机掘进

9.4.1.1　工程背景

淮河能源集团张集煤矿北区 1413A 高抽巷全长 1 594 m，已采用钻爆法施工894 m，剩余 700 m 改用全断面掘进机掘进。巷道为圆形断面，直径 4.53 m，巷道标高－465 m。施工地层所在层位为二叠系山西组。巷道围岩主要为粉细砂岩、中砂岩，抗压强度为 25.67～134 MPa，抗拉强度为 2.26～7.8 MPa，弹性模量为 23.81～44.88 GPa，泊松比为 0.111～0.36。部分地层裂隙发育并伴有泥岩。巷道布置如图 9-6 所示。

9.4.1.2　掘进施工工艺

为提高煤矿深部硬岩巷道掘进效率和安全性，研发了世界首台立井煤矿全断面硬岩掘

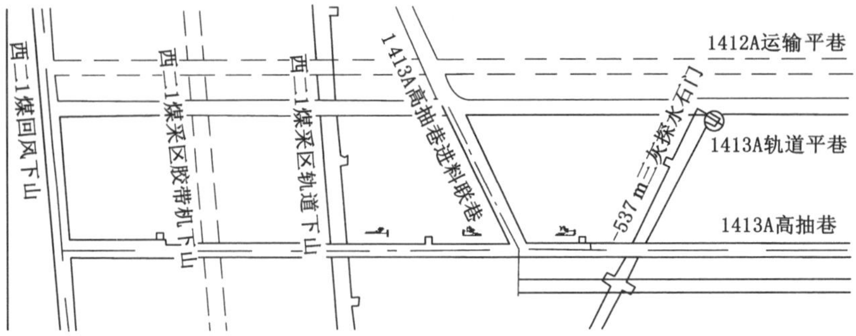

图 9-6　1413A 高抽巷平面图

进机。该掘进机使用刀盘一次掘进巷道全部断面，出渣系统自动排出碎矸，安装在刀盘后方的支护系统随后安装锚杆等其他支护设施；相较于常见的隧道硬岩全断面掘进机，该掘进机为适应高瓦斯矿井作业需求，采用防爆动力系统，符合《煤矿安全规程》要求；采用模块化设计，可将各子系统拆散通过井筒罐笼和井下运输设备运至始发硐室组装，符合立井煤矿设备运输最大尺寸要求。立井煤矿全断面硬岩掘进机如图 9-7 所示。

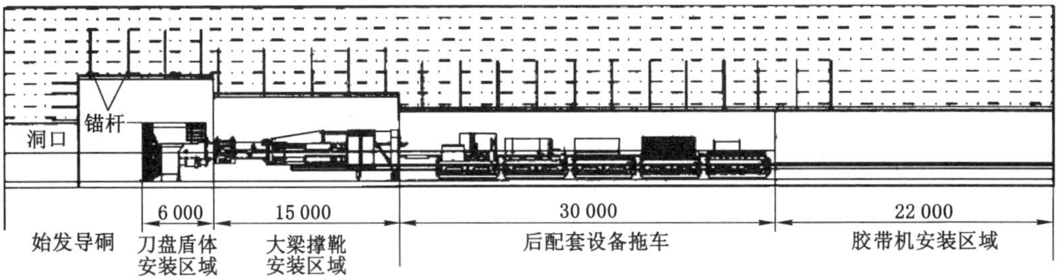

图 9-7　全断面硬岩掘进机施工艺示意图

立井煤矿全断面硬岩掘进机利用带有滚刀的刀盘挤压将岩石剥落成小块岩石，通过刀盘铲刀将岩石碎块带到刀盘中心的溜渣槽，然后落到一段转载机、二段转载机，最终矿井主运经胶带运输系统和立井提升系统将矸石排出矿井。设备采用液压锚杆钻机施工锚杆孔，手持式锚杆钻机进行辅助锚杆锚固，达到永久支护的目的。

9.4.1.3　施工组织与管理

掘进机破岩掘进每个循环行程为 1.50 m，当一个循环结束时，设备停止掘进，刀盘后退 3～5 cm，放下主机后支撑腿，将主机支撑牢固后，收回两侧水平撑靴，前移撑靴至一个循环的距离(1.5 m)，然后根据导向系统提供的设备位置和姿态参数进行掘进机调向，而后将水平撑靴伸出撑紧巷帮，收起后支撑腿，启动拖拉油缸带动后配套系统前移一个循环的距离(1.5 m)后，即完成了一个循环的掘进工序。

采用“二九一六”制作业方式，即 2 个班为生产班，生产时间 9 h；1 个班为检修班，检修时间 6 h。高抽巷生产班正常循环进度为 1.0 m，每班 8 个循环共计 8.0 m，日进 16.0 m。顶板破碎时，循环进度为 0.9 m。要求正规循环率不低于 90%。

9.4.2 掘锚机掘进

9.4.2.1 工程背景

陕西黄陵二号煤矿有限公司 305 胶带巷地面相对位置位于焦沟附近，地表为中-低山林区。305 工作面位于井田三盘区中部，西部、北部为未采区，南部紧邻 303 工作面，东至三盘区辅运大巷，巷道走向方位为 266°。305 胶带巷巷道长度为 3 796.781 m，掘进工程量为 7.8 万 m^3，沿巷道设计中线及煤层顶板掘进；305 胶带巷设计宽度为 5.4 m，高度为 3.8 m，断面面积为 20.52 m^2。

305 工作面开采煤层为 2 号煤层，属于侏罗系中下统延安组。2 号煤为黑色块状，条痕黑色，弱沥青光泽，阶梯状断口，以暗煤为主，亮煤次之，丝炭少量，属半暗型煤，内生裂隙发育。305 工作面煤层厚度变化较稳定，煤层厚度 3～5.96 m，平均为 5.4 m，煤层倾角 0～3°，平均为 1°；煤层下部含 0～1 层夹矸，煤层普氏硬度 $f=2\sim3$，夹矸普氏硬度 $f=3\sim5$。

9.4.2.2 掘进施工工艺

305 胶带巷采用 EJM340/4-2 型掘锚机截割(一次割高 3.8 m，截宽 5.4 m)，循环进度为 1 000 mm。具体截割作业循环见表 9-3。

表 9-3　截割作业循环表

序号	工序	按钮	说明
1	升起截割臂	截割臂升	升起截割臂至指定高度
2	截割启动	截割/启动	伸缩滚筒自动伸出
3	装运启动	装载/启动	输送和装载联动，装载延时启动
4	进刀	截割前进	进刀速度可根据截割负载自动调节，掏槽深度取决于煤的硬度
5	下切	截割臂降	下切速度可根据截割负载自动调节
6	拉底	截割后退	平整和清理底板
7	重复 1～6 工序		
8	截割完成	截割/关闭、滚筒/缩回	

EJM340/4-2 型掘锚机智能遥控操作，掘进时严格按照中线及煤层顶板掘进。掘锚机掘进时升起临时支撑架，将截割滚筒调整至巷道顶部，即升刀；启动截割，伸出截割伸缩油缸，将截割滚筒向前切入煤体 1 000 mm，顶部掏槽，即进刀；然后由上向下切入煤体，即割煤；当截割滚筒割到巷道设计高度时，掘锚机截割部向后缩 1 000 mm 左右，拉底煤使巷道底板平整，装完余煤，即拉底；每掘进一排完成上述一个循环。

掘进施工作业前由掘锚机司机对掘锚机周围环境进行安全确认，确定掘锚机周围无人员和杂物后再进行作业。

9.4.2.3 施工组织与管理

(1) 劳动组织形式

采用“三八制”作业。本队共计 3 个班组(检修班、生产一班、生产二班)，检修班固定为八点班，负责检修及准备工作；两个生产班分别为四点班和零点班，负责掘进，每 15 d 进行一次倒班。

(2) 劳动组织(见表 9-4、表 9-5)

表 9-4　区队岗位人员配备图表

序号	岗位/工种	人数	序号	岗位/工种	人数
1	队长	1	9	验收员	3
2	书记	1	10	掘进岗	9
3	技术员	3	11	支护岗	37
4	材料员	1	12	电钳岗	8
5	下料工	4	13	运输岗	35
6	地面值班	3	14	打钻岗	8
7	副队长	4	15	合计	123
8	班长	6			

表 9-5　劳动组织图表

序号	岗位/工种	出勤人数			合计
		生产一班	生产二班	检修班	
1	跟班队长	1	1	1	3
2	班长	2	2	2	6
3	验收员	1	1	1	3
4	掘锚机司机	2	2	3	7
5	支护工	6	6	2	14
6	胶带机司机	2	2	2	6
7	顺槽车司机	0	0	1	1
8	通风机司机	1	1	1	3
9	打钻工	2	2	2	6
10	电钳工	0	0	3	3
11	备料工	1	1	0	2
12	合计	18	18	18	54

（3）循环作业图表

EJM340/4-2 型掘锚机组为循环式作业方式，每个工作循环最大向前推进 1 m，截割和锚护同时作业。每班 12 循环，循环进尺 1 m，每班进尺 12 m，日进尺 24 m。如图 9-8 所示。

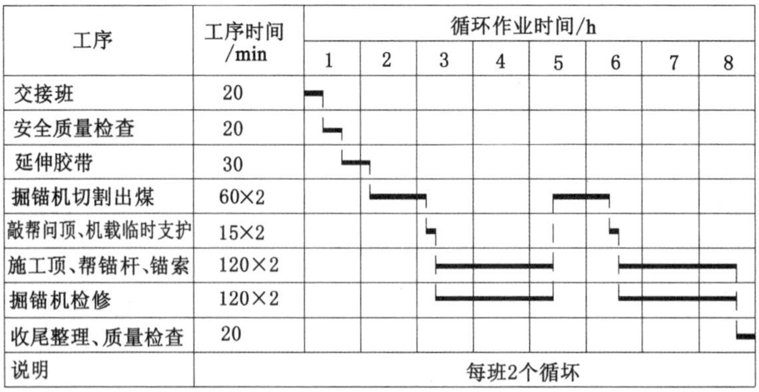

图 9-8　综掘（锚网）循环作业图表

9.5　思考题

1. 简述智能掘进施工作业方式的类别及概念。
2. 何为循环图表？编制循环作业图表的内容有哪些？
3. 简要说明循环进尺的定义。
4. 巷道掘进施工队伍的基本管理制度有哪些？
5. 智能掘进施工作业方式有哪些？
6. 为什么要强调正规循环作业？
7. 简述全断面智能掘进机掘进方式的优缺点。

第10章 井筒设计与施工

内容提要 对井筒进行合理的设计和安全高效施工是矿井建设的关键。虽然井筒工程量仅占矿井井巷工程量的5%左右，但是井筒施工工期一般占矿井总工期的40%～50%。显然，井筒工程施工速度的快慢直接影响矿山建设、地面工程和机电安装工程等其他工程的施工与安装。井筒设计包括井筒断面的布置形式设计以及断面尺寸设计。立井井筒施工包括表土段施工和基岩施工，斜井井筒施工包括井颈施工和基岩施工。本章主要阐述斜井和立井井筒的设计方法与施工方式，并介绍了大断面长距离缓坡斜井、大直径深立井井筒的工程实例。

10.1 概述

根据矿井开拓方式的不同，井筒可分为立井和斜井两种；按用途井筒又可分为主井、副井、混合井和风井等。

对于赋存较浅、表土层不太厚、水文地质情况较简单的缓倾斜和倾斜煤层，一般采用斜井开拓。斜井开拓在技术上和经济上要比立井有利得多，具有投资少、效率高、成本低的优点，所以在国内外大、中、小型矿山均有采用。在我国，斜井开拓占有相当大的比重，占我国煤炭总产量的40%以上。近年来，随着矿井集中化、大型化、机械化和自动化程度的不断提高，要求发展连续运输工艺，增大煤炭提升能力。因此，国内外许多新建和改扩建矿井，包括开采深度较深的大型矿井，都趋向于采用斜井开拓或斜井-立井综合开拓方式。

按用途不同，斜井分为主斜井、副斜井、混合斜井、排水斜井和注砂斜井等。主斜井用于提升运输煤炭；副斜井用于运送材料、设备、上下人员、提升矸石或兼作通风、排水；混合斜井兼作主、副斜井之用，多用于中小型煤矿；斜风井主要用于进风、回风或兼作行人、运送材料、提升矸石；注砂井用于输送水砂充填材料，或兼作通风、行人。

随着矿井开采、运输机械化水平的不断提高，斜井装备的自动化水平也在日益提高。目前，斜井开拓在我国西北部地区浅埋深煤矿的开采中得到了广泛的应用，诸如神东矿区的榆家梁煤矿、上湾煤矿、补连塔煤矿以及大柳塔煤矿等千万吨级以上的特大型现代化矿井，都是采用了斜井开拓。从井下到地面采用带式输送机连续运输方式，辅助运输无轨化，并逐步向全程无人值守、远程监控过渡。

当采用立井开拓方式时，主井是专门用作提升煤炭的井筒。在大、中型矿井中，提升煤炭的容器多采用箕斗，所以主井又称为箕斗井。副井是用作升降人员、材料、设备和提升矸石的井筒，由于副井采用的提升容器是罐笼，所以副井又称为罐笼井。同一个井筒内安设有箕斗和罐笼两种提升容器时，该井筒称作混合井，它多用于小型矿井和老矿改扩建的延深井。风井主要用作通风，一般又兼作矿井的安全出口，所以井内一般设有梯子间。

立井井筒自上向下可分为井颈、井身和井底三部分，根据需要在井筒适当部位还筑有壁座，如图10-1所示。靠近地表的一段井筒称作井颈，此段内常开有各种孔口。井颈的深度一般为15～20 m，井塔提升时可达20～60 m。井颈部分处在松软表土层或风化岩层内，地压较大，又有地面构筑物和井颈上各种孔洞的影响，其井壁不但需要加厚，而且通常需要配置钢筋。井颈以下至罐笼进出车水平或箕斗装载水平的井筒部分称井身，井身是井筒的主要组成部分。井底车场水平以下部分的井筒称作井底，井底的深度是由提升过卷高度、井底装备要求的高度和井底水窝深度决定的。罐笼井的井底深度一般为10 m左右，箕斗井和混合井的井底深度一般为35～75 m，风井井底深度一般为4～5 m。

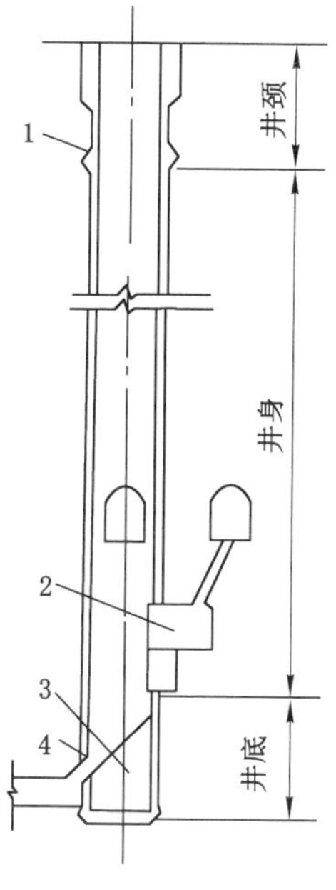

1—壁座；2—箕斗装载硐室；
3—水窝；4—井筒接受仓。
图10-1　主井井筒纵断面图

井筒工程是矿井建设主要连锁工程项目之一。井筒工程量一般占矿井井巷工程量的5%左右，而施工工期却占矿井施工总工期的40%～50%。井筒工程施工速度的快慢，直接影响其他井巷工程、有关地面工程和机电安装工程的施工。因此，加快井筒施工速度是缩短矿井建设总工期的重要环节。

立井井筒施工包括掘进、砌壁和安装三大工序。井筒正式掘进之前，先在井口上方设置井架，在井架顶部安装天轮平台，在井架第一平台标高处安设卸矸平台。同时，掘进井筒上口一段井筒砌筑临时锁口，安设封口盘、固定盘和吊盘；在井口四周安装凿井提升机、凿井绞车、悬吊凿井用的各种施工设备及管线；凿井用的压风机房、通风机房和混凝土搅拌站等辅助生产车间。待一切准备工作完成后，即可进行井筒的正式掘进工作。

10.2　斜井井筒设计与施工

在技术和经济层面上，斜井是开采缓倾斜矿体最有效的开拓方式，具有投资少、施工速度快的特点。本节主要介绍斜井的基本概念及其结构，斜井断面布置形式和断面尺寸，斜井设计的基本步骤，斜井井颈、井身施工方法，以及在斜井中采用的安全管理措施等。

10.2.1　井筒设计

斜井井筒是连接地面工业广场和井下生产系统的通道，是矿井生产的"咽喉"。斜井井筒可以作主井或副井使用，也可以作风井使用，其设计是否合理，对地面工业广场及井下的巷道布置影响很大。因此，正确地选择井筒位置是关系到整个矿井能否满足生产需要的首要问题。斜井井筒位置的确定，主要考虑井筒在地层中的方向和倾角。根据不同的地质和地形条件，斜井井筒可沿煤层、岩层、穿岩方向布置。当岩层倾角与井筒倾角不一致时，可以采用穿层斜井。穿层斜井又有顶板穿层、底板穿层和反斜井之分。

10.2.1.1 斜井结构

斜井井筒自上而下由井颈、井身和井底三部分组成。不同用途的斜井，其井颈结构、井身结构和井底结构都有所不同。

(1) 斜井井颈结构

斜井井颈是指接近地面出口，井壁需要加厚的一段井筒，由筒壁和壁座组成。

在冲积层中的斜井井颈，从井口至稳定岩层之间必须砌碹，并延伸至岩层内至少 5 m，且应有防渗水措施。井颈支护应露出地表以上，直到井口标高，并要高出当地最高洪水水位 1 m 以上。若处于地震地区，还应遵守国家抗震的有关规定。

为了防止可能来自井架或井口附近的各种火灾威胁，在主、副斜井井颈内还应设置金属防火门。副斜井中的人员安全出口、通风道、暖风道(寒冷地区设置)以及敷设压气管、排水管、动力和照明电缆用的沟道，均需设于防火门的下方并与地面接通。同时，还要在斜井井颈周围设置排水沟，以防地面水流入井筒内。在井颈上面建造封闭的走廊和井楼，以使工作人员、机械设备不受风雨雪和寒冷空气的侵袭。

另外，斜井井口的布置随着提升方式的不同而有较大变化。对于采用矿车提升的斜井井口，需要设置调车设备和相应规模的井口停车场、甩车场，并铺设矿车轨道，使矿车可以实现矿料的装载、运输及卸载作业。对于采用带式输送机的斜井井口，往往通过一条胶带机走廊将斜井与选煤厂或地面装车原煤仓连接。对于采用箕斗提升的斜井井口，需要在地面设置卸载架、井口受煤仓及地面运转设备或轨道线路等，因增加了转运环节，故井口地面布置较为复杂。斜风井井口处需要附加设置风硐、人行道(兼作安全出口)及防爆门等。

(2) 斜井井身结构

斜井井身是指井颈以下、井底车场与井筒连接部分以上的这段斜井，是斜井井筒的主干部分。在斜井设计过程中，除了要考虑井筒用途、装备情况等因素，还要对斜井井筒的断面形状、断面布置和支护方式进行选择。斜井井筒的断面形状多为直墙半圆拱形，也有圆弧拱形，个别采用三心拱形断面。当斜井处于松软、破碎且有膨胀性的地层时，其断面形状也可做适当调整，如马蹄形或圆形等封闭形断面。在工程实践中，还要结合井筒的用途、装备以及通风要求等确定断面形状和断面布置。

(3) 斜井井底结构

斜井井底是指井筒与车场水平连接部分或井底装载水平和井底水窝部分。不同类型的斜井的井底结构因提升装备的不同或提升运输方式的改变而有所不同。

普通带式输送机斜井通过卸载硐室、煤仓、装载硐室、搭接硐室(包括机头、机尾连接硐室和机电硐室)、电控硐室、清理井底撒煤硐室以及水窝泵房等硐室，与斜井井筒相连；钢绳芯带式输送机斜井则通过驱动装置硐室、卸载硐室、装载硐室、煤仓、拉紧装置硐室、清理井底撒煤硐室及水窝泵房、钢绳芯带式输送机搭接硐室以及检修硐室等，与斜井井筒相连；钢丝绳牵引带式输送机斜井通过机头硐室(由驱动装置硐室、电器硐室和司机房组成)、卸载硐室、装载硐室、煤仓、拉紧装置硐室、检修绞车硐室、钢丝绳牵引带式输送机人员输送及上下人员平台、钢丝绳牵引带式输送机搭接硐室等，与斜井井筒相连。

采用箕斗提升的斜井，通过装载硐室、煤仓、信号硐室、躲避硐室、清理撒煤硐室和水窝泵房等硐室，在井底车场水平以下与斜井井筒相连。这一组功能相对独立而又以煤仓为纽带、相互关联的硐室，在空间上有多种布置形式。

采用串车提升的斜井，为使矿车从斜井井筒顺利地行进到井底车场水平，需要在斜井井筒与井底车场水平巷道之间设置一组轨道线路运输系统以及井底车场，它是平车场、甩车场和吊桥等方式的车场。

目前备受青睐的无轨胶轮车运输斜井，由于采用胶轮车运输，车辆可以沿斜井直接进入井底车场或巷道水平，不需要如带式输送机斜井、箕斗斜井以及串车斜井那样复杂的硐室系统或车场系统进行过渡，所以无轨胶轮车运输斜井在井底直接通过缓坡或近水平硐室与井底水平巷道相连，结构简单、设备运行线路畅通。

10.2.1.2　斜井断面布置

斜井井筒断面布置是指轨道(或带式输送机)、人行道、水沟、管线等在斜井断面内的相对位置。井筒断面的布置原则，除与平巷相同之外，还要考虑以下几点：① 井筒内提升设备之间以及设备与管路、电缆、水沟、侧壁之间的间隙，必须保证提升的安全，同时还应考虑提升最大设备的可能性；② 有利于生产期间井筒的维修、检修、清扫及人员通行的安全与方便；③ 在提升容器发生掉道或跑车时，不损坏井筒内各种管线或其他设备。

(1) 串车斜井井筒断面布置

串车斜井井筒断面应根据运输设备的类型、井下设备最大尺寸、管路和电缆布置、人行道宽度、操作维修要求以及所需的通风量确定。无论是单线或双线，人行道、管线和水沟的相对位置一般有 4 种布置方式，如图 10-2 所示。

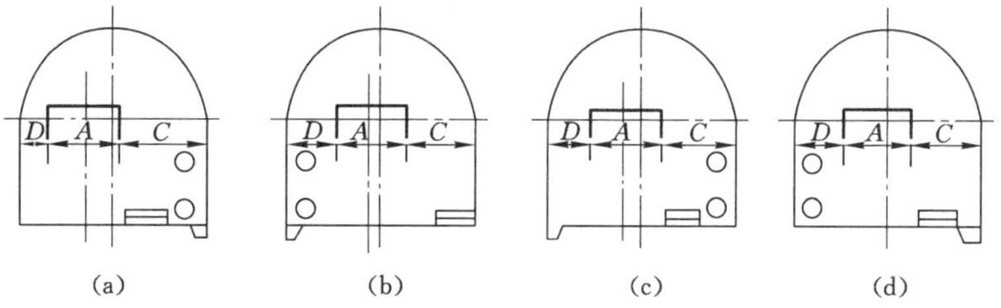

A—运输设备宽度；C—人行道侧宽度；D—非人行道侧宽度。

图 10-2　串车斜井井筒断面布置方式

如图 10-2 中(a)、(b)所示，水沟和管路重叠布置，充分利用了巷道断面。但前者人行道侧的躲避硐室被管路挡住，人员出入不够安全和方便；后者管路靠近轨道，一旦发生矿车掉道或跑车事故时，易被砸坏。如图 10-2 中(c)、(d)所示，将水沟和管路分别布置在井筒两侧，与图 10-2(a)、(b)相比，势必需要加大井筒断面宽度。在实际生产中，考虑到矿井扩大生产和井筒内通过大型采掘和机电设备的可能性以及通风要求(风量大、风阻小)，设计时多将井筒断面尺寸加大。所以，串车斜井井筒断面布置采用这两种布置方式较为适宜。

有些矿井采取钻凿专门钻孔将管路和电缆直接引到井下的做法，在保证管线运行安全的同时，一定程度上减小了斜井的断面面积。串车提升的斜井井筒，升降物料和人员或升降物料兼作安全出口时，风速不得大于 6 m/s；专为升降物料时，风速不得大于 10 m/s。

(2) 箕斗斜井井筒断面布置

箕斗斜井井筒断面的布置应根据运输设备的类型、管路和电缆布置、人行道宽度、操作维修要求以及需要通过的风量确定。箕斗斜井井筒中敷设电缆时，应有可靠的保护措施。

箕斗斜井为出矿通道，一般不设管路(洒水管除外)和电缆，因而井筒断面布置很简单，通常将人行通道与水沟设置于同侧。其断面尺寸主要根据所使用箕斗的规格尺寸(见表10-1)来确定,比串车或带式输送机斜井井筒断面布置更为简单。图10-3所示为华晋吕梁焦煤公司沙曲矿主斜井断面布置。

表10-1 斜井箕斗规格尺寸

序号	容量/m^3	最大装载量/t	外形尺寸 长×宽×高/mm	倾角/(°)	最大牵引力/kN	轨距/mm	轴距/mm	卸载曲轨/mm	箕斗质量/kg
1	1.5	3.19	4 525×1 714×1 280	20	—	900	—	1 600	1 840
2	2.7	4.0	5 070×1 470×1 280	32	39	1 100	2 000	1 296	2 696
3	3.8	4.5	5 160×1 662×1 507	27	44	1 300	2 000	1 496	3 574
4	4.85	6.0	6 880×1 700×1 600	30	61	1 400	1 900	1 600	5 100
5	6.0	10.2	4 350×2 210×1 710	27.5	—	1 710	2 100	—	8 100
6	6.45	6.0	4 930×2 100×2 107	—	98	1 600	2 200	1 940	7 700
7	7.4	8.0	6 253×2 008×2 164	—	127	1 600	2 600	1 840	7 700
8	8.8	12.0	6 220×2 300×2 300	—	—	1 700	3 200	2 100	10 240
9	10.0	14.0	5 800×2 870×2 116	—	137	1 700	4 000	2 430	13 205

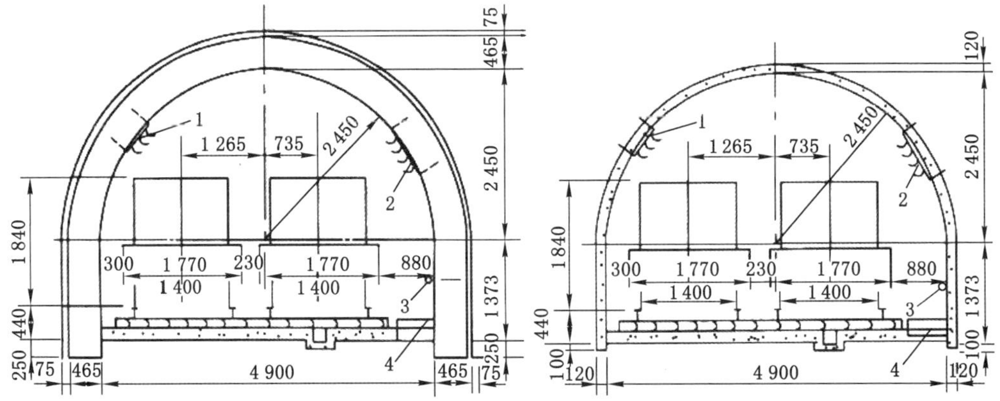

(a) 表土段井筒断面布置　　(b) 基岩段井筒断面布置

1—通信电缆挂钩;2—动力电缆挂钩;3—人行扶手;4—行人台阶。

图10-3 华晋吕梁焦煤公司沙曲矿主斜井断面布置

箕斗提升斜井井筒不应兼作风井。如果兼作风井使用,必须遵守下列规定:① 箕斗提升兼作回风井时,井上、下装卸装置都必须有完善的封闭措施,其漏风率不得超过15%,并要有可靠的降尘措施。② 井筒中的风速不得大于10 m/s;箕斗提升兼作进风井时,井筒中的风速不得超过6 m/s,并应有可靠的降尘措施,保证粉尘浓度符合工业卫生标准。

(3) 带式输送机斜井井筒断面布置

与串车、箕斗运输方式相比,带式输送机运输具有运量大、连续性好、安全可靠等优点,近年来在矿井中的应用日趋广泛。

带式输送机斜井井筒的断面尺寸应根据所选带式输送机的型号、下井设备最大尺寸、管路和电缆布置、人行道宽度、操作维修要求以及所需通过风量综合确定。一般根据所选用的带式输送机、为检修带式输送机和井筒内其他辅助设施而铺设的检修轨道和人行道三者相对位置不同，其断面有多种不同的布置形式。

如图 10-4 所示，实践中常用的是人行台阶位于轨道和带式输送机中间的布置形式。图 10-4(a)适用于井筒倾角不大于 17°的大、中型斜井；图 10-4(b)、(c)适用于长距离、大运量和井筒倾角不大于 17°的大型、特大型矿井。

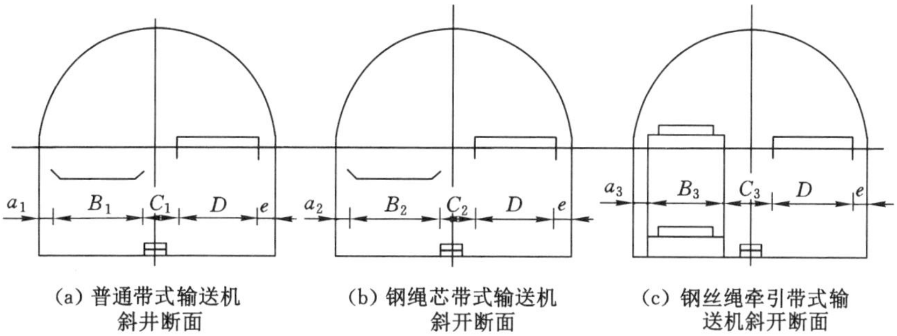

a_1,a_2,a_3—输送机外缘至井壁的距离；B_1,B_2,B_3—输送机宽度

C_1,C_2,C_3—输送机与矿车之间的间距；D—矿车宽度；e—矿车至井壁距离

图 10-4　带式输送机斜井井筒断面布置方式示意图

(4) 无轨胶轮车运输斜井井筒断面布置

随着我国西部浅埋近水平赋存煤炭资源的大力开发，相继建成投产了许多高起点、高技术、高效益、高效率、低成本、开发与环保并重的现代化矿井，如神华集团的榆家梁矿。这些矿井依据煤层的赋存条件，采用斜井(或平硐)开拓，采掘设备装备水平高，全矿井基本实现高度信息化、自动化和数字化管理。辅助运输主要采用无轨胶轮车运输方式，以其运输能力强、运量大、方便、快捷、适应性强的特点，满足了高产高效矿井对辅助运输工作的要求，确保了矿井安全生产目标的实现。

无轨胶轮车运输斜井主要担负矿井的辅助运输任务，包括人员上下、采掘所需各种工程材料(如锚杆、砂石、水泥)以及采掘机具的运输，包括采掘机具由地面运输到井下工作面，以及采掘设备在井下的搬运；除此以外，另一项任务就是巷道掘进矸石的运输。为了确保各种辅助运输工作的顺利完成，无轨胶轮车运输斜井的建设应满足以下要求：

① 无轨胶轮车运输斜井的倾角不超过 12°。陕北多个现代化矿井无轨胶轮车运输斜井的倾角一般在 5°～6°，以保证无轨胶轮车运输大型设备时，不致出现爬坡困难、打滑等不正常情况，确保运输安全。当斜井倾角大于 8.5°时，连续纵坡长度一般不超过 500 m；当斜井倾角为 5.7°～8.5°时，连续纵坡长度不超过 700～800 m。如果斜井倾角超过上述值，则应设缓坡，缓坡段坡度一般不小于 1.7°～3.4°，长度以 50 m 为宜。同时，斜井的横向坡度应与行车速度、转弯半径、路面状况相适应，并尽量使弯道处外轮侧的底板高于内侧，以保持车辆行进的稳定性。

② 无轨胶轮车运输斜井中敷设管路和电缆时，必须将管路和电缆挂设在高于运输设备的井筒上部或人行道一侧，其吊挂高度一般不低于 2.0 m 并紧靠井帮。

③ 井筒与井下巷道交叉处，避免垂直贯通，尽量增大曲率半径，以利车辆转弯。

④ 无轨胶轮车运输斜井车流量大、路面负荷高、服务年限长，应采用 300 mm 厚 C30 混凝土硬化底板。

⑤ 与其他运输方式的斜井井筒断面布置相比，无轨胶轮车运输斜井井筒断面布置简单，考虑的重点是胶轮车的安全、高效运行，并在满足通风要求的条件下尽可能地减小井筒设计断面，所以无轨胶轮车运输斜井主要采用单向运行。根据斜井长度及布置情况，合理设置错车场(或错车硐室)，以便车辆会车或掉头，提高井筒的通过能力。

神华宁煤集团梅花井煤矿 2 号副斜井，是亚洲最长的无轨胶轮车运输斜井，井筒斜长为 5 621 m，平均倾角为 5.5°～7°，设计净断面面积为 18.9 m^2；斜井宽为 5.2 m、高为 4.2 m，运行的无轨胶轮车宽度为 3.5 m，车辆在井筒内单向运行。为提高井筒的通过能力和运输安全，井筒内设置错车硐室 39 个，躲避硐室 79 个，紧急避险硐室 7 个。无轨胶轮车辅助运输主要担负工作面大型设备的运送，井下工作人员及物料的运送，喷浆材料和地坪材料的运送，以及部分排矸任务等。

无轨胶轮车运输作为当今煤矿最先进的辅助运输方式，以其运速快、能力大、效率高、成本低、转运灵活、可实现连续运输等特点备受青睐，并在我国许多高产高效矿井得到了广泛应用，也成为新建矿井的首选和煤矿辅助运输的发展方向。

10.2.1.3　斜井断面尺寸

斜井断面尺寸主要根据井筒提升设备、管路和水沟的布置，以及通风等需要来确定。

(1) 非人行道侧提升设备与支架之间的间隙应不小于 300 mm，如将水沟和管路设在非人行道侧，其宽度还要相应增加。

(2) 双钩串车提升时，两设备之间的间隙不应小于 300 mm。

(3) 人行道的宽度不小于 1 000 mm，同时应修筑躲避硐室。如果管路设在人行道侧，则要相应增大其宽度。

(4) 无轨运输的斜井兼作主要行人时，人行道的有效宽度不小于 1.2 m，人行道的有效高度不小于 1.9 m，车道与人行道之间应设置坚固的隔离设施；未设隔离设施的，提升时不应有人员通行。

(5) 在设人车的斜井井筒中，上、下人车停车处应设置站台，站台宽度不小于 1.0 m，长度不小于一组人车总长的 1.5～2.5 倍。

(6) 提升设备的宽度，应按设备最大宽度考虑，设人车的井筒，应按人车宽度决定。

在斜井井筒断面布置形式及上述尺寸确定后，就可以按平巷断面尺寸确定的方法来确定斜井断面尺寸。

10.2.2　井筒施工

斜井井筒是倾斜巷道，其施工方法，当倾角较小时与平巷掘砌基本相同，倾角在 45°以上时又与竖井掘砌相类似。

10.2.2.1　斜井井颈施工

斜井井颈由加厚井壁与壁座组成，如图 10-5 所示。

在表土(冲积层)中的斜井井颈，从井口至基岩层内 3～5 m 应采用耐火材料支护并露出地面，井口标高应高出当地最高洪水水位 1.0 m 以上。井颈内应设坚固的金属防火门或防爆门以及人员的安全出口通道。通常安全出口通道也兼作管路、电缆、通风或暖风道。在井口周围应修筑排水沟，防止地面水流入井筒。为了使工作人员、机械设备不受气候影响，

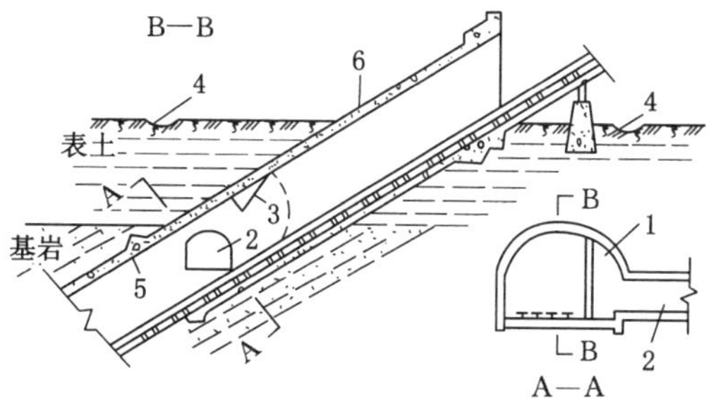

1—人行间；2—安全通道；3—防火门；4—排水沟；5—壁座；6—井壁。

图 10-5 斜井井颈结构

在井颈上可建井棚、走廊和井楼。通常井口建筑物与构筑物的基础不要与井颈相连。

10.2.2.2 斜井基岩施工

斜井基岩施工方法及施工工艺流程基本与平巷相同，但由于斜井具有一定的倾角，因此就具有某些特点，如选择装岩机时，必须适应斜井的倾角；采用轨道运输时，必须设有提升设备，以及提升设备运行过程中的防止跑车安全设施；倾斜向下掘进使工作面常常积水，必须设有排水设备等。此外，当斜井(或下山)的倾角大于45°时，其施工方法与竖井施工方法相类似。

斜井施工中装岩工序约占掘进循环时间的60%～70%。如果要提高斜井掘进速度，装载机械化势在必行。推广使用耙斗装岩机，是迅速实现斜井施工机械化的有效途径。耙斗装岩机在工作面的布置如图10-6所示。

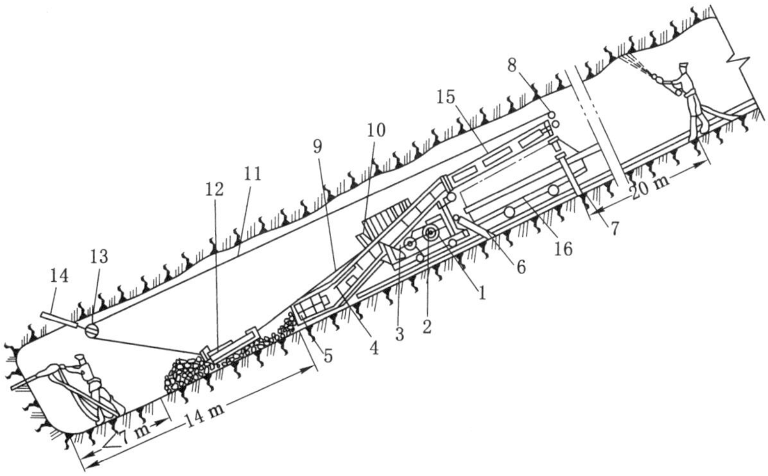

1—绞车绳筒；2—大轴轴承；3—操纵连杆；4—升降丝杆；5—进矸导向门；
6—大卡道器；7—托梁支撑；8—后导绳轮；9—主绳(重载)；10—照明灯；
11—副绳(轻载)；12—耙斗；13—导向轮；14—铁楔；15—溜槽；16—箕斗。

图 10-6 耙斗装岩机在斜井工作面布置示意图

我国煤矿斜井施工通常只布置一台耙斗装岩机。当井筒断面很大，掘进宽度超过4 m时，可采用两台耙斗装岩机，其簸箕口应前后错开布置。耙斗装岩机具有装岩效率高、结构简单、加工制造容易、便于维修等优点;但它仍有许多缺点,需进一步完善和提高。

10.2.2.3　提升和排矸

我国煤矿斜井施工的提升设备主要是矿车和箕斗。箕斗提升装卸简便,提升联结装置安全可靠,特别是大容积箕斗,能有效增大提升量、加快掘进速度。

按提升方式不同箕斗提升可以分为单钩、双钩和两套单钩提升,选择时应与斜井断面净宽、耙斗装岩机相配合。为保证箕斗提升运行安全和快速卸载,应注意轨道铺设质量,大容积箕斗应选用宽轨距和重型轨道,并使用工作电视监视箕斗卸载。

由于提升矸石的不均匀性和排矸运输的不连续性,需要有一定容积的矸石仓以便矸石转运,确保井下掘进工作不间断。矸石仓容积常用的有 10 m^3、24 m^3、40 m^3。

10.2.2.4　斜井支护

目前我国斜井支护以锚喷支护为主,料石砌碹和现浇混凝土支护仍有使用。喷浆机械化作业线主要由砂石筛洗机、输送机、储料(砂、石、水泥)罐、搅拌机和机械手等组成,砂石筛洗机、输送机、储料罐和计量器设在地面,搅拌机设在井口附近或邻近硐室内,喷射机在井下随支护工作面移动。为了提高掘进速度,可将喷射机、搅拌机设在斜井地面井口附近或邻近硐室内,实行远距离管路输送喷射混凝土。

由于斜井维护时间长,锚杆支护以树脂药卷锚固的高强度螺纹钢锚杆为主。而料石砌碹或现浇混凝土支护未形成机械化作业线,支护材料运输占用提升时间,而且架设碹胎、模板和支护材料装卸及支护的劳动强度大、工作效率低。现浇混凝土支护具有整体性强、防水性好等优点,其发展方向是泵送混凝土配合滑动模板。

10.2.2.5　施工排水

斜井掘进时,工作面在下方,当井筒中有涌水时,多集中到工作面。工作面积水就会严重影响凿岩爆破和装岩工作,使井筒的掘进速度显著下降。因此,必须针对水的来源和大小,采取不同的治理措施。

(1) 避:井筒位置的选择要尽可能避开含水层。

(2) 防:为了防止地表水流入或渗入井筒,设计时必须使井口标高高于最大洪水水位,并在井口周围挖掘环形排水沟,及时排水。

(3) 堵:在过含水层时,可以采取工作面预注浆封堵涌水;若发现已砌井壁渗水,可以采用壁后注浆封堵涌水。

(4) 截:当剩余水量沿顶板或两帮流下时,应在底板每隔 10～15 m 挖一道横向水沟,将水截住,引入纵向水沟中,汇集井底排出。

(5) 排:工作面的积水需要根据水量的大小采取不同的排水方式。

10.3　大断面、长距离缓坡斜井施工案例

国内缓坡副斜井的巷道净宽一般在 5.4 m 左右,井筒中均设有用于无轨胶轮车会让的硐室,当 2 辆车相遇时,第 1 辆车先进入会让硐室躲避等待,第 2 辆车直接通过,等第 2 辆车通过后,第 1 辆车再从会让硐室中出来,继续行驶。这种运行模式最大的缺点就是当辅助运输量较大时,会让车辆频繁躲避,运输效率不高,以及由于车辆频繁的起步、停车造成油耗增加,车辆磨损较大,同时,频繁的起步、停车排放的尾气烟尘较大,井筒空气质量下降。

经过调研考察发现：在煤层和地质条件适宜采用无轨胶轮车缓坡副斜井开拓的现代化大型矿井中，由于辅助运输量大，缓坡副斜井井筒断面成为影响辅助运输能力和效率提高的瓶颈，因此，大断面、长距离缓坡副斜井将是提高矿井辅助运输能力和效率的有效途径。下面以已投入运行的大佛寺二号副斜井和正在施工建设的斜沟二号副斜井为例，阐述大断面、长距离缓坡副斜井带来的效益。

10.3.1　大佛寺二号副斜井

陕西省彬州市大佛寺矿井二号副斜井井筒倾角 5.5°，断面净宽 6.0 m，井筒长度 2 833 m，是目前国内运行的断面最宽、距离较长的缓坡副斜井，自竣工验收投入使用以来，取得了良好的企业效益和社会效益。

大佛寺矿井位于陕西彬长矿区南部，地处彬州市、长武县接壤地带，全井田东西长 16.2 km，南北宽 5.7～7.8 km，井田面积 104.17 km^2，设计生产能力 3.0 Mt/a，已经建成投产，目前正在进行 8.0 Mt/a 技术改造。

大佛寺矿井的地层由老至新为：三叠系上统胡家村组，侏罗系下统富县组、中下统延安组、中统直罗组和安定组，白垩系下统宜君组、洛河组、华池环河组，新近系上、中新统小章沟组，第四系更新统及全新统。井田内地下水丰富，以基岩承压水为主。白垩系含水层是该区域的主要含水层。白垩系宜君-洛河含水岩组储水砂岩碎屑成分以石英和长石含量高、岩屑含量低为特征，钙质、铁泥质胶结，但胶结一般较弱、结构疏松，含水层介质具有孔隙-微裂隙特征。储水岩石主要为中粗粒、中细粒长石石英砂岩、长石砂岩、岩屑长石砂岩。该组储水砂岩厚度较大，总体上呈厚层或巨厚层稳定分布，可作为一套均质性强的区域性含水岩组。

矿井采用斜井单水平开拓，开凿 2 条斜井和 1 条立井，其中 1 条主斜井、1 条副斜井和 1 条回风立井。主、副斜井井口均布置在矿井工业场地中，井口高程为＋861.6 m 和＋861.2 m，开采水平高程为＋640 m。主斜井倾角 14°，斜长 916 m，副斜井倾角 20°，斜长 647 m；回风井为立井，井口标高为＋1 024.3 m，深度为 385 m。井下通风方式为抽出式，采用中央分列式通风系统。

目前矿井改扩建已基本完成，在原矿井工业场地新建二号副斜井，为无轨胶轮车运输井筒，担负矿井的设备、材料、人员运输并兼作进风井及安全出口。二号副斜井倾角 5.5°，井筒长度 2 833 m，井筒断面为直墙半圆拱形，净宽 6 000 mm，净高 4 300 mm，净断面面积 21.9 m^2。在原风井场地新建西坡二号回风立井，井口标高为＋1 024.0 m，井底标高为＋653.0 m，井筒直径 7.0 m，净断面面积 38.5 m^2，井筒深度 371 m。大佛寺矿井原来依靠轨道斜井作为辅助提升，提升能力紧张，提升效率较低，严重制约了井下无轨胶轮车的运输效率，难以满足 3.0 Mt/a 能力的辅助提升。二号副斜井的建成，极大地缓解了矿井辅助提升的压力，为矿井 8.0 Mt/a 技术改造提供了广阔的空间，充分发挥了无轨胶轮车连续、快速运输的显著优势，经过生产运行，效果良好，实现了矿井的高产高效。

10.3.2　斜沟二号副斜井

山西西山能源有限责任公司斜沟二号副斜井井筒倾角 5.516°，断面净宽 6.2 m，净断面面积 24.4 m^2，井筒长度 2 798 m，是目前国内在建的断面最宽、距离较长的缓坡副斜井。

斜沟井田位于山西省兴县县城以北直距 20 km 处岚漪河两侧，井田东西宽 3.0～4.4 km，南北长 22 km，面积约 88.64 km^2。设计生产能力 15.0 Mt/a，已经建成投产。

斜沟井田内构造简单，总体上为一走向近南北、倾向西的单斜构造，地层倾角小于15°，一般为9°～12°。井田内没有岩浆岩侵入，地表和钻探过程中也未发现断裂构造和陷落柱，仅在井田东南部发现有宽缓状小褶曲，地表常见滑坡现象。地表大部分被新近系上新统和第四系更新统、全新统所覆盖。基岩仅在沟谷中出露，自东向西（包括勘探区东部外围的部分）依次出露奥陶系中统峰峰组，石炭系上统本溪组、太原组，二叠系船山统山西组、下石盒子组及乐平统上石盒子组、石千峰组，以及三叠系下统刘家沟组。

斜沟煤矿采用斜井开拓方式。矿井初期形成6条井筒，其中一、二号主斜井井口布置在石吉塔沟内400 m处的坡地上，井口标高+980.0 m。一号主斜井掘进至8号煤层+660 m标高，倾角15°，斜长1 236 m，铺设带式输送机，通过煤仓与11采区带式输送机上山及8号煤带式输送机大巷相接。二号主斜井掘进至13号煤层+585 m标高，倾角17°，斜长1 351 m，铺设带式输送机，通过煤仓与21采区带式输送机上山及13号煤带式输送机大巷相接。副斜井井口及辅助生产系统布置在石吉塔沟沟口东侧，井口标高+945.0 m，以斜井的方式掘进至8号煤层+763 m标高。一号副斜井倾角为5.5°，断面净宽为5.4 m，净断面面积为20.1 m^2，斜长为2 011 m；二号副斜井倾角为5.516°，断面净宽为6.2 m，净断面面积为24.4 m^2，斜长2 798 m，利用无轨胶轮车担负辅助运输。矿井采用分区式通风系统，一号回风斜井布置在石吉塔沟深部主斜井南侧550 m附近坡地上，倾角为25°，斜长653 m；在其东侧约150 m处的台阶上布置有二号回风立井，井口标高+1 013 m，垂深368 m。

斜沟煤矿原来设计了1条缓坡副斜井（即一号副斜井），倾角5.5°，断面净宽5.4 m，净断面面积20.1 m^2，斜长2 011 m，井筒中设会让硐室。由于矿井规模大，井下辅助运输量大，一号副斜井辅助运输能力难以满足矿井的要求，因此，在一号副斜井东侧新开凿二号副斜井。二号副斜井倾角5.5°～6°，断面净宽6.2 m，净断面面积24.4 m^2，斜长2 798 m。两条缓坡副斜井同时运行，形成"一进一出"模式，副斜井的效率大大提高，矿井辅助提升能力也极大地提高，充分发挥出无轨胶轮车连续、快速运输的显著优势，实现了矿井的高产高效。

10.4 立井井筒设计与施工

立井井筒是矿井通达地面的主要进出口，是矿井生产期间提升煤炭（或矸石）、升降人员、运送材料设备以及通风和排水的咽喉工程。本节主要介绍立井井筒的结构、井筒断面布置形式、井筒断面尺寸确定以及井筒施工方法。

10.4.1 井筒设计

立井井筒设计主要包括立井井筒的结构、断面布置形式、断面尺寸等。

10.4.1.1 立井井筒结构

立井井筒自上而下由井颈、井身、井窝三部分组成，如图10-7所示。

井颈是井筒上端直接通达地表且井壁需加厚的部分。这是由于该段井筒处于松软表土层或风化岩层内，井口附近的构筑物对该段井壁产生附加压力，并且井颈部分留有各种孔洞，如梯子间出口、暖风道和风道口等，也会降低井颈的承载能力，因此，井颈最上端壁厚往往可达1.0～1.5 m，然后呈倒台阶式逐渐减薄。井颈深度一般为20～30 m，井塔提升时可达20～60 m。井颈形式主要取决于井筒断面形状及用途、井口构筑物传递给井颈的垂直载荷、井颈穿过地层的稳定性情况和物理力学性质、井颈支护材料及施工方法等因素。

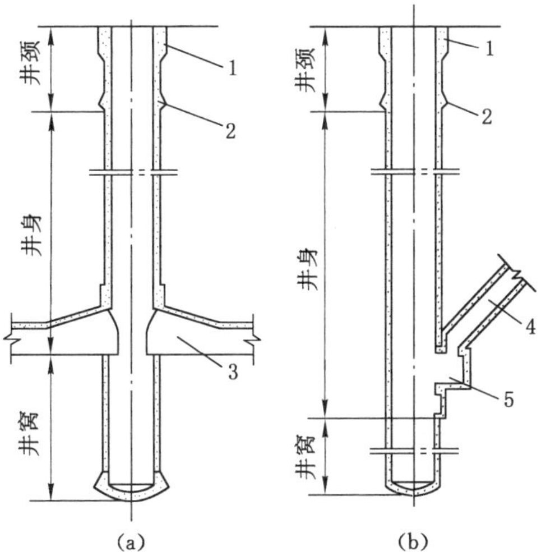

1—井壁；2—壁座；3—马头门；4—煤仓；5—箕斗装载硐室。

图 10-7　立井井筒纵断面图

井身是井颈以下至罐笼进出车水平或箕斗装载水平的井筒部分，井身是井筒的主干部分，所占井深的比例最大。

井窝是井底车场罐笼进出车水平或箕斗装载水平以下的井筒部分，其深度主要根据井筒用途、提升容器和罐道的类型、提升过卷高度、井筒装备布置上的要求、井筒淋水的大小、清理方式以及延深方式等确定。一般罐笼井井窝深 10 m 左右，箕斗井井窝深 35～75 m，风井井窝深 4～5 m。

井颈、井身、井窝三部分长度的总和就是井筒的全深。

10.4.1.2　立井断面布置

立井井筒断面形状有圆形和矩形，我国煤矿一般都采用圆形断面。圆形断面井筒具有承受地压性能好、通风阻力小、服务年限长、维护费用少以及便于施工等优点，但其断面利用率较低。

根据立井井筒的用途、提升容器和井筒装备的不同，井筒断面布置可有多种不同形式，如图 10-8 所示。图 10-8(a)为传统的主井布置形式，井筒内布置一对箕斗，钢轨罐道采用两侧布置，罐梁用树脂锚杆固定在井壁上，罐道固定在罐梁上；图 10-8(b)为副井的一种布置形式，井筒内布置一对罐笼，罐道采用两侧布置，罐梁埋入井壁内，木罐道固定在罐梁上，井筒内还布置有梯子间和管路电缆间；图 10-8(c)为传统的主井“山”形布置，钢轨罐道两侧布置；图 10-8(d)为目前常用的主井断面布置，使用矩形截面罐道，罐梁利用树脂锚杆固定；图 10-8(e)和图 10-8(f)为目前副井的布置形式，井筒内布置有 2～3 个罐笼加平衡锤，以及梯子间和管路电缆间；图 10-8(g)是主井多箕斗布置形式，采用装配式组合桁架固定罐道；图 10-8(h)和图 10-8(i)是采用钢丝绳罐道的布置形式，其中图 10-8(i)为混合井的一种布置形式，在同一个井筒内布置一对箕斗和一对罐笼，并采用钢丝绳罐道。

10.4.1.3　立井断面尺寸

立井井筒断面尺寸包括净断面尺寸和掘进断面尺寸。净断面尺寸主要根据提升容器的

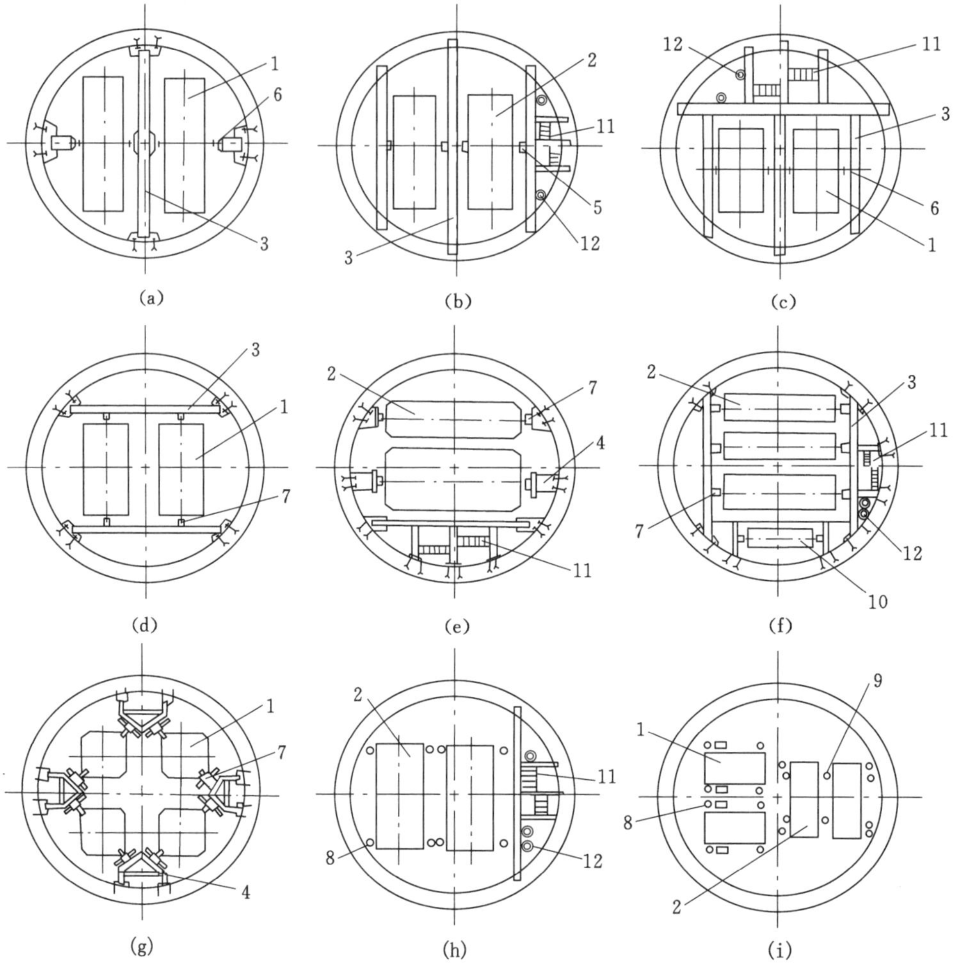

1—箕斗；2—罐笼；3—罐梁；4—托架；5—木罐道；6—钢轨罐道；7—矩形罐道；
8—钢丝绳罐道；9—防撞绳罐道；10—平衡锤；11—梯子间；12—管路电缆间。

图 10-8 立井井筒断面布置形式

规格和数量、井筒装备的类型和尺寸、井筒布置形式以及各种安全间隙来确定，最后通过井筒的风速来校核。掘进断面尺寸根据净断面尺寸和支护厚度来确定。

(1) 井筒净断面尺寸

井筒净断面尺寸主要是净直径，主要根据井筒内所布置的各种设备、设施的规格，再考虑各种安全间隙要求来确定，其步骤如下：

① 根据井筒用途和所采用的提升容器，选择井筒装备的类型，确定井筒断面布置形式。

② 根据所选用的井筒装备类型，初步选定罐梁规格和罐道规格。

③ 根据提升间、梯子间、管路电缆的布置与尺寸以及《煤矿安全规程》规定的安全间隙，用图解法或解析法求出井筒净直径的近似值，然后按《煤炭工业设计规范》的规定，当井筒净直径小于 6.5 m 时，以 0.5 m 进级确定井筒净直径；当井筒净直径大于 6.5 m 时，一般以 0.2 m进级确定井筒净直径。

④ 根据初步确定的井筒净直径，验算罐梁和罐道。

⑤ 根据验算结果进行必要的调整，重新作图核算各处的安全间隙。当各处安全间隙都满足要求时，井筒净直径就基本确定。《煤矿安全规程》规定的最小间隙见表10-2。

表10-2　立井提升容器以及提升容器最突出部分和井壁、罐梁、井梁之间的最小缝隙

罐道和梁布置		间隙类别				备注
		容器和容器之间/mm	容器和井壁之间/mm	容器和罐梁之间/mm	容器和井梁之间/mm	
罐道布置在容器一侧		200	150	40	150	罐耳和罐道卡子间隙为20 mm
罐道布置在容器两侧	木罐道	—	200	50	200	有卸载滑轮的容器，滑轮和罐梁间隙增加25 mm
	钢罐道		150	40	150	
罐道布置在容器正面	木罐道	200	200	50	200	
	钢罐道	200	150	40	150	
钢丝绳罐道		500	350	—	350	设防撞绳时，容器之间最小间隙为200 mm

(2) 通风校核

根据提升容器和井筒装备尺寸确定的井筒净直径，还必须进行通风速度校核。《煤矿安全规程》规定：升降人员和物料井筒的运行速度应小于最大运行速度 $v_{max}=8$ m/s；专为升降物料井筒的运行速度应小于最大运行速度 $v_{max}=12$ m/s。

要求井筒内的风速不大于允许的最高风速，即

$$v=\frac{Q}{S_0}\leqslant v_{max} \tag{10-1}$$

式中　Q——井筒内要求通过的风量，m^3/s；

v——井筒内实际风速，m/s；

S_0——井筒通风有效断面面积，井内设有梯子间时 $S_0=S-A$，不设梯子间时 $S_0=0.9S$，m^2；

S——井筒净断面面积，m^2；

A——梯子间等的面积，A 可取 2.0 m^2。

如果 $v>v_{max}$，则应按通风要求加大井筒净直径，使其满足通风要求。

(3) 井筒掘进断面尺寸

立井井筒永久支护的设计，首先应确定井壁结构，然后通过计算或采用与经验数据相结合的方法确定井壁的厚度。目前，常用的井壁结构包括砌块井壁、整体浇筑式井壁、锚喷井壁、装配式井壁和复合井壁。井筒基岩段采用现浇混凝土、混凝土预制块和料石井壁时，其厚度可按表10-3提供的经验数值确定；采用锚喷支护时，受多种条件的限制，不能用于布置有提升设备的井筒和涌水量较大及围岩不稳定的条件，主要用于施工时的临时支护。

表 10-3 井筒基岩段井壁厚度试验数据

井筒净直径/m	井壁厚度/mm				壁后充填厚度/mm
	现浇混凝土	料石	混凝土预制块	缸砖	
3.0～4.5	300	300～350	400	425	料石、混凝土预制块、缸砖井壁壁后充填厚度为100 mm
4.5～5.0	300～350	350～400	400	475	
5.0～6.0	350～400	400～450	500	515	
6.0～7.0	400～450	450～500	500	550	
7.0～8.0	450～500	500	600	600	
8.0～10.0	500～600				

10.4.2 井筒施工

10.4.2.1 立井表土施工

立井井筒表土段施工方法是由表土层的地质及水文地质条件决定的。立井井筒穿过的表土层，按其掘砌施工的难易程度分为稳定表土层和不稳定表土层。稳定表土层就是在井筒掘砌施工中井帮易于维护，用普通方法施工能够通过的表土层，包括非饱和水的黏土层、含少量水的砂质黏土层、无水的大孔隙土层和含水量不大的砾(卵)石层等。不稳定表土层就是在井筒掘砌施工中井帮很难维护，用普通方法施工不能通过的表土层，包括含水砂土、淤泥层、饱和水的黏土、浸水的大孔隙土层、膨胀土和华东地区的红色黏土层等。

表土层并非单一土层，往往是不同性质土层的互层，施工中主要应考虑其中不稳定土层的施工方法和措施，因为这类土层将严重影响施工安全和施工速度。

根据表土层的性质及所采用的施工措施，井筒表土施工方法可分为普通施工法和特殊施工法两大类。对于稳定表土层一般采用普通施工法，而对于不稳定表土层可采用特殊施工法或普通与特殊相结合的综合施工方法。

(1) 沉井法

沉井法施工的实质是先支井壁再掘进。采用此法施工能有效防止井筒片帮，保证井筒施工顺利穿过不稳定表土段。

沉井用井壁是分段预制、可以对接成一个整体的钢筋混凝土圆管(内径等于井筒净直径)，在管壁内预留 6～8 个沿周向均匀分布的轴向通孔用于预埋注浆管。井壁是在地面逐段安装的，安装好的井壁随井筒掘进而下沉，每沉入一段井壁后在其上端对接安装上另一段井壁，直到全部井壁沉入井筒内。最先安装的一段井壁的下端带有刃脚，刃脚在竖向力作用下能插入土体，使井壁与土体保持竖向静力平衡。当井壁内侧土体松动并取出后，土体对井壁的支撑力减小，井壁整体下沉，刃脚插入更深位置的土体，建立新的平衡。

仅利用井壁自重克服井壁下沉时的阻力(包括井帮作用于井壁上的摩擦阻力和井壁刃脚下土体作用于刃脚的端头阻力)使井壁下沉的沉井方法称为普通沉井法。该法施工设备和工艺简单，但由于受井壁与井帮摩擦阻力的影响，一般情况下只能下沉 20～30 m。在不稳定表土层厚度不超过 30 m 时，可采用普通沉井法。普通沉井法的施工过程为：随掘进、井壁随下沉、随在地面接长井壁，边施工边进行测量与纠偏，沉井结束后进行壁后注浆。其中掘进与在稳定表土层中施工相同，其他与淹水沉井法相同。

在表土层厚度较大时,通常采用淹水沉井法。其中泥浆护壁淹水沉井法具有较大的优越性,在国内外使用都比较成功。

(2) 冻结法

冻结法凿井就是在井筒掘进之前,在井筒周围钻冻结孔,用人工制冷的方法将井筒周围的不稳定表土层和风化岩层冻结成一个封闭的冻结圈(见图 10-9),以防止水或流沙涌入井筒并抵抗地压,然后在冻结圈的保护下掘砌井筒。待掘砌到预计的深度后,停止冻结,进行拔管或充填工作。井筒的冻结深度,应根据地层埋藏条件确定,并应深入稳定的不透水基岩 10 m 以上;基岩下部涌水量大于 30 m^3/h 时,应延长冻结深度至含水层底部 10 m 以上。

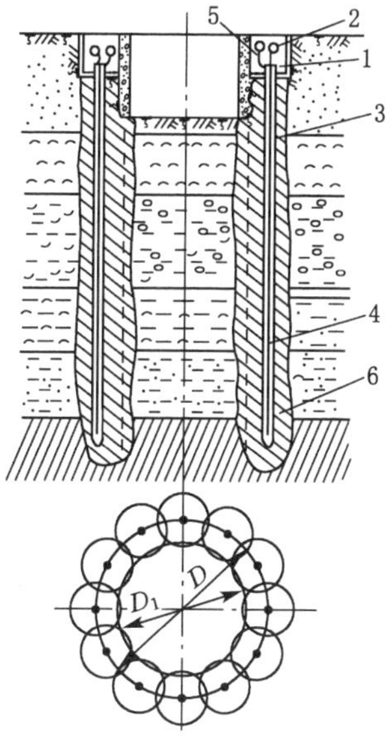

1—冷冻沟槽;2—配液管;3—冻结管;4—供液管;5—回液管;6—冻结圈。

图 10-9 冻结法凿井示意图

冻结法凿井的主要工艺过程有冻结孔钻进和冻结站安装、井筒冻结(积极冻结)、井筒掘砌和套内层井壁(消极冻结)等主要工作。

(3) 钻井法

钻井法是以钻头刀具破碎岩土,用泥浆洗井排矸和护壁,在井筒钻至设计直径和深度后,再进行永久支护的一种机械化凿井方式。按照钻进破岩的方式不同,可分为全断面、多次扩孔和取芯钻进等。我国煤矿一般采用转盘式钻井机分次扩孔方法。钻井法主要工艺过程为:井筒钻进,地面预制井壁,泥浆洗井护壁,冷却钻头,下沉预制井壁,壁后注浆固井等。

10.4.2.2 立井基岩施工

立井基岩施工是指在表土层或风化岩层以下的井筒施工,目前以采用钻眼爆破法为主。钻眼爆破法施工的主要工序包括工作面钻眼爆破工作、装岩与提升工作、井筒支护工作以及通风、排水、测量等辅助工作。

在立井基岩掘进中,钻眼爆破工作有 7 项主要工序,占整个掘进循环时间的 20%~30%。为提高爆破效果,应根据岩层的具体条件,正确选择钻眼设备和爆破器材,合理确定爆破参数,以及采用先进的爆破技术。

10.4.2.3 立井提升和排矸

(1) 立井提升

在立井施工中,装岩提升是最费工时的工作,占整个掘进工作循环时间的 50%~60%,是决定立井施工速度的关键工作。

井筒施工时提升工作的主要任务是及时排除井筒工作面的矸石、下放器材和设备以及升降作业人员,一般要求保证提升能力大于装岩能力。提升系统一般由提升容器、钩头联结装置、提升钢丝绳、天轮、提升机以及提升所必需的导向稳绳和滑架组成。

根据井筒断面的大小,可以设 1~2 套单钩提升或一套单钩和一套双钩提升,如图 10-10 所示。图 10-10(a)为单滚筒提升机单钩提升,适用于井筒净直径小于 5.0 m 的井筒;图 10-10(b)为双滚筒提升机单钩提升,适用于井筒净直径小于 5.0 m,且二期工程需要临时改装的井筒;图 10-10(c)为双滚筒提升机双钩提升,适用于井筒净直径大于 5.5 m 的井筒;图 10-10(d)为一台单滚筒提升机和一台双滚筒提升机均单钩提升,适用于井筒净直径大于6.0 m,且二期工程需要临时改装的井筒;图 10-10(e)为一台单滚筒提升机单钩提升和一台双滚筒提升机均双钩提升,适用于井筒净直径大于 7.5 m 的井筒。

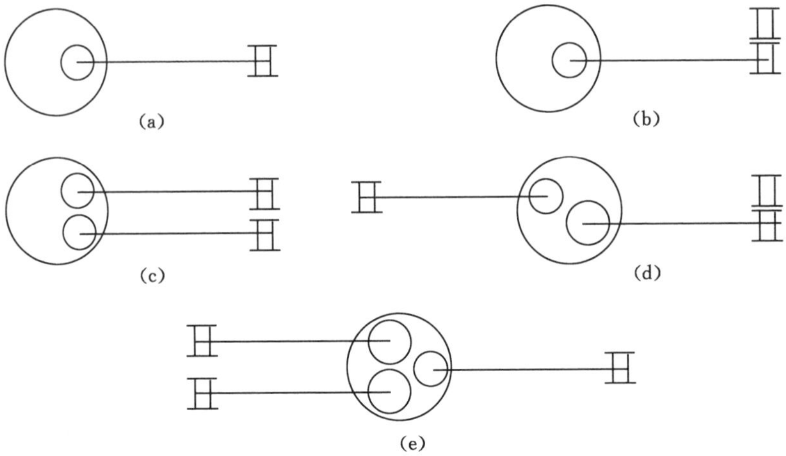

图 10-10 井筒提升方式示意图

井筒提升辅助设施包括提升天轮及提升容器运行的导向稳绳、稳绳天轮、稳绳悬吊绞车等。井筒提升系统必须保证提升能力大于井下抓岩机的工作能力,以充分发挥抓岩机的工作性能,为加快井筒的掘进速度打好基础。

(2) 立井排矸

立井井筒在掘进时,井下矸石通过吊桶提升到地面井架翻矸台后,通过翻矸装置将矸石卸出,矸石通过溜矸槽或矸石仓卸入汽车或矿车,然后运往排矸场地。

井筒施工的地面排矸方法一般采用汽车排矸或矿车排矸。汽车排矸机动灵活、排矸能力大、速度快,在井筒施工初期多采用这种方式,矸石可运往工业广场用于平整场地。矿车排矸简单、方便,主要用于井筒施工的后期,矸石可利用自卸式矿车直接运往临时矸石山。

近年来,随着我国立井施工机械化程度的提高,装岩提升能力增大,要求地面排矸必须加快速度。将矸石直接卸到井架外地面上,利用装载机进行二次装载,汽车排矸,已成为目前各立井施工的主要排矸方法。

10.4.2.4 立井支护

井筒向下掘进一定深度后,应及时进行井筒的支护工作,以支承地压、固定井筒装备、封堵涌水以及防止岩石风化破坏等。根据岩石的条件和井筒掘砌的方法,可以掘进1~2 个循环即进行永久支护工作,也可以往下掘进一定的深度后再进行永久支护工作,这时为保证掘进工作的安全,必须及时进行临时支护。

(1) 临时支护

采用普通法凿井时,永久支护或临时支护到工作面的距离不得大于 2 m;采用伞钻打眼时,其间距不得大于 4 m,但必须制订防止片帮的措施。在这个范围内,因围岩暴露高度不大,暴露时间不长,在进行永久支护之前不会片帮,这时可不采用临时支护。

一般情况下，为了确保工作面安全都需要进行临时支护。长期以来，井筒掘进的临时支护都是采用井圈背板。这种临时支护在通过不稳定岩层或表土层时是行之有效的，但它材料消耗量大、拆装费工费时。在井筒基岩段施工时，采用锚喷支护作为临时支护具有很大的优越性，它克服了井圈背板临时支护的缺点，现已被广泛采用。

(2) 永久支护

立井井筒永久支护是井筒施工中的一个重要工序。根据所用材料不同，井筒永久支护有料石井壁、混凝土井壁、钢筋混凝土井壁和锚喷支护井壁，目前多采用整体式混凝土井壁。浇筑井壁的混凝土，其配合比和强度必须进行试验检查。在地面混凝土搅拌站搅拌好的混凝土，经输送管或吊桶输送到井下浇筑到模板内。

10.4.2.5　立井施工排水

井筒施工中，井内一般都有较大涌水，它不仅影响施工速度、工程质量和劳动效率，严重时还会给施工人员带来灾害性的危害。因此，必须采取有效措施综合处理井筒涌水。施工规范规定，立井井筒施工，当通过涌水量大于 10 m^3/h 的含水岩层时，应采取注浆堵水等治水措施。除此之外，立井施工的防治水措施还有导水与截水、钻孔泄水和井筒排水等。

10.5　大直径深立井施工案例

随着矿山开采强度的增大，深部资源开发已经成为目前煤矿建设发展的必然趋势。现代矿山的立井井筒工程，具有井筒深、断面大、服务年限长、质量要求高、施工难度大等特点。因此，大直径深立井施工技术和机械化配套，已成为生产实际的迫切要求。下面介绍具有代表性的大直径深立井机械化配套方案及施工技术。

10.5.1　新庄煤矿大直径立井快速施工

甘肃新庄煤矿位于甘肃省庆阳市宁县新庄镇。主立井净直径 9 m，井深 2 128 m，冲积层厚 30 m。井筒采用冻结法凿井，冻结深度 673 m；冻结段采用双层井壁结构，内、外壁均为双层钢筋混凝土。主立井自下而上穿过三叠系上统延长群，侏罗系中下统延安组、直罗组、安定组，白垩系下统宜君组、洛河组、华池组和第四系地层；揭露的主要煤层共 8 层，以黑色块煤为主。主要施工难点在于井径大，井筒掘进直径最大达 13.4 m，每循环需出矸 900 m^3(段高 4 m)。井壁最厚处达 2.2 m，每米需浇筑混凝土 77.5 m^3(内壁＋外壁)。

为提高建井速度，缩短工期，以短段掘砌混合作业作为井筒基岩段施工方案。钻眼采用 FJD8G 型伞形钻架，配 8 台 YGZ70 型中心回转式抓岩机，2 套单钩提升。砌壁采用导轨式凿岩机，中深孔光面爆破。装岩采用 HZ6MY 型整体金属模板，砌壁段高 4 m。井筒岩石普氏系数 $f=4\sim6$。井筒实际施工中，布置炮眼 310 个，眼深 5.8 m。每茬炮消耗炸药860 kg，平均进尺达 5.2 m。

井筒采用 8 臂伞形钻架配 YGZ-70 型凿岩机钻炮眼，中深孔光面爆破。采用 T220 型水胶炸药，毫秒延期电雷管配导爆管起爆。掏槽眼、辅助眼药卷规格为 40 mm×600 mm，每卷质量 900 g；周边眼药卷规格为 35 mm×400 mm，每卷质量 450 g。周边眼多打眼，少装药，并严格控制炮眼角度，以防超欠挖。要严格按照爆破图表组织施工，先钻掏槽眼，再钻辅助眼。待辅助眼钻完后，由班队长、技术员画出周边眼轮廓线，按轮廓线钻周边眼。钻眼时，要将伞形钻架撑到位，控制好角度。

采用2套单钩提升。主提升选用2JKZ3.6/1296型提升机，配4.0 m^3吊桶；副提升选用JK-28/15.5型提升机，也配4.0 m^3吊桶。2JKZ3.6/1296型双滚筒提升机，滚筒直径3.6 m，最大静张力200 kN；JK-28/15.5型单滚筒提升机，滚筒直径2.8 m，最大静张力150 kN。针对井筒直径大、工作面空间大的特点，为加快装岩出矸速度，采用甩吊桶法出矸。出矸时，将空吊桶卸下，将装满矸石的重吊桶提走；然后抓岩机再往空吊桶里面装矸石，循环出矸。

浇筑井壁采用MY型单缝液压整体金属模板。模板采用小刃脚，刃脚与直模直接用螺栓相连。直模由4台16 t凿井绞车悬吊，设计有效砌壁段高4 m，2台1.5 m的混合式搅拌机搅拌混凝土，由溜灰系统输送至工作面。使用溜灰系统，存在一定弊端：施工深度增加后，输送距离增加，混凝土会出现离析现象，影响混凝土强度。为此，采取混凝土二次搅拌措施，即在吊盘上层盘上安设1台15 m^3的卧式搅拌机，搅拌机上设置阀门；混凝土在卧式搅拌机内经二次搅拌后，将阀门打开，通过分灰器入模。在浇筑混凝土井壁的同时，可以出井筒中心部位的矸石。待混凝土浇筑完毕后，试探性地掏帮部矸石。如果混凝土没有凝固，可继续出井筒中心部位的矸石；如果确认混凝土已凝固，即可进行全断面出矸。为使混凝土能够较快凝固，浇筑底部混凝土时，适当掺入速凝剂；冬季施工时，将混凝土搅拌用水加热。甘肃庆阳冬季最低气温可达－24 ℃，施工时需将混凝土用水加热至70 ℃，混凝土入模温度不低于15 ℃，以缩短混凝土凝固时间。

10.5.2 核桃峪煤矿千米立井综合机械化施工

华能甘肃能源开发有限公司核桃峪煤矿位于正宁县西南部，立井开拓。副井井筒采用普通法施工472 m后，由于下部白垩系下统志丹群地层多为砂岩孔隙水含水层，含水量较大，井筒总涌水量超过200 m^3/h，虽采取多种注浆措施治理涌水，效果仍不明显，严重影响施工速度。后经专家论证，决定井深472～955 m段改用冻结法施工，采用双层钢筋混凝土复合井壁，混凝土强度等级C60～C80。井筒深度为1 005 m，井筒净直径9.0 m。

根据核桃峪煤矿副井深度和断面大、出矸量大、工期短等特点，井筒采用3套大能力单钩吊桶提升。其中主提升机选用1台JKZ-4.0×3/17E型2 500 kW矿井提升机，配5 m^3吊桶提升；副提升机选用2台JK-3.2×26/186型1 250 kW矿井提升机，配5 m^3和4 m^3吊桶提升。主、副提升机分别安装1套彩色电视井口监视系统。井筒内设置高8.7 m双层吊盘，安装2台HZ6型中心回转式抓岩机装岩，采用1台CX75型挖掘机辅助刷帮清底。冻结段外壁及下部基岩段井壁浇筑采用4.2 m高的MY型液压整体下移式金属模板1套。冻结段内壁采用1 m高的组合式金属模板浇筑，倒模法施工。混凝土集中搅拌站安装JS1500型搅拌机2台、PL2000型配料系统1套。地面布置1台20 m^3/min、2台40 m^3/min、1台60 m^3/min空压机，供气能力160 m^3/min。凿井悬吊设备选用JZ-40/1300型凿井绞车4台、JZ-25/1300型凿井绞车4台、JZ-16/1300型凿井绞车6台、2JZ-25/1300型凿井绞车2台以及吊挂管路、电缆等的凿井绞车4台，共计20台。排矸采用大吨位自卸汽车

双层吊盘层间距为5 m，上层盘安设卧泵、水箱，兼作保护盘；下层盘安装抓岩机和人员、操作信号。上、下层盘各安装4组双轮胎轴承式固定装置，替代传统的丝杠式顶柱固定装置，提落吊盘时，不用松开，直接升降；调平后，不用紧固，简化了操作程序，缩短了提落吊盘时间，在抓岩机装岩时，可以缓冲对井壁的冲击，保证井壁质量。

副井凿井绞车多为JZ和2JZ系列产品，电控原理基本相同，所以采用同时运转的凿井绞车最多台数来配备电控设备台数，把控制柜、低压盘、操作台、凿井绞车油泵开关等集中布

置在井口信号房内，形成集中控制系统，操作人员可直接观察井口管线升降情况。同时在井口信号房设紧停按钮，紧急情况下可切断电源，起到安全保护作用。采用集中控制系统，保证了悬吊设备的安全同步升降，并减少了操作人员和操作时间。

井口设 1 座混凝土集中搅拌站，安设 2 台 JS1500 型双卧轴强制式搅拌机，生产能力 40～50 m^3/h。石子、砂子由装载机供料入仓，压力传感器式电子表计量。水泥可使用袋装的，也可使用散装的，配套安装20 t水泥罐 2 个。混凝土配合比可按设计设定，操作方便，使用可靠，保证了混凝土质量和快速施工需要。搅拌站搅拌好的混凝土，直接进入大直径溜灰管，输送到井下吊盘上；再由安装在吊盘上的二次搅拌装置搅拌后，经 4 根大直径胶管入模。

为了适应大直径深立井施工需要，科研人员研发了适应直径 9～12 m、深 1 000～1 500 m井筒的大型 M 型凿井井架，加大了天轮平台尺寸，并将原来的“日”字形结构改为“目”字形结构，更方便了天轮布置；加高了井架，满足了大型伞形钻架悬吊和进出要求；安装了 3 套座钩式自动翻矸系统，矸石直接由矸石仓溜入地面，再用装载机装入自卸汽车，运往排矸场；选用 XFJD-8.12 型 8 臂伞形钻架，配 YGZ-70 型凿岩机和 5.7 m 长的钎杆凿岩，5.0 m 中深孔光面爆破，爆破材料选用 T220 型高威力抗冻水胶炸药和毫秒延期电磁雷管。为了适应大断面立井出矸需要，井筒内布置 2 台 HZ-6 型中心回转式抓岩机装岩，单台生产能力 50～60 m^3/h；配备 1 台 CX75 型防爆挖掘机，用于辅助刷帮清底，提高了清底速度和质量；矸石由吊桶提升到地面，自动翻矸。井筒冻结段外壁和下部基岩段井壁采用 42 m 高的 Y 型液压整体下移式金属模板浇筑，由地面 4 台 JZ-25/1300 型凿井绞车悬吊模板，凿井绞车集中控制，可实现单台或任意组合多台同时起落，使模板移动既快又准确。

10.6 思考题

1. 井筒的分类有哪些？它们各自的主要用途是什么？
2. 立井和斜井井筒从上而下由几部分组成？它们在结构上有什么特点？
3. 井筒设计的主要内容是什么？
4. 立井井筒横断面常用的布置形式有哪些？
5. 斜井施工时对水的防治措施有哪些？
6. 斜井断面形式有哪几种？其断面布置主要考虑哪些因素？
7. 立井表土施工方法包括哪些？请简要叙述。
8. 斜井断面尺寸确定的步骤有哪些？
9. 斜井井筒内设施包括哪几部分？

第11章 硐室及交岔点设计与施工

内容提要 井下硐室及交岔点种类多样、用途繁多，对硐室及交岔点的设计和施工质量的好坏直接影响矿井可持续生产。井下主要硐室有主水泵房、主变电所、井底煤仓、换装硐室以及错车硐室等，由于用途不同，其形状、结构和规模大小有很大差异，在设计时要把握硐室用途，选择合适的机械设备类型与数目，合理安排硐室形状、尺寸与支护形式。在硐室施工过程中，除应注意硐室本身特点外，还要考虑到各工程之间的互相关系与合理安排，同时要尽量采用新技术。巷道交岔点的设计需要依据一定的平面尺寸，同时巷道交岔点的布置和断面设计也需要满足矿井井下运输、管线布置、通风行人和安全的要求。矿井智能化建设已经如火如荼展开，在硐室及交岔点设计与施工方面涌现出许多新技术。本章除了介绍传统硐室及交岔点的设计和施工方法外，还对智能化无人值守硐室进行阐述，并对计算机辅助设计交岔点软件进行叙述。

11.1 常规硐室设计

各种硐室的设计原则和设计方法基本相同。首先根据硐室用途，合理选择其中安装的机械和电气设备；然后根据选定的机电设备类型和数目，确定硐室的形状及布置形式；最后根据既定设备安装、检修和运行的间隙要求及硐室围岩岩性等因素确定硐室的几何尺寸和支护结构形式。对一些有防潮、防渗、防火、防爆等特殊要求的硐室，在硐室设计时尚需进一步考虑相应的技术细节。

11.1.1 主水泵房

主水泵房通常布置在副井空车场附近，为使排水设备运输、排水管线引出及电缆引入方便，并考虑到硐室的通风要求，主水泵房与主变电所同列布置。

11.1.1.1 主水泵房设计

主水泵房由主体硐室泵房、管子道、通道等组成，泵房内有配水井、配水巷和吸水井。主水泵房与井底水仓一起组成完整的中央排水系统，如图11-1所示。

11.1.1.2 主体硐室设计

(1) 主体硐室的长度

主水泵房主体硐室长度主要取决于选定的排水设备类型、数量和安装、维护及操作所需的安全间隙等(见图11-2)。主体硐室长度按下式计算：

$$L=(n-1)A+nA_1+A_2+A_3 \tag{11-1}$$

式中 L——主体硐室长度，m；

n——水泵台数，台；

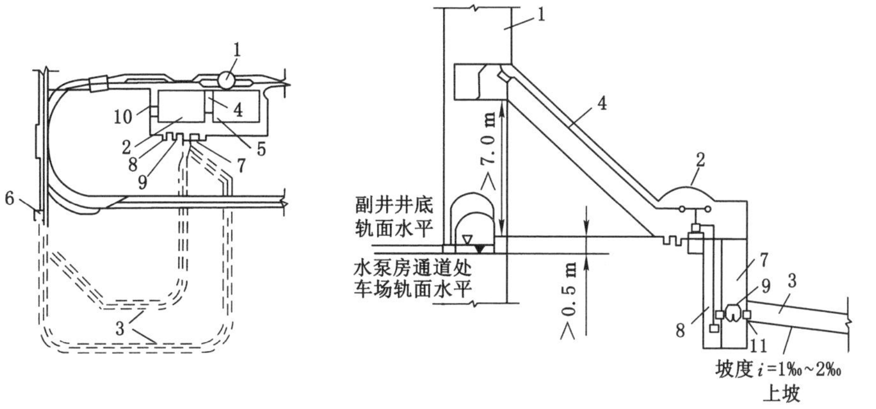

1—副井；2—水泵房；3—水仓；4—管子道；5—变电所；6—清理绞车硐室；

7—配水井；8—吸水井；9—配水巷；10—通道；11—溢水管。

图 11-1　主水泵房与井底水仓布置

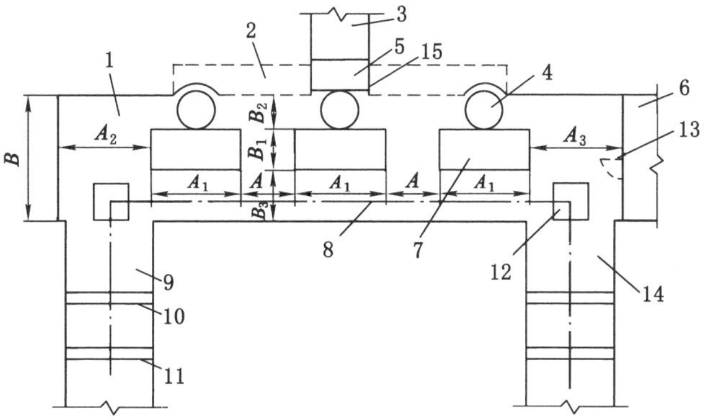

1—水泵房；2—配水巷；3—水仓；4—吸水小井；5—配水井；6—变电所；7—泵及电机；

8—轨道中心线；9—通道；10—栅栏；11—密闭门；12—转盘；13—防火门；14—管子道；15—闸阀。

图 11-2　主水泵房主体硐室尺寸设计

A——水泵机组之间的净空间距离，一般取 $A=1.5\sim2.0$ m；

A_1——每台水泵及电机总长度，m；

A_2，A_3——水泵房两端办公、运输、维护及安全间隙所需空间长度，一般取 $A_2=A_3=2.5\sim3.0$ m。

(2) 主体硐室的宽度

主水泵房内排水设备一般沿硐室轴线布置，以减小硐室宽度。排水设备靠近吸水井一侧，另一侧铺设轨道，并在通道、管子道转弯处设转盘，以方便运输设备。主体硐室宽度按下式计算：

$$B=B_1+B_2+B_3 \tag{11-2}$$

式中　B——硐室宽度，m；

B_1——水泵基础宽度，m；

B_2——水泵基础至吸水井侧墙的距离，一般取 $B_2=0.8\sim1.2$ m；

B_3——水泵基础至有轨侧侧墙的距离，一般取 $B_3=1.5\sim2.0$ m。

(3) 主体硐室的高度

通常情况下，主水泵房主体硐室断面多采用拱形，一般高度为 3.0～5.0 m。主体硐室高度取决于水泵和基础高度、排水管线布置与悬吊高度、排水管数量、管径尺寸以及起重梁安装的要求。

11.1.1.3 智能监测设计

目前国内矿井的水泵房控制多采用传统的继电器控制方法，控制线路复杂，设备运行的自动化程度低、可靠性较差，工人劳动强度大，运营成本高，排水系统应急能力不足，存在很大的安全隐患。矿井排水系统承担着排出井下部分涌水的重要任务，是保证矿井安全生产的关键环节。排水系统各种设备能否安全、可靠、有效地运行，关系到整个矿井的生产与安全。而传统的矿井排水方式普遍使用人工手动控制，存在能耗大、效率低、生产成本高及稳定性差等缺点。为了改变传统控制方式的缺点，引入井下无人值守排水泵房控制系统（见图 11-3），不仅可以完全实现矿井排水自动化控制和地面远程监控，而且还能够提高水泵有效利用率，减少看护人员，延长水泵电机使用寿命，减少事故停机时间，提高排水能力，从而大大提高井下作业的安全系数、降低生产成本。

煤矿井下无人值守泵房网络监控系统由数据采集与检测、现场监测与控制和远端监控指挥三部分组成。

(1) 数据采集与检测

数据采集由智能模块完成，模块检测传感器状态，并将数据通过通信模块传送至控制计算机。

(2) 现场监测与控制

现场监测与控制部分由控制 CPU、管理控制软件、手动集中操作面板组成。控制 CPU 和管理控制软件组成自动监控系统，负责对模块传输来的数据进行整理分析，根据控制策略作出决策，并将数据记录存储。手动集中操作面板与自动监控系统平行实现控制功能。

(3) 远端监控指挥

远端监控指挥部分由计算机、管理软件、网络传输部分组成，通过计算机网络，同步显示现场工况。远端监控具有开放的接口，可以扩展功能或接入其他系统。

11.1.2 主变电所

井下主变电所是指设置在井下主要改变电压的场所，是井下井底车场或主要生产水平的变、配电中心。

11.1.2.1 主变电所设计

单一水平生产的矿井一般设一个井下主变电所，多水平生产的矿井每个水平设一个井下主变电所；少数负荷很大的矿井在一个水平可分设两个井下主变电所，井下负荷很小的矿井，如井下均为低压设备且负荷容量很小，井下也可以只有配电点。变电所内的设备有动力变压器、照明变压器、高低压开关柜、低压配电箱、检漏继电器及照明灯具等。

(1) 主变电所与相邻巷道连接方式

主变电所布置应考虑便于供电维护和管理，线路短，并考虑主排水泵硐室、管子道的布置，一般布置在副井井筒附近，主变电所通道与副井进车线或回车线相接。如图 11-4 所示。

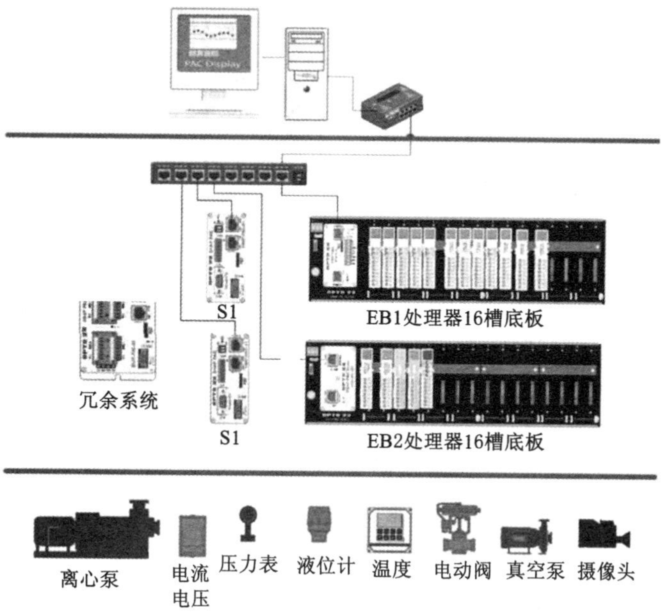

图 11-3 矿井水泵房自动化监控系统网络

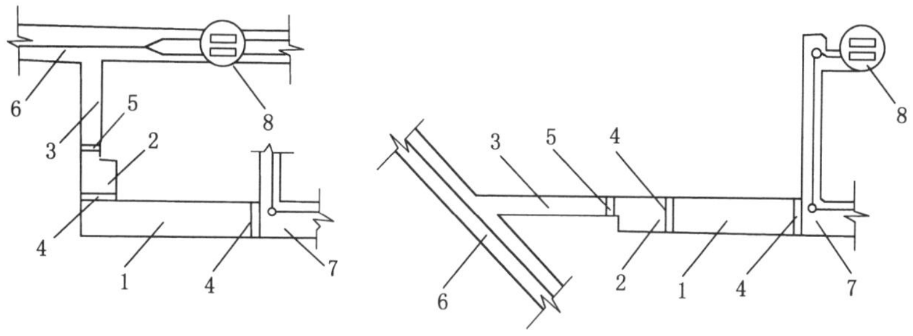

1—配电室；2—变压器室；3—通道；4—防火门；
5—密闭门；6—井底车场巷道；7—主排水泵硐室；8—井筒。

图 11-4 主变电所与相邻巷道的连接方式

（2）主变电所硐室尺寸确定

主变电所硐室内主要电气设备有动力变压器、高压开关柜、低压配电箱和架线电机车的整流器等。设备的选型和布置由机电专业确定。

动力变压器属带油设备，一般单独设在变压器室中。当电机车整流变压器与整流柜分开布置时，整流变压器也设于变压器室中。为减小硐室宽度，变压器一般沿硐室纵向单排布置。为确保人身安全，变压器处应设栏杆与人行道隔开。

高压开关柜、低压配电箱、整流柜均设在配电室中。为减小硐室宽度，设备一般沿硐室纵向单排布置；当设备容量大、开关柜台数多、硐室围岩和布置条件允许时，也可双排布置。硐室内电缆沟的设置应根据设备数量、型号及布置要求确定。

11.1.2.2 无人值守设计

煤矿井下变电所是煤矿供配电系统的重要组成部分，它的安全可靠运行是煤矿安全生产的基本保证。井下负荷种类繁多,区域分布广,工作场所地质条件复杂,安全隐患多,故障排查、停送电周期长,供电故障严重影响了煤矿安全生产。随着数字化矿山建设的逐步推进,煤矿用户对井下变电所“无人值守,有人巡视”的需求变得比较迫切。一种以层次架构为基础的煤矿井下无人值守变电所监控系统技术实现方案,以环境监测、门禁联动、语音对讲、视频监控等技术手段,将多种不同业务数据流统一到同一软件平台上处理,实现自动逻辑判断和协同控制,能实现真正意义上的无人值守变电所,从而完善了现有的煤矿供电监控系统功能,提高了煤矿供电的安全性与可靠性。

煤矿井下变电所内一些环境参数对变电所的安全运行至关重要,包括瓦斯、温度、烟雾等参数,人员也是不容忽视的因素,因此,对变电所相关参数实施全面监测十分必要。无人值守变电所的环境监测技术包含瓦斯监测、温度监测、烟雾监测、门禁监测、视频监视等几个方面。通过对煤矿电力监控软件进行功能扩展与二次开发,使得煤矿电力监控软件能通过通信网络获得所有电网监控之外的监测数据,包括瓦斯、温度、烟雾、门禁、语音、视频等,软件增加报警阈值设定功能、顺序控制逻辑判断功能、视频解码与云台控制功能,并能在进行电网一次设备远程操作之前完成环境数据逻辑处理和判断,根据诊断结果发出联动动作指令,变电所内的声光、语音、显示设备在收到指令后执行动作或发出预警信号,并将执行结果传送到监控后台,监控后台可实时记录、推送监控画面,发出语音告警和提示信息等。

11.1.3 井底煤仓

煤仓是以立井和斜井开拓为主的矿山的主要硐室之一,由于矿井生产能力的不同,煤仓的容量和设计存在较大差异。井底煤仓可分为倾斜煤仓和垂直煤仓两种形式,倾斜煤仓适用于围岩较好、开采单一煤种或开采多煤种但不要求分装分运的中小型矿井。垂直煤仓适用于围岩较差、开采一种或多煤种、可以分装分运的大型矿井。本节主要介绍倾斜煤仓的设计。

11.1.3.1 煤仓设计

倾斜煤仓多采用半圆拱形断面,煤仓断面面积一般为 4.5~7.0 m^2,斜长为 9~16 m,倾角为 50°~55°;倾斜煤仓一侧需设宽度 1.0 m 左右的人行通道,内设台阶及扶手以方便人员通行;煤仓与人行道之间墙壁上设置尺寸为 500 mm×200 mm 的方形检查孔,并安装铁门以检查煤仓磨损和处理堵仓事故。

倾斜煤仓断面形状和结构如图 11-5 所示。小型矿井可按一列煤车的载煤量计算煤仓容量,一般为 40~60 t;大型矿井采用大容量煤仓,最高可达几千吨。煤仓容量可按下式计算:

$$Q_h = 1.15 \times 1.2 \times Q_d / 16 \qquad (11\text{-}3)$$

式中 Q_h——煤仓容量,t;

1.15——矿井生产不均衡系数;

1.2——提升能力富余系数;

Q_d——矿井平均日产煤量,t;

16——每日提升时间,h。

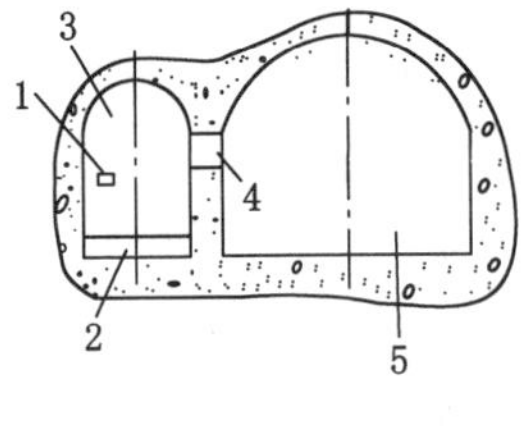

1—扶手;2—人行台阶;3—人行通道;4—检查孔;5—煤仓。

图 11-5 倾斜煤仓断面形状和结构

煤仓支护形式主要根据围岩岩性确定。对于中硬岩而言,倾斜煤仓用强度 C20、厚度

250～350 mm 的素混凝土支护，软弱岩层一般采用钢筋混凝土支护。

煤仓底板采用耐冲击、耐磨损且光滑的材料铺底。倾斜煤仓一般采用 15～24 kg/m 的钢轨正反交替布置或轨头向上布置(如图 11-6 所示)，其间隙可充填普通混凝土或石英砂混凝土。为使钢轨固定和平整，沿煤仓倾斜方向每隔 3～4 m 铺 1 根 16 号槽钢；为防止钢轨下滑，煤仓下口安设 1 根 24 号槽钢。倾斜煤仓铺底多用辉绿岩铸石块，如图 11-7 所示。为了减小落煤对铺底材料的冲击力，煤仓上口落煤点铺设厚度为 10 mm、尺寸为 2.4 m×1.8 m 的钢板。

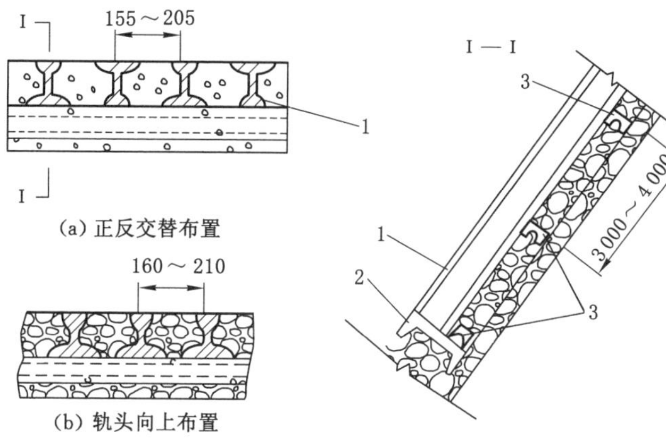

1—钢轨；2—24 号槽钢；3—16 号槽钢。

图 11-6　倾斜煤仓钢轨铺底示意图

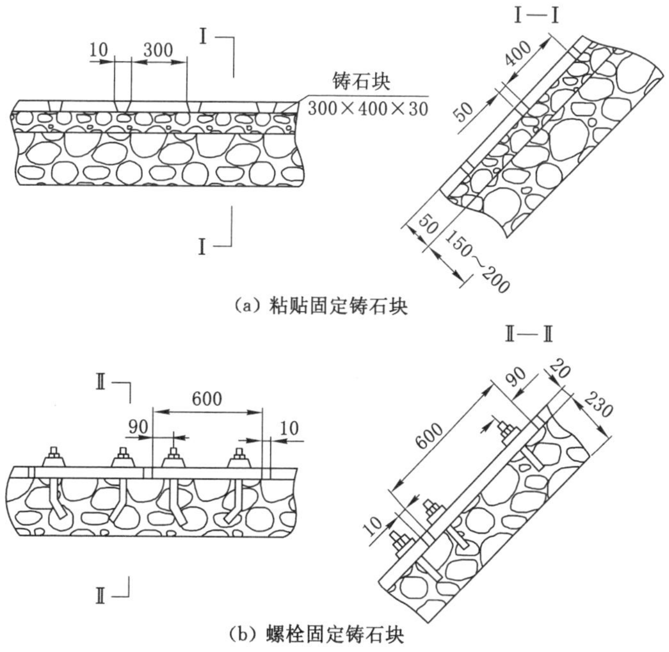

图 11-7　倾斜煤仓辉绿岩铸石块铺底结构图

11.1.3.2 煤仓清堵机器人设计

煤仓清堵机器人是一种特种作业机器人，由于煤仓清堵工作属于高危作业，因此对煤仓清堵机器人的安全性和可靠性提出了很高的要求。煤仓清堵机器人应该具备以下几个要素：安全性能高，稳定性好，机器人本体的总重量要适宜，清仓速度快，适应恶劣的工作条件等。为了使煤仓清堵机器人完成煤仓内部清堵作业，需要机器人具备在煤仓内部回转和移动的功能，同时具备相应的清理作业功能、控制功能和供应功能，为此将煤仓清堵机器人系统分为机器人本体、控制系统、清仓机械手、供应保障系统四大部分。

(1) 机器人本体主要包括回转机构、行走小车、提升机构三大部分。机器人本体中的回转驱动装置主要由伺服电机驱动带动齿形带在煤仓内部旋转；悬吊装置主要由在平衡臂上水平移动的行走小车和上部卷扬机中的吊索收放，通过支撑臂导轨组合而成；提升装置通过步进电机带动卷扬机，卷扬机上的吊索带动支撑臂提升。机器人本体的机构运动关系图如图 11-8 所示。

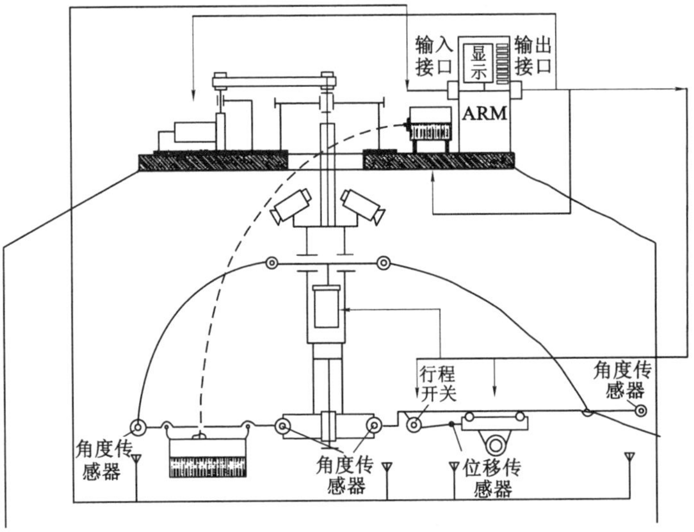

图 11-8　机器人本体机构运动关系图

(2) 控制系统主要是煤仓上部的控制柜控制煤仓清堵机器人在煤仓内部进行清理作业。在煤仓清堵机器人清理过程中分为自动控制和手动控制两种，正常情况下，机器人按照预设程序自动清理，遇到紧急情况，可转为手动清理，确保清理过程的安全和清洁效果。

(3) 清仓机械手的主要任务是清理积煤，主要实现方式是三自由度串联机械手臂末端通过电机带动清理作业头转动使煤炭掉落，达到清理煤仓的目的。清仓机械手的三维模型如图 11-9 所示。

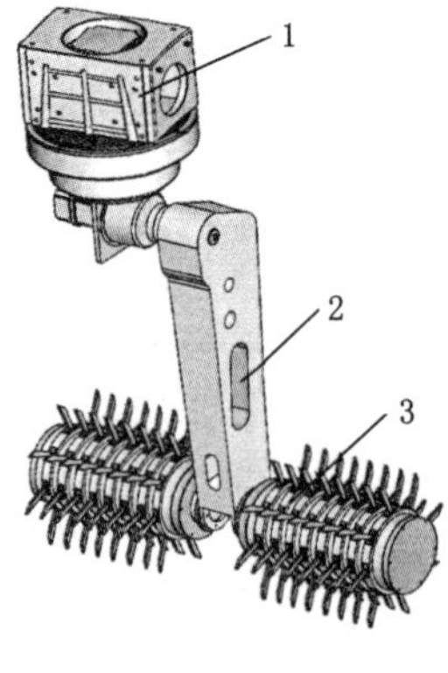

1—底座；2—机械手臂；3—清理作业头。

图 11-9　清仓机械手三维模型

(4) 供应保障系统主要是将水、气、电等通过空气压缩机、水泵等送入煤仓清堵机器人本体，实现其作业功能。

11.2　新型硐室设计

本节主要介绍井下换装硐室、无轨胶轮车错车硐室及盾构机组装硐室的设计。

11.2.1　井下换装硐室设计

井下换装是立井无轨胶轮运输方式重要的保证措施，其功能就是轨道运输和无轨运输方式的转换，以解决两种不同运输方式之间的换装。

11.2.1.1　换装硐室设计

换装硐室一般位于副斜井井底或立井罐笼口，若采用斜井开拓方式，换装硐室与副斜井之间应设有一段安全转弯，防止绞车断绳后直接冲入换装硐室，造成伤亡事故。换装硐室位置及布置如图 11-10、图 11-11 所示。轨道通常要直接铺入硐室内，且轨道上平面与地面齐平，以利于换装。硐室一般长 25～30 m，宽 7～8 m，高 6～8 m，装有 10 t 和 20 t 行车各一部(行车的吨位可依据实际需换装的机电设备的重量来选择)。其中 10 t 行车用于小型机电设备、散料的换装，20 t 行车用于采煤机、支架等大型设备的换装。硐室地面要求硬化平整无坡度，应设有排水沟，以保证地面干燥。

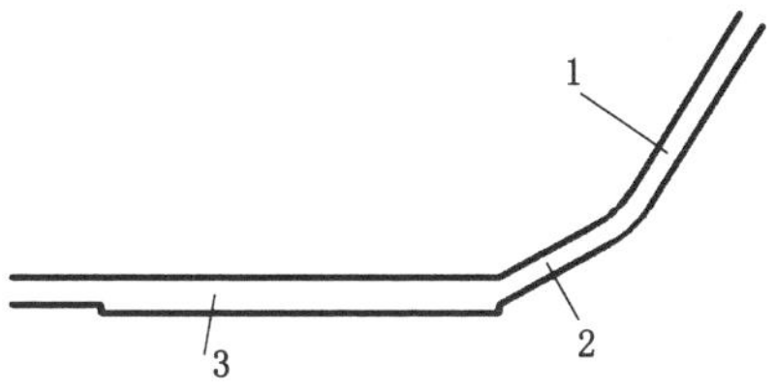

1—副斜井；2—安全转弯；3—换装硐室。

图 11-10　换装硐室井下位置

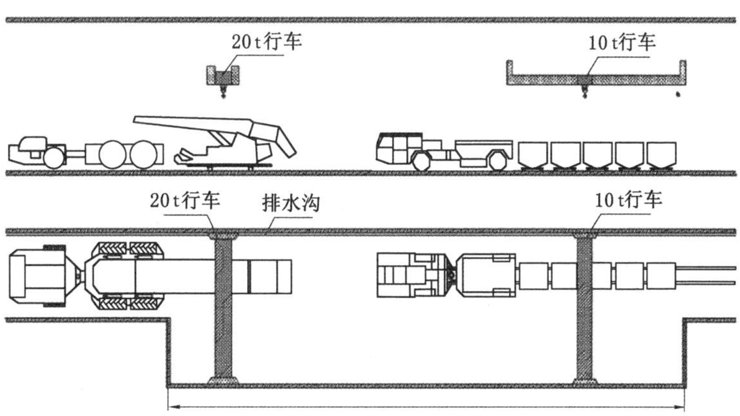

图 11-11　换装硐室俯视示意图

11.2.1.2　轨道运输转向无轨胶轮车运输的换装硐室实例

(1) 晋城寺河煤矿

寺河煤矿是晋煤集团设计年产量 4.0 Mt 的大型矿井。建井后期辅助运输方式改为大型胶轮车运输，东翼轨道大巷(原铺轨)改为混凝土地坪，而井底车场仍为轨道运输。为解决矿车与胶轮车的换装问题，在井底车场附近设置了1个大型换装硐室，即井底车场换装硐室。建设换装硐室解决了轨道运输与无轨胶轮车运输的衔接问题，优化了辅助运输系统。

(2) 济宁三号井

济宁三号井换装硐室布置在副井空车线去风井的巷道中，根据起吊设备以及材料存放等情况，设计换装硐室的净宽为6.0 m，高度为6.0 m，长度为43 m，采用半圆拱锚网喷支护。硐室安装两套电动起重设备，一套为2×15 t防爆电动葫芦起重机，2台电动葫芦可同时做横向移动2.5 m，起吊高度3.35 m；另一套为2×5 t防爆电动葫芦起重机，设有大车和小车，大车可以沿硐室纵向移动30 m，小车2个电动葫芦可以同时横向移动3.5 m，起吊高度3 m。

11.2.1.3 无轨胶轮车运输转向单轨吊运输的换装硐室实例

新景矿是由原阳煤集团三矿改扩建新增井田部分重新组建的矿井，由于该矿多种辅助运输系统并存，需在各辅助系统换装点设置起吊站。因此，在采煤工作面平巷采用单轨吊运输，采区准备巷为无轨胶轮车运输，在工作面平巷口布置一调车硐室和换装硐室，胶轮车牵引支架平板车通过调车硐室倒车至单轨吊下方，单轨吊利用自带起吊装置实现快速换装，并将支架运至采煤工作面。无轨胶轮车运输与单轨吊运输换装示意图如图11-12所示。

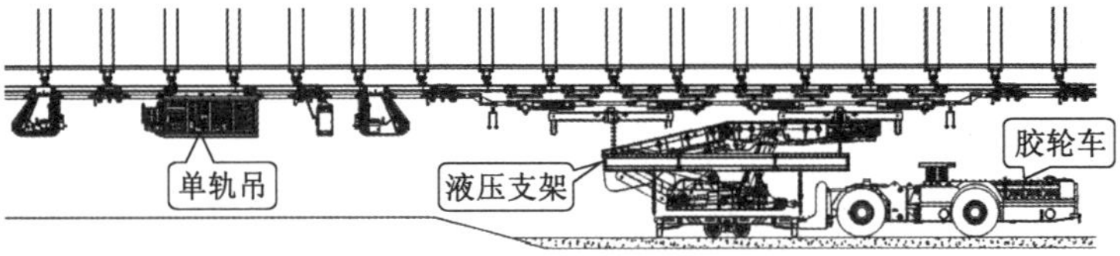

图11-12 无轨胶轮车运输与单轨吊运输换装示意图

11.2.2 无轮胶轮车错车硐室设计

无轨胶轮车作为矿井先进的辅助运输方式，具有机动灵活、操作简单、装卸方便、运输速度快、运输工作量大、效率高等优点，在国内新建大型矿井中得到广泛应用。近年来，我国建设了一批采用缓坡副斜井进行辅助运输的矿井，缓坡副斜井倾角一般在6°以内，井筒长度可达到4 000 m及以上。虽然无轨胶轮车为矿井辅助运输提供了有力保障，但受到井下条件限制，为减少井筒断面尺寸、降低井巷工程量和投资，缓坡副斜井一般采用单道双向行驶，为有效解决车辆通行问题，错车硐室的设置尤为重要。

11.2.2.1 错车硐室形式

目前，煤矿井下错车硐室有尽头式硐室和井筒加宽式硐室两种布置方式。尽头式硐室断面小，利于支护，但受扩散通风影响，硐室深度一般小于6 m；而加宽式硐室不受扩散通风距离影响，布置长度相对灵活，利于车辆错车会让。缓坡副斜井井筒内的错车硐室采用加宽式硐室布置方式，如图11-13所示。

11.2.2.2 错车硐室宽度

错车硐室的宽度应按双向车道的宽度考虑，根据《煤矿井下辅助运输设计规范》(GB 50533—2009)，双向车道运行时巷道断面宽度可按下式计算：

$$B_{错}=b_1+b_2+b_3+b_4+b_5 \tag{11-4}$$

式中 $B_{错}$——错车硐室断面宽度，m；

b_1，b_2——双向车道内车辆宽度，取2.4 m；

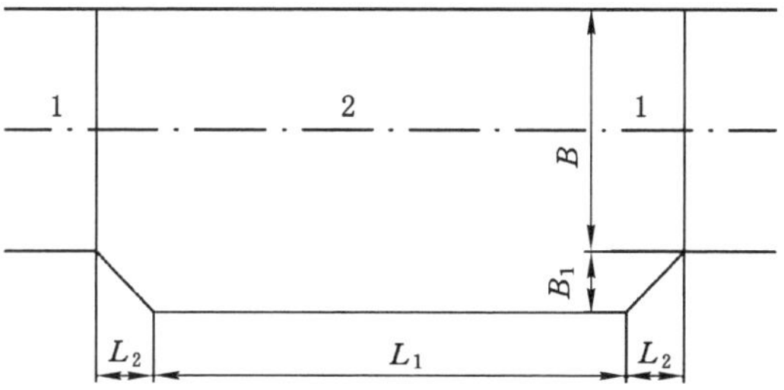

1—缓坡副斜井；2—错车硐室；B—矿井井筒正常段净宽；B_1—错车硐室断面加宽值；
L_1—错车硐室直线段长度；L_2—错车硐室渐变段长度。

图 11-13　加宽式错车硐室布置平面图

b_3——人行道宽度，取 1.2 m；

b_4——车辆与巷道侧壁最小间距，取 0.5 m；

b_5——对向车辆间距离，取 0.5 m。

(3) 错车硐室长度

根据《公路路线设计规范》(JTG D20—2017)，四级公路设置错车道的有效长度应不小于 20 m；而相关研究认为，考虑到相会时车辆不停车错车，从第一辆车进入错车道直线段到两辆车完成错车需要 2 倍的车辆长度，因此建议错车道直线段距离应不小于 2 倍车长。《煤矿斜井井筒及硐室设计规范》(GB 50415—2017)规定无轨胶轮车会让硐室长度应大于或等于车长的 2 倍。此规范实施之前，煤炭行业相关规范对加宽式错车硐室长度并无具体要求。

11.2.3　盾构机组装硐室设计

11.2.3.1　盾构机的主要组成部分

盾构机主要由主体结构、后配套装置两大部分组成。盾构机的主体结构包括刀盘、盾体、驱动装置、管片拼装机、排土机构等；后配套装置根据功能要求一般包括电控系统、液压系统、注浆系统、膨润土系统、泡沫系统、压缩空气系统、循环水系统、润滑系统、渣土和管片输送系统及油脂密封等，这些系统安装在设备桥和后配套台车上。后配套装置的功能是为主体结构部分的掘进提供各种支持，一般由一节连接桥和若干节台车组成。连接桥是盾体部分和后配套台车部分之间的一个过渡连接件，连接桥的前端和盾体通过铰链连接，掘进时由盾体带动连接桥、后配套向前行进。

11.2.3.2　盾构机组装的难点

由于盾构机包含上述大量部件，造成其体积大、重量大，因此盾构机下井组装技术难度较高，不同类型和不同施工条件下的盾构机的组装方法也有所区别。另外，盾构机的主体结构和后配套装置的尺寸通常不一致，即刀盘、设备桥、后配套拖车的高度、宽度通常不同，一般刀盘的高度要大于设备桥和后配套拖车的高度。盾构机的组装硐室要能够容纳盾构机的不同部件。

11.2.3.3　盾构机组装硐室设计

盾构机组装硐室包括硐室主体、前端竖井、后端竖井和盾构机始发洞段。硐室主体用于容纳和组装盾构机的各个部分，其前、后两端分别建有与其连通的前端竖井和后端竖井，其底面建设成用于放置盾构机上对应部分的阶梯台面，在阶梯台面的各台阶面上均铺设有供盾构机的对应部分前后移动的临时轨道。如图 11-14 所示。

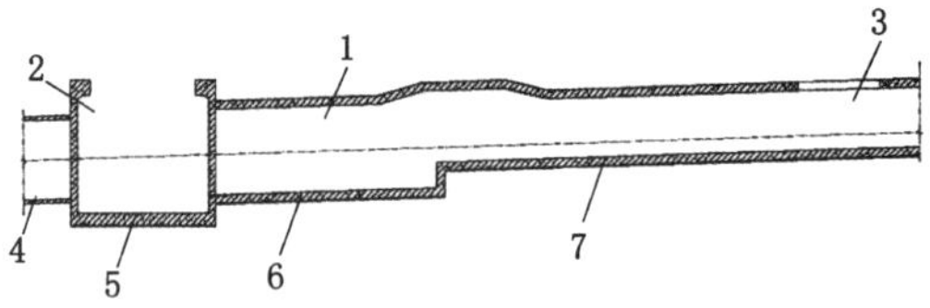

1—硐室主体；2—前端竖井；3—后端竖井；4—盾构机始发洞段；
5—第一台阶面；6—第二台阶面；7—第三台阶面。

图 11-14　盾构机组装硐室设计图

11.2.3.4　盾构机组装硐室实例

以图 11-15 所示盾构机为例，介绍盾构机如何在盾构机组装硐室完成组装。

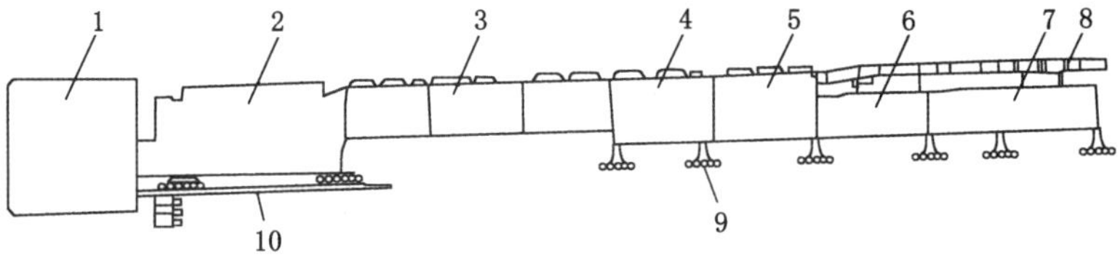

1—主机部分；2—一号拖车；3—连接桥；4—二号拖车；5—三号拖车；6—四号拖车；
7—五号拖车；8—排风设备；9—支架底端可沿导轨行走的滚轮；10—管片小车。

图 11-15　盾构机组成部分

如图 11-16 所示，与需要组装的盾构机相应，硐室主体底部的阶梯台面包括由前至后渐升的第一台阶面、第二台阶面和第三台阶面。在第一台阶面和第二台阶面上铺设有连续的第一临时轨道和第二临时轨道，在第三台阶面上铺设有第三临时轨道。第一临时轨道用于一号拖车下井后前后移动，第二临时轨道用于管片小车下井后前后移动，第三临时轨道用于连接桥下井后前后移动，通过前后移动，可将盾构机各部件连接在一起。

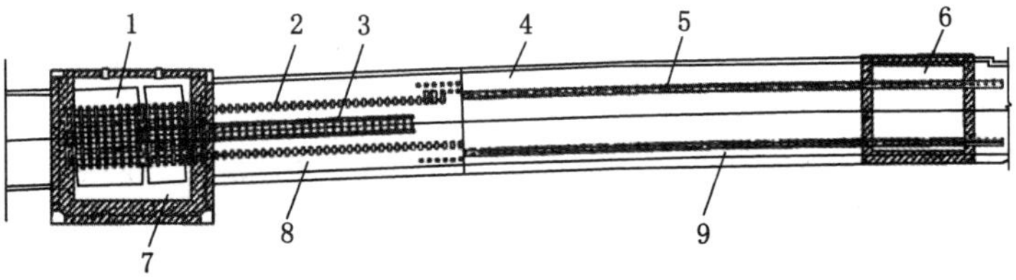

1—前端竖井；2—第一临时轨道；3—第二临时轨道；4—硐室主体；
5—第三临时轨道；6—后端竖井；7—第一台阶面；8—第二台阶面；9—第三台阶面。

图 11-16　盾构机组装示意图

11.3　硐室施工

在组织硐室施工时，要全面分析与选择施工方法密切相关的一些影响因素。硐室围岩的稳定性既取决于自然因素（围岩应力、岩体结构、岩石强度、地下水等），也与人为因素（硐室选定的位置、断面形状和尺寸、施工方法、支护方式等）有密切关系，在施工时应综合考虑它们对硐室围岩稳定性的影响，尽量采用光面爆破、喷锚支护等先进技术，特殊地质条件下要采用可靠的施工工艺。因此，在硐室施工中应统筹考虑，并根据工程特点合理选择施工方法。

11.3.1　硐室施工特点

硐室的用途不同，其结构、形状和规格相差很大，在组织硐室施工时应注意其结构特点以及各工程之间的关系，做到施工顺序合理、施工方法得当。硐室与平巷相比，围岩受力状况、施工条件都比较复杂。硐室常与井筒和其他巷道相连接，跨度较大；有些硐室，如炸药库和其他一些机电设备硐室应具有隔水、防潮性能，因而在支护质量方面有较高的要求。硐室长度短、断面大且多变、进出口通道狭窄、施工场所密集、各工程相互干扰大，使硐室施工中的材料供应、出渣、通风及排水都比较困难。

硐室施工与一般巷道施工相比，具有以下特点：

(1) 硐室一般要求有隔爆、防潮、防火等性能。

(2) 硐室周边井巷工程较多，一个硐室常与其他硐室或井巷相连，所以其受力状态复杂，难以准确分析，施工难度大，支护比较困难。

(3) 多数硐室安装有各种不同的机电设备，所以硐室内要浇筑机电设备基础、预留管线沟槽、安装起重梁等。

11.3.2　硐室施工方法

根据硐室断面大小及其围岩的稳定程度，所采用的施工方法较多，这些方法归纳起来有全断面施工法、台阶工作面施工法和导硐施工法 3 种。

11.3.2.1　全断面施工法

全断面施工法与普通巷道施工法基本相同，采用较大型的凿岩台车、装岩机和运输设备，可以取得较好的技术经济效果。如果采用巷道施工的常规设备，钻上部炮眼和打顶部锚杆眼就必须蹬碴作业，装药连线就必须用梯子，此外还会遇到全断面一次爆破雷管段数不够，以及爆破后处理浮石困难等问题。故在常规设备条件下，全断面一次掘进硐室的高度一般不超过 4～5 m。这种施工方法一般适用于岩层稳定、整体性好、断面不特别大的硐室。如果采用光爆锚喷技术，适用范围可适当扩大。全断面施工法的优点是：一次成巷，工序简单，劳动效率高，施工速度快。其缺点是：顶板围岩暴露面积较大，不易维护，上部炮眼装药及爆破后处理浮石较困难。

11.3.2.2　台阶工作面施工法

台阶工作面施工法适用于围岩稳定或基本稳定，硐室高度大，采用全断面一次掘进在支护方面有困难的情况。台阶工作面施工法就是将整个硐室分成几个分层，施工时形成台阶状。若上分层工作面超前下分层工作面施工，则称为正台阶工作面施工法；若下分层工作面超前上分层工作面施工，则称为倒台阶工作面施工法。

(1) 正台阶工作面（下行分层）施工法

根据硐室整个断面的全高分成两个以上分层，每分层的高度以 1.8～3.0 m 为宜；也可以按拱基线分为上、下两个分层，上分层的超前距一般为 2～3 m。

如果硐室的长度较小，也可以待上分层全部掘喷完成后，再掘喷下分层。如果围岩稳定性较差，硐室采用砌碹支护，也可以采用正台阶工作面施工法，在上分层掘进时应先用锚喷支护维护(一般锚喷支护为永久支护的一部分),砌碹工作可落后于下分层掘进1.5～3.0 m。如果上分层掘进采用无腿金属支架支护,砌碹工作有两种方法:一种是砌碹工作滞后下分层掘进工作面1.5～2.5 m。另一种是先拱后墙,即上分层采用短段掘砌,先砌拱并适当加大上分层的超前距离,使下分层掘进爆破时不致损伤拱帽;下分层的掘进与砌墙也采用短段掘砌法,使墙紧跟工作面,这时整个拱部后端与墙体连成整体,前端则支在岩石台阶上,所以施工是安全的。硐室不太长时,也可把上分层拱都完全掘砌后再刷掘下分层,同时砌墙与拱连接。

采用正台阶工作面施工法应注意的问题是:要合理确定上、下分层的错距,距离太大,上、下分层出矸困难;距离过小,上分层钻眼困难。因此,上、下分层工作面的距离以便于气腿凿岩机正常工作为宜。

正台阶工作面施工法的优点是:断面呈台阶式布置,施工方便,有利于顶板维护,下台阶爆破效率高。其缺点是:使用铲斗装载机装岩时,上台阶要人工扒矸,劳动强度大;上、下台阶工序配合要求严格,否则容易产生干扰。

(2) 倒台阶工作面(上行分层)施工法

倒台阶工作面施工法就是下分层工作面超前上分层工作面一段距离施工,并进行临时支护,上分层工作面爆破后,再进行永久支护。采用该方法施工的主水泵房硐室,下分层工作面超前3～5 m,边掘边铺;上分层工作面施工时,工人站在挑顶下来的矸石上打锚杆眼。顶板岩石稳定时,可掘锚15 m后再喷射混凝土;顶板岩石不太稳定时,可边掘边挂金属网,最后喷射混凝土。

在采用砌碹支护时,下分层高度以硐室墙高为宜。下分层工作面超前上分层工作面4～6 m或更长。下分层在掘进时一般采用棚式临时支架,砌墙时应先抬棚托住顶梁,再拆除临时支架腿。上分层挑顶工作是在下分层掘砌完成后进行的,挑顶后应立即进行砌拱。

倒台阶工作面施工法的优点是:爆破效率高,装岩方便。其缺点是:如果采用砌碹支护,临时支架的安设与拆除麻烦。

正台阶工作面施工法与倒台阶工作面施工法相比较适用范围更广,在较松软岩层中也可应用,所以在实际施工中使用得比较广泛。

11.3.2.3 导硐施工法

导硐施工法是先在硐室的某一部位掘进小断面导硐,导硐高度大于2 m,宽度为1.5～1.8 m,然后根据情况向上下或左右刷大断面直至设计断面。导硐施工法主要有中央下导硐施工法和两侧导硐施工法两种。

(1) 中央下导硐施工法

如图11-17所示,首先在硐室断面中下部开掘导硐1,超前3～5 m以探明地质情况后挑顶2,崩落下来的矸石集中在中央导硐内,此时可蹬碴对拱顶进行支护;然后装岩,开帮3和向两帮喷射混凝土;最后进行永久支护。此法适用于硐室高度较大(4～6 m)、围岩稳定性较差的情况。

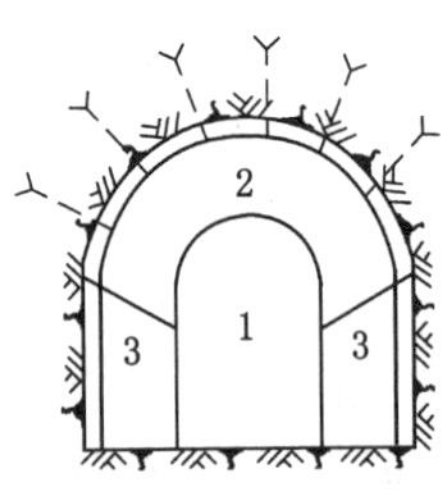

1—硐室断面中下部开掘导硐;
2—挑顶;3—开帮。

图11-17 中央下导硐施工法

(2) 两侧导硐施工法

两侧导硐施工法在煤矿中使用较多,这种方法就是从硐室的底板开始,在硐室的两侧墙部位置开掘两个小导硐超前掘进，逐步向上扩大。掘一层导硐后，随即砌墙；再掘上一层的小导硐，矸石存在下一层导硐内不外运，蹬碴作业，再将墙接砌上去；最后将拱顶部分整个施工完后，再除去中间岩石柱。

采用锚喷支护时，两侧导硐可沿全长一次性作业，随掘随喷，然后进行挑顶并完成拱部喷锚工作，最后消除中间岩柱。

两侧导硐施工法主要适用于稳定性较差的松软岩层以及掘进宽、高大于6 m，断面面积在50 m^2左右的硐室。当硐室穿过的是断层破碎带时，两侧导硐的长度不宜超过4 m。

需要指出的是，从安全角度出发，矿井开拓设计中应尽可能地将硐室布置在稳定的岩层中；若经过技术经济比较后，硐室布置在稳定性差的岩层中不可避免，则应采取可靠的技术措施，保证硐室施工安全和工程质量。

11.3.3　硐室支护施工

近年来，光爆、喷锚技术在硐室施工中得到了广泛应用，并积累了一定的施工经验。采用光爆、喷锚作为硐室的永久支护时，应掌握周边孔的孔距及光面层（即周边孔的最小抵抗线）的厚度，应适应围岩的层理、裂隙条件；炸药类型、装药结构和起爆方式应根据实际情况合理选择。这样才能使硐室成形良好，提高支护结构的承载能力。

硐室施工中采用喷锚作为临时支护效果显著，特别是在围岩稳定性差、硐室断面大、工期长，以及相邻井硐密集的条件下，由于省去了种类繁多、结构复杂的临时支护，且喷锚临时支护可作为永久支护的组成部分，效果更为显著。

在一些要求整体性好、需大量预留梁窝和管缆沟槽的硐室以及具有防水、防潮要求的硐室，目前以喷锚网支护为主。

11.4　交岔点设计

井下巷道相交或分岔部分称为巷道交岔点。井下两条水平巷道相交的地点称为平巷（面）交岔点，倾斜巷道（斜井、斜坡道等）与水平巷道相交的地点称为斜巷（面）交岔点，此外还有应用于斜井吊桥车场的立面交岔点，用于行人及采区巷道的立体交岔点等。交岔点的设计除了考虑其形状、规格之外，还应和管道线路布置相结合，进行综合设计。

11.4.1　交岔点类型

平巷交岔点按其结构不同可分为穿尖交岔点和牛鼻子交岔点两大类。

穿尖交岔点一般在围岩稳定坚硬、跨度小的巷道中使用，其最大宽度不大于5 m，巷道转角大于45°。在交岔点的长度范围内，两条巷道为自然相交，相交部分保持各自的巷道断面；拱高不以两条巷道的最大跨度来决定，而是以巷道自身的跨度来决定。因此，碹岔中间断面的高度不超过两条相交巷道中宽巷的高度。由于该类交岔点拱高低、长度短、断面尺寸不渐变，所以工程量小、施工迅速、通风阻力小，也使得设计工作得以简化。需要特别注意的是，在相同的条件下，穿尖交岔点比牛鼻子交岔点的拱部承载能力要小，因而仅适用于围岩坚硬稳定且巷道跨度不大的情况。

牛鼻子交岔点应用广泛，适用于各类岩层和各种规模的巷道，特别适合在井底车场和主要运输巷道中采用。

11.4.2　交岔点设计

巷道交岔点的设计主要在于平面尺寸的确定。交岔点平面设计与平巷相同，区别之处在于交岔点中间断面尺寸是变化的。

11.4.2.1 巷道交岔点平面尺寸的确定

交岔点平面尺寸需根据运输设备的规格、轨道数目、线路连接系统道岔类型、曲线加宽要求、人员通行、通风要求以及有关安全间隙等因素综合确定。常用的三类7种交岔点形式的计算方法，都是按照几何关系推导的。现以单线单开巷道交岔点的尺寸计算为例进行说明(见图11-18)。

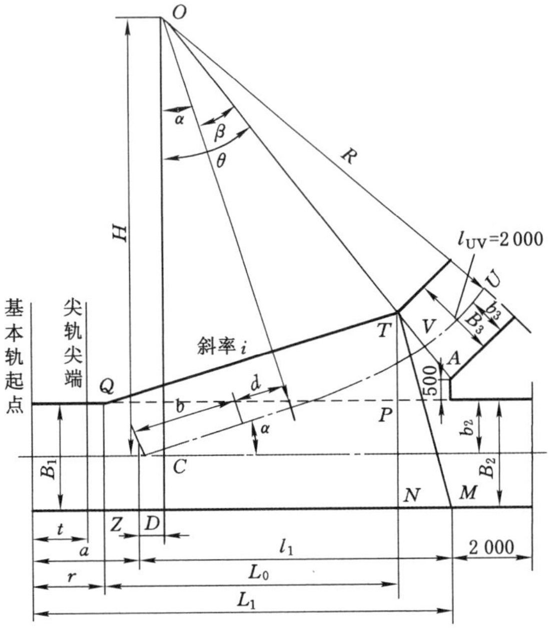

图11-18　单线单开巷道交岔点

作图前，先将交岔点处的轨道连线图绘出。已知数据有：道岔分岔前的水平长度 a，道岔分岔后的斜长 b，道岔连接线的长度 d，道岔的辙岔角 α，巷道断面宽度 B_1、B_2、B_3，线路中心线距碹垛一侧边墙的距离 b_2、b_3，弯道曲率半径 R，沿轨道中心线延伸长度 l_{UV}。交岔点的起点就是线路基本轨起点；交岔点的终点就是从碹垛尖端 A 作垂线垂直于线路中心线所得的交点，再沿线路中心线方向延长2 m处。图11-18中，TN 为交岔点最大断面宽度(最大碹胎尺寸)，TM 为交岔点最大断面跨度，QZ 断面为中间断面的起点，其尺寸等于 B_1 断面。

下面按图11-18推算巷道交岔点主要尺寸的计算公式。

(1) 确定弯道曲线半径中心 O 的位置。只有先确定 O 的位置，才能以 O 为圆心，以 R 为半径画出曲线线路。O 点的位置，距离道岔的横轴长度为 D，纵轴长度为 H。

$$\begin{cases} D = (b+d)\cos\alpha - R\sin\alpha \\ H = R\cos\alpha + (b+d)\sin\alpha \end{cases} \tag{11-5}$$

若 D 为正值，则 O 点在道岔中心右侧，否则 O 点位于道岔中心左侧。

(2) 求交岔点角 θ(OC 与 OA 之间的夹角)。

$$\theta = \frac{H - b_2 - 500}{R + b_3} \tag{11-6}$$

(3) 求碹垛面到岔心的距离 l_1。

$$l_1 = (R + b_3)\sin\theta \pm D \tag{11-7}$$

(4) 求交岔点最大断面处宽度。图 11-18 中，交岔点最大断面宽度 TN、长度 NM、跨度 TM 按下式计算：

$$\begin{cases} TN = B_2 + 500 + B_3\cos\theta \\ NM = B_3\sin\theta \\ TM = \sqrt{TN^2 + NM^2} \end{cases} \tag{11-8}$$

(5) 求从碹垛面到基本轨起点的跨度 L_1

$$L_1 = l_1 + a \tag{11-9}$$

(6) 求交岔点断面变化部分长度 L_0。为了计算交岔点断面的变化，在 NT 线上截取 $NP = B_1$，作出 $\triangle TPQ$，可得 TQ 线的斜率为 $i = TP/PQ$。根据选定的斜率，可得：

$$L_0 = PQ = TP/i = (TN - B_1)/i \tag{11-10}$$

(7) 求交岔点扩大断面起点 Q 至基本轨起点的距离 r。

$$r = L_1 - NM - L_0 \tag{11-11}$$

上述计算的目的在于求得参数：l_1、L_0、r、TN、TM，以便按设计进行施工。其他参数（如 H、D、L_1、NM 等）是为求得上述参数服务的。

应当指出的是，上述计算中斜墙的斜率 i 在标准设计中常用固定斜率。当轨距为 600 mm时，斜率常取 0.25 或 0.30；当轨距为 900 mm 时，斜率常取 0.20 或 0.25。斜墙的斜率一旦选定，斜墙起点位置也随之确定。采用固定斜率的优点在于交岔点内每米长度递增宽度一定，有利于砌碹时碹骨的重复使用。但随着广泛使用锚喷支护交岔点，采用固定斜率的必要性也就降低了。除了采用固定斜率外，也可采用任意斜率，方法有以下两种。

(1) 以基本轨起点作为斜墙起点，斜墙的水平长度 L_0 为：

$$L_0 = l_1 + a - NM \tag{11-12}$$

(2) 以道岔尖轨尖端位置作为斜墙起点，即 $r = t$（t 为道岔悬距）。这时斜墙的水平长度最短，相应地交岔点工程量最小，其值为：

$$L_0 = l_1 + a - NM - t \tag{11-13}$$

11.4.2.2　无轨胶轮车交岔点的布置

根据无轨胶轮车的相关参数，对巷道的斜长、宽度以及高度进行设计，使巷道能够在保证开采要求的情况下实现无轨胶轮车的安全行驶。依据煤矿开采中煤层的布局、辅助运输的实际要求，对巷道的交岔点进行合理设计，避免使用直角转弯方式，交岔点的弯道曲线要尽量的大，这样无轨胶轮车在运输过程中就能够很方便地转弯。

另外，在巷道中要设计安全指示灯以及车辆安全防护，安装监控装置，斜巷道要设计减速带以及缓冲装置，防止无轨胶轮车在运输过程中出现速度失控情况。要设计巷道交岔口、硐室、转弯处的安全标志，考虑到巷道宽度较窄问题，要设置反光镜。煤矿开采中的相关工作人员要配备能够反光的工作服，并且工作时要严格穿戴，这样能够增加人员以及车辆工作的安全性。无轨胶轮车还要对运输中的安全问题进行日常检查，对车辆进行日常维护，使车辆在矿井辅助运输中更好地发挥作用。

11.4.2.3　交岔点设计软件介绍

在平面交岔点设计软件中主要有 3 个界面，分别是巷道选型、巷道参数和支护参数界面。

（1）巷道选型界面

在巷道选型界面中（如图 11-19 所示），有“断面形状”和“交岔点形式”两部分内容。断面形状主要有矩形、半圆拱、不规则形 3 种。交岔点形式主要有三类 7 种，分别是：单开单轨交岔点、单开弯道双轨交岔点、单开直道双轨交岔点、对称单轨交岔点、对称双轨交岔点、无道岔单开交岔点和无道岔对称交岔点。

在使用软件设计时，首先在“断面形状”栏中选择一种断面形状，然后在“交岔点形式”栏中选择一种交岔点形式，最后单击“巷道参数”标签进入巷道参数界面。

（2）巷道参数界面

在巷道参数界面中（如图 11-20 所示），有两种设计基础，分别是“以设备间隙为基础”和“以满足通风为基础”。在以设备间隙为基础时要考虑巷道和轨道的加宽值，在以满足通风为基础时则不需要考虑。

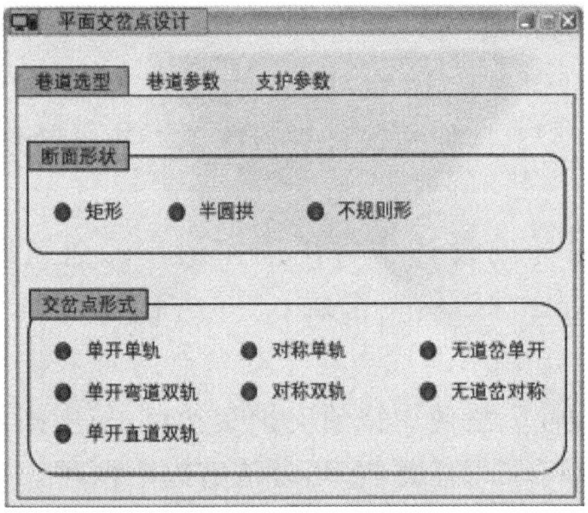

图 11-19　巷道选界面

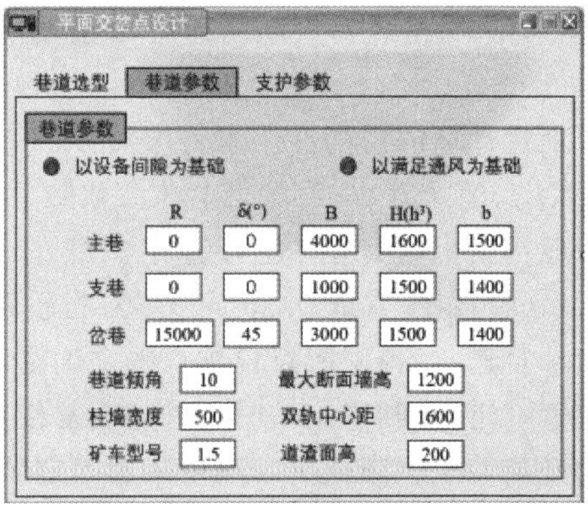

图 11-20　巷道参数界面

为了表述方便，现对交岔点的 3 条巷道作如下定义：分岔前的巷道为主巷；当单开道岔连接或无道岔时，转弯的巷道为岔巷，另一条巷道为支巷Ⅰ；当对称道岔单轨连接时，规定沿道岔方向左边的是岔巷，右边的是支巷；当对称道岔双轨连接时，规定沿双轨方向左边的是岔巷，右边的是支巷。

图 11-20 中的符号具体代表的意义如下：R 表示当断面形状为半圆拱时的半径。δ(°)表示巷道转角。B 表示巷道的净宽。H(h^3)表示当断面形状为半圆拱形时为巷道的墙高，当断面形状为矩形时为栏道的净高，当断面形状为不规则形时为巷道短边的高度。b 表示轨道中心线距巷道帮的距离。在支巷、岔巷中，b 表示靠近柱墩一侧的轨道中心线距柱墩一侧边墙的距离。在主巷中，单开道岔时，b 表示有道岔轨道的轨道中心线距岔角一侧边墙的距离；对称道岔、单轨时，b 表示有道岔轨道的轨道中心线距左侧边墙的距离；对称道岔、双轨时，b 表示有道岔轨道的轨道中心线距双轨侧边墙的距离；对称无道岔时，b 表示左侧轨道的轨道中心线距左侧边墙的距离；单开无道岔时，b 表示岔巷侧轨道的轨道中心线距边墙的距离。

在图 11-20 的下部有巷道倾角、柱墙宽度、矿车型号、最大断面墙高、双轨中心距、道碴面高等参数。当巷道形状选择矩形或半圆拱形时，巷道倾角取 0°，柱墙宽度默认为500 mm；当选择以满足通风为基础时，矿车型号默认为 1.5 t。当巷道形状选择矩形或不规则形时，最大断面墙高值为巷道的净高，且与主巷、支巷、岔巷的净高值一样。当巷道形状选择半圆拱形时，最大断面墙高比主巷墙高可适当降低 300～500 mm。

在使用软件设计时，首先应选择一种设计基础，然后输入相关的参数值，最后单击“支护参数”标签进入支护参数界面。

(3) 支护参数界面

在支护参数界面中(如图 11-21 所示)，有三部分内容：支护参数、道岔型号和结论。“支护参数”栏中包括锚喷、砌筑两种支护方式，还有支护厚度及锚杆和锚索的长度、直径、排距等参数。“道岔型号”栏中有一个输入道岔型号的下拉列表框，还有“左开”“右开”两个单选按钮。“结论”栏中有两个 θ 与 δ 比较的单选按钮和一个“画图”按钮。

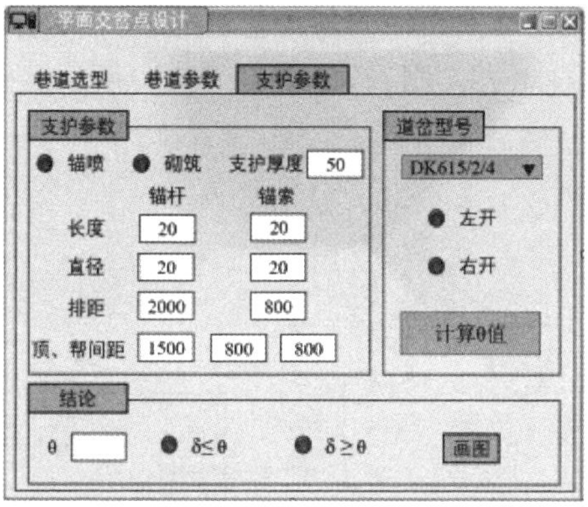

图 11-21　支护参数界面

在使用软件设计时，首先要在“支护参数”栏中选择一种支护方式，并输入支护厚度及锚杆和锚索的长度、直径、排距等参数，然后在“道岔型号”栏中选择一种道岔型号及左、右开方式，单击“计算 θ 值”按钮，便会在“结论”栏中得出 θ 值(θ 表示曲轨的圆心和斜墙末点的连线与垂直方向的夹角)，然后再进行 θ 与 δ(δ 表示巷道的转角)的比较，最后单击“面图”按钮即可。

11.5　交岔点施工

11.5.1　交岔点施工特点

交岔点与巷道相比不但断面大，而且中间断面的高度是变化的，这就要求在交岔点施工过程中，要根据围岩的稳定性，选择合适的施工方法和支护形式。只要条件允许，尽量做到全断面掘进一次成巷，或尽量缩短掘进间隔时间，以防止围岩松动。有时在井底车场中，为了服从施工总组织的安排，加速连锁工程的施工，当岩石条件较好时，可以允许先掘其中一支巷，然后再在前面巷道掘进的同时，对交岔点进行刷大和支护；不过此时的刷大和支护工作应不影响前面巷道的施工，以保证连锁工程的连续与快速施工。目前，全国大多数煤矿的交岔点施工广泛采用光面爆破和锚喷支护，不但提高了交岔点施工的速度，而且提高了交岔点支护的质量。

11.5.2　交岔点施工方法

交岔点的施工方法多种多样，下面主要介绍几类常用施工方法。在实际施工中，施工方法应根据围岩条件、断面大小、施工设备和施工技术等具体情况灵活运用。

11.5.2.1　全断面掘进法

交岔点所在区域围岩稳定时，可采取综掘机掘进配合锚喷支护的施工方法。巷道断面较大时，可先掘出一支巷道，并对边墙进行锚喷，余下的周边围岩喷 30～50 mm 厚混凝土（围岩条件差时，可打锚杆）作为临时支护，然后分段刷帮挑顶，随即进行锚喷。

11.5.2.2　刷帮扩大法

如果交岔点所在区域围岩稳定性较差，可采用先掘砌柱墩，再刷砌扩大断面的方法。具体做法有两种，一种是：由主巷向支巷方向掘进，随掘随砌边墙，掘通后以小断面横向掘出岔口，并将支巷掘出一部分，再将柱墩砌好，然后刷砌扩大断面，如图 11-22(a)所示。另一种是：先由支巷掘至岔口，然后以小断面横向与主巷贯通，将柱墩处的拱墙砌好，随后边掘边砌主巷，主巷完成后反过来向柱墩方向刷砌，如图 11-22(b)所示。

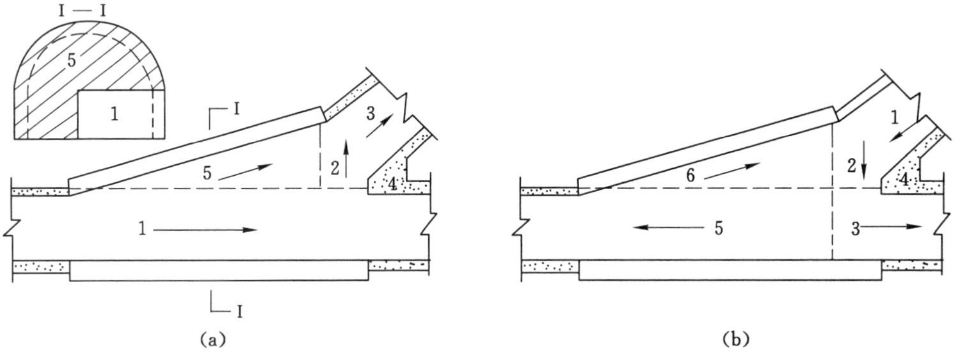

图 11-22　先掘砌柱墩、再刷砌扩大断面施工方法（1～6 为施工顺序）

11.5.2.3　掘导硐法

如果交岔点所在区域围岩稳定性差，为防止围岩暴露面积过大，可采用导硐施工法。如图 11-23 所示，先以小断面导硐，将交岔点各巷口、柱墩和边墙掘砌好，然后从主巷向岔口方向挑顶砌拱；从加快施工速度和安全角度出发，中间岩柱待交岔点刷砌完成后，最后用放小炮的方法除去。需要指出的是：当交岔点位于一些松软或特别破碎的岩层中时，由于地应力大，采用刚性支护容易失败，永久支护应采用可缩性 U 型钢支护、锚喷网支护以及锚喷网与其他支护的混合支护；若顶板在爆破后易冒顶，应采用超前锚杆支护维护顶板。

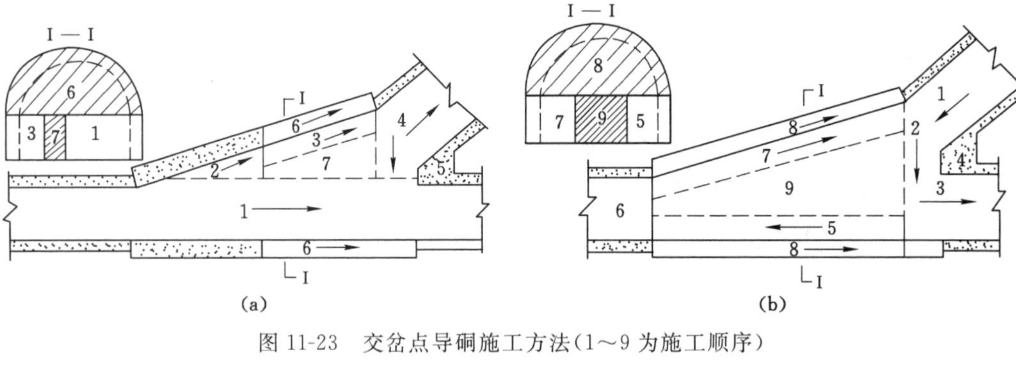

图 11-23　交岔点导硐施工方法（1～9 为施工顺序）

11.6　思考题

1. 井下常见的硐室有哪些？试举例说明。
2. 主水泵房的组成有哪些？
3. 井底煤仓可分为哪些形式？
4. 无人值守变电所的环境监测技术包括哪些？
5. 煤矿井下无人值守水泵房网络监控系统由哪几部分构成？
6. 硐室施工方法有哪几类？各自的适用条件如何？
7. 试述正台阶工作面施工法的特点。
8. 简述交岔点的分类。
9. 平面交岔点绘制软件的主要界面有哪些？

第12章 特殊条件下的井巷工程

内容提要 特殊条件下的井巷工程是指在高地应力地层中、围岩松软且具有膨胀性、自稳能力极差或具有煤与瓦斯突出危险的区域进行巷道施工建设。特殊条件下的巷道在施工中虽然掘进比较容易,但支护困难,维护更加困难。采用常规施工方法、支护形式和支护结构,往往不能奏效,导致施工成本增加,维护费用极高。多数巷道处于多次返修、多次扩刷、多次支护的境地。特殊条件下的巷道施工与维护问题已日益加剧,并成为影响和制约我国煤炭工业发展的重要因素之一。本章精选6个特殊条件下的井巷工程施工案例,介绍特殊条件下的井巷工程施工技术。

12.1 富水弱胶结岩石地层智能化建井技术

陕西延长石油榆林可可盖煤矿位于毛乌素沙漠南缘的陕西省榆林市,煤层赋存地层为西部典型的富水弱胶结岩石地层。可可盖煤矿作为陕西延长石油矿业公司在“十四五”期间煤炭整体产能达到50.0 Mt/a,并形成千万吨智能化煤矿集群的核心支撑,为推动智能化矿井建设高质量发展、缩短建井周期、保障煤炭能源供给,采用斜井-竖井联合开拓方式。

为此,可可盖煤矿提出了智能化矿井建设理念,确定了主副斜井采用敞开式TBM掘进,进回风竖井采用竖井钻机钻井的建设方案,探索了全矿井机械破岩智能化建井模式,为我国西部富水弱胶结岩石地层中煤矿安全开发提供全矿井机械化智能建设模式和技术路径。

12.1.1 工程概况

可可盖井田内风积沙覆盖面积大,地势整体西高东低、北高南低,海拔+1 241～+1 282 m,一般相对高差5～10 m,最大相对高差41 m。根据井田勘探报告和井筒检查孔资料,井田地质构造简单且井田内未发现断裂和褶皱构造,地层倾角小于1°;岩石的耐磨性指数在1.05～2.88,属极低耐磨性等级;岩石抗压强度多在50 MPa以下,抗剪与抗拉强度则更低,地层岩石可钻性较好。可可盖井田地表全部被第四系松散沉积物覆盖,主要由第四系全新统风积沙、上更新统萨拉乌苏组与中、下更新统黄土组成;钻孔揭露的地层自上而下为第四系、白垩系下统洛河组、侏罗系中统安定组、直罗组和延安组地层;白垩系洛河组为富水性中等的间接含水层,侏罗系直罗组为富水性弱的裂隙承压含水层。

12.1.2 西部全岩地层竖井钻机钻井工艺

针对我国东部富水深厚冲积地层的特性,竖井钻机钻井技术及装备不断发展,通过悬垂减压钻进、泥浆护壁、反循环排渣、井壁悬浮下沉和壁后充填固井的钻井工艺,形成了大直径井筒“一扩成井”、小直径井筒“一钻成井”的全断面一次钻进技术和装备，竖井钻机钻井实现井下无人化施工。

12.1.2.1　竖井“一钻完井”工艺的提出

我国中东部富水冲积地层采用“一扩成井”和“一钻成井”技术和工艺，在穿过深厚冲积地层后破除井壁底，再采用普通法掘进下部岩石地层。可可盖煤矿中央进风井利用 ZDZD-100 重型工程钻机“一扩成井”，中央回风井利用 AD130 竖井钻机“一扩成井”，待钻至井筒设计深度后，无须破除井壁底进行井筒延伸，仅从井壁侧面凿开并与井下巷道连通。因此，可可盖煤矿钻井技术从钻井工艺上讲属于“一钻完井”的钻井法凿井。

为实现全矿井机械破岩智能化建井，提升建井智能化水平，完善“一扩成井”智能化钻井工艺，可可盖煤矿通过研发适用软弱基岩地层的大型竖井钻机与配套装备，攻克全岩地层掘进偏斜控制、高效钻进与低固相泥浆排渣协同控制、井壁节预制与快速焊接、井壁悬浮下沉与壁后充填固井智能监控等难题，以保障西部地区弱胶结岩石地层竖井钻机高效钻井。

12.1.2.2　厚风积沙地层钻井基础施工工艺

由于第四系萨拉乌苏组地层松散砂层厚、承载能力极差、无法为大型竖井钻机钻井提供稳定基础，因此，可可盖煤矿提出了 MJS 高压旋喷桩施工方案（见图 12-1）。在井筒钻进施工前，对井筒第四系上部砂层进行帷幕加固处理，即在井中心直径 10.7 m 圈径上布置桩径 1 500 mm、搭接长度 510 mm、桩长度 30 m、数量 34 根的 MJS 高压旋喷桩，引孔直径275 mm，引孔深度 31 m。根据目前桩基施工工艺、技术及工期要求，采用引孔钻机＋MJS 高压旋喷钻机进行旋喷桩成孔施工，形成承载止水帷幕，保证钻机钻架基础的稳定。

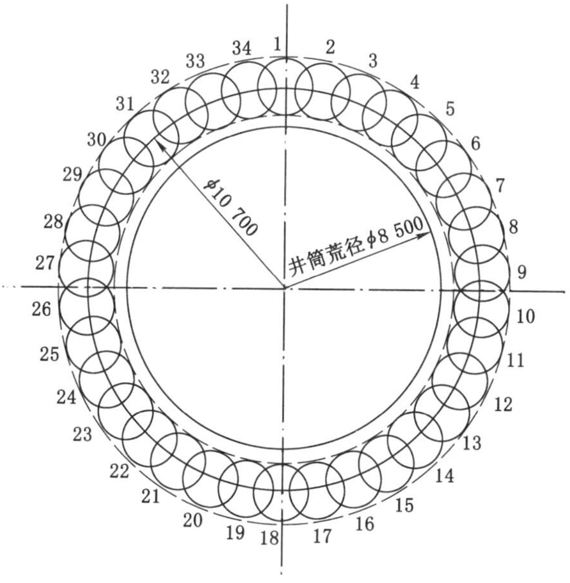

图 12-1　MS 高压旋喷桩施工方案

12.1.3 竖井钻机钻进与井壁沉装关键技术

12.1.3.1 竖井钻机机械破岩与钻进技术

高效机械破岩和精准钻进技术是钻井法凿井的关键技术之一，机械破岩的效率决定了钻进的速度。根据可可盖煤矿地质报告初步分析，第四系萨拉乌苏组和离石组地层属于不稳定地层，遇水或失水都极易失稳，白垩系、侏罗系地层属于水敏感性地层，遇水容易软化、沙化；井筒穿越地层在高地应力作用下易发生蠕变流动，将可能导致井眼缩径、泥包钻头、卡钻等问题。可可盖煤矿中央进风竖井采用“一钻成井”工艺，中央回风竖井采用“一扩成井”工艺，下面重点介绍回风竖井 AD130 竖井钻机“一扩成井”的机械破岩与钻进技术。对于回风竖井的竖井钻机“一扩成井”技术和工艺而言，超前钻孔为整个钻井施工中至关重要的一个环节，其钻孔质量直接关系到后续扩孔钻进精度并保障井筒有效断面。AD130 竖井钻机的直径4.2 m超前钻头采用大锥角刮刀钻头与平底滚刀钻头钻进，装刀量 26 把，钻头重力3 800 kN，钻压 1 120～1 200 kN，单刀破岩能力达 46 kN，不仅有效提高了单刀钻压，而且在大钻压快速破岩基础上还能保证钻孔垂直度；在超前钻孔成形的基础上，直径 8.5 m 扩孔钻头采用大锥度滚刀扩孔钻头结构、台阶式组合形式等措施，扩孔钻头装刀量 36 把，并加大钻头组装重力达到 3 800 kN，钻压 1 120～1 440 kN，单刀破岩能力达 40 kN，钻压控制在钻头配重的 40%以内，转速控制在 4～10 r/min。竖井钻机钻头结构如图 12-2 所示。可可盖煤矿在通风竖井钻井法凿井过程中，无论是“一扩成井”还是“一钻成井”，均根据地层变化和进尺情况，分析了钻进压力、旋转扭矩、旋转转速的最优组合模式，以及钻头破岩的能量和泥浆循环携渣量的关系，从而实现了随钻确定匹配井筒直径与围岩特性的最优钻进参数。

12.1.3.2 低固相泥浆洗井排渣和临时支护技术

泥浆是冲洗工作面、携带钻渣、冷却钻头、提供井壁下沉浮力的介质，也是平衡地压、临时稳定井帮的重要介质。在钻井刀具破岩钻进过程中，洗井排渣速率需要和破岩速率相匹配，以保证破碎的岩渣及时排掉，避免重复破碎并减小刀具磨耗；同时井内泥浆在钻进过程中形成的泥皮对井帮稳定性具有重要作用。因此，排渣技术与泥浆材料性能是决定钻井成败的关键技术之一。针对可可盖煤矿进回风井地质条件和工程场地条件，经研究确定了钻井泥浆控制措施，主要有以下三个主要方面：

（1）基于井筒穿越地层特征的泥浆性能要求。可可盖煤矿第四系松散地层在锁口施工时采用高压旋喷桩进行帷幕处理，没有塌孔之忧；白垩系下统洛河组地层要求泥浆有较高的黏度以封堵渗漏和较低的固相含量以防发生假缩径；侏罗系中统安定组地层要求泥浆彻底堵住上层洛河组和破碎带的渗漏；侏罗系中统直罗组地层要求泥浆有绝对小的失水量以保证井帮的长期稳定；侏罗系中下统延安组要求保持泥浆在直罗组时的优良性能。

（2）泥浆参数设计。第四系上部松散砂层无造浆能力，故在钻进施工前配置优质泥浆，采用膨润土、纤维素和纯碱配制的泥浆，其密度为 1.05～1.08 g/cm^3，并将用于钻进时洗井循环的泥浆沉淀池和补充的临时储浆池、造浆池储满。在第四系下部地层和泥岩、砂质泥岩和泥岩互层等岩石地层钻进过程中，结合钻进速度、携渣量和泥浆参数的实时检测和分析，在泥浆中不断加入膨润土、纯碱、广谱护壁剂和磺化褐煤来保持泥浆参数的稳定，而当泥浆黏度过高时应及时排浆和加水。

（3）泥浆循环量设计和泥浆净化。竖井钻机钻井前在进回风竖井井口附近分别建造 1

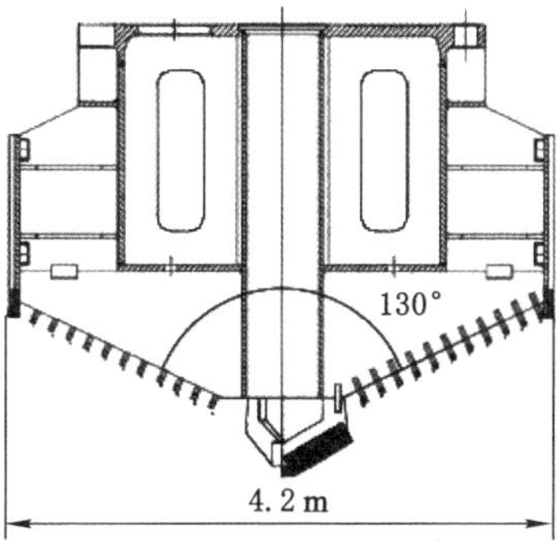

(a) 直径 4.2 m超前钻头结构

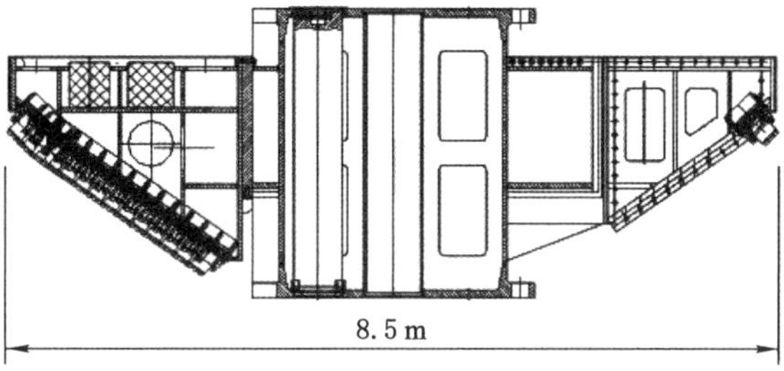

(b) 直径 8.5 m扩孔钻头结构

图 12-2　竖井钻机钻头结构示意图

个 600 m^3 储浆池、2 个 20 m^3 的造浆池，用于泥浆配制和储备使用，各井口分别选用 4 台阿特拉斯 GR200 螺杆空压机，其中 1 台备用。为提高钻进速度，设计泥浆循环量为 1 200～1 500 m^3/h；泥浆初步净化利用泥浆三级沉淀池将大颗粒岩屑（粒径大于 1 mm 的岩渣为主）沉淀并清捞外运，初步净化过的泥浆通过泥浆泵送至泥浆净化设备进行二次净化。

12.1.3.3　预制井壁快速连接与稳定下沉技术

通过研究井壁悬浮下沉工艺，以及井壁悬浮下沉过程中井壁整体竖向稳定性控制、井壁快速连接找正、井壁节实时定位、悬浮下沉偏斜控制等技术，并根据可可盖煤矿竖井工程具体井筒直径和深度条件，对井壁竖向整体稳定性和局部稳定性进行验算，提出了井壁配重水加载方案，保障井筒偏斜率符合国家规范要求。大直径竖井钻机钻井井壁悬浮下沉工艺流程，如图 12-3 所示。

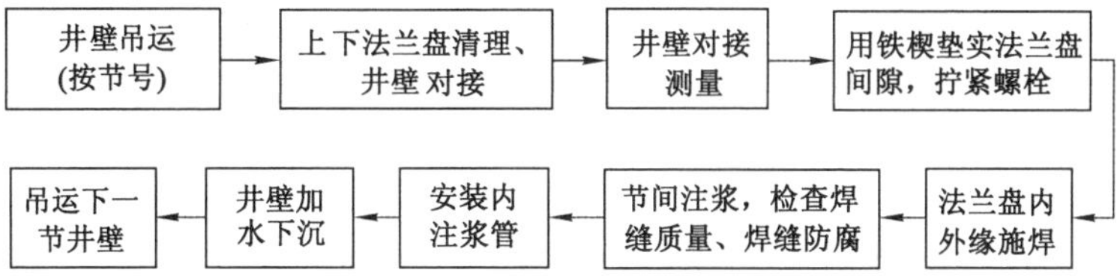

图 12-3　井壁悬浮下沉工艺流程图

通过技术调研、对比和分析计算，初步确定了可可盖煤矿大直径竖井钻井法井壁悬浮下沉技术和工艺要求。首先将井壁底吊至井口，对准临时锁口中心缓慢下放，使支撑梁落在临时锁口上，并将支撑梁找平垫实；上、下两节井壁上对接时，压在下节井壁上的重力不得超过其钢梁的最大承载力。

井壁对接找正，使中心线与井壁上下法兰盘米字线中心重合，然后采用可装换的 24 个螺栓连接，两节井壁之间的间隙采用铁楔垫实，铁楔间距不应大于 200 mm；节间间隙超过 5 mm时，其周圈采用圆钢或者扁钢垫焊；在上下法兰盘焊接时，若间隙过大，则需加圆钢填塞，焊缝高度不应小于 10 mm，焊缝表面焊波应均匀，外观检查不得有裂纹、夹渣和针状气孔等缺陷。井壁节间注浆时，浆液凝固后单轴抗压强度应不小于 25 MPa，浆液的结实率应大于 95%。法兰盘外缘焊缝经检验合格并冷却后，应在焊缝上下各不小于 100 mm 的宽度内均匀涂抹防水防腐涂料。法兰盘接缝进入泥浆 1 m 左右时应停止下沉，经检查接缝处无漏水现象后方可继续加水下沉。

12.1.3.4 钻井井壁后充填与无损探测技术

为确保钻井井壁后注浆充填固井质量，对悬浮下沉井壁后充填材料、充填工艺、充填段高划分、二次注浆壁后注浆充填效果检查和监测手段进行研究，制定了可可盖煤矿通风竖井钻井法凿井壁后充填固井技术方案与风险防治措施。

（1）壁后充填原则。井筒扶正后应禁止向井筒内追加配重水，采用动态平衡法进行井壁后充填，确保偏斜在控制范围之内；第 1 段高水泥浆充填时单位时间增加的浮力采用向井筒内加入相应的配重水进行平衡，既防止井筒因加入过量的配重水而失稳，又保证井筒偏斜率小；壁后充填第 1 段高采用内管充填，其余段高采用外管充填。

（2）壁后充填段高划分。充填总高度 535 m，共划分 7 段充填；第 1 段高 70 m，采用水泥浆充填，其余段高均为 77.5 m，采用水泥砂浆充填。

（3）水泥砂浆充填材料设计。充填材料与所置换的泥浆的密度之差与井筒壁后充填质量成正比，充填材料密度越大越好；设计的新型充填材料每立方米配比为：水 215 kg，水泥 690 kg，中细砂 1 050 kg，粉煤灰 140 kg，泵送剂 6.7 kg，密度 2.1 g/cm^3。

（4）壁后检查。井筒固井结束即钻井工程施工结束，随后的工作依据《煤矿井巷工程质量验收规范》(GB 50213—2010)对壁后充填质量进行检查。井壁预制时，已依据井壁设计图纸在井壁内预埋检查管和锅底预留 4 个注浆管，壁后检查可利用预埋检查管进行，同时配以无损探测技术对固井质量进行综合评价。

通过西部富水弱胶结岩石地层竖井“一钻完井”工艺，研发了大直径全断面钻头结构、稳定钻杆、大型门式起重机以及竖井钻机高效集中控制系统，攻克了竖井钻机配套大型门式起重机安装、起下钻智能控制、弱胶结岩石地层竖井钻机高效钻进与低固相泥浆排渣协同控制等关键技术，制订了预制井壁质量管控、井壁悬浮下沉与壁后充填固井等智能监控方案，实现了竖井钻机在西部富水弱胶结岩石地层大直径井筒高效钻进。可可盖煤矿回风竖井 ϕ4.2 m 超前钻孔钻进深度为 416 m，最高日进尺为 11.5 m；进风竖井 ϕ8.5 m 扩孔钻进深度为 221 m，最高日进尺 10.8 m；取得了我国钻井法凿井“走出中东部，走向西部”的重大突破。

12.2 深部矿井井底车场底鼓治理技术

随着浅部煤炭资源的逐渐枯竭，深部开采已成为煤炭资源开发的常态。我国处于 1 000 m以深的煤炭资源约占煤炭资源总量的 53%，对我国未来经济社会发展起到重要的保障作用。由于埋藏较深的煤岩体赋存于“高压、高温、高渗透”的复杂环境，以及受到煤炭资源开采带来的“强时效、强扰动”等影响（三高两强），深井巷道围岩变形严重。

据不完全统计，我国煤矿每年向深层、复杂区域开采新增巷道达 800 km 以上，并且有大量已掘巷道因支护失效破坏严重需修复加固，尤其对于深井巷道，在各种因素叠加影响下，存在顶板冒落、两帮变形量大、底鼓严重等问题，采用传统的单一支护技术，很难保证巷道的长期稳定。

12.2.1　工程概况

中煤大屯煤电公司孔庄煤矿Ⅳ水平井底车场埋深达到 $-1\ 051.5$ m，从矿井地质钻孔实测柱状图来看（见图 12-4），岩层多数情况下呈现出 5～50 cm 厚度的薄层状分布，经过多次构造回转，稳定性较差。孔庄煤矿Ⅳ水平井底车场所处 $-1\ 015$ m 水平地层为二叠系船山统山西组，围岩成分主要由灰色、深灰色铝质泥岩、泥岩、砂岩组成，岩性较差，岩石硬度系数平均小于 3。因此，马头门、水仓等重点工程施工 2 年多来，巷道变形和底鼓并未停止，局部地段底鼓突出，如井底车场区域巷道底鼓近 1 m，马头门区域巷道两帮收敛超过400 mm，浇筑的 600 mm 厚混凝土多处出现帮顶贯穿性裂缝，局部已表现为碎裂弱承载性松散块体，整体呈现出结构失衡，严重威胁到Ⅳ水平的开拓延深和安全。本节结合大屯煤电公司孔庄煤矿Ⅳ水平井底车场区域进行反底拱锚固梁控制底鼓现场试验，介绍深部矿井井底车场底鼓治理技术。

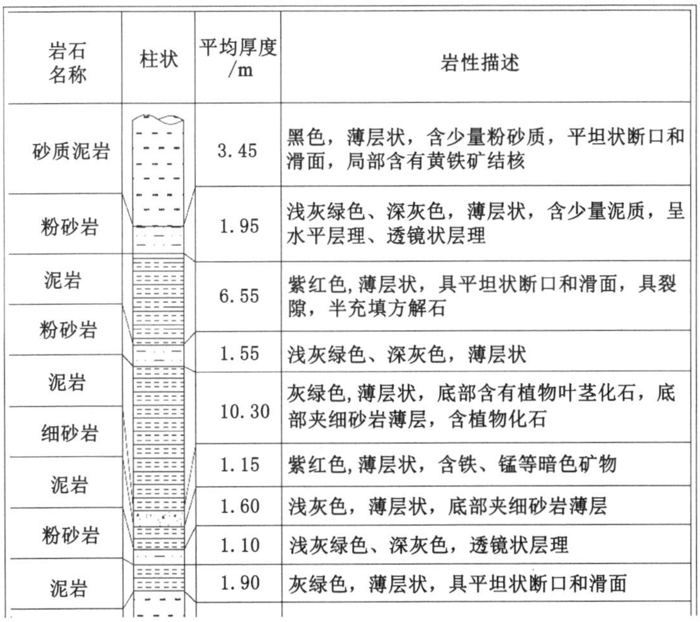

图 12-4　孔庄煤矿 $-1\ 015$ m 水平底板地质综合柱状图

孔庄煤矿采用原孔位多次应力解除地应力测试法对 $-1\ 015$ m 水平井底车场区域进行地应力场实测，分别在 1 号基准孔、2 号校验孔和 3 号推广孔进行了 3 次、1 次和 2 次共计 6 次实测工作，测试数据如表 12-1 所示。

表 12-1 钻孔实测地应力值

项目类别		测试孔编号					
		1-1#	1-2#	1-3#	2#	3-1#	3-2#
垂直应力 σ_v/MPa		35.8	23.3	23.2	22.7	32.2	24.0
距巷道表面深度/m		7.39	9.67	11.56	9.79	8.97	10.96
最大水平主应力 σ_1/MPa	数值	35.7	45.4	30.9	32.7	32.8	31.5
	方位/(°)	144.7	99.4	268.1	98.4	93.0	210.3
	倾角/(°)	86.4	−49.5	−4.3	−54.87	−0.15	−57.4
中间水平主应力 σ_2/MPa	数值	32.4	24.2	22.3	17.3	27.8	22.9
	方位/(°)	89.0	40.6	72.8	−83.5	−2.8	78.9
	倾角/(°)	2.1	9.4	−16.2	8.88	−8.3	−22.9
最小水平主应力 σ_3/MPa	数值	20.1	10.8	19.8	16.6	26.9	21.2
	方位/(°)	181.1	278.3	197.1	186.3	167.1	159.1
	倾角/(°)	−2.9	39.0	−77.1	4.63	−81.6	31.1

由表 12-1 可看出，孔庄矿－1 015 m 水平井底车场区域的最大水平应力值为 30～33 MPa，应力方向为东西向；最小水平主应力值为 15～20 MPa，方向为南北向；井底车场巷道沿南北布置，与最大水平主应力垂直。结果表明，在孔庄矿－1 015 m 水平井底车场水泵房区域围岩应力受构造应力影响较为显著，最大应力为水平方向的应力。

12.2.2 底板加固原则及流程

（1）底板刷卧成反拱弧状。

（2）对巷道底板进行注浆加固。

（3）底板施工反底拱＋锚索（锚杆）支护。

（4）底板浇筑混凝土地坪处理。

混合井筒北侧 8.25 m（图 12-5 中 B 段）底板卧底最大深度为 2.11 m，其余 29.65 m（图 12-5 中 A 段）底板卧底最大深度为 0.81 m；井筒南侧 8.25 m（图 12-5 中 C 段）为摇台安

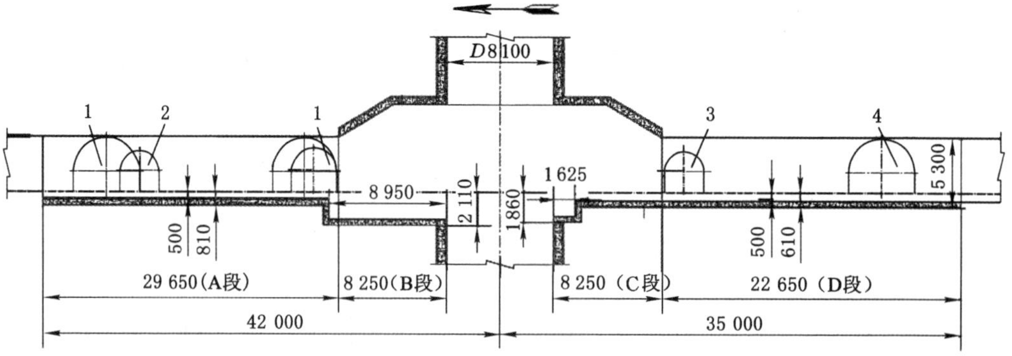

1—机电硐室；2—北行人道；3—南行人道；4—降温通道。

图 12-5 马头门底板加固区域示意图

装段，底板卧底最大深度为 1.86 m，其余 22.65 m(图 12-5 中 D 段)底板卧底最大深度为 0.81 m。加固方案中各工序施工流程如图 12-6 所示。

图 12-6　马头门底板加固方案施工流程

12.2.3　马头门区域底板支护方案及参数

(1) 底板刷卧及马头门帮部基础加固

① 底板刷卧形状：整个马头门区域底板刷卧形状均为反弧形，反弧半径为 8 300 mm。

② 底板刷卧量：按照图 12-7 所示进行底板刷卧，巷道 A 段、D 段底板最大刷卧量为 0.81 m，帮部墙脚刷卧量为 200 mm；巷道 B 段底板最大刷卧量为 2.11 m，帮部墙脚刷卧量为 2.0 m；巷道 C 段底板最大刷卧量为 1.86 m，帮部墙脚刷卧量为 1.25 m。

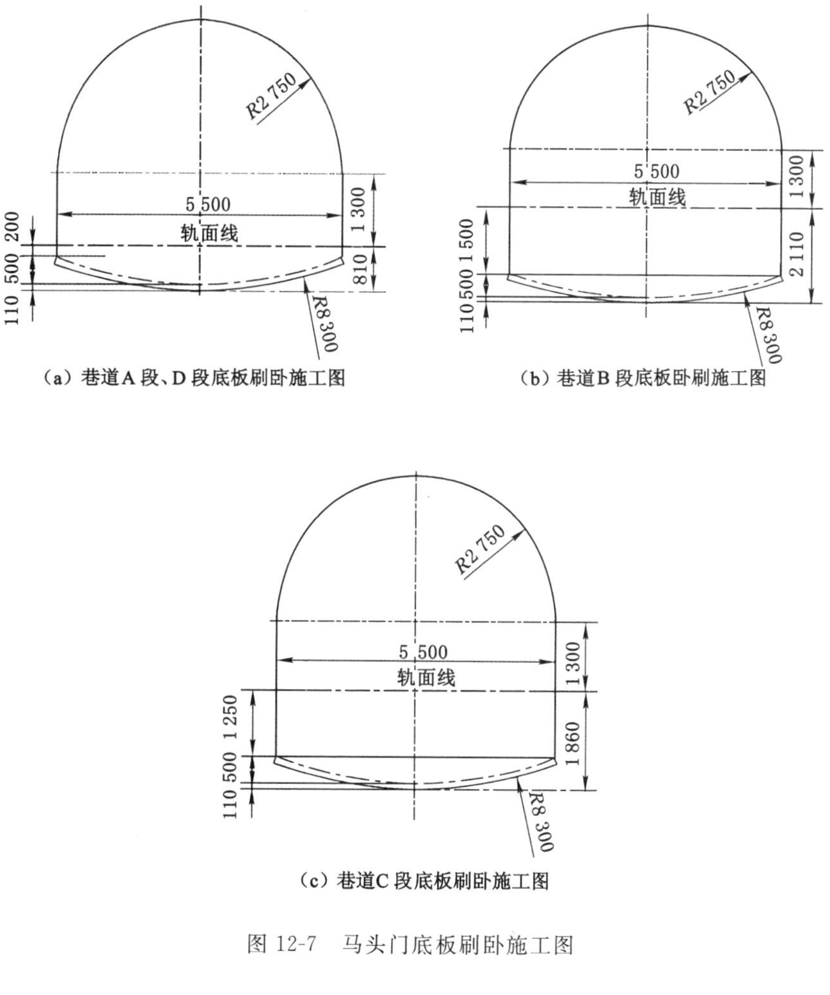

图 12-7　马头门底板刷卧施工图

③ 刷卧井筒南北两侧 10 m 范围内时，必须对马头门浇筑的 650 mm 厚帮部进行保护处理，对墙脚开挖后需及时支设模板，浇筑钢筋混凝土，钢筋布置要求和混凝土要求与马头门设计要求相同。

（2）底板注浆加固

① 注浆参数。底板注浆孔深度为 2 400 mm，每个断面布置 2～3 孔，注浆孔间排距为 1 300 mm×800 mm，注浆压力不大于 1.5 MPa。底板注浆孔布置情况如图 12-8、图 12-9 所示。

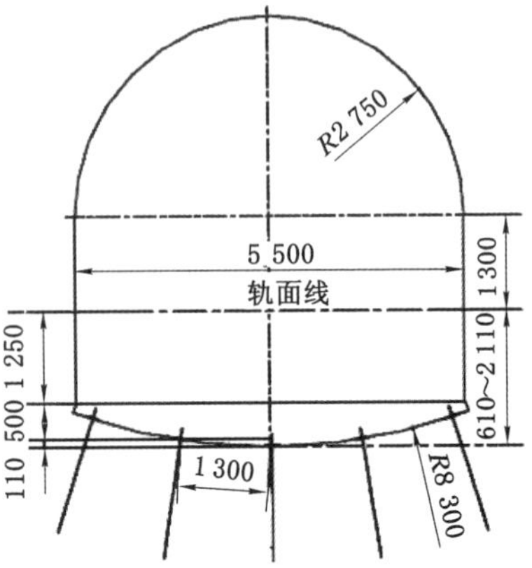

图 12-8　底板注浆孔布置平面示意图

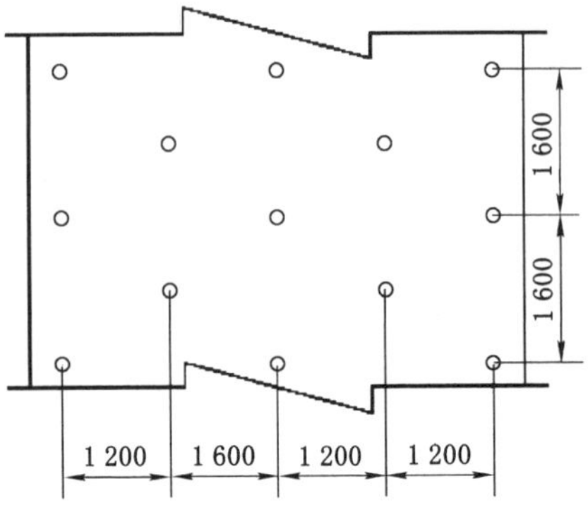

图 12-9　底板注浆孔布置剖面示意图

② 注浆材料和浆液水灰比。注浆材料采用 42.5 级硫铝酸盐快硬水泥或化学浆液。若采用硫铝酸盐快硬水泥，水灰比为 1∶0.8～1（质量比）。

③ 注浆锚杆。注浆锚杆长度为 1 800 mm，采用外径 22 mm、壁厚 1.8 mm 冷拔无缝钢管制成，钢管底端砸成扁状；沿钢管底端 1 200 mm 长度范围内成十字交错开孔 6 组，孔径 6 mm，孔间距 200 mm；封孔深度为 400 mm。注浆锚杆加工图如图 12-10 所示，也可采用矿方现在正在使用的注浆锚杆，并进行后期锚固。

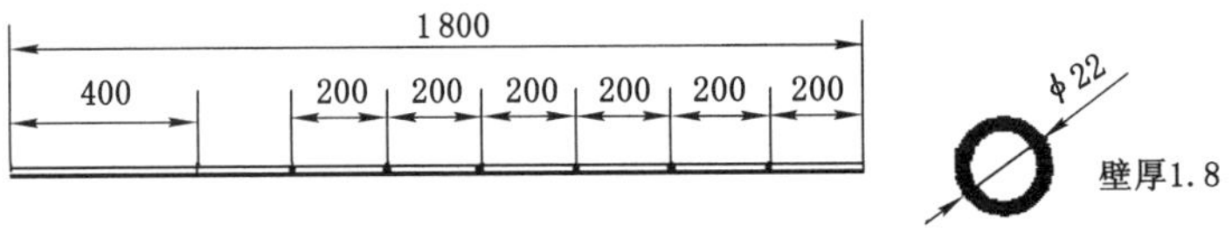

图 12-10　底板注浆锚杆加工示意图

④ 施工注意事项。施工时考虑到在底板施工，施工难度较大，注浆孔角度可以有 15°的偏差。施工过程中要防止岩屑堵孔，孔深要符合设计要求；要防止跑浆漏浆，发现后及时处理。

（3）反底拱＋锚索（锚杆）支护

① 反底拱材料及规格：采用 11 号矿用工字钢横向轧制反底拱梁，工字钢原料长度为 5.62 m，轧制半径为 8.3 m，拱高为 0.5 m；梁上自正中按 1.3 m 等间距开孔 5 处，孔径 32 mm，并磨圆倒棱，保持孔边缘光滑，如图 12-11 所示。

② 反底拱锚固梁上锚杆和锚索的托盘规格：尺寸为 250 mm×250 mm×16 mm 的厚钢板，在钢板中间开一个圆孔，圆孔直径为 32 mm，并进行磨圆倒棱处理，保持孔边缘光滑。

③ 反底拱上锚杆规格：尺寸为 20 mm×2 200 mm 的等强度锚杆，锚杆的间排距为

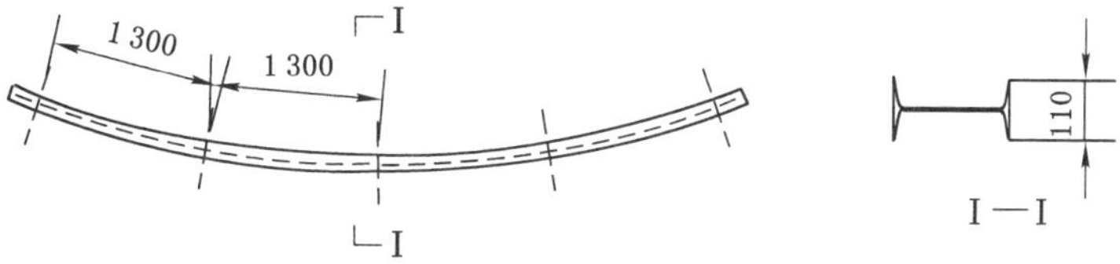

图 12-11 工字钢反底拱梁加工图

1 300 mm×1 600 mm；巷道的每个断面施工 5 根锚杆，反底拱上施工的锚杆应垂直于反底拱梁，锚杆孔深为 2.2 m；每个锚杆孔采用一个 Z2380 树脂药卷，锚杆的预紧力矩要小于 200 N·m。

④ 反底拱锚固梁上锚索规格：尺寸为 21.8 mm×6 200 mm 的锚索，锚索的间排距为 1 300 mm×1 600 mm；巷道的每个断面布置 5 根锚索，反底拱上施工的锚索应垂直于反底拱梁，锚索孔深为 6.2 m；每个锚索孔采用两卷 Z2380 树脂药卷，锚索的预紧力矩不小于 10～15 kN·m，锚索外露长度为 150～200 mm。底板锚杆、锚索加固布置示意图参见图 12-8。

底板施工完反底拱锚固梁后，便浇筑混凝土，铺上道碴，混凝土的强度等级为 C20、厚度为 200 mm，弧形空间内布置推车机、摇台或预置硅石。

12.2.4 控制效果

孔庄矿在没有施工反底拱锚固梁之前，Ⅳ水平井底车场马头门区域的底板变形量十分严重，现场虽经过多次扩刷卧底，但都没有从根本上控制住底板的大变形破坏，且由于Ⅳ水平的埋深较大，井筒为混合井筒，断面也较大，底板经过多次扩刷已经严重影响井筒井壁的稳定性。然而在施工反底拱锚固梁配合深浅孔注浆等综合控制手段后，迄今孔庄Ⅳ水平井底车场的治理时间已长达 3 年左右，底板变形量已完全控制在安全范围内，表明反底拱锚固梁综合控制技术能够控制住深井软岩静压巷道的底板大变形等问题。如图 12-12 所示。

图 12-12 实施反底拱锚固梁 2 年后的底板支护效果图

12.3 深部大断面复合顶板巷道支护技术

随着锚杆支护技术的发展以及综合机械化掘进设备的应用，煤层巷道所占巷道比重越来越大。随着大采高工作面的推广应用和采掘重型设备的应用，回采巷道断面由原来的 10～15 m^2 增加到 18～20 m^2，甚至更大。回采巷道断面的增大主要是巷道宽度的增大，由原来的3.0～4.5 m增加至5.0～6.0 m。巷道宽度的加大导致巷道变形量、顶板离层量加大及支护体破坏等问题，严重影响了煤矿安全生产。

12.3.1 支护原理与技术

巷道支护的本质是采用不同的支护构件，配合关键技术参数，改善围岩的应力状态与力学性能，使支护构件能够与围岩形成相互协调、共同作用的承载系统，最大限度地发挥围岩自身的承载能力。在充分认识深部大断面复合顶板煤巷变形破坏机理基础上，优化巷道断面形状及尺寸，提出具有针对性且经济、有效的巷道围岩控制对策，对于实现煤炭资源的安全、高效开采具有重要意义。为了保证深部大断面复合顶板煤巷的稳定，应从以下几个方面进行考虑。

(1) 巷道断面形状应能够均匀受力，避免局部应力集中。不同的巷道断面形状，具有不同的受力状态。对于梯形和矩形巷道而言，在巷道顶角处易出现应力集中，不利于围岩的控制；圆形巷道围岩受力较为均匀，有利于围岩的稳定，但其施工存在一定难度，可选择半圆拱形巷道或圆弧拱形巷道。在巷道断面选择时应充分考虑其用途和使用时间，还要考虑施工的难易程度，结合巷道埋深、围岩岩性、地质构造等因素，选择合理的断面形状和尺寸，改善巷道围岩应力状态，从而降低支护结构的有害受力，使巷道均匀承载。

(2) 不同的支护结构物应能够相互协调、优势互补。在巷道支护形式选择时，应坚持“长短结合、强弱结合、疏密结合”的原则，充分发挥各个支护构件的优越性能。如采取锚杆、锚索协调支护，发挥其强初撑、急增阻、高工作阻力的优点，改善围岩力学特性；合理增加锚杆长度，充分发挥其高延伸率的特征；锚索具有锚固深度大、承载力高的特点，可适当提高其张拉预紧力，从而提高其对围岩的主动控制效果，充分调动深部稳定围岩承载；锚杆与锚索布置在不同的层位形成多层次支护，保证顶板岩梁的连续性，消除复合顶板中不稳定软弱夹层的影响。

(3) 坚持“顶帮协同控制”的原则，对于大断面复合顶板煤巷，在固顶的基础上，应保证煤帮的支护强度。煤帮作为顶板岩梁的有效载体，其稳定与否将直接影响顶板岩梁的有效跨度。煤巷的煤帮高度大、破碎、松软，如果支护不足或者支护不及时，将很容易产生片帮，使顶板跨度增加，顶板挠曲离层变形能力增大，不利于顶板稳定。因此，应适当提高煤帮的支护强度，为顶板提供有效支撑，当顶板稳定时，煤帮承受的载荷将会降低，亦有利于煤帮维护。

(4) 重视巷道矿压显现规律数据的监测与分析，形成整个矿区或某类巷道围岩变形破坏规律的数据库，便于进行大数据分析，为围岩失稳机理分析和支护方式选择提供有效的数据支撑。在巷道支护设计时应坚持动态性设计施工，复合顶板煤巷支护完成后，应及时布设矿压测站，进行连续的矿压监测，及时反馈监测主要指标，修改和完善初步支护设计，使其逐步趋于合理。在巷道支护设计时，应充分考虑时间因素的影响，对于易风化破碎顶板，应及时喷浆密闭。

12.3.2 工程概况

晋煤集团赵庄煤矿隶属于沁水煤田，井田位于山西晋城以北53 km，北部边界与长治矿区毗邻，赵庄矿是晋煤集团主力生产矿井之一，矿井年产量达8.00 Mt/a。矿井主采煤层为二叠系山西组下部3号煤，煤层平均厚度为4.5 m，平均倾角为5°，为近水平煤层；煤层底板标高＋396～＋482 m，地面标高为＋1 026.5～＋1 165.3 m，盖山厚度为 544.5～769.3 m。井田内大部分区域开采深度已达 500 m 以深，其中三盘区煤层开采深度达 650 m 左右，已进入深井开采。

井田范围内受地质构造影响较大，断层及陷落柱发育较多，构造应力影响较为显著，不同区域煤岩体的物理力学性质相差较大。赵庄矿煤层的煤质松软，普氏系数平均在 0.21～1.32 范围内；含煤岩系中瓦斯含量相对较高，矿井西北部煤层变质程度加深，瓦斯含量也随之增大，开采前需要对煤层进行瓦斯抽采；直接顶以泥岩、砂质泥岩为主，其次为粉砂岩，局部为中、细粒砂岩，有时含薄层碳质泥岩伪顶，厚度不均匀，结构较松软，强度较低，为比较典型的层状复合顶板；基本顶为细粒砂岩；底板主要是泥岩、砂质泥岩，个别为中、细粒砂岩或粉砂岩。

12.3.3　深部大断面复合顶板巷道支护方案

赵庄矿 3103 巷设计断面形状为直墙圆弧拱形，掘进宽度为 5 900 mm，高度为 4 800 mm，矢跨比为 0.3，圆弧拱布置在煤层顶板中，留底煤掘进。3103 巷采用大小结构叠加耦合支护技术，基于巷道围岩赋存的工程地质条件，选择的具体支护方案如图 12-13 所示。

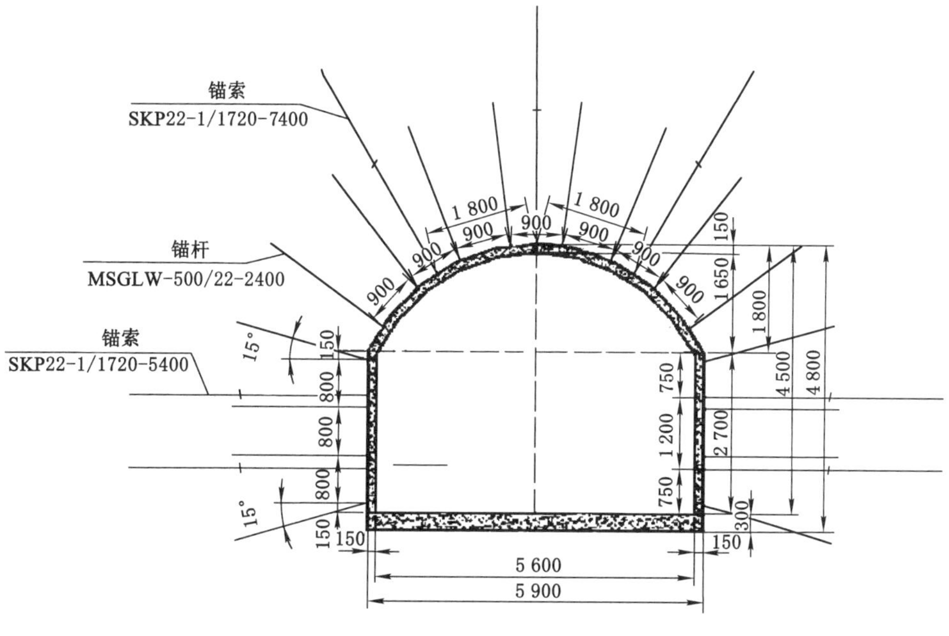

图 12-13　支护方案示意图

(1) 顶板支护

锚杆：钢号 BHRB500、直径为 22 mm、长度为 2.4 m 的左旋无纵筋螺纹钢锚杆，锚杆间距 900 mm，排距 1 000 mm，每排 8 根锚杆。采用快慢结合树脂锚固剂 2 支，1 支快速药卷，1 支中速药卷，锚固长度不低于 1 500 mm，保证锚杆锚固力不小于 150 kN，安装时施加预紧力矩不低于 400 N·m。

锚索：1×19 股高强度低松弛预应力钢绞线，直径为 22 mm、长度为 7.4 m，排距

2 000 mm，间距 1 800 mm，每排 3 根锚索。采用快慢结合树脂锚固剂 3 支，1 支快速药卷，2 支中速药卷，锚固长度不低于 2 000 mm，安装时张拉预紧力不小于 250 kN。

金属网：采用直径为 6.5 mm 钢筋，形成 100 mm×100 mm 网格，网片之间采用钢丝连接。

（2）巷帮支护

锚杆：钢号 BHRB500、直径为 22 mm、长度为 2.4 m 的左旋无纵筋螺纹钢锚杆，锚杆排距 1 000 mm，间距 800 mm，每帮每排 4 根锚杆，除顶、底角锚杆外，其余锚杆与帮部垂直布置，顶、底角锚杆与水平线呈 15°角布置。采用快慢结合树脂锚固剂 2 支，1 支快速药卷，1 支中速药卷，锚固长度不低于 1 500 mm，保证锚杆锚固力不小于 150 kN，安装时施加预紧力矩不低于 400 N·m。

锚索：1×19 股高强度低松弛预应力钢绞线，直径为 22 mm、长度为 5.4 m，排距 2 000 mm，间距 1 000 mm，每帮每排 2 根锚索。采用快慢结合树脂锚固剂 3 支，1 支快速药卷，2 支中速药卷，锚固长度不低于 2 000 mm，安装时张拉预紧力不小于 150 kN。

金属网：钢筋直径为 6.5 mm，钢筋网片规格为 100 mm×100 mm，网片采用勾接方式连接。

（3）顶帮喷射混凝土支护

顶帮喷射混凝土厚度为 150 mm，喷射混凝土强度等级为 C20。另外，底板铺设厚度为 300 mm、强度为 C30 的混凝土地坪。

12.3.4 支护效果反馈

在试验巷道掘进过程中，每间隔 50 m 布置一个测站，共布置矿压测站 3 个，每个测站的观测周期不得低于 90 d，如图 12-14 所示。监测数据主要有复合顶板煤巷顶板下沉量、两帮移近量以及锚杆、锚索工作阻力随时间变化的规律等。

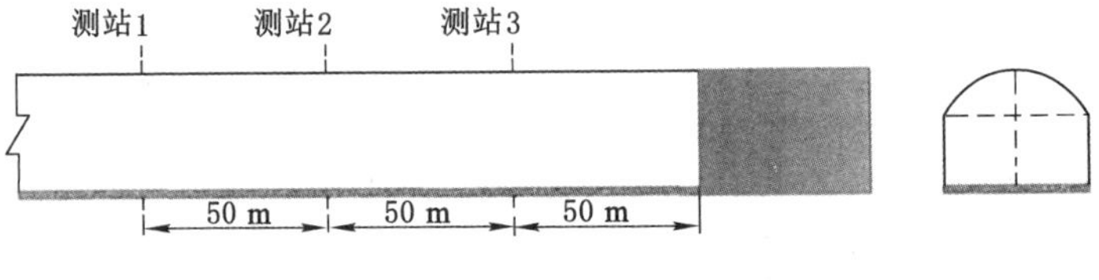

图 12-14 巷道矿压测站布置示意图

巷道掘进期间，按照设计支护方案进行施工，并对巷道表面位移采用十字布点法进行监测，同时对锚杆、锚索工作阻力进行监测分析。巷道位移监测结果如图 12-15 所示；锚杆、锚索受力曲线如图 12-16～图 12-19 所示。

从巷道表面位移变化曲线可知，巷道掘进完成 40 d 后，围岩变形趋于稳定；巷道顶板最大下沉位移为 68 mm、两帮的最大移近量为 140 mm，巷道整体变形量小，稳定性好。

从锚杆、锚索工作阻力变化曲线可知，锚杆、锚索可同步受力，先增加后趋于稳定，与围岩变形时间曲线一致。这说明锚杆和锚索可协同承载，对围岩内部结构面的离层和滑动等非连续变形控制效果好，有利于实现大、小结构叠加耦合使支护结构与围岩形成统一的承载体，充分发挥围岩的自身承载能力，保证巷道围岩稳定。

赵庄矿在深部大断面复合顶板煤巷掘进支护完成 12 个月后，采用钻孔窥视的方法对顶

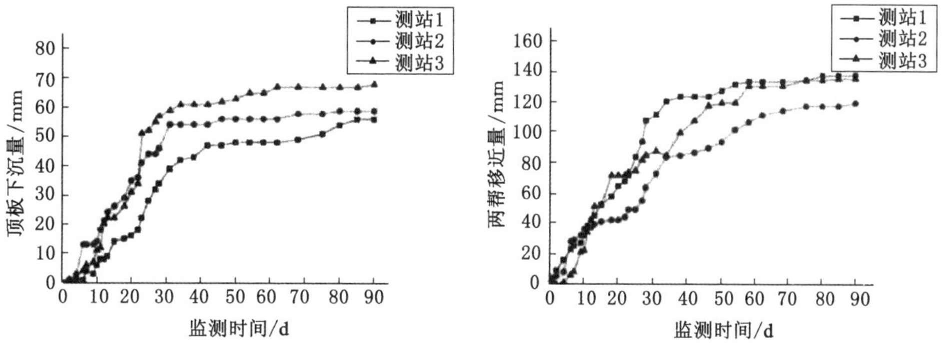

(a) 顶板变形　　(b) 两帮变形

图 12-15　巷道表面位移变化曲线

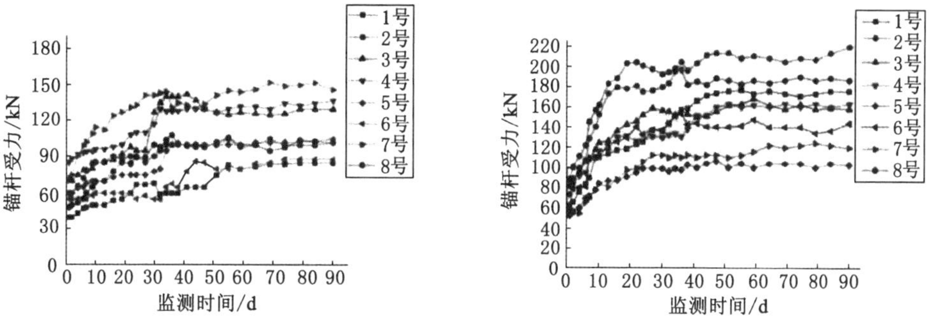

(a) 顶板变形　　(b) 两帮变形

图 12-16　测站 1 锚杆工作阻力变化曲线

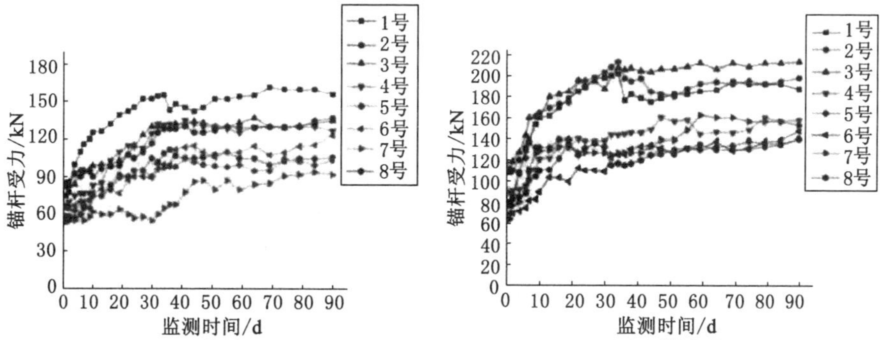

(a) 顶板变形　　(b) 两帮变形

图 12-17　测站 2 锚杆工作阻力变化曲线

板内部变形情况进行探测。探测结果表明,顶板内部未出现明显的离层,在弱夹层位置亦未见发育显著裂隙,支护的层次性基本消除了复合顶板的非连续跳跃性破坏。巷道服务时间超过 18 个月后进行现场调研,除在局部煤帮喷层有小裂隙外,未见其他异常大变形,整体稳定性好。

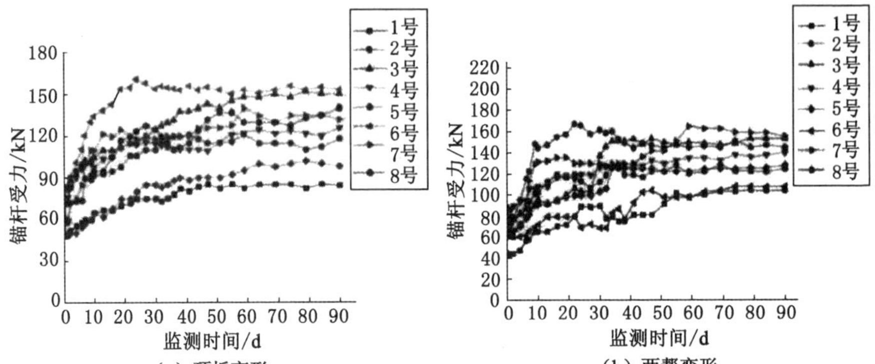

(a) 顶板变形　　(b) 两帮变形

图 12-18　测站 3 锚杆工作阻力变化曲线

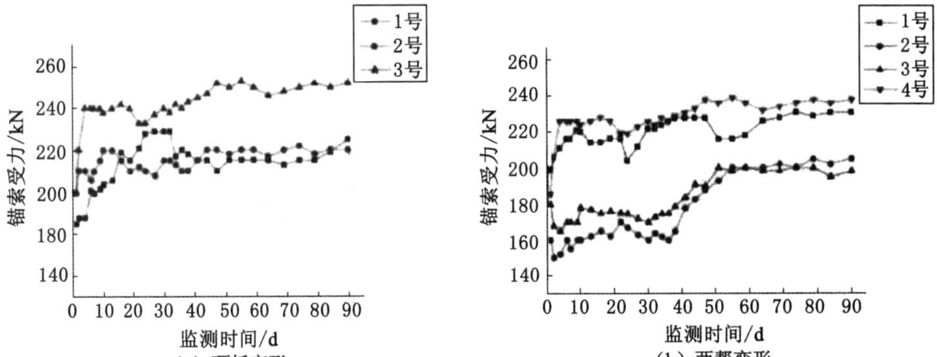

(a) 顶板变形　　(b) 两帮变形

图 12-19　测站 4 锚索工作阻力变化曲线

12.4 顶板多层软弱夹层无墙体沿空留巷技术

矿井采煤工作面回采后沿采空区边缘维护原回采巷道的护巷方法称为沿空留巷，通常是保留上区段的运输平巷作为下区段的回风平巷。沿空留巷完全取消了区段煤柱，有利于区段间工作面接替，但由于留巷期间所留巷道维护的难度较大，通常需要进行巷旁支护。沿空留巷属于无煤柱护巷技术的一种，它不仅能够降低巷道掘进工作量、缓解采掘接替紧张局面、消除孤岛工作面以及留设煤柱所产生的应力集中，而且还能够实现 Y 型通风、前进和往复开采，沿空留巷技术相较于传统的留设区段煤柱方式具有显著的技术和经济优势。

12.4.1 无墙体沿空留巷巷旁切顶组合支架设计

无墙体沿空留巷巷旁切顶组合支架设计是在巷道采空区侧，沿巷道走向布置由工字钢与单体液压支柱组合而成的切顶组合支架，其上部通过十字铰接顶梁连接，底端通过特制铁鞋连接，以增加底板的受力面积，防止支架钻底，如图 12-20、图 12-21 所示。该组合切顶支架具有强力切顶、高阻让压、主动支撑的能力，可及时使侧向顶板沿组合支架外侧断裂。

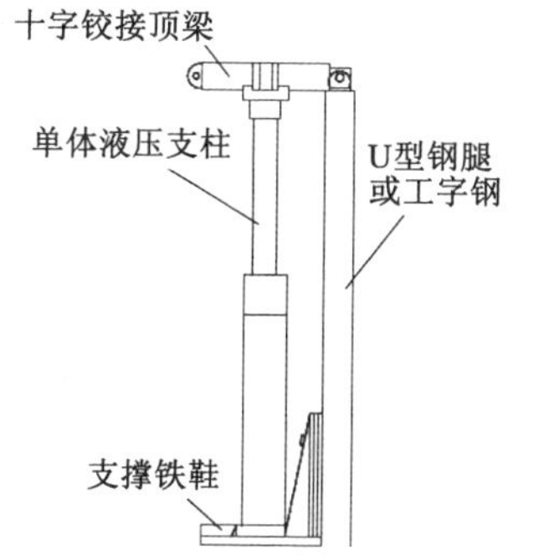

图 12-20 组合切顶支架示意图

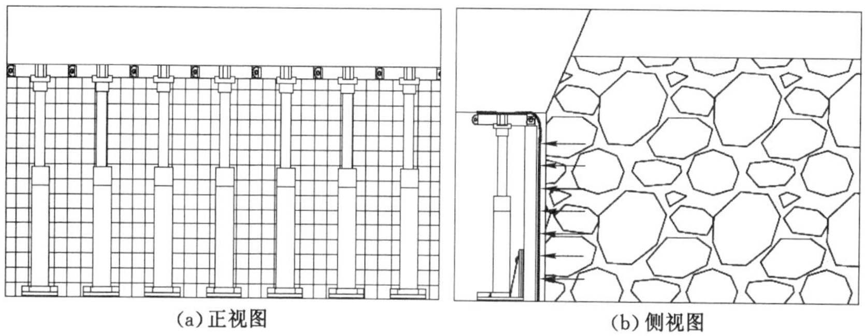

图 12-21 组合切顶支架布置示意图

12.4.2 工程概况

山西古县老母坡煤业有限公司井田位于沁水煤田的西缘，霍山隆起带的东翼，霍东找煤区的南部，地层出露良好，井田面积为 8.04 km^2，批准开采 2～11 号煤层。矿井规划生产能力为 90 万 t/a，煤种为主焦煤。矿井属于低瓦斯矿井，水文地质条件为中等，煤层具有自燃性，自然发火等级为二级。

目前，矿井开采水平为＋880 m 水平，主要开采 5 号煤层。5 号煤层位于石炭系太原组上段，上距 3 号煤层 26.73～38.60 m，平均 30.44 m，煤层厚度 0.60～1.55 m，平均 0.84 m，一般不含夹矸，仅在 4002 号钻孔中含 1 层夹矸。从前期的地质勘查结果来看，5 号煤层结构简单，为较稳定大部可采煤层，顶板为泥岩、砂质泥岩、碳质泥岩，底板为泥岩、砂质泥岩，但实际揭露 5 号煤层，其围岩的完整性并不如预期，顶、底板为多层软弱岩层，采掘时易破碎、不易管理，给巷道的支护和长期维护带来较大的困难，并提出较高的要求。因此，针对 5 号煤层特有的地质条件，必须采取相应的应对措施及治理方法。

5101 工作面平均采高 1.4 m，设计走向回采长度 1 169 m，倾斜长度 145 m。5101 工作面回风巷、运输巷及 5103 工作面运输巷布置示意图如图 12-22 所示。

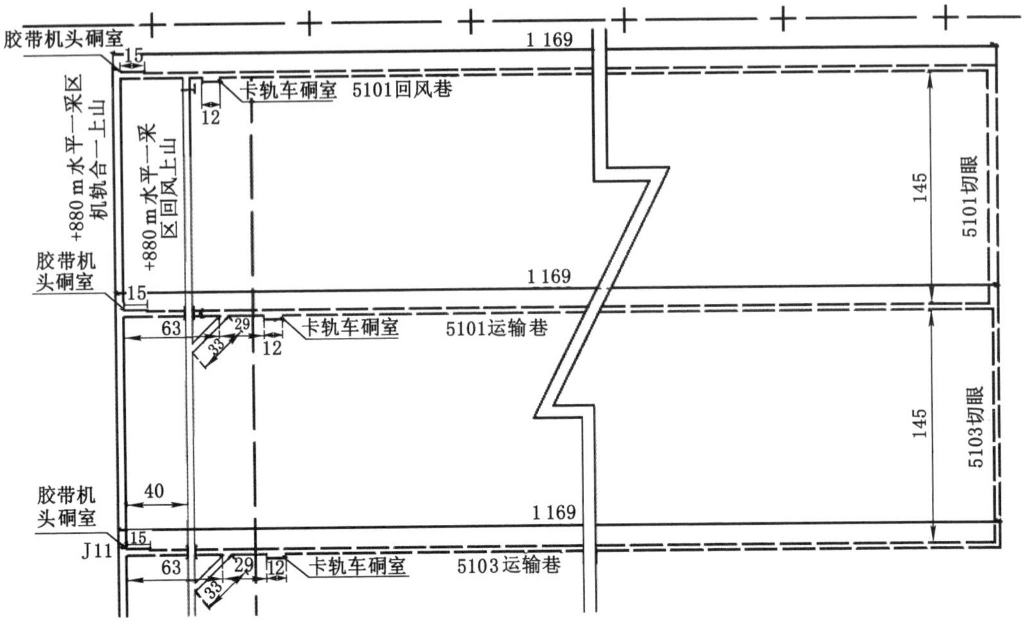

图 12-22　5101 工作面两巷及 5103 工作面运输巷布置示意图(单位:m)

12.4.3　支护设计

(1) 掘进时期支护方案

5101 工作面运输巷为矩形断面,断面尺寸(宽×高)为 4 200 mm×2 600 mm,支护方式为锚网索联合支护。其支护方案设计图如图 12-23 所示。

5101 工作面运输巷顶板支护使用 ϕ20 mm×2 200 mm 左旋螺纹钢高强度金属锚杆,配合 4 000 mm 长的 M5 型钢带。锚杆每孔装 1 支 CK2335 树脂药卷和 1 支 Z2350 树脂药卷,锚杆均使用配套标准螺母紧固,使用规格为 150 mm×150 mm×10 mm 的碟形托盘,锚杆间排距为 900 mm×1 000 mm。锚索采用 ϕ17.8 mm×5 200 mm 的 7 股钢绞线锚索,间排距为(1 300 mm/1 600 mm)×1 000 mm,配合使用槽钢梁。选用 14 号槽钢作为槽钢梁,布置有两种规格:梁长 3 000 mm 布置 3 孔及梁长 2 000 mm 布置 2 孔,使用 250 mm×250 mm×12 mm 的钢板,加设规格 100 mm×100 mm×8 mm 双托盘垫板。锚索每孔装 1 支CK2335 树脂药卷和 2 支 Z2350 树脂药卷。锚杆预紧力不小于 100 kN,锚索预拉力不小于 200 kN。

5101 工作面运输巷两帮支护使用 ϕ18 mm×1 800 mm 左旋螺纹钢高强度金属锚杆,配合 2 400 mm 长的 M4 型钢带。锚杆每孔装 1 支 CK2335 树脂药卷和 1 支 Z2350 树脂药卷,锚杆均使用配套标准螺母紧固,使用规格为 120 mm×100 mm×8 mm 的碟形托盘,锚杆间排距为 750 mm×1 000 mm。锚索采用 ϕ17.8 mm×5 200 mm 的 7 股钢绞线锚索,其余要求和顶板支护相同。

支护方案所需材料具体规格见表 12-2 和表 12-3。

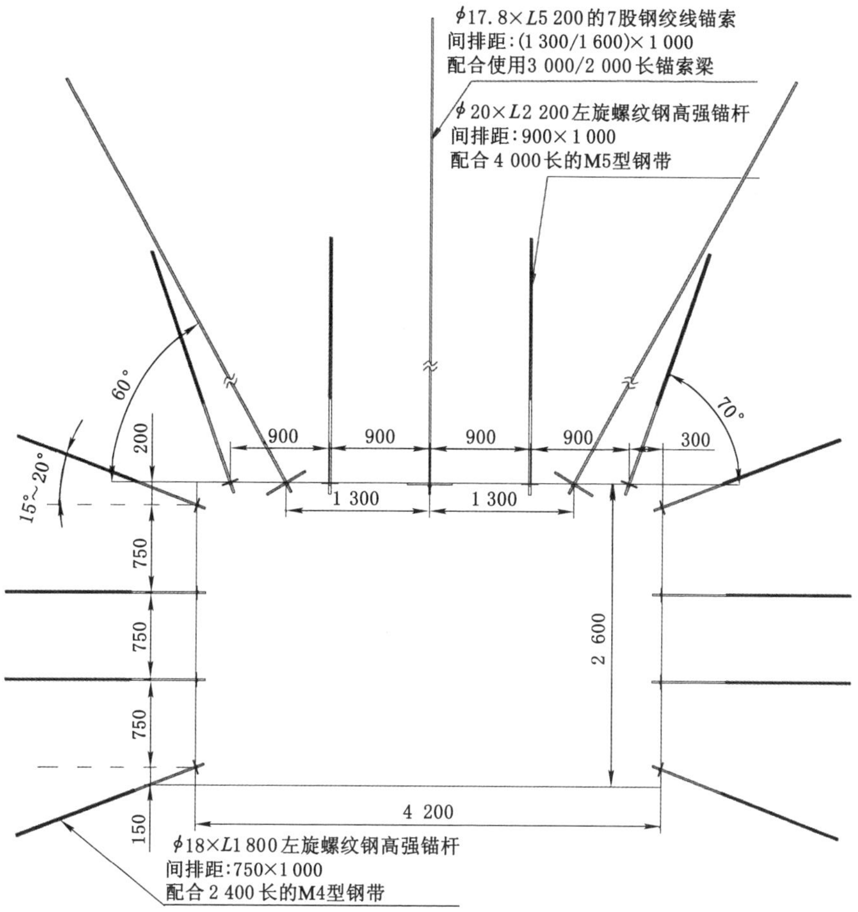

(a) 巷道支护断面图

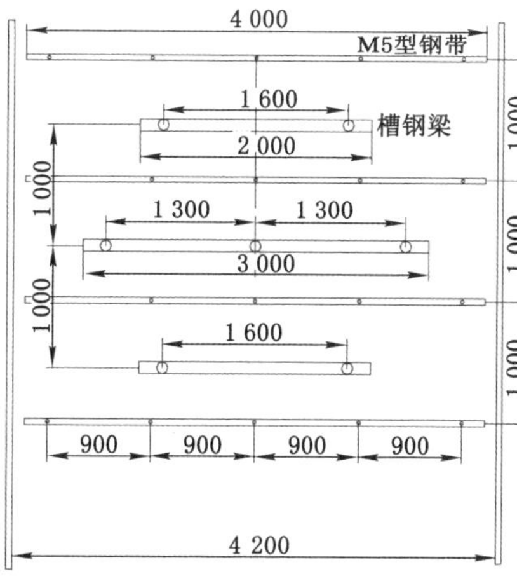

(b) 巷道顶板支护俯视图

图 12-23　5101 工作面运输巷支护方案设计图

表 12-2　锚杆支护方案材料规格表

位置	支护材料	型号	备注
顶板	网片	ϕ6 mm×4.5 m×1.4 m(网孔 100 mm×100 mm)	ϕ6 mm 钢筋网
	锚杆	ϕ20 mm×2 200 mm	螺纹钢锚杆
	锚固剂	1 支 CK2335 型和 1 支 Z2350 型	树脂药卷
	托盘	150 mm×150 mm×10 mm	碟形托盘
	钢带	4 000 mm×900 mm	M5 型钢带
两帮	网片	ϕ6 mm×2.8 m×1.4 m(网孔 60 mm×60 mm)	ϕ4 mm 钢筋网
	锚杆	ϕ18 mm×1 800 mm	螺纹钢锚杆
	锚固剂	1 支 CK2335 型和 1 支 Z2350 型	树脂药卷
	托盘	120 mm×100 mm×8 mm	碟形托盘
	钢带	2 400 mm×750 mm	M4 型钢带

表 12-3　锚索支护方案材料规格表

位置	支护材料	型号	备注
顶板	网片	ϕ6 mm×4.5 m×1.4 m(100 mm×100 mm)	ϕ6 mm 钢筋网
	锚索	ϕ17.8 mm×5 200 mm	7 股钢绞线锚索
	锚固剂	1 支 CK2335 型和 2 支 Z2350 型	树脂药卷
	托盘	100 mm×100 mm×8 mm	碟形托盘
	锁具	OVM17.8	OVM17.8 高强度锁具
	槽钢梁	3 000 mm、三孔，2 000 mm、两孔	14 号槽钢
两帮	网片	ϕ6 mm×2.8 m×1.4 m(网孔 60 mm×60 mm)	ϕ4 mm 钢筋网
	锚索	ϕ17.8 mm×5 200 mm	锚索
	锚固剂	1 支 CK2335 型和 2 支 Z2350 型	树脂药卷
	托盘	100 mm×100 mm×8 mm	碟形托盘
	锁具	OVM17.8	OVM17.8 高强度锁具
	槽钢梁	3 000 mm、三孔，2 000 mm、两孔	14 号槽钢

(2) 留巷期间支护

① 巷内单体支柱辅助支护。单体支柱配合十字铰接顶梁顺巷布置，巷内两排单体支柱加强支护，其柱距为 600 mm，距巷中心线距离分别为 1 650 mm、1 050 mm，第三排单体支柱布置于实体煤侧，距巷中心 1 000 mm，具体见图 12-24。

② 采空侧帮部支护。针对采空侧帮部支护，在原有金属网的基础上补加一层 1.0 m×4.0 m 的 8 号金属菱形网片护帮，通过 8 号铁丝与顶板网片连接，搭接长度应大于 500 mm，扣间距 100 mm，双丝双扣。针对采空侧帮部封闭，采用防漏风隔板和弹性材料喷涂。

③ 顶板超前加固。在巷道顶板正中补充一排 ϕ17.8 mm×5 200 mm 单体锚索，配

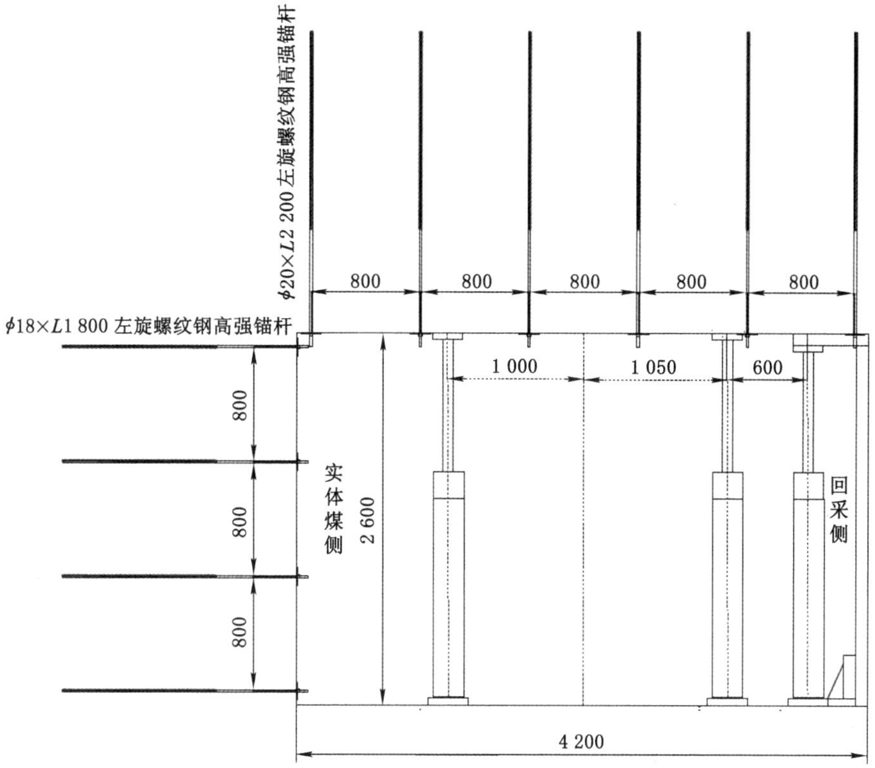

图 12-24　巷内单体液压支柱辅助支护

300 mm×300 mm×15 mm 方形托盘，排距为 1 000 mm。顶板两侧距帮部 400～680 mm，外扎角 20°～30°，配 14 号槽钢，布置为走向锚索梁形式，梁长 2.6 m，孔距 2.1 m，每套配 150 mm×100 mm×5 mm 平钢板，施工要求与顶板正中锚索相同。锚索梁布置图见图12-25。

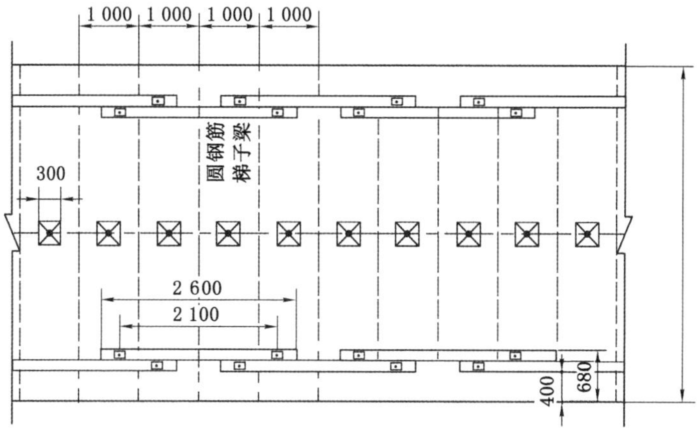

图 12-25　5101 工作面运输巷顶板锚索加固布置图

12.4.4 矿压观测

巷道表面位移是反映巷道围岩支护后稳定状况的综合指标。冀中能源邢矿集团为了延长矿井寿命，多开采对国家有益的煤炭资源，实现 3 号和 5 号煤配采，将老母坡矿 +880 m 水平 5 号煤层的开采定为重点工程，延迟了 5 号煤开采，所以矿压数据分析将缺少沿空留巷变形数据。但是老母坡矿和金谷矿已经多次使用无墙体沿空留巷技术，都取得了良好效果，为了补充沿空留巷变形数据的缺失，以老母坡矿 5 号煤地质条件为基础模拟分次回采期间巷道围岩变形数据，对 5101 工作面沿空留巷矿压规律进行研究，分析在采动作用影响下沿空巷道的留巷效果。

5101 工作面后方沿空留巷围岩变形量如图 12-26 所示，可以看出沿空留巷顶底板移近总量为 392 mm，其中：顶板下沉量为 224 mm，底鼓变形量为 168 mm，顶板下沉量大于底鼓量。在工作面回采期间，当滞后工作面 0～20 m 时，可以发现顶板下沉速度大于底鼓速度，趋势保持一致；当滞后工作面 20～40 m 时，可以发现顶板下沉速度仍大于底鼓速度，但是差距逐渐减小，两者都在滞后工作面 40 m 处达到变形速度最大；当达到滞后工作面 80 m 时，顶板下沉速度与底鼓速度逐渐降到最小值，两者变形量逐渐稳定，基本上达到了最大值。这说明在现有的锚梁网索基本支护和单体液压支柱组成的支架的协同作用下能够有效地控制巷道顶底板的变形。

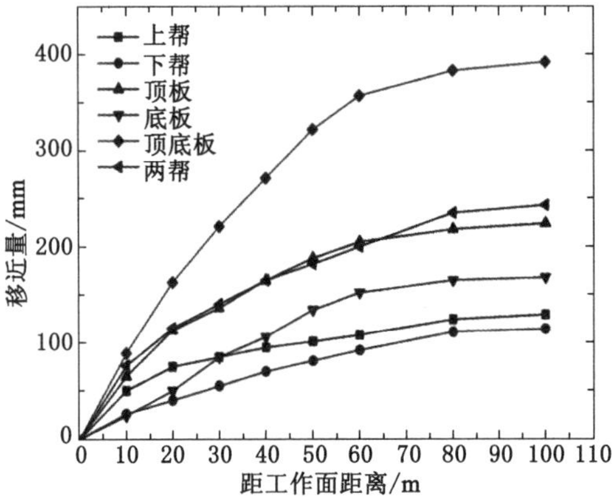

图 12-26 5101 工作面后方沿空留巷围岩变形量

5101 工作面后面沿空留巷两帮移近总量为 243 mm，其中：实体煤侧帮部移近量为 114 mm，回采侧帮部移近量为 129 mm，回采侧帮部移近量大于实体煤侧帮部，巷道位移变化呈现非对称性变形。在工作面回采期间，当滞后工作面 0～80 m 时，回采侧帮部移近量始终大于实体煤侧帮部；当滞后工作面 80 m 以后，两帮的变形速度基本趋于一致，变形总量也不再增加。这说明此时沿空留巷顶板覆岩移动变形基本稳定，现有的支护手段能够有效地控制巷道两帮的变形。

12.5 深部冲击地压巷道锚杆支护技术

冲击地压是深部煤炭开采遇到的突出的动力灾害，随着煤矿开采深度的增加，冲击危险性越来越严重。冲击地压主要发生在巷道，所以冲击地压巷道围岩控制及防冲技术一直是国内外学者研究的重点。义马矿区是我国煤矿典型的冲击地压矿区，冲击地压灾害严重，威胁矿井的安全生产。本节针对义马常村煤矿采煤工作面巷道条件，介绍冲击地压巷道围岩变形、破坏机理，以及冲击地压巷道的支护技术。

12.5.1　工程概况

12.5.1.1　试验巷道地质条件

义马常村煤矿为冲击地压矿井，试验巷道所处工作面为 21220 工作面，是常村煤矿目前最深的工作面，最大采深 815 m，冲击地压高发。21220 工作面巷道布置如图 12-27 所示。上邻已采毕的 21200 工作面，下部为未开掘的 21240 工作面。试验巷道为 21220 下巷，属实体煤巷道，处于强冲击地压区域。巷道沿 2-3 煤顶板掘进，留底煤 1～2 m。

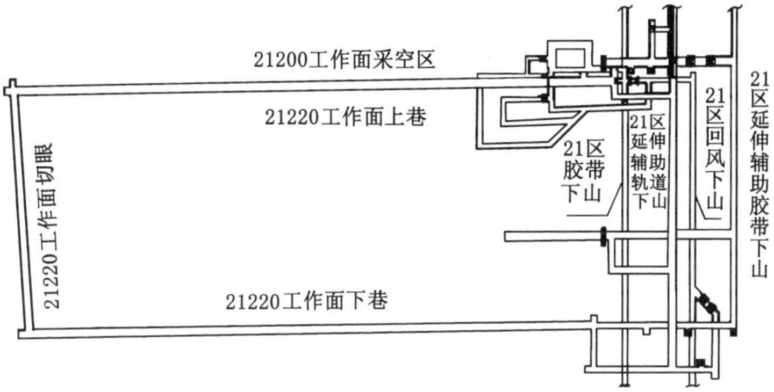

图 12-27　常村煤矿 21220 工作面巷道布置

2-3 号煤层厚度为 5.4～11.6 m，平均为 7.9 m，煤层厚度变化大且夹矸 3～8 层，结构复杂。直接顶为厚 32 m 的泥岩，基本顶为砂岩，上覆巨厚坚硬砾岩，直接底为煤矸互叠层或碳质泥岩，厚度为 6.2 m，遇水易膨胀，基本底为泥岩、细中砂岩和砾岩。

12.5.1.2　煤岩冲击倾向性和工作面冲击危险性等级

2-3 号煤层煤样冲击倾向性测试与鉴定结果为：动态破坏时间为 79.9 ms，冲击能量指数为 3.25，弹性能指数为 9.88，煤层为弱冲击倾向性。基本顶砂岩岩样的弯曲能指数为 1.983，砂岩岩样为无冲击倾向。采用综合指数法对 21220 工作面冲击危险性进行评价。综合指数法是在分析各种工程地质和开采技术条件影响冲击地压发生因素的基础上，确定各种因素的影响权重，然后将权重指标综合起来，评价冲击地压冲击危险性。评价结果为：21220 工作面冲击危险程度为中等冲击。

12.5.2　冲击地压巷道变形与破坏特征

冲击地压巷道围岩变形与破坏的本质是：冲击能量事件形成强大的冲击应力波，应力波与冲击发生前的围岩应力场叠加造成岩体应力急剧升高，远大于巷道围岩与支护系统的承载能力，导致围岩与支护体突然破坏。

12.5.2.1　冲击能量事件的破坏作用

常村矿主采煤层上覆 278.71 m 厚的巨厚砾岩层，聚集了大量弹性能，易在各种扰动诱发下突然释放。21220 工作面下巷本身处于高原岩应力区，又受到相邻不稳定采空区和掘巷的影响，两者叠加形成更高的应力，而煤体强度相对较低，受到冲击载荷作用后极易发生破坏、失稳。统计 1 个月内 21220 工作面下巷掘进过程中的冲击能量事件，超过 10^5 J 的能量事件有 20 多起，矿压显现强烈，靠金属支架人员被轻微弹起，巷道晃动，煤尘扬起，能见度低，震动过后碎煤块洒落，局部突然鼓包、撕网，巷道围岩变形急剧增大，出现锚杆、锚索破断现象。可见,冲击能量事件对巷道围岩与支护系统产生较大冲击破坏作用。冲击能量的破坏作用主要表现为:频繁给巷道浅部围岩-支护系统施加冲击载荷,劣化围岩的力学性质,破坏支护系统的稳定性,降低围岩-支护系统的抗冲击载荷能力,造成围岩破坏和支护系统失效。归纳起来,冲击地压巷道变形与破坏的主要原因为:高原岩应力与采动应力叠加作用,频繁的冲击能量事件破坏,围岩力学性质差,以及巷道支护不合理。

12.5.2.2　巷道围岩与支护体破坏状况

常村矿井下巷道一般采用三级支护方式,即:全断面锚杆与锚索+36U型钢金属支架+液压抬棚或门式支架复合支护。其中,一级支护为锚杆与锚索支护:顶锚杆为左旋无纵筋螺纹钢锚杆,帮锚杆为右旋全螺纹钢锚杆,锚杆间、排距为0.7 m;锚索直径为17.8 mm,长度为8.0 m;金属支架间距为0.7 m。

采用上述三级复合支护后,回采巷道仍然出现强烈变形。其中,采煤工作面下巷变形比上巷严重,两帮最大移近量达3 m,底鼓为1.5 m,顶板下沉量达1 m。多处36U型钢金属支架严重变形、断裂,局部地段金属支架发生扭转变形而失效。大量顶板锚杆、锚索被破碎围岩形成的网兜埋没,并出现锚杆、锚索破断现象。整条巷道在服务期间平均返修1.5次。总体来看,三级复合支护效果差,各级支护没有实现优势互补,而是各自为战。巷道掘出后短时间内一级锚杆与锚索支护遭到严重破坏,基本失效;随后的二级、三级支护出现弯曲、扭曲变形而破坏,导致围岩变形严重。

12.5.3　冲击地压巷道锚杆支护形式与参数设计

锚杆采用CRMG500型螺纹钢(MG代表锚杆热轧螺纹钢,CRMG代表锚杆热处理螺纹钢,500代表钢材的屈服强度),直径为22 mm,屈服载荷为250 kN,拉断载荷为297 kN,锚杆长度2.4 m。锚杆采用全长预应力锚固,锚杆间、排距为0.9 m,锚杆预紧力矩为400 N·m。锚索索体为1×19结构高强度低松弛预应力钢绞线,直径为22 mm。顶板、高帮顶角锚索长度为6.3 m,其余锚索长度为4.3 m。高帮锚索五花布置,低帮锚索三花布置,间距1.8 m,排距0.9 m。锚索预应力为260 kN。36U型钢金属支架为三心拱形,金属支架间距为1.2 m(原支护方案间距为0.8 m)。液压抬棚由2根立柱、顶梁和底座组成,立柱中心距为1 500 mm,工作阻力为2 200 kN。液压抬棚顺巷道中心连续安设一排,相邻抬棚顶梁端头距离500 mm。21220工作面下巷支护布置如图12-28所示。

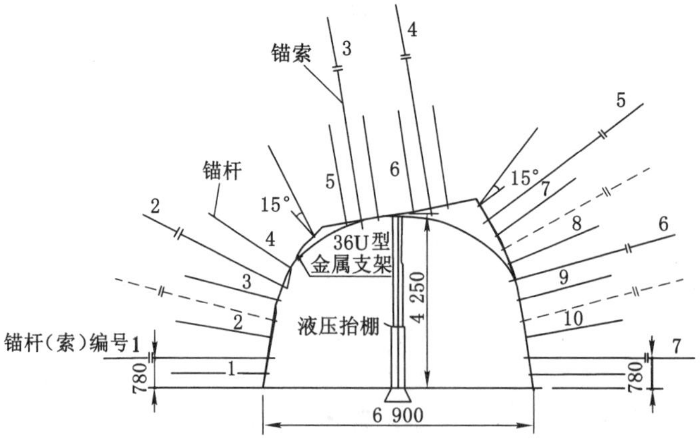

图12-28　21220工作面下巷支护布置

12.5.4　矿压监测

常村矿在巷道掘进和稳定期间，对围岩位移及锚杆、锚索受力进行了监测。

21220工作面下巷表面位移监测结果如图12-29所示。随着远离掘进工作面，巷道变形不断增加。顶板位移在1个月后基本稳定，两帮位移的稳定时间需要2个月，而底板位移一直在增大。巷道变形以两帮和底板为主，受冲击能量事件影响，围岩-支护系统受到一定程度的损伤，引起巷道变形增大。底板由于受到爆破的影响，底鼓量大、持续时间长。顶板最大下沉量为110 mm，两帮最大移近量为550 mm，最大底鼓量约700 mm。

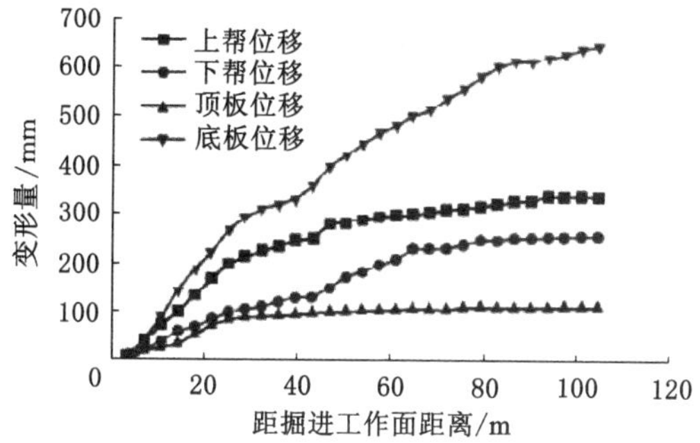

图12-29　21220工作面下巷表面位移曲线

针对常村矿21220工作面下巷条件，采用以全长预应力锚固、高强度、高冲击韧性锚杆与锚索支护为主，以金属支架为辅的联合支护方式，配合钻孔、爆破等卸压措施，有效控制了深部冲击地压巷道围岩变形与破坏，避免了高能量冲击地压的发生，保证了安全生产。

12.6　巷道掘进揭煤诱导煤与瓦斯突出模拟技术

随着煤炭开采深度逐渐增加，煤与瓦斯突出事故发生的频率、区域及强度均显著增大，造成了严重的人员伤亡和财产损失，煤与瓦斯突出动力灾害已成为影响煤炭安全生产的关键难题之一，防治煤与瓦斯突出事故必须从根本上认识煤与瓦斯突出发生机理。揭煤属于井下较为复杂的作业，具有钻孔工程量大、抽采时效差、耗时长的特点。受安全屏障保护，揭煤区的瓦斯和地应力封存比较完好，煤与瓦斯突出的潜在危险性大。

为了真实模拟煤岩体、地应力、瓦斯等关键因素耦合作用下巷道掘进揭煤诱导煤与瓦斯突出全过程，获取煤与瓦斯突出前兆信息及时空演化规律，揭示煤与瓦斯突出机理，在总结借鉴已有煤与瓦斯突出物理模拟试验装置的基础上，依托国家重大科研仪器研制项目，相关学者研发了巷道掘进揭煤诱导煤与瓦斯突出模拟试验系统，并成功开展了试验应用。

12.6.1　研发思路

目前，煤与瓦斯突出综合假说被广大学者所认可，该假说认为煤与瓦斯突出是地应力、瓦斯、煤体等多种因素综合作用的结果。煤与瓦斯突出模型阐明了综合假说中各主控因素之间的影响关系及致突判据，如图12-30所示。

煤与瓦斯突出模型综合考虑煤与瓦斯突出各主控因素及致突判据，以“模块化、智能化”为设计理念，具体研发思路为：

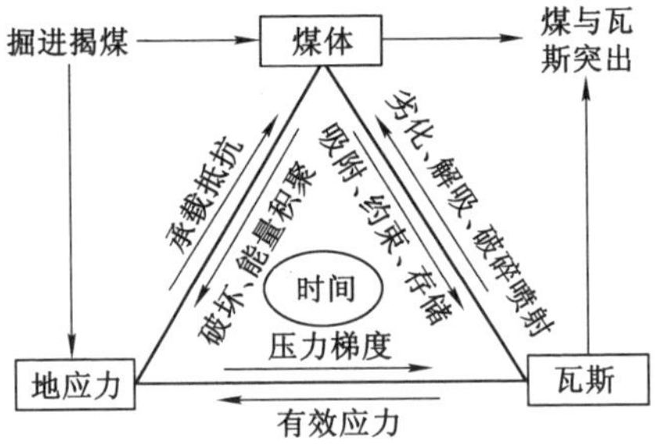

图 12-30　煤与瓦斯突出模型

(1) 综合考虑煤体、地应力、瓦斯三要素的固-气耦合赋存环境及巷道掘进揭煤致突过程，真实模拟地应力加载及充气保压条件下巷道掘进揭煤诱导煤与瓦斯突出的过程；

(2) 为方便倾斜煤岩层模型的制作，将倾斜煤岩层转为水平铺设，实现模型制作的精细化；

(3) 实现数据采集密封引线及试验全过程多测点、多物理量、高频率、高精度数据信息获取融合。

12.6.2　试验系统单元构成及其功能

试验系统构成及其功能如图 12-31 所示。

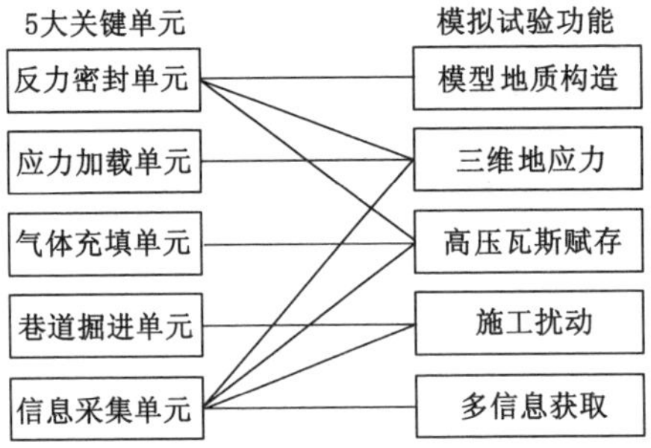

图 12-31　5 大关键单元及模拟试验功能

试验系统按功能划分为反力密封单元、应力加载单元、气体充填单元、巷道掘进单元和信息采集单元等 5 大关键单元。5 大关键单元之间既彼此配合又相对独立，模拟试验功能包括模型地质构造、三维地应力、高压瓦斯赋存、巷道掘进施工扰动和多信息获取，其中反力密封单元和信息采集单元分别对应 3 个和 4 个模拟试验功能。

试验系统各单元主要技术指标如表 12-4 所示。

表 12-4　试验系统各单元主要技术指标

关键单元	主要技术指标	数值
反力密封单元	内部模型尺寸/mm	730×730×1 300
	最大密封气压/MPa	3.0
	最大加载反力/MPa	5.0

表 12-4(续)

关键单元	主要技术指标	数值
应力加载单元	最大输出油压/MPa	60.0
	应力加载精度/MPa	±0.1
气体充填单元	气压加载能力/MPa	3.0
	气压加载精度/MPa	±0.01
	气体充填速度/(L/min)	360
巷道掘进单元	巷道掘进直径/mm	150
	刀盘旋转速度/(r/min)	120～360
	巷道掘进速度/(mm/min)	1～120
信息采集单元	气压测定范围/MPa	0～3
	温度测定范围/℃	0～100
	压力测定范围/MPa	0～5

12.6.2.1　反力密封单元

反力密封单元是试验系统的主体，其他 4 个单元均与反力密封单元相连接。其外部三维尺寸为 2 030 mm×2 030 mm×2 170 mm(长×宽×高)，内部模型三维尺寸为 730 mm×730 mm×1 300 mm(长×宽×高)。

反力密封单元主要由反力装置、推力板、导向框、支撑底座、旋转油缸及阻气法兰、密封套管、密封圈等多种密封构件组成。其中，反力装置自下而上分别为底板结构、中部回形结构及顶板结构，均由 Q345 钢板焊接加工而成。如图 12-32(a)所示。

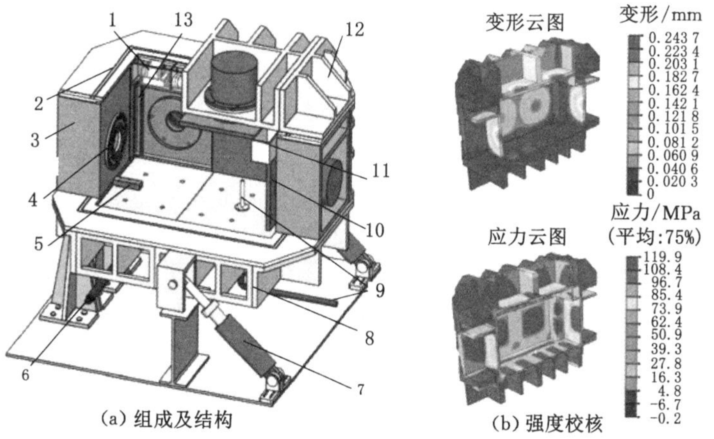

1—信号变送器；2—密封圈；3—中部回形结构；4—阻气法兰；5—引线保护盖板；6—密封套管；7—旋转油缸；8—底板结构；9—充气管；10—推力板；11—导向框；12—顶板结构；13—信号线。

图 12-32　反力密封单元

反力装置的底板结构下部前端设有两个支座，通过销子与底板结构相连，中后部通过销子与两侧的旋转油缸的前端连接，旋转油缸的另一端与整体钢板上的支座连接；通过旋转油缸可将反力装置按照煤岩层模型的倾角旋转倾斜，最大旋转角度为 45°，以便水平分层铺设倾斜煤岩层，大大提高了倾斜煤岩层模型制作的准确性和便利性。底板结构设置有气压监测孔、充气孔及引线孔。

反力装置的中部回形结构由钢板焊接加工而成，上下面采用的是整体钢板，既提高了反力装置的整体刚度和强度，又保证了密封效果。中部回形结构的前部为巷道掘进突出口，突出口内侧设有阻气法兰，阻气法兰的一面与中部回形结构通过密封圈和螺栓密封连接，另一面设有环形凹槽，其目的是防止掘进过程中高压气体通过模型与反力装置的接触面向巷道内泄漏，确保模型边界气密性。

反力装置的顶板结构为整体反力盖板。顶板结构与中部回形结构和底板结构通过高强螺栓和密封圈连接为一体。对反力装置整体钢结构进行有限元计算可得，当加载 5 MPa 地应力并充入 3 MPa 气体时，即在反力装置内壁加载 8 MPa 应力条件下反力装置的最大变形量为 0.24 mm，最大集中应力为 120 MPa。Q345 钢板屈服应力为 345 MPa，具有近 3 倍安全系数，如图 12-32(b)所示。

顶板结构设有两个加载油缸，中部回形结构的后部和左右也安装有加载油缸。油缸通过前法兰安装在反力装置外部，活塞杆穿过反力装置与内部推力板相连，实现对模型真三轴地应力加载。反力装置内部设置导向框，防止真三轴地应力加载时推力板互相干扰。

为开展真三轴地应力加载和充气保压条件下巷道掘进揭煤诱导煤与瓦斯突出全过程模拟试验，须实现固-气耦合赋存状态下高压密封和掘进保压，因此反力密封单元设置了多种密封结构及构件。充气管通过密封法兰安装于充气孔外部，充气孔内部同样设有一定高度的充气管，可将气体通入模型指定位置；内部穿入信号线并灌胶密封的密封引线套管通过前法兰安装在反力装置底板结构的引线孔，引线孔内侧布置引线保护盖板，信号线在反力装置内部沿着中部结构和底板结构引线，在推力板后部引入位于导向框内部的信号变送器并连接，从而满足数据采集引线的高气密性要求。如图 12-32(a)所示。

12.6.2.2 应力加载单元

应力加载单元主要由液压加载系统、智能控制系统及液压油缸组成，具有结构简单、操作方便、性能稳定等特点，可对模型表面模拟施加 5 MPa 真三轴地应力。液压加载系统最大输出油压为 60 MPa，控制精度为±0.1 MPa，保压时间大于等于 720 h。模型顶部、左右和后部 4 个面主动加载，前部和底部被动反力加载，每个液压油缸最大输出力为 2 000 kN，行程 50 mm，推力板尺寸为 600 mm×600 mm。液压油缸前法兰与反力装置相连，其进油口和回油口分别与液压加载系统独立油路连接，应力加载单元各系统相互配合，实现了对模型真三轴地应力等比例同步加载。具体设计如图 12-33 所示。

为保证固-气耦合加载，加载油缸与反力装置通过两道密封结构实现气密封：第一道密封为在油缸前法兰和反力装置之间增加密封薄圆盘，圆盘上下面均设有密封槽，通过密封圈阻止活塞杆孔的气体泄漏；第二道密封为前法兰安装螺栓，采用平头内六角螺栓，其头部布置组合垫圈，由内向外安装，组合垫圈既保证了安装强度又阻止了气体从螺栓孔泄漏。

12.6.2.3 气体充填单元

气体充填单元主要包括真空泵、高压气源罐、加温减压阀、汇流管、空气压缩机、空气储气罐、增压器、气体充填伺服控制系统、大容积(2 m^3)高压(30 MPa)储气罐和充气管路等，

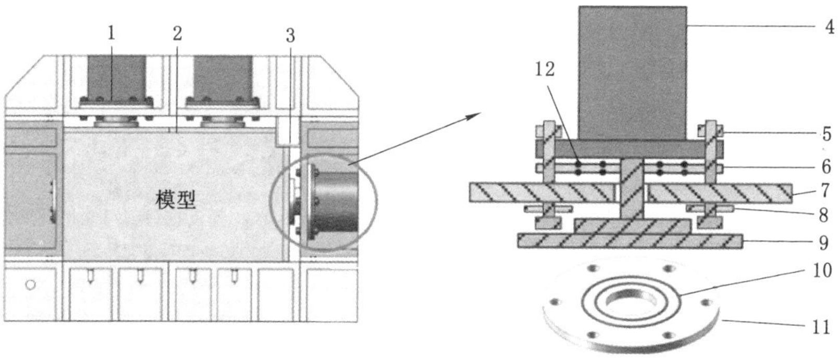

1—液压油缸；2，9—推力板；3—导向框；4—液压油缸；5—内六角螺栓；6—密封薄圆盘；
7—反力装置；8—组合垫圈；10—密封槽；11—密封薄圆盘；12—密封圈。

图 12-33 应力加载单元

如图 12-34 所示。其原理是将高压气源罐内的瓦斯相似气体通过加温减压阀降到 0.35 MPa 左右，然后通过增压器以 0.7 MPa 左右的压缩空气驱动，将相似气体增压至需要的压力，增压后的相似气体储存在大容积高压储气罐中，储气罐通过内径 2.54 cm 的充气管路与反力装置底板结构的充气管相连；试验时，通过气体充填伺服控制系统先对模型抽真空，再充填瓦斯相似气体，气压加载精度为±0.01 MPa，保压时间大于等于 480 h。由于气体充填单元不是直接通过对高压气源罐减压充填，而是采用先减压再增压的方法，解决了直接减压充填带来的低温效应，提高了气体充填精度。气体增压后预先储存在大容积高压储气罐中，其容积远远大于吸附的气体量，且气压与模型中一致，这保障了突出过程中煤层瓦斯相似气体的快速补充，气体充填速度可根据现场瓦斯渗流特性，在 0～360 L/min 范围调节，真实模拟瓦斯源场。

图 12-34 气体充填单元

12.6.2.4 巷道掘进单元

巷道掘进单元主要包括旋转框架、掘进装置、排矸装置及测控系统，如图 12-35 所示。掘进装置安装于反力密封单元前部的旋转框架上。旋转框架一侧通过轴与反力密封单元连接，其下部安装伺服电机，方便旋转打开；另一侧通过两个快速夹具锁定。为保证刚度，旋转框架采用型材铝结构，并在前端设有支撑柱及万向轮支撑。

掘进装置主要由掘进刀盘、旋转机构、前进机构和伺服电机构成。掘进刀盘是通过键槽

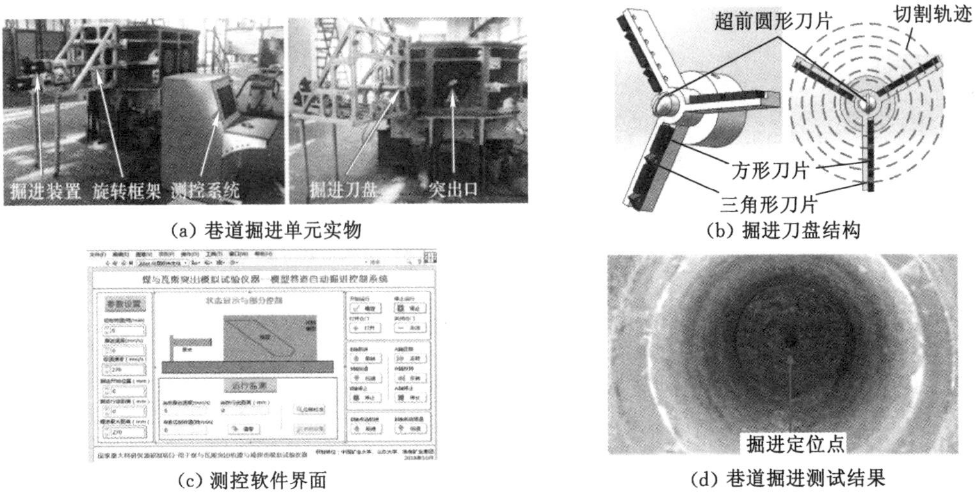

(a) 巷道掘进单元实物　(b) 掘进刀盘结构

(c) 测控软件界面　(d) 巷道掘进测试结果

图 12-35　巷道掘进单元

结构安装在旋转机构旋转轴前端的直径为 148 mm 的三叉式刀盘，各叉臂上交错安装2 个三角形金刚石非金属切割刀片和 4 个方形超硬合金刀片，3 个叉臂上总共 6 个三角形刀片以刀盘为中心呈不同半径布置，保证了先以锋利的三角形刀片切割出 6 道沟槽，再以方形刀片刮平，大大提高了掘进效率。为消除掘进时刀盘颤动，刀盘中心超前 20 mm 安装有直径为 25 mm 的圆形刀片，这样超前圆形刀片先行钻入模型中起到良好的定位作用。掘进刀盘结构如图 12-35(b)所示。

测控系统主要由运动控制板卡、测控软件、摄像头和风速传感器等构成。通过控制伺服电机旋转分别为掘进刀盘旋转、前进后退提供动力。测控软件具有零点定位、掘进限位、参数可调、可视化监测等功能，可通过安装在旋转机构外部圆管上的摄像头和风速传感器进行监测；当检测到风速变化时，立即停止掘进并快速后退，解除旋转框架锁定并快速打开。测控软件界面如图 12-35(c)所示。

通过掘进测试试验可得，掘进过程稳定顺畅，定位效果良好，无震颤现象，可形成指定直径的规则圆形巷道，巷道围岩无脱落，如图 12-35(d)所示。

12.6.2.5　信息采集单元

信息采集单元主要用于试验全过程模型内部气压、温度、应力等多物理量信息及试验现象的快速获取。信息采集单元主要包括高度集成采集箱、采集软件、多物理量传感器、气密封信号变送器及高速摄像机等，如图 12-36 所示。

自主研发的高度集成采集箱及配套采集软件可同时与气压、温度、应力等传感器连接，实现对多物理量试验数据的同步高频获取融合，极大地提高了采集精度和信号处理效率。

为保证有效获取高气压环境下模型内部的多物理量试验数据，先通过气密封信号变送器将多物理量传感器获取的毫伏大小的电信号统一扩大为 0～5 V 范围的电信号，再通过密封引线方法将信号传输至反力密封单元外部，并与高度集成采集箱及采集软件连接。气密封信号变送器放置在导向框内，其内部为信号变送器板卡，将信号变送器板卡放入铝合金密封盒内密封处理，防止了变送器板卡被高压气体损坏。

使用时，模型内部预埋的传感器通过引线端部的快速插头与气密封信号变送器的输入

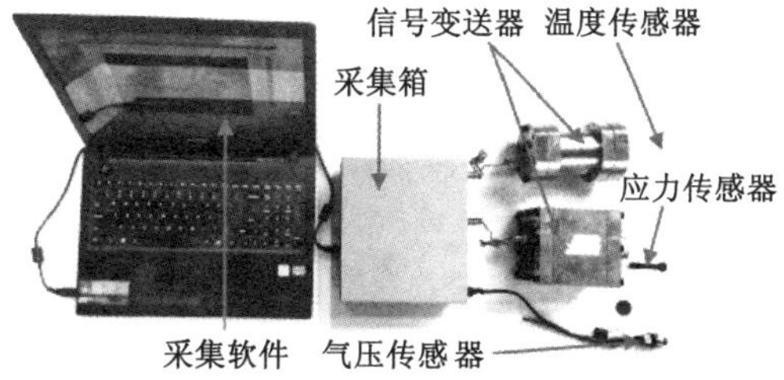

图 12-36 信息采集单元

端连接，经过信号放大后，输出端与密封引线连接。密封引线方法是通过内部穿入信号线并灌胶密封的密封引线套管实现的，既保证了反力密封单元内的 3 MPa 高压气体不泄露，又保证了将多物理量信号无损引出。

12.6.3 试验应用

12.6.3.1 试验方案

（1）试验模型和参数

以 1998 年淮南新庄孜矿“6·12”突出事故为试验原型，6 号石门掘进揭 B_6 煤层（倾角 30°），距离煤层法向距离 7.5 m 时发生突出事故，突出煤岩量约 650 t，瓦斯量约 12 000 m^3。根据煤与瓦斯突出模拟相似准则和反力密封单元的内部尺寸，最终选取相似比为 1/30。试验模拟范围剖面图如图 12-37 所示。

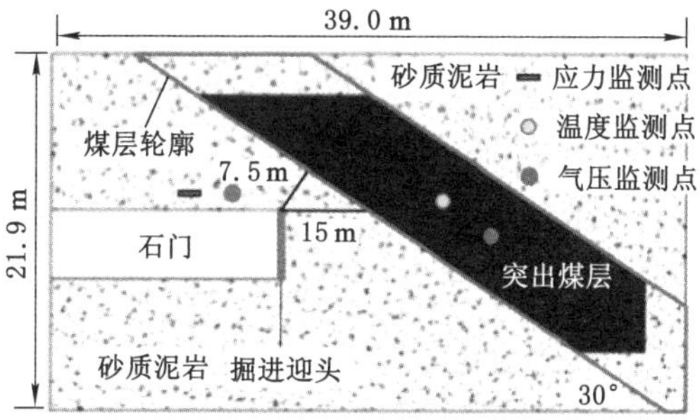

图 12-37 试验模拟范围剖面

由于是第一次在充气保压条件下进行掘进揭煤诱突模拟试验，出于试验安全考虑，将模拟试验气体压力和应力理论值折减为 73%；为满足试验过程中煤层内部保压要求，采用相似材料替代铺设倾斜煤层顶部、底部及前后两侧，从而使相似材料整体包裹煤层。表 12-5 为试验原型与模型相关参数。

表 12-5 原型与试验模拟参数

来源	煤层厚度/m	煤层倾角/(°)	后部应力/MPa	侧部应力/MPa	上部应力/MPa	瓦斯压力/MPa
原型	4.0	30.0	16.0	10.7	16.0	1.5
试验	0.13	30.0	0.39	0.26	0.39	1.1

（2）试验模型相似材料

为保证试验过程的气密性和相似性，采用特种水泥及密封添加剂等材料研发了顶底板低渗相似材料，具有渗透性低、强度可调等优点。本试验所用顶底板低渗相似材料物理力学参数如表 12-6 所示。

表 12-6　顶底板低渗相似材料特性

单轴强度/MPa	弹性模量/MPa	密度/(kg/m^3)	泊松比	黏聚力/MPa	摩擦角/(°)	渗透率/(10^{-3} mD)
4.5	519	2 366	0.21	1	40.87	20.9

12.6.3.2　试验过程

试验过程如图 12-38 试验过程所示。

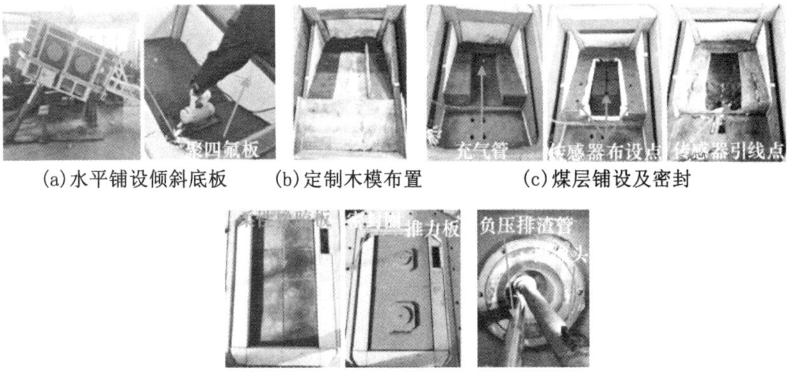

(a)水平铺设倾斜底板　(b)定制木模布置　(c)煤层铺设及密封

(d)布置橡胶板及推力板　(e)巷道掘进

图 12-38　试验过程

（1）加水并充入高压气体，检测试验装置气密性和信息采集单元的可靠性。

（2）打开反力装置顶板结构，在推力板内侧布置聚四氟板减摩，并标记煤层和顶底板位置。

（3）将反力装置后部升起，整体倾斜 30°，在反力装置内部水平铺设模型倾斜底板岩层，采用平板振动夯实，如图 12-38(a)所示。

（4）利用定制木模辅助形成不规则煤层铺设空间，如图 12-38(b)所示。

（5）在煤层铺设空间放置型煤，布置传感器，用特种气体密封胶对煤层进行包裹密封，对引线及搭接处重点密封，使充气管穿过特种气体密封胶，如图 12-38(c)所示。

（6）继续水平铺设模型倾斜顶板岩层，将传感器引线与信号变送器输入端连接。

（7）模型制作完成，模型顶部放置柔性橡胶板和推力板实现柔性加载，如图 12-38(d)所示，安装反力装置顶板结构。

（8）通过气体充填单元对模型抽真空，然后缓慢充入 1.1 MPa 瓦斯相似气体，并保压吸附 24 h，使型煤基本达到吸附饱和状态。

（9）利用应力加载单元对模型施加三向地应力并稳压。

（10）打开突出口，利用巷道掘进单元开挖巷道，设置掘进速度为 9 mm/min，如图 12-38(e)所示，直至发生煤与瓦斯突出。

(11) 试验过程中持续进行高频多物理信息采集,并通过高速摄像机进行录像。

(12) 突出后,测量煤粉突出距离,收集煤粉并称重,观测突出孔洞及内部特征。

(13) 取出模型并保留,清理试验系统。

12.6.3.3　试验结果及分析

(1) 试验结果

当巷道掘进进尺为 491 mm,掘进迎头距煤层水平距离为 30 mm,法向距离为 15 mm 时,发生剧烈的煤与瓦斯突出现象,突出过程持续约 4.36 s,如图 12-39(a)所示;破碎煤岩体最大喷射距离为 16 m,如图 12-39(b)所示;小块围岩和粉煤一同喷出,呈明显分选性,突出煤岩体总质量 24.5 kg,根据相似准则折合现场实际突出 661 t 煤岩体,事故原型实际突出煤岩体 650 t;突出口位于工作面拱顶处,突出孔洞呈口小腔大形状,且内部散落层裂破坏围岩,均与事故原型特征相吻合,如图 12-39(b)所示。

(a) 煤与瓦斯突出瞬间

(b) 突出后煤粉分布

(c) 现场及试验突出孔洞对比

图 12-39　煤与瓦斯突出试验现象

(2) 结果分析

通过试验应用可得,反力密封单元可旋转至指定角度并保持稳定;密封方式稳定可靠,试验全过程气密性良好,可形成固-气耦合赋存环境。应力加载单元可根据试验方案预设值,对模型真三轴地应力等比例同步加卸载。气体充填单元可使煤层气压在吸附保压过程中稳定于试验方案预设值 1.1 MPa;突出过程可对煤层气压进行大流量快速补充,提升突出过程延续性,更真实模拟煤层气体边界条件。巷道掘进单元可实时监测并伺服控制掘进过程,掘进速度稳定于设定值 9 mm/min;巷道直径约 150 mm,轮廓为规则圆形;密封措施保证了巷道掘进过程中围岩气密性。信息采集单元实现了试验全过程气压、温度、压力等物理量信息高精度、高频获取融合,并对整个试验过程进行了高速摄像。

以典型突出事故为原型,实现了在加载保压条件下巷道掘进揭煤诱导突出的全过程模拟,获得的突出现象与持续时间、突出口位置、突出孔洞形状、突出煤岩质量与距离、突出煤岩分选性均与事故现场高度相似,并且获得了事故现场无法获得的应力、气压、温度等多物理量信息规律,验证了巷道掘进揭煤诱导煤与瓦斯突出模拟试验系统的科学性。

12.7 思考题

1. 钻井泥浆控制措施有哪些?
2. 钻井法凿井壁后充填固井技术方案和风险防治措施有哪些?
3. 深部矿井井底车场底板加固原则和流程是什么?
4. 控制深部大断面复合顶板煤巷的稳定应考虑哪些方面?
5. 简述沿空留巷的概念及特点。
6. 试述冲击地压的概念。
7. 冲击地压巷道围岩变形与破坏的本质是什么?
8. 揭煤工程的特点是什么?

第 13 章 远程及无人掘进技术

内容提要　远程及无人掘进技术虽非当前主流，但已在国内外众多煤及非煤矿山得到应用。我国研发的智能掘进成套装备实现了掘进、支护、运输平行连续作业，并实现了远程监测监控，有效提高了掘进效率和自动化程度。但是我国煤炭资源赋存条件复杂，掘进装备和工艺呈现多样化，智能掘进面临严峻挑战，尤其是智能管控、智能导航、智能监控、智能截割、设备故障与安全预警等已经成为影响和制约智能掘进快速发展的关键共性技术难题，迫切需要系统深入研究。本章主要介绍了远程掘进施工技术和无人掘进施工技术，并对太空矿产资源的储量和开采可行性进行了阐述，同时介绍了太空采矿技术和未来太空采矿的发展前景。

13.1 远程掘进施工技术

煤矿巷道掘进受到井下巷道特殊的非结构化环境及相对复杂的工艺环节制约，巷道近程或地面远程智能掘进的技术难度更大。国内外研究机构在煤矿巷道远程掘锚方面做了深入研究。澳大利亚 1993 年开始远程掘锚研究，2000 年 ABM20 掘进机在 Tahmoor、Tower 煤矿分别试验 200 m，最高班进尺仅为 8 m，试验中发生瓦斯突出，由于工人距巷道 270 多米，未发生任何人员伤害。2009 年山特维克研发的 AutoCut 技术在澳大利亚Mandalong煤矿应用，通过可编程序列表适应各种运行条件，自动控制掏槽油缸和截割油缸实现截割滚筒移动以及底板和顶板平滑过渡，同时采用顶板地图(roof mapping)功能，即以钻孔同时测量岩层硬度方法，构建了顶板岩层硬度地图，为顶板锚杆支护作出决策。近几年，国内在远程智能掘进技术体系方面的研究有力促进了掘进成套设备的进步，通过改进掘进工艺技术模式，探索实现配套装备自动化、智能化、一体化掘进模式，构建适用于不同煤层条件的煤矿智能化快速掘进工艺技术与装备体系。围绕安全、高效掘进两大目标，攻关定位导航、自动支护、自适应截割等智能掘进关键技术，突破环境智能感知、掘进装备智能决策、自动化执行等技术难题，构建“边缘感知、平台决策、设备执行、远程运维”四个维度的智能掘进系统基本架构。同时，研究了掘进机器人群组设备多机协同完成钻探、掘进、临时支护、永久支护等巷道智能化开拓作业的智能掘进理论，以智能感知技术、自主控制技术、群组协同技术为核心，构建“感知-控制-探、掘、护、锚”三个层次的智能化掘进技术体系，以实现煤矿综合掘进机器人化装备的协同作业。此外，还研究了“掘进机位姿感知、工作面环境感知、设备状态感知”的空间一体化感知体系，按照“以智能化超前感知为基础，以多源数据计算为中心，以安全智能快速掘进为目标”的原则研究煤矿巷道智能化掘进的自主感知、基于 5G 通信技术多源数据和图像传输及存储技术、大数据云计算和控制软件技术等协同工艺理论和关键技术，对煤矿巷道智能化高效掘进提供有效技术探索。总体而言，虽然综采工作面建设为智能掘进发展奠定了多方面的技术基础和组织经验保障，近几年智能远程掘进也取得了很多基础理论和关键技术方面的突破，但是尚存在一些亟待协同攻关的难题。

煤矿巷道掘进智能化相关理论与技术研究是当前解决采掘失衡难题的基石，远程智能掘进是智能井巷掘进作业的目标和远景。本节针对掘-支-运平行作业要求，以智能化掘进为核心，介绍了“DT＋VR”（数字孪生＋虚拟现实）井下掘进人-机-环智能管控技术、井下掘进设备导航技术、掘进工作面群组协同与数字孪生驱动技术、煤矿悬臂式掘进机远程监控系统技术等核心技术。

13.1.1 远程掘进智能管控技术

随着信息技术与煤矿相关专业的深度融合，智能化、机器人化等先进生产理念在煤炭行业快速推广。澳大利亚提出的远程机器人系统使操作者可以实施操控一个或多个用于破碎过大体积岩石的碎岩机。远程操作创建了一个虚拟的现实，提高了操作者的工作效率，增强了操作者的可用性和可持续性。通过设备的远程遥控操作，矿业界可以使工作人员远离采矿现场，在更安全、更清洁的环境下工作。

煤矿“透明”地质条件是实现智能快速掘进的重要基础之一。目前，相关专家、学者在基于智能钻探、智能物探、地质数据数字化、地质信息智能化更新和地质信息可视化等多源数据的综合地质建模上开展了大量研究，以满足煤矿智能快速掘进和精准开采在地质条件上的需求，如图 13-1 所示。

图 13-1　地质建模与三维“透明”呈现

通过煤矿掘进虚拟工作面构建与掘进设备操控技术研究，建立了煤矿井下装备智能控制的“人-信息-物理系统”（HCPS）交互机制（如图 13-2、图 13-3 所示），为实现掘进工作面物理空间与掘进信息虚拟空间的深度融合与交互奠定了基础。结合数字工作面模型，试验验证了数字孪生驱动的悬臂式掘进机智能操控系统可行性，为煤矿井下综采综掘工作面设备的远程智能监测与控制提供了全新的思路。

近年来，智能视觉技术在煤矿井下迅猛发展，在固定设备及场合视觉监测、煤流检测、人员定位及异常状态识别、甚至工作面直线度和设备位姿测量方面得到一定的工程应用。但是影响图像质量的防爆玻璃折射、采掘振动影响以及高粉尘、低照度和杂光干扰等环境下的应用性研究基本空白，影响了测量的稳定性和精度。

针对平面防爆玻璃及光学球罩对煤矿井下视觉成像系统的影响，许多学者研究了矿用防爆相机的建模和标定算法，提出相应的非中心折射相机建模与标定方法，用以矫正矿用相机的平面玻璃或球面玻璃折射导致的成像畸变，提高煤矿井下视觉测量系统的精度和可靠性。

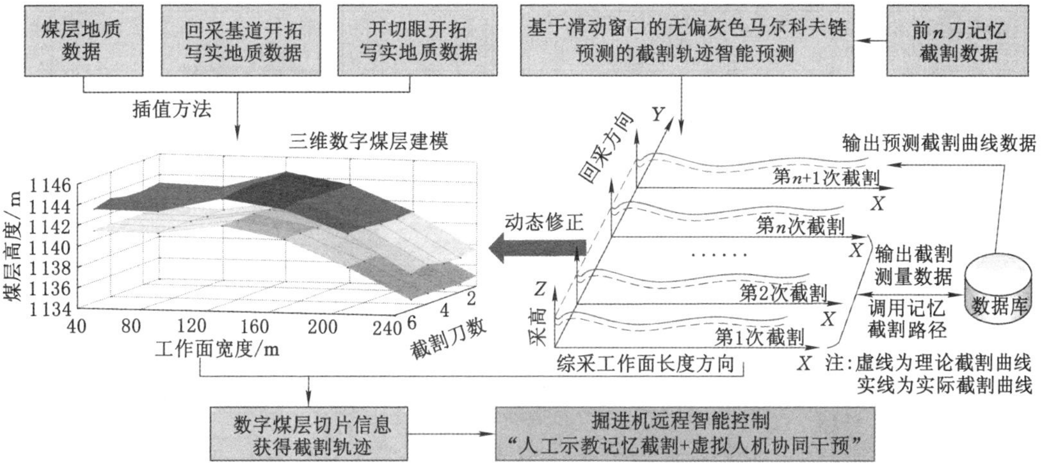

图 13-2　掘进虚拟工作面构建及轨迹预测机理

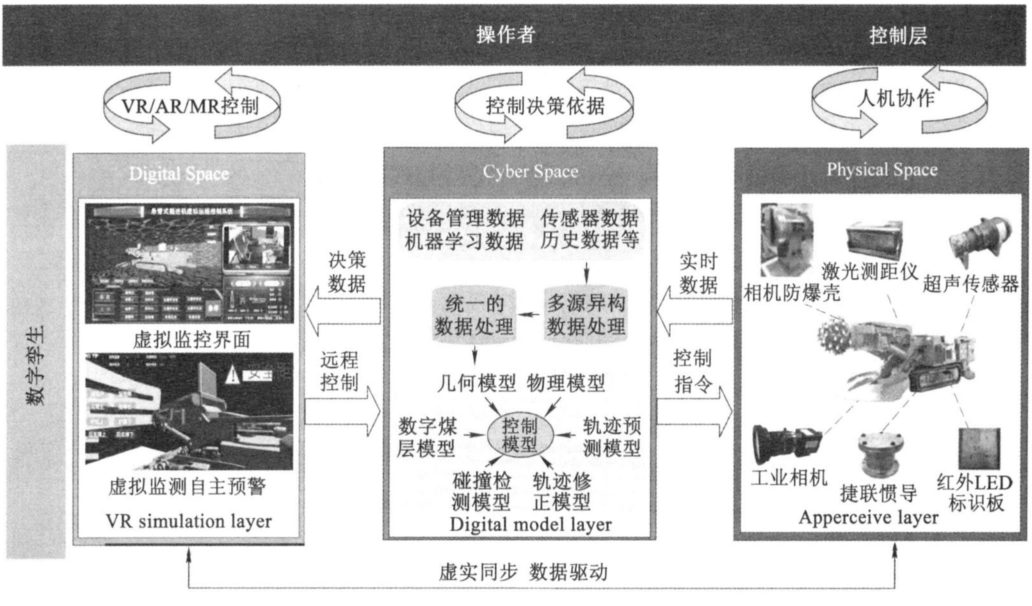

图 13-3　掘进设备数字孪生数据驱动技术构架

掘进过程中的机身振动引起测量不准确，利用机载稳像、消抖算法等方法保证机器视觉测量稳定性，是精准掘进的必然要求。通过研究振动工况下矿用防爆相机的成像模糊机理，构建基于非均匀模糊核的矿用相机参数化几何模型描述振动或运动引起的图像非均匀模糊，并建立基于变分参数优化更新方程来评估与优化参数分布，利用获取的非均匀模糊核完成迭代盲复原算法，实现单图像盲去模糊，为井下视觉测量提供了高质量图像。图 13-4 为振动工况下线特征模糊建模与去模糊效果。

虚拟现实技术有助于解决多维信息空间的数据处理问题，建立人-设备-环境有机融合的多维空间，实现复杂或危险作业环境下的工业设备顺利作业。张旭辉等提出了一种“数字煤层、虚实同步、数据驱动、实时修正、虚拟碰撞、截割预测、人机协同”的煤矿井下设备远程

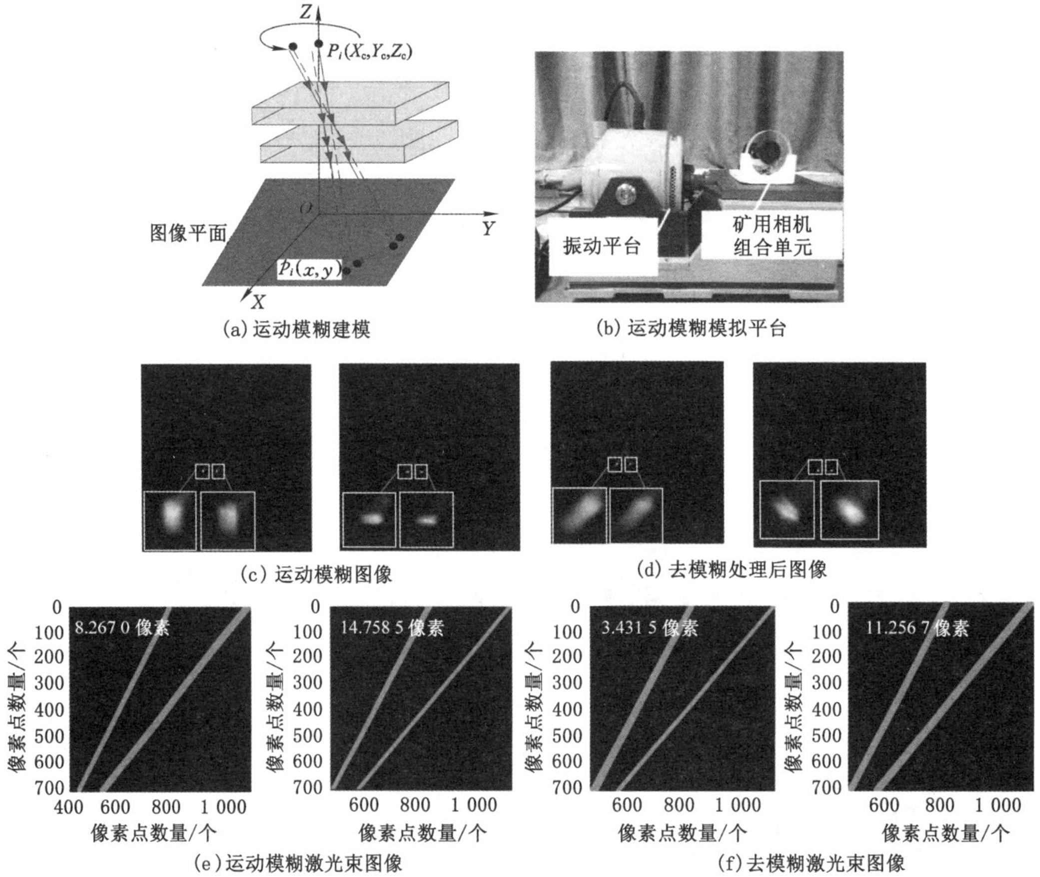

图 13-4　矿用图像模糊建模与去模糊

控制技术体系。结合数字孪生和虚拟仿真等技术，提出面向煤矿井下装备智能控制的人-信息-物理系统（HCPS）交互机制，实现掘进工作面物理空间与掘进信息虚拟空间的深度融合和交互。

通过煤矿智能掘进系统的数字孪生系统分析，提出适应掘-支-运平行作业的智能掘进机器人数字孪生系统，确定在掘进数字孪生体技术参考框架基础上，构建面向掘进的数字孪生系统成熟度模型，设计智能掘进数字孪生系统应用实例，实现智能掘进机器人群组的掘-支-运并行作业过程协同控制。图 13-5、图 13-6 分别为虚拟远程控制系统界面和煤矿智能掘进机器人数字孪生远程控制系统界面。

13.1.2　定向导航与纠偏技术

远程掘进设备导航技术包括定向导航纠偏技术和智能导航技术。

煤矿井下掘进设备导航目前有基于惯性导航（简称惯导）方式、惯导＋组合导航方式、基于视觉导航方式、惯导＋视觉组合方式。基于目前研究的掘进机导航系统，提出了二维里程辅助自主导航方法，并分析掘进机滑移特点研制出一种外置式二维里程测量装置，实现了二维里程辅助的组合导航算法。该装置和试验系统如图 13-7、图 13-8 所示。

在实现掘进机位姿检测的基础上，须完成掘进机的自主纠偏以保证巷道截割质量。针

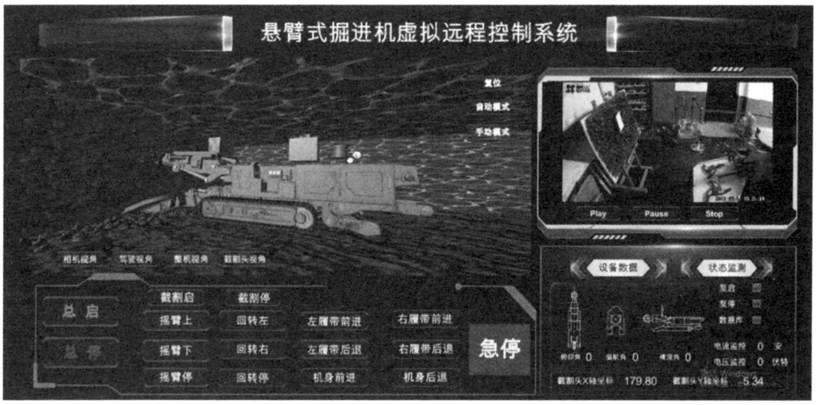

图 13-5 悬臂式掘进机虚拟远程控制系统界面

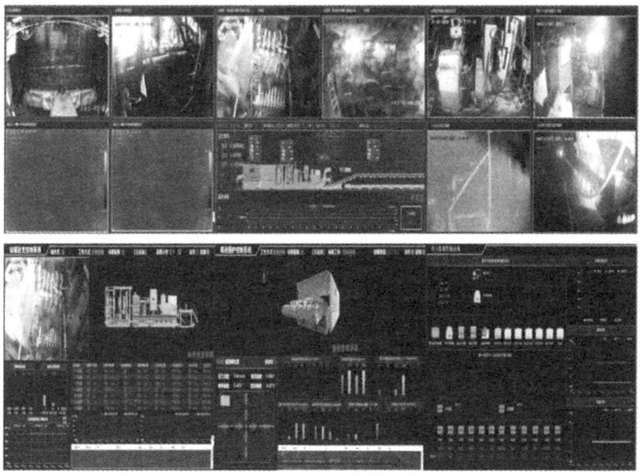

图 13-6 煤矿智能掘进机器人数字孪生远程控制系统界面

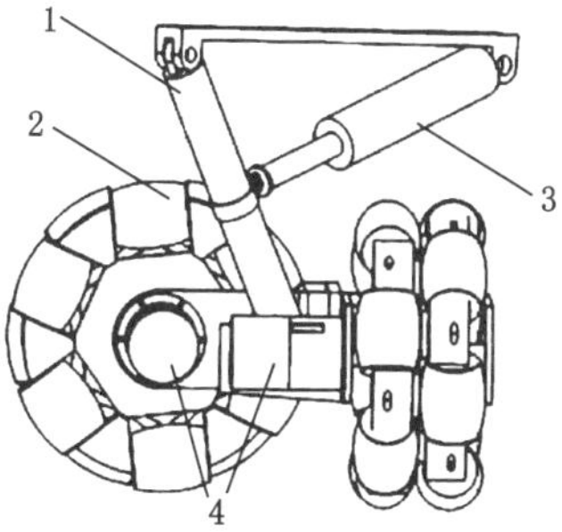

1—支架；2—测量轮；3—张紧装置；4—编码器。

图 13-7 二维里程测量装置

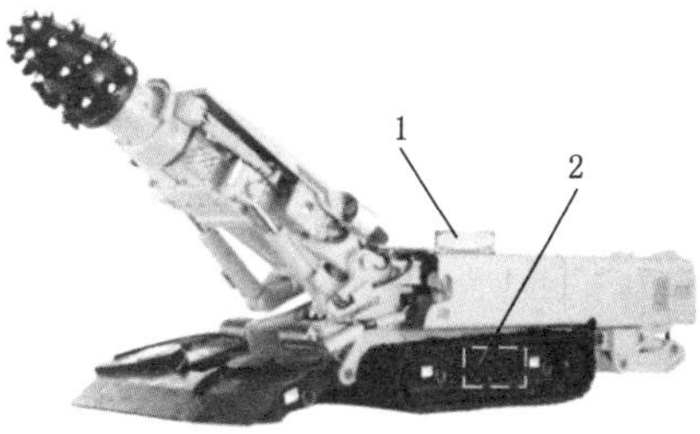

1—捷联惯导；2—二维里程测量装置。

图 13-8 掘进机定位试验系统

对工况复杂且存在封闭边界的受限巷道空间，可将掘进巷道环境自适应划分为区域栅格，提出掘进机纠偏影响度作为模型降维和简化的指标，结合掘进机自身运动特点和实际工况，建立掘进机在栅格场景中的自主纠偏运动模型，实现了结合 PID(P—比例，I—积分，C—微分)算法和神经网络的自主纠偏算法，并采用 EBZ-55 掘进机与模拟巷道验证了纠偏算法的可行性。

掘进机自主纠偏控制系统结构如图 13-9 所示，其中，$r(\theta)$为系统输入；$y(\theta)$为系统输出；k_p、k_i、k_d分别为 PID 的比例、积分和微分环节参数。

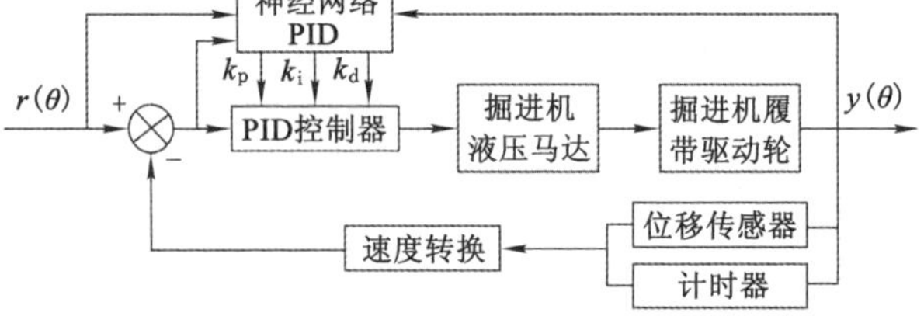

图 13-9　掘进机自主纠偏控制系统结构

基于视觉导航的悬臂式掘进机自动定向掘进控制方法，以巷道中激光指向仪的激光点和激光束为特征，采用单目视觉技术构建了基于门形结构的掘进机机身位姿视觉测量模型，通过空间矩阵变换解算巷道中机身位姿。根据悬臂式掘进机运动特点确定掘进机纠偏控制策略，基于悬臂式掘进机运动学建立掘进机定向掘进运动控制模型，采用 Backstepping(反推)方法，选取合适的 Lyapunov 函数设计掘进机轨迹跟踪控制器，有效解决了掘进机轨迹跟踪控制问题。如图 13-10 所示。

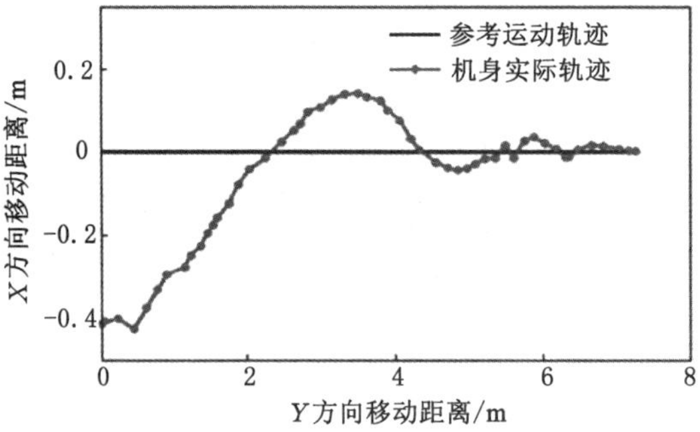

图 13-10　掘进机自主纠偏控制系统结构

13.1.3　智能导航技术

掘进系统按照行走形式主要分为履带式掘进系统和液压推移式掘进系统。掘进系统智能导航技术主要包括掘进系统精确定位定向技术和智能导航控制技术。煤矿巷道掘进系统的定位定向精度，直接影响煤矿巷道的掘进质量。由于煤矿井下无 GPS、北斗等卫星导航系统，如何实现掘进系统的精确定位定向成为巷道掘进的难题。一般情况下掘进巷道宽度偏差为 0～100 mm，因此要求掘进装备的导航控制精度≤±50 mm，导航控制精度要求高，智能导航难题亟须突破。为实现掘进装备智能导航，需要深入研究以惯导为核心的多传感器信息融合精确定位定向方法和智能导航控制方法。惯导与视觉融合方法和惯导、数字全站仪与油缸行程传感器融合方法是目前掘进系统先进的精确定位定向方法。惯导与视觉融合方法的定向精度可达±0.01°、定位精度可达±40 mm，主要适用于悬臂式掘进机、掘锚一体机等视野开阔的履带式掘进系统。惯导、数字全站仪与油缸行程传感器融合方法的定向精度可达±0.01°、定位精度可达±20 mm，主要适用于液压缸作为行走驱动的液压推移式掘进系统。

（1）履带式掘进系统智能导航控制方法

采用惯导与视觉融合方法检测履带式掘进系统的机身位姿。机身位姿测量原理如图 13-11 所示，其包括单目工业相机、两平行激光指向仪、捷联惯导、雷达测距传感器和防爆计算机，α_1、β_1、γ_1 和 α_2、β_2、γ_2 含义一致，分别为偏航角、仰俯角和横滚角。系统通过建立基于无迹粒子滤波与非线性紧组合机制的组合定位系统数学模型，对惯导与视觉信息进行融合，从而获得机身的精确位姿。

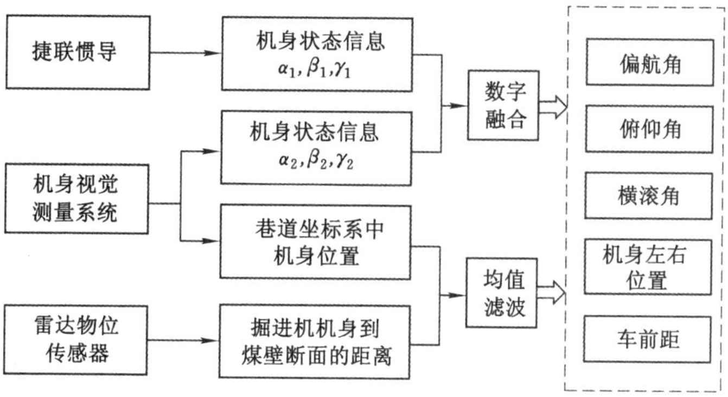

图 13-11　履带式掘进系统的机身位姿测量原理

履带式掘进系统智能导航控制原理如图 13-12 所示，系统主要由导航控制器、机身位姿检测系统、行走驱动系统等组成。通过视觉、雷达测距、捷联惯导等多传感器信息融合，实现掘进系统精确定位定向。以掘进系统精确位姿检测为基础，通过神经网络 PID 或模糊 PID 控制等智能控制算法驱动掘进系统履带行走部，从而实现掘进系统智能导航。

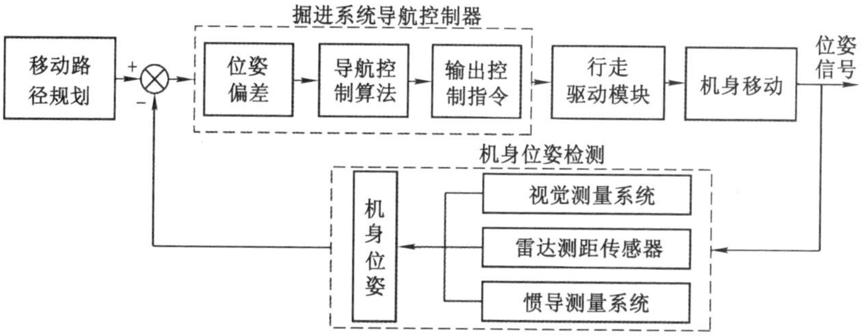

图 13-12　履带式掘进系统智能导航控制原理

（2）液压推移式掘进系统智能导航控制方法

液压推移式掘进系统采用光纤惯导、数字全站仪、油缸行程传感器信息融合进行精确定位定向检测，其定位定向原理如图 13-13 所示。通过高精度的光纤捷联惯导测量速度和角速度增量、油缸行程传感器测量推移行程，经过数学解算系统得出煤矿智能掘进系统的实时位姿。油缸行程传感器和惯导组合会产生位置累积误差，而数字全站仪可以测量出煤矿智能掘进系统的精确位置信息，因此运用数字全站仪修正惯导与油缸行程组合的位置误差，从而实现煤矿智能掘进系统的精准位姿检测。

液压推移式掘进系统智能导航控制原理如图 13-14 所示，系统主要由导航控制器、机身

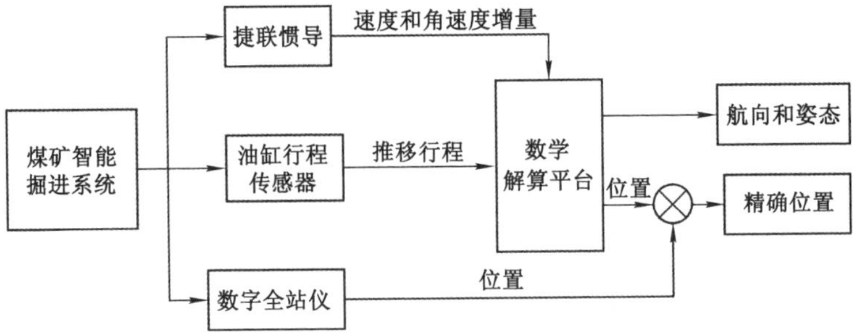

图 13-13　光纤惯导与数字全站仪、油缸行程传感器融合定位定向原理

位姿检测系统、液压驱动系统等组成。运用卡尔曼滤波算法对“惯导＋数字全站仪＋油缸行程”的多传感器信息进行融合，实现煤矿智能掘进系统精确定位定向。将智能掘进系统精确位姿检测信息实时传递到神经网络 PID 智能导航控制算法，驱动行走部液压油缸进行自动纠偏控制，最终实现液压推移式掘进系统智能导航控制。

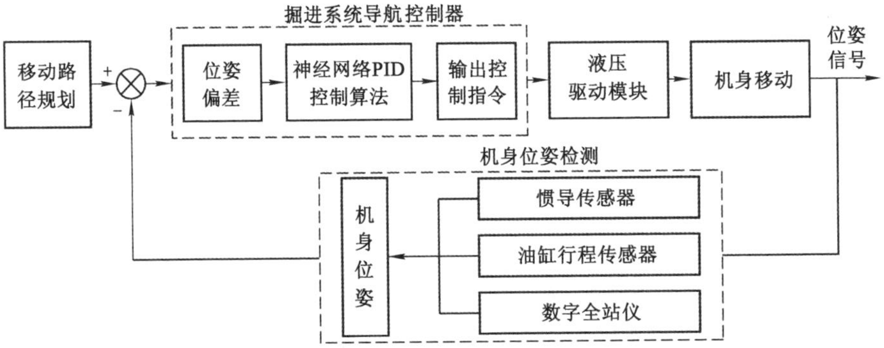

图 13-14　液压推移式掘进系统智能导航控制原理

13.1.4　远程掘进设备监控技术

由于煤矿井下掘进危险程度高、工况复杂，为确保井下作业人员的人身安全和提高作业效率，推进煤矿掘进智能化和无人化生产，势必需要加快煤矿掘进远程智能化控制的发展。而远程视频监控技术作为煤矿掘进智能化、无人化的视觉感知保障，可起到较为重要的作用。利用视频监控提升掘进机的感知能力，通过安装在掘进机各个关键部位的摄像头实时获取掘进机运行情况图像信息，使远程监控系统实时掌握煤矿井下现场安全生产情况，而且也能及时发现危险隐患并加以排除，已广泛应用到煤矿掘进生产中。

(1) 系统功能

悬臂式掘进机远程监控系统可对掘进机和模拟巷道进行全方位监控，同时可以实时显示、采集与记录掘进机参数和数据，以便于试验过程的管理，并且可作为相应掘进机试验的验证数据。因此，该远程监控系统必须具备以下功能：① 可实现对试验系统全部设备的远程控制；② 可显示、采集和记录掘进机的所有数据；③ 可实现数据的保存、显示、查询、调用以及数据的处理与分析；④ 可显示掘进机各个视角实时动作和周围环境，监测设备的实时参数，并有相应的操作提示；⑤ 具有高可靠性和安全性，具有完备的自我诊断与自我保护功能。

(2) 硬件结构

根据掘进机远程监控系统的功能需求，系统由 PCC(可编程控制计算机)、远程监控平台、数据采集器以及组态软件构成。其中，PCC 作为机载控制系统完成掘进机各基本动作的控制；通过组态软件完成人机交互界面的搭建以及 PCC 数据的采集、储存与处理工作。监控系统的组成结构如图 13-15 所示。

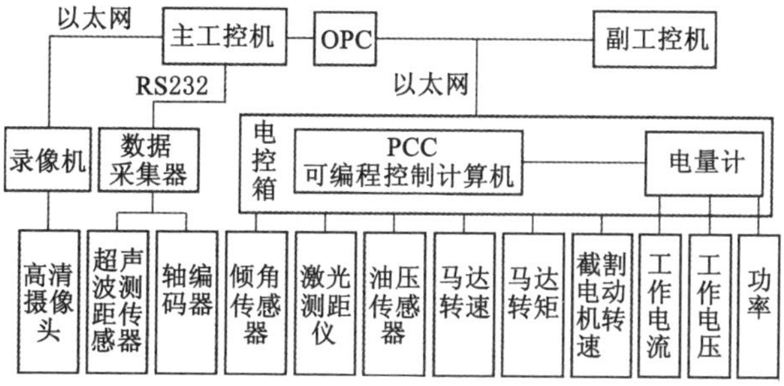

图 13-15　掘进机模拟试验系统的监控系统结构

PCC 选用的是 X20 系列产品，相比于传统 PLC 计算能力更强且稳定性更佳，可以提供各种级别的诊断功能，以便于及早发现并处理故障，其所有输入/输出接口电路均采用光电隔离，可有效抑制外部干扰源对 PCC 的影响。PCC 在系统中承担的主要任务是实现对掘进机各机构的控制，以及完成与 PCC 相连的所有传感器测量的数据采集。PCC 与所有的输入/输出接口及接线全部安装于掘进机电控箱中。

掘进机远程监控平台由主、副工控机组成。选用“组态王”监控系统软件作为远程监控的组态软件，“组态王”可根据用户需求构造所需的数据采集管理系统与远程人机界面，且可以在工控机平台上进行二次开发。主、副工控机通过以太网与 PCC 相连，通过贝加莱(B&R)控制系统中的 OPC(OLE for Process Control，用于过程控的 OLE)实现工控机与 PCC 的数据交换，主、副工控机之间可通过局域网进行数据交换与相互控制。主工控机除连接 PCC 之外同时连接数据采集器和录像机，可采集所有外置传感器的数据和摄像头采集的所有视频信息。由于该监控系统采用双工控机的控制模式，且同时与 PCC 相连，在试验过程中若主工控机发生故障，则副工控机可获得系统的控制权，从而保证系统的稳定运行与数据的安全储存。

(3) 软件结构

监控系统软件结构如图 13-16 所示，主要考虑软件的运行性能、开发成本、开发周期及系统维护等问题。

监控系统中 PCC 与数据采集器直接通过组态软件驱动进行数据采集，数据的存储同样通过组态软件进行，同时建立试验数据库以供数据分析和调用。主、副工控机的监控组态软件可以实现数据互通与数据共享。由于“组态王”没有提供数据采集器的设备驱动，因其具有开放的协议，可利用“组态王”提供的驱动开发系统进行相应驱动程序的开发。

监控系统的数据存储选择 ODBC(开放式数据库连接)驱动方式与 Access 数据库。数据存储完毕，系统采用主、副工控机的控制模式运行。主、副工控机可以相互访问各自的变量信息，可以同时存储试验平台的所有状态信息作为备份，如果主工控机发生故障，则副工控机仍可以记录数据且之前数据仍有备份。

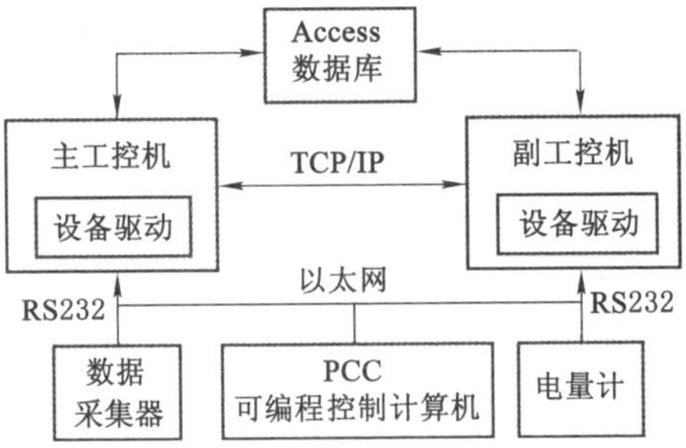

图 13-16　监控系统软件结构

（4）监控系统人机界面设计

监控系统人机界面设计的主要任务是系统中各个控制界面与监测界面的设计，进行静态操作界面的绘制、动画的制作及界面中各个元素和变量列表的连接，同时建立各个界面之间的逻辑关系。基于人机工程学，监控系统人机界面设计需重点考虑以下两点：

① 在满足功能需求的基础上，尽量使界面简单清晰且易于操作，尽可能减少冗余界面，既保证人员操作简便，也可减少空间占用，并节约成本。

② 界面切换简单容易且美观，设备状态的显示要明显，颜色设置需符合一般常识。掘进机试验样机的远程控制可由控制中心通过自动控制算法的计算实现自动控制，若试验过程中没有智能算法，通过遥控手柄进行控制更加方便，遥控手柄如图 13-17 所示。控制信号通过光纤传输，大幅延长控制距离。操作人员实现远程遥控操作悬臂式掘进机实际现场如图 13-18 所示。相应的，为实现掘进巷道的支护，远程遥控智能挂网及锚杆支护现场分别如图 13-19、图 13-20 所示。

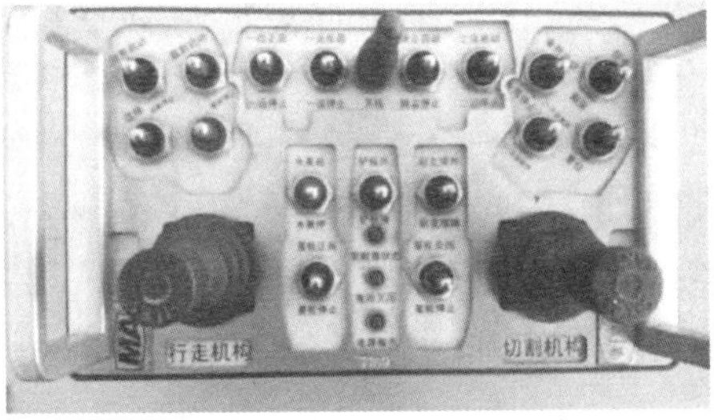

图 13-17　远程遥控手柄按键实物

图 13-18　远程遥控操作悬臂式掘进机

图 13-19 远程遥控智能挂网现场

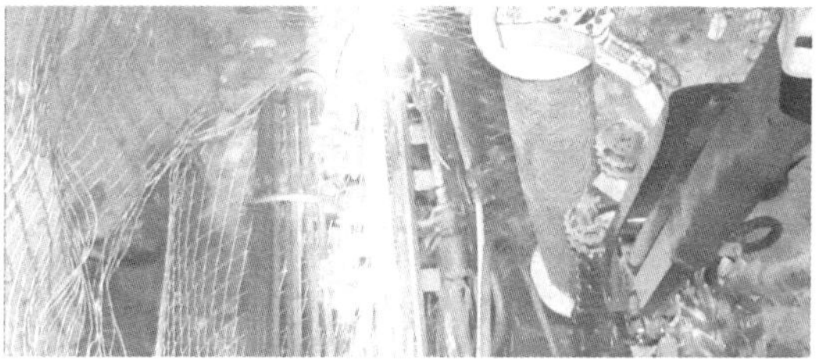

图 13-20 远程遥控锚杆支护现场

13.1.5 远程掘进数字孪生技术

通过掘-支-运工序平行作业提高掘进效率是目前采矿行业努力的方向。建立掘进机群组位姿和运动关联模型,对多机群组的时空坐标系加以统一,在单机设备自动化的基础上进行多机群组的精准定位与智能导航,解决多机协同平行作业冲突的问题。

结合综掘巷道掘-支-锚联合平行施工工艺技术系统,可以构建数字孪生理论指导下的综掘巷道平行施工技术流程与工艺体系,研究以掘进机器人远程可视化导控、临时支护机器人可靠性撑顶、钻锚机器人多工位锚护为基础功能的综掘巷道智能平行作业模式,如图 13-21 所示。远程可视化智能调控系统完成了掘进机自主纠偏、障碍物感知,实现了数字孪生技术驱动综掘巷道平行施工技术系统以及自动截割等智能化革新。

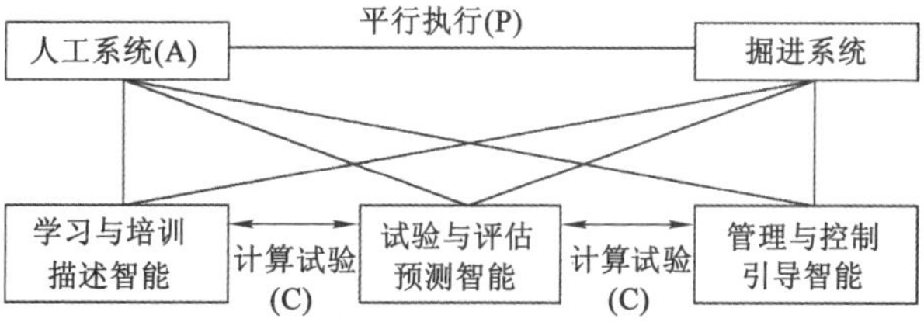

图 13-21 基于 ACP 方法的平行掘进系统架构体系

此外,结合陕煤集团小保当煤矿地质特点,研发了护盾式煤矿掘进机器人系统,对掘进工作面群组协同进行了研究和实践。针对煤矿智能掘进系统的多任务、多工序、多主体平行作业特征,揭示多系统作业任务数目和完成时间等关键参数之间的关系。假设智能掘进系统由 m 个子系统组成,分别完成掘、支、钻、锚、运等 n 个掘进作业工艺,结合子系统环境与自身状态感知信息,建立基于平行作业特征的智能截割系统、智能临时支护系统、智能钻锚系统、智能锚网运输系统、智能运输和通风除尘系统等多系统平行控制架构。基于掘进作业最优任务分配的多任务平行控制架构如图 13-22 所示。

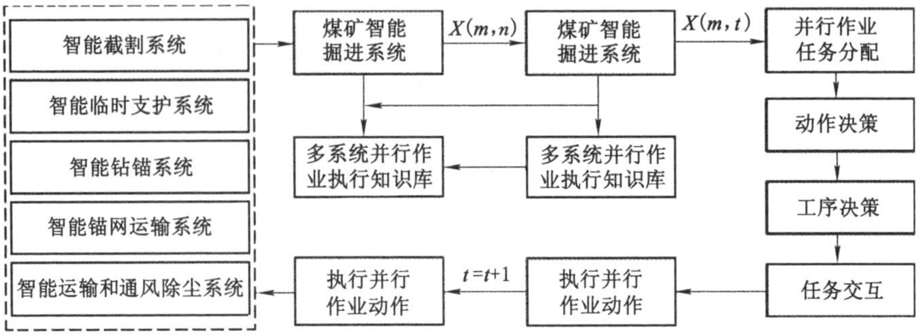

图 13-22　煤矿智能掘进系统多任务平行控制架构

另外,“虚拟设备”碰撞预警机制也是十分重点的组成部分,针对煤矿综采工作面设备数量多、位置关系复杂、设备间碰撞检测手段匮乏、预警困难等问题,结合虚拟现实技术、多传感器信息融合技术和包围盒碰撞检测技术,以虚拟环境开发平台为基础,提出一种设备远程控制过程中虚拟射线与包围盒相结合的方法,实现了设备间碰撞检测和预警监测。图 13-23 为设备运行中虚拟碰撞预警系统。

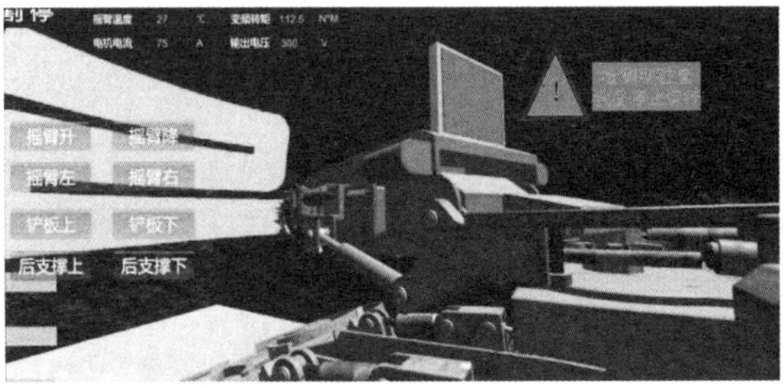

图 13-23　设备群虚拟碰撞预警系统截图(局部)

13.2　无人掘进施工技术

近年来,国内外对煤矿掘进智能化的研究不断深入,少人化、无人化井巷掘进已经成为研究的热点。相关研究主要聚焦在智能协同控制技术、智能测控技术、智能截割技术、设备故障与安全预警技术等方面。

煤矿智能掘进系统主要包括智能截割系统、智能临时支护系统、智能钻锚系统、智能锚网运输系统、智能运输和通风除尘系统和智能通风除尘系统等多个子系统。在实现单个子系统智能控制的基础上,如何实现对煤矿智能掘进系统多个任务平行及多个子系统智能协同控制成为重要研究内容之一。协同控制主要包括两个方面:① 建立多个机器人之间的空间位置关系,一般通过基坐标系标定来实现;② 协同插补算法,其中的关键技术是协同轨迹的过渡和对多个运动单元的同步速度规划。针对掘进系统远程测控问题,分别提出了以下各项内容:① 基于机载可编程控制器、机载传感系统、视频监控系统以及工控机的掘进机远程监控系统;② 悬臂式掘进机远程可视化控制系统,研究了远程控制系统关键技术;③ 综掘工作面远程可视化控制方法，研究了成套设备协同控制、智能截割、智能锚护、智能运输、视频监控等关键技术；④ 煤矿智能化建设技术体系研究，分析了煤矿智能化建设存在的技术难题与发展方向。

13.2.1　无人掘进智能协同控制技术

无人掘进智能协同控制技术是智能化矿井建设的新技术，下面主要介绍煤矿掘进机器人智能协同控制技术、多任务平行控制方法和多系统智能协同控制方法。

13.2.1.1　煤矿掘进机器人智能协同控制技术

要实现煤矿综掘高效、快速、安全的智能化连续生产，还需要对煤矿自动掘进截割、自动锚护以及输送设备自动控制和监测等平行连续作业进行智能化协同控制。因此，将掘进机器人视觉位姿检测、远程视频监控、数字孪生驱动的远程虚拟控制、智能化掘进机器人协同控制以及环境检测等技术相融合，完成多任务之间的最优规划，通过截割机器人、临时支护机器人、钻锚机器人等多种煤矿机器人的协同合作控制，构建掘进、支护、运输三维一体化的煤矿快速掘进智能机器人，实现煤矿巷道综掘的智能化、无人化生产。结合煤矿巷道与掘进机器人的系统耦合关系，分析掘进截割机器人和钻锚机器人等多任务的影响机理，构建多任务平行协同控制模型，选取钻锚机器人最佳时空匹配策略，并对钻锚机器人与截割机器人的工作时间进行匹配，实现对煤矿掘进多机器人系统的平行协同智能控制。

目前，掘、支、运三位一体的煤矿智能快速掘进机器人在小保当煤矿已投入运行。该煤矿智能快速掘进机器人系统整体分为巷道掘进控制层、集控网络层和地面远程测控层，如图13-24 所示。

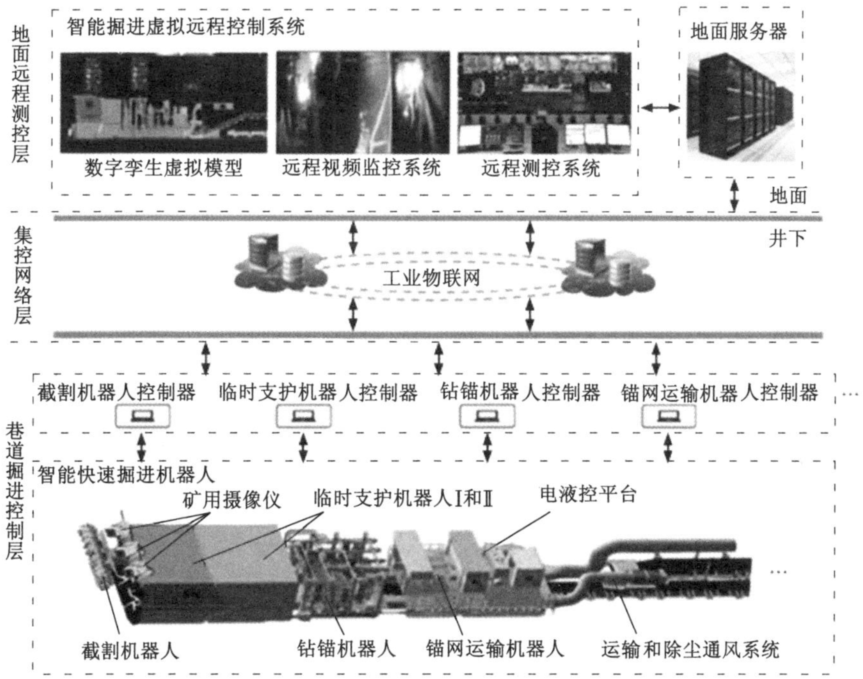

图 13-24　智能快速掘进机器人系统总体架构

巷道掘进控制层主要由截割机器人、临时支护机器人、钻锚机器人、锚网运输机器人和电液控平台以及运输和通风除尘系统等组成。地面远程测控层涉及远程视频监控系统、数字孪生虚拟模型以及远程测控系统等，实现本地和遥控及远程一键式启停、关键部件远程视频监控、数字孪生虚拟远程监测、精准位姿感知与定位定向、截割机器人与钻锚机器人以及锚网运输机器人的平行协同控制，实现煤矿安全、绿色、高效的智能化掘进。

13.2.1.2　多任务平行控制方法

煤巷掘进主要采用掘、锚分开的交替作业方式，据统计，在一个掘进循环中，支护时间大约占掘进作业总时间的 67%，因此支护速度成为影响掘进进尺提高的关键因素。分析煤矿智能掘进系统的平行作业特征，智能掘进系统控制架构如图 13-25 所示，其中，$X(m,n)$为第 m 个子系统的第 n 个掘进作业工艺；$X(m,t)$为第 m 个子系统在 t 时刻的状态；$N(n,t)$为第 n 个掘进作业工艺状态下 t 时刻的动作；$a(m,n,t)$为第 m 个子系统的第 n 个掘进作业工艺在 t 时刻的工序。

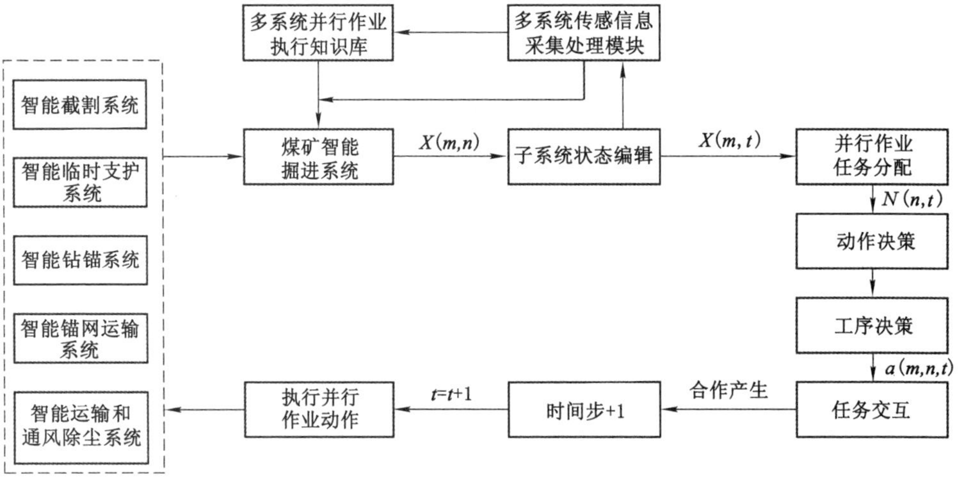

图 13-25　基于多任务平行作业的控制架构

基于掘进作业最优任务分配的多系统平行作业流程为：

① 建立感知系统，结合数据采集与处理模块，构建煤矿智能掘进系统平行作业执行知识库，获取各子系统的状态；

② 基于掘进作业工艺，构建平行作业任务分配模型，确定智能掘进子系统对应作业任务；

③ 根据各子系统平行作业任务，构建动作决策模型，依据智能掘进工艺制定工序决策；

④ 根据多系统平行作业任务分配、动作决策与工序决策模型的适应度，评价智能掘进子系统的适应度值；

⑤ 依据多系统平行作业的任务交互问题描述，建立合作机制，产生下一时间平行作业执行动作，从而确定多系统最优平行作业方案；

多任务平行控制方法主要有基于强化学习的平行作业控制方法和基于 Agent 的平行控制方法。

(1) 基于强化学习的平行作业控制方法

强化学习是从控制论、统计学、心理学等发展而来的，是一种通过与环境交互进而实现实时学习的方法，智能掘进系统选择“掘-支-钻-锚-运”动作与执行顺序，从而影响掘进环境，环境在发生变化的同时给予子系统一个反馈信息，系统根据反馈信息不断调整自己的控制策略。基于强化学习模型建立环境状态与动作的映射关系，作为智能掘进系统平行作业动作决策依据。基于强化学习的多任务平行控制原理如图 13-26 所示，其中 x,s,R,a,t 参数分别表示子系统的位置信息、状态、反馈、行为、时间步；$x(i,t)$ 为第 i 个子系统 t 时刻的位置信息；$\pi(i,t)$ 为经强化学习后第 i 个子系统 t 时刻的动作决策信息。通过强化学习，使得多任务按照平行作业行为规则、任务分配规则及动作决策，能够自主实现多任务多工艺平行作业控制，从而提高智能掘进系统的平行作业性能，减少子系统间的冲突。

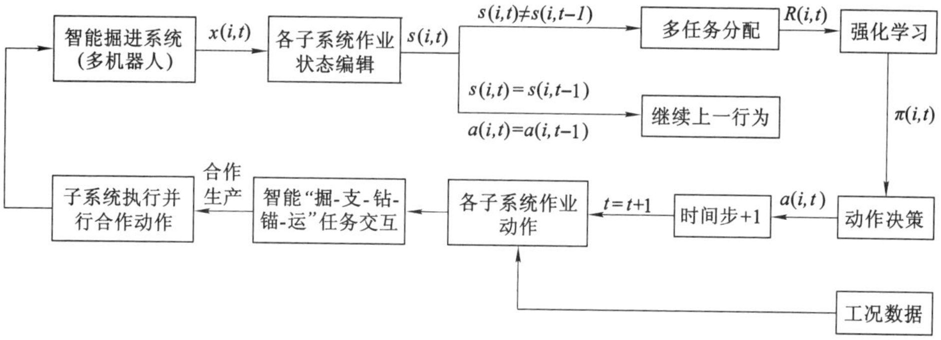

图 13-26　基于强化学习的多任务平行控制原理

(2) 基于 Agent 的平行控制方法

Agent 可以被认为是多系统中的子系统单元，可以对环境及其他 Agent 进行相互作用，一组 Agent 通过相互协作和协商，完成一个共同的目标。基于 Agent 的智能掘进多任务平行控制原理如图 13-27 所示，每个 Agent 是智能掘进多任务的一个单元，将多任务控制分解为多个 Agent 单元控制，即智能截割系统、智能临时支护系统、智能钻锚系统、智能锚网运输系统、智能运输系统等多个 Agent 单元合作完成智能掘进作业任务，只需建立 Agent 之间的通信模式即能满足多目标任务。

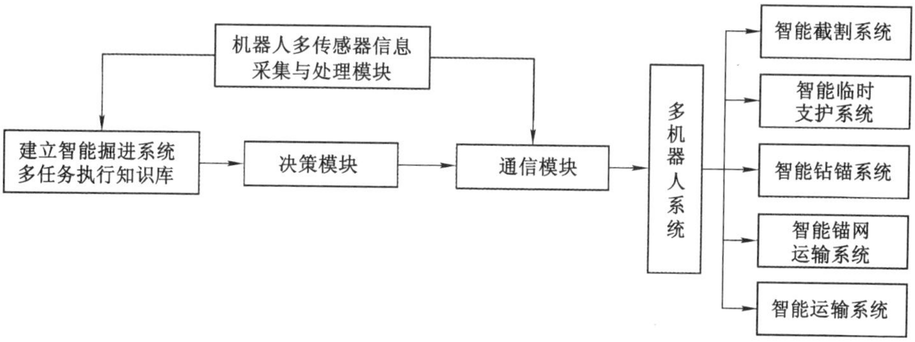

图 13-27　基于 Agent 的智能掘进多任务平行控制原理

13.2.1.3　多系统智能协同控制方法

智能掘进系统各子系统的工作存在相互约束和协调，根据智能掘进系统的工艺要求，建立如图13-28所示的煤矿智能掘进多系统协同控制系统框架。典型的智能多系统协同控制方法主要有Leader-follower(领航者-跟随者)法和基于行为法。

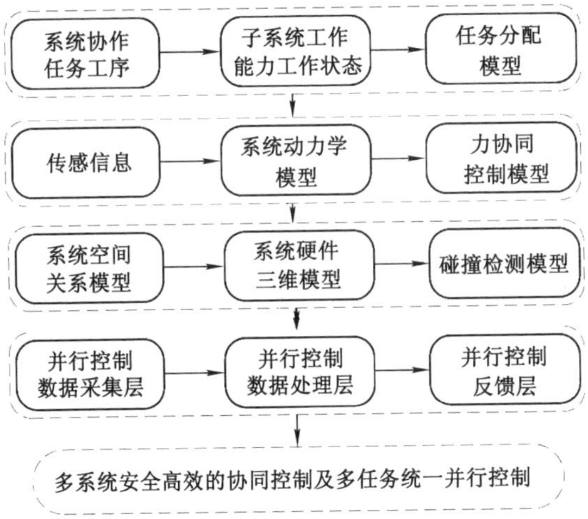

图13-28　煤矿智能掘进多系统协同控制系统框架

(1) Leader-follower法的智能协同控制

如图13-29所示,通过将煤矿智能掘进系统中的智能截割子系统设置为领航者,其余子系统为跟随者。工作过程中领航者接收全局信息或接收具体任务执行方式,按照规划好的路线运动,而跟随者参考编队中与领航者的相对位置进行运动。该方法有效降低了煤矿智能掘进系统的控制复杂性,使跟随者容易定位且使编队易于实施掘进作业。

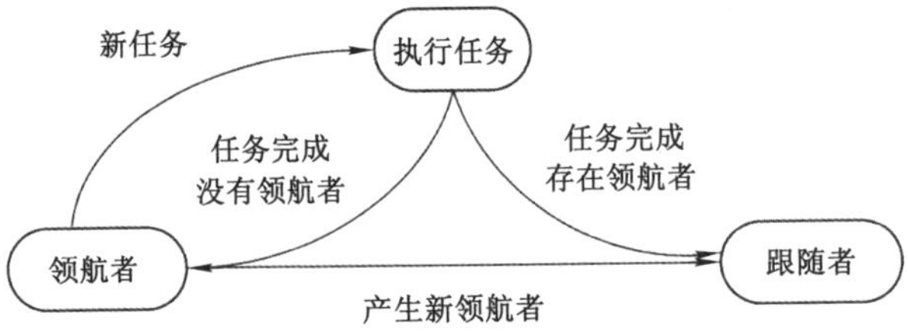

图13-29　Leader-follower法工作原理

(2) 基于行为法的智能协同控制

基于行为法通过研究一个子系统在场景中的运动规律制定相对应的运动规则,进一步扩展到多系统控制上。因此,针对煤矿智能掘进系统中“掘-支-钻-锚-运”作业的多目标跟踪、障碍物实时规避和队形重建等任务,通过对预先定义的智能掘进工艺行为进行比例加权,调节加权系数以得到理想编队的控制方法,使得智能截割系统、智能临时支护系统、智能钻锚系统、智能锚网运输系统、智能运输和通风除尘系统都具备一定的自主决策能力,包括系统间防碰撞与协同作业的决策能力。当各子系统感知到相邻子系统距离过近或前方有障碍物存在时,每个子系统输入都会发生相应的变化,控制器关于速度、方向的输出会随之改变,进而使整个系统达到预期控制效果。通过设置各子系统优先级的方式,使多系统根据不同掘进作业环境做出不同工艺选择,从而合理完成协同作业任务。基于行为法可以实现实时反馈,是一个完全分布式的控制结构,系统柔性较好,可以适应动态加入新子系统的情况。

13.2.2　无人掘进智能测控系统架构

以智能化、网络化、数字化为核心，运用物联网、5G 通信技术、大数据管理技术、人工智能等现代信息技术，研发具有智能定形截割、智能导航、人员安全预警、环境安全预警、设备故障预警、关键部位视频监控和数字孪生驱动的远程智能测控系统，在地面监控中心可以实现远程一键启停、关键部位远程视频监控、异常状态远程人工干预和数字孪生驱动的远程智能测控。智能掘进测控系统总体架构包含 3 层，分别为本地控制层、近程集控层和远程监控层，如图 13-30 所示。

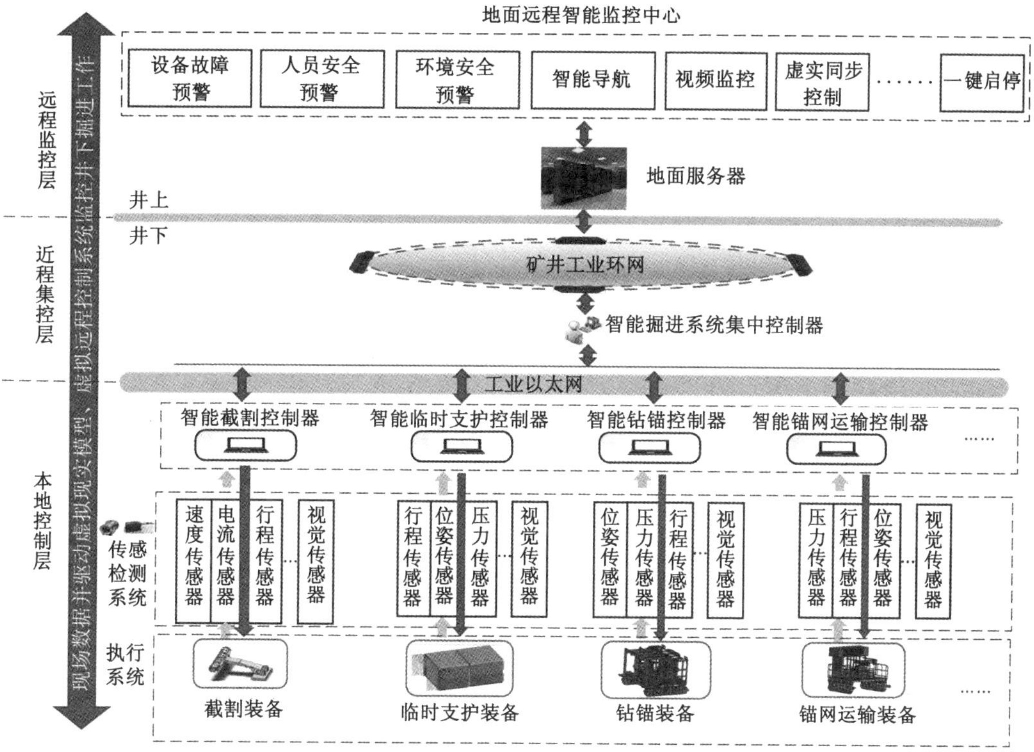

图 13-30　智能掘进测控系统架构

(1) 本地控制层

在智能掘进系统上集成传感检测系统、本地控制系统、通信系统等，实现掘进系统各个部分的单机智能控制，并通过工业以太网将整个掘进系统的各个部分与近程集控层的集中控制器实时通信，将本地控制层掘进系统的人员、环境、设备、视频等信息传输到掘进工作面近程集控层。

(2) 井下近程集控层

通过与本地控制层的控制主机通信，实现本地掘进工作面的人员安全预警、环境安全预警、设备故障预警、关键部位视频监控和数字孪生驱动的掘进工作面远程智能测控，以及近程一键启停，并且通过矿井工业环网可以将信息实时传输至地面远程监控层。

(3) 地面远程监控层

通过矿井工业环网和地面工业环网，在地面远程智能监控中心可以实现人员安全预警、环境安全预警、设备故障预警、关键部位视频监控和数字孪生驱动的远程智能测控，以及远程一键启停等，还具备对关键信息进行实时存储和历史数据查询等功能。

13.2.3 无人掘进设备故障与安全预警技术

（1）设备故障预警技术

针对掘进工作面装备工况复杂、故障源多等特点，利用振动、温度、压力、流量、液位、电流、位姿等传感器实时监测掘进装备的运行状态。为了实现掘进装备故障诊断和故障预警，须深入研究多传感器数据融合的掘进系统关键部件故障诊断和预警方法。

（2）环境安全预警技术

根据《煤矿安全规程》要求，需要在智能掘进系统上布置瓦斯浓度、氧气浓度、一氧化碳浓度、二氧化碳浓度、风量、温度、湿度等传感器，实时监测井下掘进工作面的环境参数。为了实现环境安全预警，需要对采集的环境信息进行实时处理和对环境信息进行预测。因此，需要深入研究环境信息智能预测方法，实现对环境信息的准确预测，从而实现掘进工作面的环境安全预警。

（3）人员安全预警技术

目前，煤矿井下人员定位技术有了较大的发展，先进的人员定位技术主要为视觉识别技术和UWB(Ultra Wide Band，超宽带)无线定位技术。为了确保掘进工作面人员安全，需深入研究截割滚筒、锚杆钻机等关键部位的人员定位方法，实现掘进工作面人员精确定位。掘锚过程中一旦发现掘截割滚筒和锚杆钻机等关键部位有人员存在，立即发出报警提示，并且能对设备进行人员安全闭锁。

13.3 太空矿产资源及采矿技术

地球之外资源极其丰富，可利用的资源比地球上要多得多，仅就太阳系而言，月球、火星、小行星等天体上都具有丰富的矿产资源及稀有金属，类木行星和彗星上有丰富的氢能资源，行星空间和行星际空间有真空资源、辐射资源及超洁净资源等。为了破解地球矿产资源枯竭的难题，开发和利用丰富的太空资源势在必行，由此太空采矿应运而生。太空采矿是指综合利用空间科学与技术(包括空间信息科学)、采矿学、行星学、天体力学、天体物理学、地质工程等理论和方法，研究与矿产资源、轨道资源、太阳资源等太空资源开发和利用相关的从近地到深空、从表层到深部的定位定向、资源评估、全息勘探、无人开采、智能分选和原位利用的科学与技术。

13.3.1 太空矿产资源

基于现有的空间科学技术、航空航天技术以及采矿技术，着手开展相关领域的前期战略上的准备和科技铺垫，在10～20年内实现试验性开采近地星体上的太空资源是可行的。金星距离太阳较近，环境复杂多变，表面温度高达280～540 ℃，故现在技术无法开采金星。下面主要介绍月球、火星及小行星等资源情况及开采可行性。

13.3.1.1 月球资源

月球到地球的平均距离约38万 km，是地球的卫星，也是太阳系中第5大卫星。月球具有丰富的矿产资源，月面下稀有金属的储藏量比地球还多。月岩主要有3种类型：

(1) 富含铁、钛的月海玄武岩。月海玄武岩中含有大量的钛铁矿($FeTiO_3$)。

(2) 富含钾、稀土和磷的斜长岩。如今虽然无法准确估计该类矿产的含量,但其中存在的稀土元素以及钍、铀等放射性元素将作为月球的重要矿产资源被开发利用。

(3) 由 0.1～1.0 mm 的岩屑颗粒组成的角砾岩。

月球岩石中含有地球上的全部元素和 60 种左右的矿物,其中部分矿物是地球上不存在。月球上含有大量的地球上最常见的 17 种元素。以铁为例,仅月面表层 5 cm 厚的月壤中就含有上亿吨铁,而在月球表面平均有 10 m 厚的月壤,同时这些铁便于开采和冶炼。此外,月壤中还含有较为丰富的氦-3(He-3)。氦-3 是核聚变的重要原材料且无辐射污染,利用它和氘所进行的核聚变可作为核电站的能源。这种核聚变类型除了可用于地面核电站,还特别适合为深空探测器提供能源补给。据分析,月壤中氦-3 的含量约为 71.5 万 t,可为地球提供能源供给 100 年以上。从月壤中提取 1 t 氦-3,可同时得到 6.3 万 t 氢、70 t 氮和 1 600 t碳。月球上的氦-3 含量大,对于未来能源紧缺的地球无疑是有益的补给。

13.3.1.2 火星资源

火星是太阳系中季节和昼夜交替与地球最为相似的行星,被认为是太阳系中最有条件存在地外生命的天体之一。火星土壤中氧元素质量分数约为 50%,硅元素质量分数为 15%～30%,铁元素质量分数为 15%～16%,钙元素质量分数为 3%～8%,铝元素质量分数为 2%～7%,并含有少量的钾、磷、硫、氯、镁、钴、镍、铜、钽、铬等元素。火星土壤的化学成分以富铁、中等的硫、镁、钙和贫铝为特征,它的化学组成不代表火星原岩的成分,而可能是镁铁火成岩发生风化、化学作用的产物。根据矿物成分计算,整体上火星土壤是一种混合物,其中有质量分数 80%的富铁黏土,质量分数约 10%的硫酸镁,质量分数约 5%的碳酸盐及质量分数约 5%的氧化铁,这种混合物的矿物组成与质量分数 59.1%的绿脱石、质量分数 21.7%的蒙脱石、质量分数 11.8%的水镁矾、质量分数 5.9%的方解石、质量分数 1.0%的石盐及质量分数约 0.5%的 TiO_2 相当。

火星上的矿产资源主要有以下几种类型:

(1) 大型火成岩区域。大型火成岩区域和亲铜、亲铁元素矿床的形成有较强的联系,如镍-铜矿及铂族、钛、铁和铬元素等。

(2) 热液矿床。热液矿床是由于火星火山活动而形成的矿床,这种矿床是火山的硫化氢与冰冻圈的冰融化所产生的水发生反应,通过与上升的岩浆或岩脉发生作用,产生富含硫酸盐的热液,然后经地表排出,形成类似山岩的矿床。

(3) 撞击坑形成的矿床。火星上可能存在原生矿床和同生矿床,也可能存在由于撞击形成的钻石矿。

(4) 撞击热液矿床。后生矿床是火星上最有可能存在的矿床,它是天体与火星表面撞击后引起热液循环而产生的矿石,如铜、锌、铅、锑、镉、硒、砷、银、碲等亲铜元素。

(5) 沉积型赤铁矿矿床。"火星全球勘测者"(MGS)探测器已探明在火星子午湾、水手谷、阿伦沌地等地存在大量粗粒度的沉积物,即灰色结晶状的赤铁矿。

(6) 沉积型硫酸盐矿床。火星快车号(Mars Express)发现火星存在硫酸盐矿物——硫酸镁石,由于硫酸盐中的镁很容易被电解,所以硫酸镁是一种潜在的资源。

13.3.1.3 小行星资源

太阳系中的小行星根据轨道位置不同主要分为近地小行星和主带小行星。小行星主环带拥有数量高达75万个直径在1 km以上的小行星，其中30多颗小行星的直径超过200 km。近地小行星超过2 300颗，其中大约有1 000颗直径超过1 km。根据相关研究成果，大约有1 500颗近地小行星可以作为我们的主要太空采矿目标星。

小行星按照光谱特征可分为C类（碳质）小行星、S类（硅质）小行星、M类（金属质）小行星等。其中C类和M类小行星被认为含有巨大的矿产资源和经济价值，可以为人类所利用。具体来讲，碳质小行星富含碳、氢、氧、氮等元素，能够为深空探测提供燃料，可以作为太空探索的补给站。金属质小行星主要由铁、镍构成，有些小行星中铂系金属元素含量很丰富，如铂、钴、铑、铱、锇等珍稀金属。

随着人类深空探测活动不断增加，深空探测能力不断增强，人类正在获得去小行星采矿的能力。相信随着科学与技术的发展，特别是空间技术和现代采矿技术的发展以及人类深空探测能力的加强，开发和利用小行星尤其是近地小行星上丰富资源将不再是幻想。

13.3.2 太空采矿技术

目前有关太空采矿的研究仍处于基础阶段，但是人类进行了半个多世纪的深空探测，积累了较为丰富的资料及前期技术，其中部分技术经过改造、深化，未来可用于太空采矿，如资源勘查、钻孔技术及原位资源利用等主要太空采矿技术。

13.3.2.1 钻孔技术

地外天体钻孔技术最早可追溯至苏联的月球16号（Luna 16）探测器，其于1970年在月球取得了101 g月壤样本。该系列最后一辆探测器月球24号（Luna 24）在月面下2 m取得170 g样本。同样使用钻孔在月球上取得岩石或月壤样本的还有苏联的月球20号（Luna 20），美国的阿波罗15～17号（Apollo 15～17），以及中国的嫦娥5号（Change-5），它们采用的钻孔方式是冲击回转钻进法，该方法可以减轻钻头的重量并降低能耗。美国Honeybee机器人公司和NASA（National Aeronautics and Space Administration，美国国家航空航天局）基于该钻孔方法研制的Lunar Vader钻机模拟了在月球各种环境下的工作状态，结果表明该钻机在真空环境下可穿透1 m深度的280 ℃月壤模拟物、水冰和岩石；可是随着钻孔深度的增加，钻孔和钻头的摩擦越来越大，由电机提供的旋转力矩亦增大，钻机系统在某一时刻陷入停滞的危险也增加。目前一种气吸式钻进法以气体（如N_2）作为动力，通过气体将土壤颗粒运送至地表而不断钻进，不仅适用于火星、金星等具有大气的天体，通过外部输入气体也可以在月球上使用。

13.3.2.2 原位资源利用

太空采矿是一个长期的、昂贵的、极其复杂的工程。为减少克服地球引力所需消耗的燃料，大规模的太空采矿活动需要就地利用被采目标中的资源，例如载人航天中宇航员所需的H_2O和O_2，或者更可行的无人采矿时采矿机器所需的燃料H_2和O_2。美国NASA计划在火星任务中携一个原位资源利用的有效载荷，以火星上大量的CO_2为资源制作O_2，用于探测器在上升阶段所需的氧气推进剂。研究表明，水星、金星、月球、火星以及C类小行星可能存在水或氢元素，而这些目标天体大多适合在将来被开采，通过采取天体上的H_2O经适当的方法还原为H_2和O_2，可为探测器提供必要的能源。

13.3.3 太空采矿技术展望

虽然1903年苏联航天之父康斯坦丁·齐奥尔·科夫斯基就提出了开采太空资源的想

法，但一直未能付诸实践。随着近年来地球资源日益枯竭以及航空航天技术的发展，太空采矿再次迎来热潮，但围绕太空采矿的研究才刚刚起步。结合长期积累的空间信息科学、采矿科学等知识及太空采矿研究进展，应重点开展的主要研究方向及路线如图 13-31 所示。

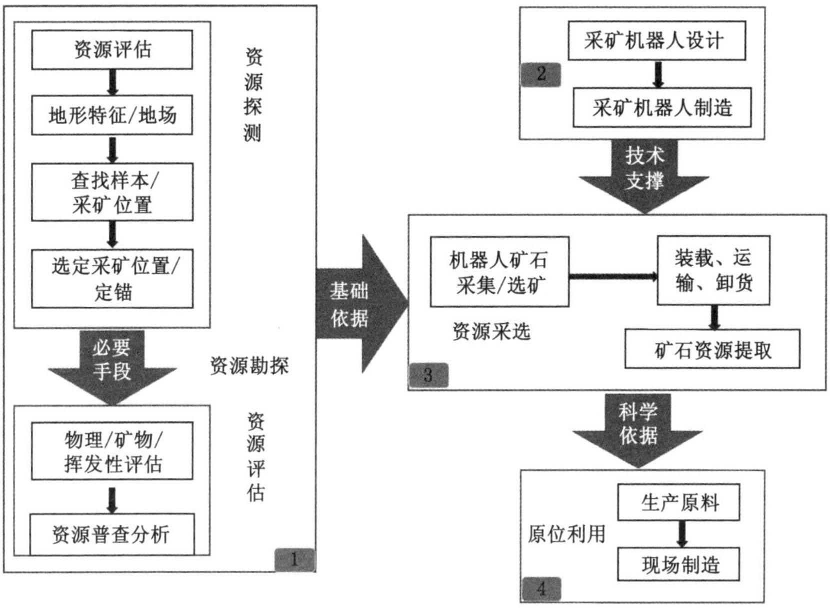

图 13-31　太空采矿研究路线

（1）太空资源探测

研究太空采矿时间与空间基准构建技术，重点突破天体与地球参考系统的无缝转换与统一技术；基于探测器、遥感卫星技术、无线通信，研究太空资源的勘探理论和技术；同时运用行星学、大气遥感、导航定位、无线电掩星等技术，研究小行星的分布、形状、大小、矿物成分和分布、运行轨道重力场、磁力场及其空间环境等，建立近地空间资源光谱数据库，构建多源遥感协同定量反演模型；最后综合小行星价值、环境、开采需求和难易程度等，结合最新国际空间科学和技术的发展现状，利用地理信息系统/大数据分析与决策优化方法，确定太空资源开采的行星、编目并分析其可行性。

（2）太空采矿智能机器人平台设计与制造

针对离地采矿的微重力问题，开展采矿机器人在行星表面的附着锚固技术，低钻压力限制下行星表面硬质矿物的破碎和截割技术研究；采矿机器人工作过程中产生的块状、粉状矿物质受重力影响弱，极易飞离行星表面，研究微重力环境下块状、粉状矿物的收集与封装技术；研究采矿机器人平台运行状态在线监测及智能化控制技术，实现采矿机器人平台的无人化、自主化的协同工作。

（3）太空资源勘探与采选

瞄准太空微重力环境下资源勘探与采选的紧迫需求，针对太空微重力环境下埋藏资源勘探、开发及分选等瓶颈问题，开展微重力环境下非接触式电磁资源勘探、微重力环境下埋藏资源智能精准开采工艺及装备、太空微重力环境下多样资源分选机理及成套装备、太空资源智能开采与分选协同工作机制等关键技术研究，形成太空埋藏资源的精准勘探、智能开采与分选“三位一体”的技术系统。

（4）太空采矿空间安全与资源原位利用

针对太空采矿空间安全、太空资源成分和实际成品需求，开展太空采矿的安全理论和技术、采矿的安全监测与监管技术、太空资源加工与利用等技术研究，突破微重力环境下的空间环境监测、太空资源利用途径、太空资源就地加工与原位利用、太空资源快速运输等一系列技术难题，为太空采矿工作和空间站的运行维护提供安全与资源保障。

（5）太空开采可行性

月球蕴藏着丰富的矿产资源，具有非常高的开采价值。自 1959 年起，美、苏两国就开始发射探测器对月球进行探测。通过已发射的大约 70 多个月球探测器和登月载人飞船，特别是我国实现了“嫦娥四号”着陆器和巡视器的月面着陆和巡视，为月球探测积累了丰富的相关资料，对月球已拥有相当程度的了解。因此，开采月球上的矿产资源是可行的。

根据目前已探明的火星上矿产资源来看，火星的开采价值似乎不算高；同时火星距离地球遥远，最近距离是 5 500 万 km，最远距离则超过 4 亿 km。因此，现阶段不建议开采火星上的矿产资源。

太阳系中小行星数量众多，并且蕴藏着丰富的矿产资源，具有非常高的开采价值。但考虑到主带小行星距离较远、空间环境复杂，现阶段不建议开采其上的矿产资源。虽然近地小行星数量不及主带小行星多，但其运行轨道距离地球较近，空间环境容易探测，而且其中 1 500 多颗小行星具有非常高的开采价值和可采性。因此，基于现有技术及矿产资源开采价值，开采近地小行星上的矿产资源是十分可行的，而且会降低部分小行星撞击地球的风险。如图 13-32 所示。

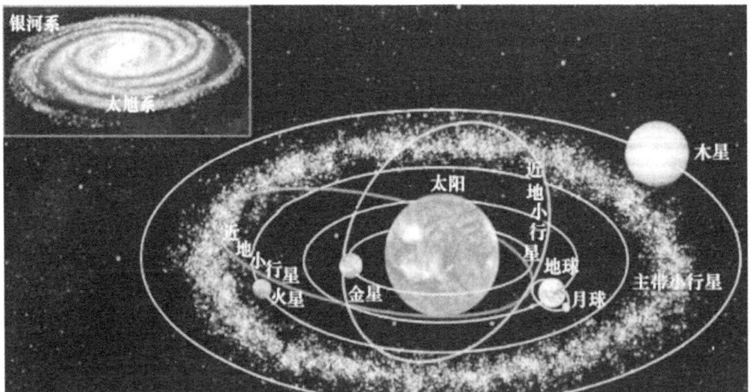

图 13-32　太阳系空间资源开采目标轨道和相对于地球的位置示意

13.4　思考题

1. 简述掘进过程中掘进设备机身振动引起测量不准确问题如何解决。
2. 掘进系统智能导航技术主要包括哪些方面？
3. 远程掘进设备监控系统必须具备哪些功能？

4. 远程掘进工作面多设备协同包括哪些方面？
5. 煤矿智能掘进系统主要包括哪些方面？
6. 基于掘进作业最优任务分配的多系统平行作业流程是什么？
7. 无人掘进智能测控系统总体架构包括哪些内容？
8. 今后太空采矿研究的重点方向是什么？

第 14 章 后采矿时期的井巷工程

内容提要 “绿水青山就是金山银山”，采矿工作者不仅要做好传统采矿工作，还应当为建设绿水青山作贡献。随着我国经济社会的快速发展和生态文明建设新需求的提出，废弃矿山的恶劣生态环境已经成为城市发展的瓶颈。充分利用废弃矿井中的井巷工程，不仅能减少资源浪费，同时还可以为企业提供一条转型脱困和可持续发展的战略路径，因此废弃矿井不可“一关了之”。本章分析介绍国内外废弃井巷资源开发利用现状，讲述废弃井巷再利用的方式，以及废弃矿井再利用的困难等。

14.1 后采矿时期井巷再利用的意义与现状

14.1.1 废弃井巷再利用的意义

随着我国经济社会的发展和煤炭资源的持续开发，部分矿井的生命周期已完结，也有部分落后产能矿井不符合安全生产的要求或开采成本高、亏损严重，面临关闭或废弃。尤其是近年来实施的煤炭去产能政策，促使一批资源枯竭及落后产能矿井和露天矿坑加快关闭，形成大量废弃井巷。据统计，“十二五”期间淘汰落后煤矿 7 100 处，淘汰落后产能 5.5 亿 t/a，其中关闭煤矿产能 3.2 t/a。中国工程院重点咨询项目“我国煤炭资源高效回收及节能战略研究”的研究结果表明，到 2020 年，我国关闭或废弃矿井数量将达到 1 200 处，到 2030 年该数量将到达 15 000 处。

矿井关闭或废弃后，必然会产生大量的废弃井筒、巷道、硐室等地下空间，仍赋存着多种巨量的可利用资源。例如有丰富的矿井水资源、地热资源、空间资源和旅游资源等。矿井直接关闭或废弃，将井巷填充封闭或自然垮落，不仅造成资源的巨大浪费，还有可能诱发后续的安全、环境及社会等问题。

因此，开展我国废弃井巷资源精准开发利用研究，能够减少资源浪费、变废为宝，同时可为废弃矿井企业提供一条转型脱困和可持续发展的战略路径，推动资源枯竭型城市转型发展，对于提高我国煤矿安全水平、促进能源结构调整、保障国家能源安全和经济持续健康发展具有重大意义。

14.1.2 废弃井巷再利用的现状

(1) 国外开发利用现状

欧美诸国现代采矿工业发达，造就了巨量的废弃矿井。仅以加拿大安大略省为例，约有 6 000 座报废矿井和近 7 000 座采空采石场和露天矿场。1963 年，美国利用 Denver 附近 Leyden 废弃煤矿（距地表 240～260 m）建成世界首座废弃煤炭矿井地下储气库，形成 1.4 亿 m^3 储气能力。1975 年，比利时在 Anderlues 建成废弃煤炭矿井地下储气库，形成

1.8 亿 m^3 的储气能力。美国南达科他州一处废弃金矿的开采深度达到 1 500 m，其地下空间被斯坦福大学用来进行极深地实验，用于提供粒子物理前沿领域的暗物质直接探测实验等重大研究课题所需要的深地低辐射环境。美国铁山公司利用废弃矿井地下空间建立了地下文件存储中心，其安全级别仅次于白宫和国防部的秘密资料库。德国利用废弃的 Asse 盐矿处置低中放射性废物，共处置 12.5 万个低中放射性废物桶，是利用地下空间资源处置废弃物的典型案例，如图 14-1 所示。美国科罗拉多州的一处大理石矿井出产纹理细腻、色彩华丽的名贵大理石材，资源开采枯竭后，遗址洞穴被以“大理石之旅”为主题开发旅游，如图 14-2 所示。

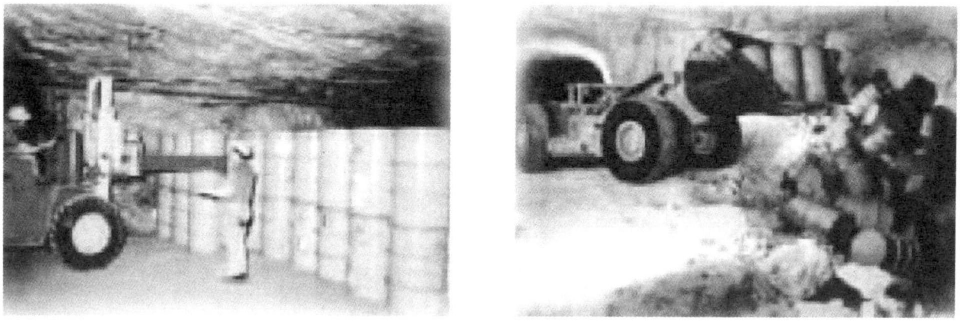

图 14-1　德国 Asse 盐矿存放低中放射性废物

图 14-2　以“大理石之旅”为主题的废弃矿井旅游开发

(2) 国内开发利用现状

近年来，我国煤炭等行业大规模产能退出，加速了诸多矿井的关闭。但是目前，我国废弃矿井资源开发利用整体处于试验阶段，比较成熟的是利用废弃盐矿矿井建设地下储气库。例如，在金坛地区成功改造 3 口废弃盐岩溶腔，形成近 5 000 万 m^3 的储气量，如图 14-3 所示；云应、淮安、平顶山等盐矿废弃溶腔改造储气库工作正在开展；安徽含山石膏矿计划利用废弃矿山采空区改建储油库，建成后预计可形成 500 万 m^3 的储油量。截至 2013 年，我国已建成开放或获批在建的国家矿山公园共有 70 多个，如海州露天矿国家矿山公园、黄山国家矿山公园、焦作缝山国家矿山公园等，如图 14-4 所示。

图 14-3　金坛盐穴储气库

图 14-4　已建成开放或获批在建的国家矿山公园

14.2　后采矿时期井巷工程再利用的方式

14.2.1　废弃井巷处置工业垃圾

（1）工业废弃物井下安全处置的原则和条件

适宜井下存放的工业废弃物主要分为两类，一类是不需要预处理、无有害物质扩散危险的工业废弃物，如冶金矿山的尾矿、煤矸石、洗矸、电厂粉煤灰、地面建筑垃圾、石膏浆、砂浆等；另一类是需要地面预处理或需要刚性容器密封后，方可井下存放的有毒有害废弃物，包括工业危险性废物，如生活垃圾焚烧灰、塑料垃圾、化工废物、核废料等。除此之外，还有部分废弃物不适宜井下存放，如强腐蚀性物质、携带病原体的医疗垃圾等，此类废弃物一般通过地面焚烧填埋等办法处理。

井工开采的矿床，采深一般在 100 m 之内，根据矿床赋存条件不同，所采用的开采工艺不尽相同，遗留下的报废空间也形态各异、大小不一。矿井废弃空间一般处在水力圈和表土圈之中，不同种类的工业废弃物对矿井井下存放场所要求具备不同的条件。

① 工业废弃物中含有可溶性有害物质、重金属元素和非金属化合物，可能会遇水溶解或渗透进入地下水系，并随水体运动、扩散进入生物生存环境，这类工业废弃物的井下存放空间应具备较好的地质屏障和良好的密封技术。

② 部分废弃物易受地温、地压的作用发生化学反应，产生蒸气或渗水。存放这类废弃物要求井下空间应具备一定的抗压能力，防止废弃物受地温作用充气膨胀、发生爆炸。填埋

场地必要时可连接一个排气、排水系统，释放废气、收集废物渗水。

③ 工业废弃物井下处置通常采取充填或填埋工艺，即使采用废物桶等容器打包密封的废物，也是先将容器堆放在废弃井巷里，而后密封存放空间。工业废弃物井下处理通常是永久性的、不可再处理的，其存放位置应做较长期限的地质条件模拟计算，不至于因为地壳运动使这些污染源上升到地表浅部，影响生物生存空间。

(2) 可利用的井下报废空间

我国矿产资源丰富，根据不同的矿床赋存条件所采用的开采工艺各不相同，井下报废空间主要类型有开采空间和废弃井巷、硐室。

① 开采空间

金属矿床开采通常采用空场法或分层崩落法，由于围岩稳定，矿床采出后形成较大的开采空间，一个矿场最大暴露跨度可达 150 m。

岩盐、钾盐、铀矿若采用水溶采矿法开采，将溶解的矿液抽到地面后，井下也会形成较大的采后硐室。

煤矿井下开采过程中，回采工作面后方的采空区是废物处理的良好场地，可以采用充填开采工艺，边采边充。充填材料为电厂粉煤灰或者是破碎后小粒径煤矸石，采用风力运输或水力运输充入采空区，通过上覆岩体的垮落、压实，使废物充分压密，必要时可以加入添加剂提高其黏结性，增加充填体强度，减少上覆岩层变形破坏。矿井采用此技术可以逐步实现“矸石不出井”，大大减少矿区固体废弃物污染。

② 巷道、井筒、硐室

矿山开采过程中开掘了一系列井巷工程，主要巷道一般布置在围岩条件较好的岩层中，断面较大，运输条件完好，是工业废弃物存放的良好场地。

回采巷道可以采用随采随充全断面充填密闭，还可以部分断面或者巷旁充填。水平大巷、石门、硐室适于存放一些刚性容器密封包装的有害废弃物，或存放采用柔性编织袋打包的粉煤灰或焚烧飞灰。斜井、暗井、废弃井筒通常穿过若干岩层，上下贯通，容易与浅部地表水联系，一般适于贮存无有害物质扩散危险的废弃物。报废井筒可存放一些散装废弃物，以及不便于运输的废弃物。

(3) 废弃井巷处置工业垃圾的有关问题

① 技术工艺与装备

井下报废空间作为废弃物处置场地，其关键技术是充填工艺和运输、提升系统。粒度较小的粉煤灰、破碎后的煤矸石可以采取风力运输或水力管道运输；可以在地面设混合室将粉煤灰和水混合制浆通过泵站压入管道，送到采空区上方充填采空区；也可以在井下安设破碎机、压风机将稠状填埋材料通过拖管充填入采空区，拖管与液压支架连接，随支架前移。

含有有害物质的废弃物应进行地面预处理，其方法之一是采用刚性容器密封，防止在运输过程中受挤压破碎散落，并可防止存入井下后与地下水系接触污染水体；地面预处理的另一重要措施是工业废弃物地面分类、焚烧，这样既可以大大缩减废弃物的体积，同时一些有害物质通过加热分解能被完全或部分破坏掉。

井下空间存放废弃物必须进行防渗处理，一般采用钢筋混凝土密封。围岩为黏土层的井下空间，由于黏土层渗透性较小，是存放废弃物的最佳围岩条件。

② 地质屏障

工业废弃物尤其是含有有害物质的工业垃圾的井下填埋场必须具备良好的地质屏障。从基岩地质因素分析，一般沉积颗粒细小的岩石（如页岩、泥岩、黏土岩）的渗透性较小，沉积岩的胶结程度越好，渗透性越小，强度就越高，选择作为填埋场地比较有利。岩石裂隙发育，透水性能就会加强。裂隙方向单一，裂隙间的连通性相对较弱；裂隙彼此交错，裂隙间的连通性较强，透水性就强，则不利于井下存放含有有毒有害物质的废弃物。

从地质构造因素分析，褶皱带等地质构造带，由于内动力地质作用，产生较多裂隙小构造，岩层的强度小、透水性强。在这些地带附近形成的井下报废空间，不利于存放具有有毒有害物质扩散危险的废弃物。

地震对填埋空间的影响也较大，井下用来存放有毒有害物质的场地不能选择在地震活动带上。

③ 政策法规

随着国民经济的发展、人口的增加，城市垃圾和工业废弃物的排放量逐年加大。废弃物地面堆放已造成严重的污染，占用大量的土地。目前，废弃物地面排放已越来越困难，充分利用地下开采报废空间堆放废弃物势在必行。为此，我国亟待制定相应政策。

工业废弃物应按照有毒有害物质的含量以及对环境污染程度的不同进行科学分类，如生活垃圾、建筑垃圾、工业废渣、放射性废弃物、带病原体的医院废弃物等。针对不同类型的废弃物，采用相应的处理方法。

工业废弃物处理应本着“减少废弃物产出量，充分利用废弃物，处理存放废弃物”的原则，谁污染、谁治理。国家应制定相应政策，以提高环境的自净能力，如煤矸石回填井下采空区。

国家制定政策鼓励矿山企业开发报废井下空间，解决地面废弃物排放污染问题。许多矿山企业已进入末期开采，经济效益差，富余人员安置压力大，通过报废矿井利用，可以延长矿井寿命，提高经济效益。国家应制定相应政策给予支持，如电厂粉煤灰强制回填煤矿井下，并且电厂给煤矿提供粉煤灰处理费用，合理调节电厂与煤矿之间的利益差异。

14.2.2 利用废弃井巷储水蓄能

利用废弃井巷建设抽水蓄能电站主要是对井下现有设施进行改造和扩建，在地下构造上下水库、厂房、压力管道、尾水系统等枢纽建筑物。

国外较早在利用废弃矿井建设抽水蓄能电站方面开展了相关理论和设计研究。从 20 世纪 70 年代至今，地下矿洞建设抽水蓄能电站的设想和工程一直被提及，因地制宜的设计方案也多种多样，但至今并无实际工程应用。

澳大利亚北昆士兰州计划利用废弃金矿建设一个 1 500 MW·h 的抽水蓄能电站，以支持当地构建 50%～100% 可再生能源电力系统。但该电站的上下水库均是利用地表的露天金矿矿坑，与传统抽水蓄能电站并无太大区别。

德国 Upper Harz 区计划利用废弃的金属矿巷道建立全地下抽水蓄能电站，该金属矿地质稳定，巷道最深达到 761 m，巷道直径约为 3.5 m，不同的巷道之间通过连通区连接，下库库容约 24 万～26 万 m^3，水头为 700 m，预计功率可达 100 MW。该类型试验抽水蓄能电站已经在建。

2022 年 2 月，华电集团利用废弃矿井抽水蓄能发电多能互补能源综合体项目在淄博市正式开工，如图 14-5 所示。华电淄川多能互补能源综合体项目利用淄川废弃矿区矿坑，建设 30 万 kW 农光互补电站及 22 万 kW 抽水蓄能电站，配套建设水源热泵供暖系统及智慧农业综合体，构建以新能源为主体的新型电力系统，打造“光伏电站—生态农业—抽水蓄能—水源热泵”一体化能源综合利用新模式，助力“双碳”目标实现，为全国废弃矿区高效综合利用提供淄川样板。

图 14-5　华电多能互补能源综合体项目开工仪式

14.2.3　利用废弃井巷打造地下城市

（1）维利奇卡盐矿

维利奇卡盐矿（Kopalnia soli Wieliczka）位于波兰克拉科夫附近，是一个从 13 世纪起就开采的盐矿，是欧洲最古老的盐矿之一，也是波兰的国家级古迹和世界文化遗产。盐矿地下挖掘开发出九层深度的古盐矿，最浅处在地下 64 m，最深处在地下 327 m，所有通道的总长度合计为 250 km。盐矿中有房间、礼拜堂、盐雕和地下湖泊等，宛如一座地下城市。如图 14-6 所示。

图 14-6　维利奇卡盐矿地下城市

盐矿内保留了原有的矿道、盐湖、教堂和矿工们劳动场所的原貌，建有博物馆、盐制雕像、疗养院、餐厅等。圣金加教堂是矿内最庞大且华丽的祈祷堂，不仅拥有众多精美的浮雕，还有精美的祭坛和吊灯。博物馆展出了大量的盐结晶，以及旧时所用的开采工具、模型、王室书信等。

1976 年维利奇卡盐矿被列为波兰国家级古迹，1978 年被联合国教科文组织列为世界文化遗产，1994 年波兰总统颁布法令将其列为历史遗迹，2013 年维利奇卡盐矿将临近的博赫尼亚盐矿纳入其中，更名为“维利奇卡和博赫尼亚盐矿”。盐矿除展现地下矿址的景象之外，还兼具艺术、历史和宗教意义，具有十分突出的文化价值。盐矿不仅流传着美丽的爱情故事，其惟妙惟肖的盐制雕像和精致的实用品更成为独一无二的艺术佳品和纪念品。

在维利奇卡盐矿，不仅可以看到13世纪以来的盐矿采挖工具和场景，还可以在矿井博物馆看到几个世纪以来盐矿发展的历史，很多保存完好的矿井工具和特殊装置，包括通风和空调系统等，是对7个世纪以来欧洲矿井理论和技术发展的独特而完整的一个见证，展示了中世纪以来人类活动与自然环境的和谐共处，在蒸汽时代到来之前通常影响着盐业组织甚至世界工业的发展。2020年2月1日，WRCA世界影响力评审委员会授予维利奇卡盐矿“世界影响力的盐矿景点”称号。

(2) 乌克兰盐矿医院

位于乌克兰的索洛特维诺有一个世界上独一无二的盐矿医院，世界各地患者蜂拥而至。数十年来，它一直为患有呼吸系统疾病的人提供治疗。在20世纪50年代初期，波兰卫生局从报道中注意到，长期在地下盐矿干活的矿工，很少有人患肺结核或者其他呼吸系统疾病。于是他们开始在已经挖掘完矿石的洞穴里修建医院，率先推出洞穴疗法，让患有呼吸系统疾病的人接受治疗。波兰另类的洞穴疗法逐渐传播到世界其他地区，在东欧和中欧非常普遍。

根据波兰洞穴疗法的特点，乌克兰把索洛特维诺盐矿9号井筒装修成变应性疾病医院，以便让支气管阻塞患者、哮喘患者和患有其他呼吸系统疾病的患者来到医院呼吸具有治疗功效的空气，尽可能让身体恢复健康。后来科学家发现，盐矿中的盐渗透到空气中有助于将痰液溶解在支气管中，而且还能杀死引起感染的微生物，这大大有助于接受哮喘治疗的患者。

索洛特维诺盐矿医院所在矿井巷道位于地面以下的300 m处，是全球用于治疗呼吸系统疾病的最深巷道，而且这里的温度全年保持在22 ℃。在开业以来的几十年时间里，盐矿医院长期充当地下康复中心，任何时间都有大约200人在盐洞内接受康复治疗，每年接待患有各种支气管堵塞、哮喘和呼吸疾病的患者人数超过5 000人，而且有与日俱增的趋势。在这里，空气中充满了盐，患者们躺着一动不动地接受洞穴疗法，即将自己暴露在盐洞穴中，呼吸含盐尘的空气进行治疗，如图14-7所示。

图14-7　患者在乌克兰盐矿医院中治疗

如今，欧美已有超过 5 000 家的人工盐室为不同的病患提供持续有效的医疗服务。俄罗斯、加拿大已经把洞穴盐疗列入全民医疗保健计划项目，日本、韩国等亚洲国家也开始引进、推广洞穴盐疗法。

14.2.4　废弃矿山旅游资源开发利用

近年来，矿山旅游资源的开发，为矿山地质环境的治理提供了一种新型的可持续发展的治理理念。废弃矿山旅游资源的开发利用能有效改善恶劣的生态环境和休憩空间，同时，可以提升周边土地利用价值，推动商业、服务业、旅游业等相关产业的繁荣与发展，促使原以矿山经济为支柱的区域经济复苏，构成区域经济发展新增长点，进而实现社会、经济、文化、生态效益的有机统一。

大地构造及地质历史演变的复杂性决定了不同地区、不同类型矿床赋存条件的巨大差异，从而导致矿山开采方法的不同，最终在矿山开采后形成了丰富多样的矿产地质遗迹和矿山地质灾害遗迹。这些地质遗迹可以应用于矿山公园旅游资源开发，比如建设矿山地质博物馆、地表或地下观光游览区、矿山地质灾害模拟体验区等。以晋华宫国家矿山公园为例，总面积为 32.9 万 m^2，拥有煤炭博物馆、工业遗址区、井下探秘、石头村、棚户区遗址、晋阳潭和仰佛台七大景区，是一座集旅游观光、煤炭科普教育、工业忆旧、探险体验、休闲度假、环境保护于一体的大型现代工业文化景观旅游公园，如图 14-8 所示。

图 14-8　晋华宫国家矿山公园

(1) 煤炭博物馆见图 14-9，总建筑面积 8 000 m^2，以煤矿、地质、资源、人类、和谐展示为主线，共建有煤的形成、煤的开采、煤的利用、煤的文化和辉煌与跨越(百年同煤)五大展区。该博物馆是一座集科学性、知识性、观赏性和趣味性于一体的大型地质矿山博物馆，馆中收藏的镇馆之宝——“煤精”以“最大的煤块(井下开采)”正式载入吉尼斯世界纪录。

图 14-9　晋华宫国家矿山公园的大同煤炭博物馆

(2) 工业遗址区内保留的建筑物、空间环境、厂房布局、生产设备等工业遗迹给游客以真实矿山的感受。工业遗址区主要包括南山材料斜井吊车平台、南山斜井绞车房、百年绞车、锅炉房、压风机房、热风炉房、地面变电所、煤流系统等煤炭工业旧址和地面生产遗址。

(3) 井下探秘是利用井下 300 m 深处的边角工作面开发的，集科学性、知识性、趣味性、探险性为一体的旅游项目。该项目共有六大展区，参观面积达 11 500 m^2，展区全景实物布置，是一处具有体验、展示，休闲三大功能的地下景观游览区，也是目前世界最大、亚洲唯一、中国第一的可供游客直接体验、感受、参观的真实矿井。在这里，可以看到距今 1.4 亿年之久的侏罗纪煤系，看到地层深处经过无数次地壳运动形成的大断层、陷落柱和露头煤等地质奇观，以及昆虫化石、岩石标本等地质宝藏。

(4) 石头村主体是村落，白墙青瓦映衬出矿工生活的简单安逸，封闭式的住宅关起门来自成天地，院内四面房门都开向院落，和谐宜居。石头村中住宅的户型布局为民居四合院，两坡屋顶为瓦屋面，正房与偏房高低不同、错落有致，有落差的设计充分吸收了阳光照射，采光效果甚佳，独具风格。石头村外围是现在煤矿生活区域。

(5) 棚户区遗址占地面积 4.5 万 m^2，外围全部由石块砌成。遗址区内留有数十间拥挤、矮小的土坯房，房内的土炕、生活用具等反映了昔日矿工艰苦的饮食起居条件，再现了矿工的淳朴和艰辛。

(6) 晋阳潭总面积 3.2 万 m^2，是晋华宫国家矿山公园生态系统的主体，是污水处理、循环利用、低碳设计的实例。晋阳潭提供各种生态服务，是矿山公园自然景观的再现与再生，使矿山公园经历了农业文明、工业文明、最后回归到完整的生态系统，同时留下了历史的符号与记忆，成为一种后工业文明的载体，如今开发有水上娱乐项目。

(7) 仰佛台见图 14-10，是矿山公园的最高点，曾是煤矸石的堆积地，从这里放眼远眺，驰名中外的世界文化遗产云冈石窟、巍峨翠绿的五周山峦、蜿蜒流过的十里河、大气美丽的晋华宫矿尽收眼底，依山而凿的云冈石窟群清晰可见。国家矿山公园与云冈石窟两大旅游景区遥相呼应，实现了佛文化与煤文化的完美对接。

图 14-10 晋华宫国家矿山公园的仰佛台

晋华宫国家矿山公园按照“依托煤、延伸煤、超越煤”的发展思路，探索出了一条以工业旅游为核心的文化旅游产业之路，成为保护工业遗产、传播工业文化、发扬工业文明的“新阵地”，迈出了实体经济向文化经济延伸的关键步伐，实现了经济转型后社会效益、经济效益和教育功能的大丰收。

14.3　后采矿时期井巷工程再利用的发展方向

14.3.1　废弃矿井资源精准开发利用面临的科学问题

废弃矿井资源精准开发利用涉及多学科交叉协作，内容纷繁复杂，实施过程中需要解决诸多科学问题。

(1) 地下煤炭气化高效转化与开发利用耦合机制

我国矿井开采历史悠久，由于开采方法及开采装备等的历史性限制，废弃矿井内存在大量的遗弃煤炭资源。研究地下煤炭气化高效转化的耦合机制，分析地下气化的影响因素及适用条件的评价方法，构建成熟的地下气化开发利用技术体系，并从资源利用效率、经济、环保等方面探讨废弃矿井煤炭地下气化开发利用的潜力、价值、综合利用途径和商业模式。

(2) 基于安全智能精准控制的地下空间储物环境保障机理

我国废弃矿井采场和巷道空间错综复杂，储物环境保障是进行地下空间储物的难点。基于安全智能精准控制的地下空间储物环境保障，实现地下空间透彻感知、深度互联和智能应用是未来研究重点。开展废弃矿井空间资源利用主要涉及地下可利用空间地质构造的高清透视、地下空间围岩渗透性时效特征和长期稳定性、废弃矿井既有地下空间的优化改造、废弃矿井资源开发利用的法规标准以及相关政策支持等方面的研究。

(3) 基于多场耦合的矿井水及非常规能源智能精准开发模式

我国废弃矿井水文地质条件极其复杂，在煤矿关闭后地下水动力场和化学场剧变，易造成串层污染，威胁区域含水层，甚至污染供水水源地。分析废弃矿井地下水系统和环境特征，基于应力场-裂隙场-渗流场的耦合演化规律，对矿井水进行智能精准开发。

我国矿井非常规能源(以煤层瓦斯为例)抽采现阶段主要集中在开采前预抽采和开采中卸压抽采，真正利用废弃矿井进行煤层瓦斯抽采的实例较少。进一步分析我国废弃矿井非常规能源赋存分布与迁移规律、采动解吸-扩散-渗流特征，获得煤岩体裂隙场动态演化规律，并耦合气体渗流场研究非常规能源富集规律，提出废弃矿井非常规能源智能精准开发技术体系。

(4) 构建废弃矿井可再生能源开发与微电网输能模式

可再生能源是能源供应体系的重要组成部分，发展可再生能源已成为我国推进能源转型的核心内容和应对气候变化的重要途径。结合废弃矿井可再生能源特点，推进废弃矿井新能源微电网技术体系和管理体制建议，开展废弃矿井综合性储能技术应用示范，形成以可再生能源为主、分布式电源多元互补的废弃矿井新能源微电网技术体系势在必行。

(5) 构建基于生态修复与环境支持的废弃矿井工业旅游开发模式

我国废弃矿井工业旅游开发长期处于零星分散、小规模、低水平的状况，对于废弃矿井的生态开发尚缺乏顶层设计，与之相关的技术经济评价与可供选择的生态开发模式尚处于探索研究阶段。针对上述问题，基于废弃矿井旅游资源价值和开发条件等，首先要改良和重建退化的生态系统，修复和改善矿山废弃地生态经济系统，因地制宜地构建不同尺度废弃矿井工业旅游开发模式。对我国废弃矿井工业旅游资源进行功能重构，提出我国废弃矿井工业旅游开发的战略和对策措施。

14.3.2　废弃矿井资源精准开发的主要研究方向和内容

(1) 调研废弃矿井可利用空间资源

由政府主管部门牵头、相关部门协助，成立国家废弃矿井资源利用部际协调组，对废弃矿井资源分布、数量等基本信息进行系统调研，获取废弃矿井资源的详细数据，为国家决策提供支撑。

与此同时，由行业主管部门对废弃矿井的矿山环境潜在问题、矿山环境评价、环境修复治理、地下空间与矿井水开发利用等进行调查，为废弃矿井资源开发提供科学依据。

(2) 废弃矿井残余煤炭气化开发利用

自从煤炭气化的设想提出以后，英国、美国等国家先后进行了煤炭地下气化试验研究及开发工作。我国也于20世纪50年代开始进行煤炭地下气化研究与试验，并取得了一定成就。如今，依托于废弃矿井的巨大空间资源进行煤炭地下气化的研究工作，致力于变产煤为产气，必将给我国煤炭资源开发战略增添新的活力。

① 对我国废弃矿井适用于煤炭地下气化的资源进行全面评估，从国家层面对资源进行整合，建设煤炭地下气化产业示范区。

② 成立国家级煤炭地下气化实验中心和工程研究中心，产、学、研相结合，进行产业化关键技术的研发与攻关，形成具有我国自主知识产权的废弃矿井煤炭地下气化技术体系。

③ 成立国家级废弃矿井煤炭地下气化行动小组，统筹国内煤炭地下气化技术的实施，制定发展策略和规划，制订中长期废弃矿井煤炭地下气化关键技术开发及产业化计划。

(3) 废弃矿井非常规天然气(AMM)开发利用

废弃矿井煤层气抽采包括地面钻井、井下密闭及预留专门管道抽采。我国在煤矿关闭或废弃时，基本未采取任何措施预留抽采管道。为此，必须克服当前难题，基于多场耦合理论实现非常规天然气的智能精准开发，变产煤为产气。

① 中国AMM赋存特征复杂，研究筛选煤炭开发五大区(晋陕蒙宁甘区、华东区、东北区、华南区、新青区)内的废弃矿井，分析评价不同区域AMM资源二次成藏机理与分布特点，科学评估我国AMM资源量。

② 系统调研煤炭采掘与瓦斯抽采历史、煤层特征、资源条件等，建立AMM资源量评价模型。结合AMM赋存参数特征，构建AMM产气量预测模型及其经济性评价指标体系，定量评估AMM的极限开采量和经济价值。

③ 重点发展AMM开发利用的基础理论和关键技术，探索适合我国AMM开发利用可行性技术方案，建立AMM开发利用示范基地，形成AMM开发利用顶层设计和战略规划指导体系，建立健全AMM开发利用政策支撑体系。

(4) 废弃矿井水资源智能精准开发

以五大区为研究对象，分析废弃煤矿区域地下水系统和地下水环境特征，基于多场耦合理论智能精准开发废弃矿井水，变产煤为产水。

① 构建废弃矿井含水层污染缓解体系。在五大区还有一定抽水条件的废弃矿井，仍然坚持抽水和封堵较大导水通道相结合，使含水层水位保持较低水平，减少矿井水的形成。

② 建立无抽水能力矿井群污水处理中心。矿井水水位上升会造成地下水系统污染，为此，要根据五大区地下水和煤系地层特点，将矿井水导入标高较低的采空区(可以是废弃矿井群的最低且比较大的采空区)，实现污水处理后分质利用。

③ 深化采空区地下水库开发。在以“导-储-用”为核心的煤矿地下水保护利用理念中，未来需按照不同的地质条件，进一步研究采空区空间规模储水，在采空区水库设计思路方面

取得新突破。

（5）废弃矿井油气储存与放射性废物处置

当前，我国油气储库规模和能力严重不足，地下储库作为能源系统重要的基础设施，具备现实需求。同时，随着核电机组的大规模建设，未来数十年核电厂运行将产生近百万立方米放射性固体废物。而目前我国还没有专门处置核电厂放射性固体废物的处置库，很多核电厂的暂存库只能超期暂存废物。根据我国关于放射性废物处置的法律法规、标准规范，废弃矿井可以用于处置放射性固体废物。未来，可围绕核电厂所在区域就近选择废弃矿井进行评估，建设放射性废物处置库。

① 从国家层面统一规划油气存储、放射性废物处置设施布局，出台废弃矿井地下空间利用政策和指导意见，形成废弃矿井改建油气储库、放射性废物处置库国家战略和利用规划方案。

② 根据废弃矿井的不同类型和特点，综合考虑地质、管道、安全、经济、环境等因素建立废弃矿井改建油气储库、放射性废物处置库选址原则和评价优选方法。

③ 同步开展废弃矿井改建油气储库、放射性废物处置库的建设条件、改造技术研究，针对不同类型废弃矿井进行油气地下储库、放射性固体废物库的工程改造技术、密封技术、经济性和安全性评价方面开展专门的技术攻关。

（6）废弃矿井地下空间抽水蓄能发电

地下空间抽水蓄能发电在美国、德国等国家已是一种比较成熟的技术，其中大部分地下抽水蓄能电站是依托关闭或废弃矿井建立的。我国若要实现废弃矿井地下空间抽水蓄能发电，需要全面研究废弃矿井开发利用过程中矿井水资源化的政策、经济、能源、环境问题，开展利用废弃矿井建设地下水库、矿井水循环利用和抽水蓄能发电等技术研究。

① 结合未来废弃矿井分布、数量和容积等参数，充分利用废弃矿井中巨大的地下空间，实现储水、蓄能发电、矿井水循环利用和新能源开发等多重目标，实现变产煤为产电。

② 建立地下水库建设与抽水蓄能发电的技术路线图，提出亟须攻克的关键技术领域和研发平台，构建煤矿地下水库、矿井水循环利用和抽水蓄能发电一体化技术体系。

（7）废弃矿井可再生能源开发利用

废弃矿井可再生能源的开发利用，须建立在摸清沉陷区土地地质条件和封存状态、可再生能源资源禀赋、周边电力需求及输送条件等的基础上，利用信息化及大数据分析等技术手段建立废弃矿井可再生能源开发利用与微电网输能模式。

① 综合评估沉陷区土地利用条件，结合可再生能源资源需求等情况，遵循安全、科学、环保、经济的原则，统筹规划、系统确定“重点开发”“潜在开发”和“不开发”等几种类型。

② 加强基于不同类型沉陷区光伏、地热能、风电等适用技术创新、系统优化的基础研究，建立废弃矿井可再生能源利用的技术创新平台。

③ 采用大数据分析等技术手段建立可再生能源为主、分布式电源多元互补的废弃矿井新能源微电网技术体系。

（8）废弃矿井生态修复与接续产业培育

目前，我国在废弃矿井生态开发方面主要集中于废弃土地的复垦和生态修复，而对于接续产业的培育重视不足。未来应在借鉴国外成功经验的基础上，综合考虑矿区环境特点、经济水平、人力资源构成等要素，培育新产业，优化产业结构，促进区域经济可持续发展。

① 综合考虑不同废弃矿区所处地理位置、可开发利用资源类型、气候环境特点、地区经济发展水平等因素，设计分类别、分层次的废弃矿区生态开发技术路线，以及各节点任务及支撑技术。

② 因地制宜地合理利用废弃矿山资源，培育和发展集高新技术产业、制造业、教育、医疗、旅游服务业等产业为一体的产业集群，实现废弃矿区产业结构升级，有效带动就业，逐步成为区域新的经济增长点。

(9) 废弃矿井工业旅游开发

利用废弃矿井开展工业旅游是解决废弃矿井现实问题的重要举措，加强废弃矿井工业旅游战略研究对于资源枯竭型城市转型、扩大就业渠道及采矿工业遗产保护都具有十分重要的现实意义。

① 全面评估我国废弃矿井地下空间旅游资源的本底特征、地理空间分布规律和矿井空间形态特征，构建适合不同地域、不同类型、不同尺度的废弃矿井旅游资源开发格局。

② 综合我国各区域工业化水平和全国旅游资源开发总体布局，按照梯度发展规律进行废弃矿井工业旅游开发，优先发展东部、东北部，逐步发展中部和西部，重点开发经济转型迫切、代表特定时代生产力进步和社会发展的废弃矿区。

③ 通过“废弃矿井＋旅游”模式创新，形成新型旅游产品，促进废弃矿区与城镇化、农业现代化、新型工业化、现代服务业信息化融合发展，在尽可能保持工业遗产原真性的前提下打造具有观光、休闲和游憩功能的旅游产品。

(10) 废弃露天矿坑智能精准开发利用

废弃露天矿坑同样赋存大量可利用空间资源，开展资源枯竭露天矿空间资源开发利用战略研究，对提高我国资源枯竭露天矿安全水平以及资源开发利用效率意义重大。

① 开展资源枯竭深大露天矿空间资源开发利用规划研究。在对深大露天矿空间资源调研分析和获得基本数据的基础上，对可利用空间资源进行分类，制订资源枯竭深大露天矿空间资源开发利用规划方案与发展路线图。

② 以典型露天矿坑为研究对象，分析其空间资源条件、土地资源利用和生态环境现状以及地质灾害现状等，总结相关产业面临的问题与挑战。

③ 研究区域发展与露天矿坑的相互关系，分析资源枯竭矿区转型发展政策环境，提出资源枯竭露天矿资源开发利用工程科技难题和开发利用方案，如图 14-11 所示的“深坑酒店”。

(a) 施工前的废弃矿坑　　(b) 深坑酒店效果图

图 14-11　废弃露天矿坑开发利用前后对比

(11) 利用废弃矿井建设国家级科研平台

利用废弃矿井地下空间资源建设国家级科研平台，开展科学研究、数据存储等，在一些发达国家已形成非常健全的法律法规。我国在此领域起步较晚，需要借鉴国外先进经验，形成具有中国特色的技术方法。

① 通过设立废弃矿井地下空间资源利用国家重点研发计划课题，强化废弃矿井建设的基础研究，鼓励高校、科研院所与企业联合攻关，实现产、学、研、用结合，推动废弃矿井空间利用研究。

② 根据国外成功经验，地下空间资源可以作为科学研究的重要场所和载体，利用废弃千米深井地下空间资源建设 1∶1 地质条件国家实验室，开展极深地实验研究，为国防科工、国家安全提供有力保障。

(12) 废弃矿井资源开发利用政策研究

出台支持废弃矿井资源开发利用的政策和管理办法，简化审批程序，在核准指标配置和备案手续的政策上对废弃矿井开发利用项目倾斜。开展废弃矿井地下空间资源开发利用产业财政补贴、减免税、专项基金等多种扶持政策的研究。

随着我国煤炭去产能政策的有力实施，一批资源枯竭及落后产能矿井和露天矿坑将被关闭。矿井关闭或废弃后，仍赋存着煤、气、水、地热、空间等多种可利用资源。为进一步加强废弃矿井资源开发利用力度，需将废弃矿井纳入区域经济和社会发展中统筹部署、科学规划，把握废弃矿井开发利用的挑战和机遇，实现“煤炭精准开发-科学闭坑”与“灾害治理-废弃资源综合利用-生态环境恢复美化”的全生命周期的可持续发展，变产煤为产电、变产煤为产气、变产煤为产水、变产 CO_2 为产 O_2。根据我国区域分布特征和复杂多样性的废弃矿井状况创新几种发展模式，建立示范工程在全国推广应用，实现我国废弃矿井资源的智能精准开发与利用，推动我国能源经济安全绿色可持续发展。

当前，我国应高度重视废弃矿井资源开发利用，加大废弃矿井资源开发利用科学问题的研究力度，实现 2020 年废弃矿井开发利用率达到 20%以上，全面启动废弃矿井资源开发利用；2030 年废弃矿井开发利用率达到 30%以上，开发利用技术达到国际先进水平；2050 年废弃矿井开发利用率达到 50%以上，开发利用技术达到国际领先水平，助推中国能源科技强国梦。

14.4　思考题

1. 简述废弃井巷再利用的意义。
2. 工业废弃物井下安全处置的原则是什么？
3. 可利用的井下报废空间有哪些？请分类概述。
4. 如何利用废弃井巷工程发展旅游业，谈谈你的想法。
5. 简述废弃矿井资源精准开发的主要研究内容。

参考文献

[1] 常亮.爆破网路拒爆现象原因分析与预防措施研究[J].当代化工研究,2021(7):161-162.

[2] 陈利.基于 VR 的悬臂式掘进机远程操控与仿真系统研究[D].西安:西安科技大学,2017.

[3] 陈永银.反向交岔点施工新方法[J].煤矿开采,2015,20(2):60-62.

[4] 崔建勇.悬臂式掘进机自主定位导航技术研究与试验[J].机械管理开发,2022,37(3):37-39.

[5] 丁辽.三道沟煤矿主运输无人值守系统实践研究[J].中国高新科技,2020(7):85-86.

[6] 丁杨.新疆准东大井矿区四号井井下辅助运输系统优化设计[J].煤矿现代化,2015(3):10-12.

[7] 东兆星,吴士良.井巷工程[M].徐州:中国矿业大学出版社,2004.

[8] 董庆.掘锚一体机的快速掘进技术应用[J].山西煤炭,2021,41(4):87-91.

[9] 董仁浩,吴祚清.锚喷支护交岔点的施工方法[J].江西煤炭科技,2014(4):40-41.

[10] 杜长亭,王愁,仲义,等.全液压凿岩钻车发展概况[J].凿岩机械气动工具,2018(4):21-26.

[11] 樊春辉.两次分车交岔点斜面尺寸计算公式探讨[J].煤矿设计,1993,25(2):15-20.

[12] 范京道,封华,宋朝阳,等.可可盖煤矿全矿井机械破岩智能化建井关键技术与装备[J].煤炭学报,2022,47(1):499-514.

[13] 冯长松,殷善友.济宁三号矿井井底车场设计的主要特点[J].山东煤炭科技,2001(3):2-4.

[14] 冯孝生,赵静,李凤荣.炮掘工作面压入式通风需风量公式的条件、推导及应用[C]//中国煤炭学会矿山建设与岩土工程专业委员会.矿山建设与岩土工程技术新进展——2017 年全国矿山建设学术年会论文集,2017:10.

[15] 高强,王军,高小强,等.连续采煤机远程智能化控制[J].工矿自动化,2021,47(增刊1):51-54.

[16] 高生,郑宝义,高富强.掘锚护一体机应用技术[J].煤矿机械,2022,43(3):136-138.

[17] 高生,郑宝义.掘锚机结构类型及适用性分析[J].现代矿业,2022,38(2):181-184.

[18] 宫兆民,许亚洲,刘文波.我国锚杆支护技术研究与发展[J].内蒙古煤炭经济,2021(11):29-30.

[19] 光宁.山特维克 MB670S 型掘锚机[J].建井技术,2007,28(6):24.

[20] 郭建军.研究煤矿炮掘巷道快速掘进工艺[J].中国石油和化工标准与质量,2020,40(4):230-231.

[21] 郭奇才.爆破技术在采矿工程中的实施[J].当代化工研究,2022(4):87-89.
[22] 郭晓辉.煤矿采矿工程巷道掘进和支护技术措施研究[J].当代化工研究,2022(7):108-110.
[23] 贺建伟.煤矿井下连续采煤机定位方法研究[J].工矿自动化,2021,47(10):42-48.
[24] 贺瑞峰.连续采煤机快速掘进技术研究及应用[J].煤炭与化工,2021,44(增刊1):30-32.
[25] 黄小广,王新生.井巷工程[M].北京:煤炭工业出版社,2015.
[26] 贾庆良.矿井新型无轨胶轮运输技术与装备研究[C]//全面建设小康社会:中国科技工作者的历史责任——中国科协2003年学术年会论文集(上),2003:608.
[27] 康红普,姜鹏飞,高富强,等.掘进工作面围岩稳定性分析及快速成巷技术途径[J].煤炭学报,2021,46(7):2023-2045.
[28] 康松松.快速换装站在新景矿辅助运输中的应用[J].机械管理开发,2022,37(2):176-177.
[29] 李纲.复杂条件下单轨吊辅助运输系统设计及关键技术研究与应用[D].徐州:中国矿业大学,2014.
[30] 李萌萌.太空采矿中天体坐标转换策略选取与研究[D].徐州:中国矿业大学,2021.
[31] 李宁,罗俊忠,常斌,等.硐室设计与分析的新思路与新方法[J].岩石力学与工程学报,2006,25(10):2155-2159.
[32] 李鹏.煤矿采矿工程巷道掘进和支护技术的运用分析[J].中国石油和化工标准与质量,2021,41(24):145-146.
[33] 李世操.煤矿巷道掘进爆破时减少拒爆的技巧及措施初探[J].科技创新与应用,2015(31):126.
[34] 李云涛,汪朋,王世强,等.盾构机组装洞室及工装:中国,201920216809.6[P].2019-11-15.
[35] 林代恒.软岩隧洞中乳化炸药拒爆的解决办法[J].工程爆破,2017,23(2):87-90.
[36] 刘安良,程善鹏.浅析煤矿井下无人值守泵房设计[J].科技信息,2010(32):738.
[37] 刘波,苗继军,王俊伟,等.平沟煤矿中央水泵房集中控制系统的应用[J].内蒙古煤炭经济,2013(7):106-107.
[38] 刘冲.煤矿岩巷炮掘机械化快速掘进技术的研究[J].能源与节能,2022(5):93-95.
[39] 刘刚,东兆星.井巷工程[M].徐州:中国矿业大学出版社,2016.
[40] 刘轲,王志飞,赵兵.液压凿岩台车在矿山中的实际应用[J].矿业工程,2017,15(6):43-44.
[41] 刘马群,冯拥军.井巷工程[M].北京:煤炭工业出版社,2010.
[42] 刘娜.深井层状围岩挠曲褶皱性底鼓机理与控制技术[D].徐州:中国矿业大学,2015.
[43] 马忠跃.岩巷快速掘进装备现状与发展趋势[J].矿业装备,2017(6):76-77.
[44] 毛世杰.段王矿15号煤坚硬直接顶沿空掘巷围岩稳定性分析及其控制技术[D].徐州:中国矿业大学,2018.
[45] 煤科.未来采矿业的六大趋势[J].企业观察家,2020(4):66-67.
[46] 倪磊,唐胜,赵鹏飞,等.一种毫秒导爆管雷管拒爆现象原因分析[J].煤矿爆破,

2016(3):19-21.
[47] 潘敏.主支洞联合出渣运输方式在长大引水隧洞中的应用[J].中国水运(下半月刊),2014,14(7):372-373,375.
[48] 潘智勇.煤矿巷道交岔点计算机辅助设计系统的研究[D].徐州:中国矿业大学,2008.
[49] 邵坤.隧道凿岩台车自动定位钻孔技术研究[J].工程机械与维修,2021(3):48-50.
[50] 申守德.大淋水大断面井筒掘凿深孔爆破拒爆问题的解决方案[J].山东煤炭科技,2021,39(10):33-35.
[51] 盛永志.矿井风门自动控制系统的研究[J].机械管理开发,2020,35(2):203-204.
[52] 宋燕鹏,刘春涛,高正元,等.浅谈煤矿固定机房硐室无人值守技术[J].内蒙古煤炭经济,2021(9):38-39.
[53] 苏辉.段王矿 8+9 号煤层特厚复合顶板巷道控制机理与技术研究[D].徐州:中国矿业大学,2019.
[54] 苏越.矿井掘进机截割煤巷自动化控制技术[J].内蒙古煤炭经济,2021(1):67-68.
[55] 孙焕钊,王尧,郭亚兰.岱庄煤矿双向防水闸门硐室及自动控制系统设计[J].煤矿安全,2018,49(9):141-143,147.
[56] 孙祺钰.大柳塔煤矿新型自动化风门的应用[J].陕西煤炭,2019,38(3):125-127.
[57] 田伟琴,田原,贾曲,等.悬臂式掘进机导航技术研究现状及发展趋势[J].煤炭科学技术,2022,50(3):267-274.
[58] 王本林.悬臂式掘进机智能掘进问题探讨[J].煤矿机械,2022,43(5):83-85.
[59] 王步康.煤矿掘进技术研究现状与发展趋势[J].智能矿山,2021,2(2):1-6.
[60] 王国法.煤矿智能化最新技术进展与问题探讨[J].煤炭科学技术,2022,50(1):1-27.
[61] 王海成.盾构掘进关键技术及其工程应用[J].石家庄铁路职业技术学院学报,2022,21(1):11-15.
[62] 王建国.锚网索支护在煤巷中的实施[J].山西冶金,2022,45(2):236-237.
[63] 王磊.矿用掘锚机智能控制系统研究[J].自动化应用,2021(9):23-25.
[64] 王龙生.立井开采特大型矿井无轨胶轮车与单轨吊接力高效运输模式的研究与应用[J].中国煤炭,2014,40(5):65-68,109.
[65] 王茂盛.赵庄矿深部大断面复合顶板煤巷变形破坏机理与控制对策[D].北京:中国矿业大学(北京),2019.
[66] 王茂源.煤巷锚杆支护设计混合智能系统研究[D].北京:中国矿业大学(北京),2016.
[67] 王宇.煤矿职业健康管理分析研究[J].陕西煤炭,2021,40(4):216-220.
[68] 王志强.煤矿井下无人值守变电所技术研究与应用[J].内蒙古煤炭经济,2021(1):184-185.
[69] 吴东.悬臂式掘进机自动截割系统设计应用[J].机械研究与应用,2022,35(2):163-165.
[70] 武晓伟,刘继良.某露天深孔爆破炮孔拒爆原因分析及改进措施[J].现代矿业,2017,33(8):306-308.
[71] 肖福坤,孙豁然,刘晓军,等.煤矿巷道支护智能决策系统[J].辽宁工程技术大学学报(自然科学版),2004,23(3):293-295.

[72] 谢抗抗. 关于无轨胶轮车在煤矿辅助运输中的设计探讨[J]. 科技创新与应用，2019(25):107-108.

[73] 徐龙. 矿井井下避难硐室设计与应用[J]. 能源技术与管理，2018,43(6):156-158.

[74] 徐星. 掘进机远程控制平台设计[J]. 自动化应用，2020(6):34-35.

[75] 杨超. 悬臂式掘进机定向掘进系统的设计[J]. 机械管理开发，2021,36(10):8-9.

[76] 杨刚刚. 煤矿快速掘进系统现状及发展趋势[J]. 内蒙古煤炭经济，2021(9):142-143.

[77] 杨毅. 关于煤矿智能掘进技术的应用探讨[J]. 冶金管理，2021(7):10-11.

[78] 于汝. 煤仓清堵机器人的设计与分析[D]. 青岛:山东科技大学，2020.

[79] 于新锋. 缓坡副斜井错车硐室设置方式及间距研究[J]. 煤炭工程，2019,51(1):12-15.

[80] 袁亮，薛俊华. 中国煤矿瓦斯治理理论与技术[C]//2010 年安徽省科协年会——煤炭工业可持续发展专题研讨会论文集，2010:5-18.

[81] 袁亮. 我国煤矿安全发展战略研究[J]. 中国煤炭，2021,47(6):1-6.

[82] 袁兆宽，孔庆海. 寺河煤矿井底车场换装站硐室施工[J]. 建井技术，2001,22(3):11-12,27.

[83] 张凤刚. 自钻式锚杆在实际工程中的应用[J]. 中国水运(下半月刊)，2011,11(2):245-246.

[84] 张凤霞. 悬臂式掘进机可视化辅助截割系统的设计与验证[J]. 机械管理开发，2021,36(7):269-271.

[85] 张浩，武希涛，刘增宝，等. 自动化及网络化技术在无人值守水泵房的应用[J]. 信息技术与信息化，2015(5):112-113,123.

[86] 张建如. 大型煤矿开采工程中的爆破器材选择分析[J]. 化工管理，2021(32):136-137.

[87] 张克非，李怀展，汪云甲，等. 太空采矿发展现状、机遇和挑战[J]. 中国矿业大学学报，2020,49(6):1025-1034.

[88] 张明，李素静，李玮. 避难硐室自动供氧系统设计[J]. 工矿自动化，2018,44(3):21-25.

[89] 张晓磊. 智能化掘进工作面无人值守系统的应用研究[J]. 山东煤炭科技，2022,40(4):194-196.

[90] 张旭辉，王恒，沈奇峰，等. 悬臂式掘进机位姿视觉检测系统改进[J]. 工矿自动化，2022,48(5):58-64.

[91] 张旭辉，杨文娟，薛旭升，等. 煤矿远程智能掘进面临的挑战与研究进展[J]. 煤炭学报，2022,47(1):579-597.

[92] 张旭辉，赵建勋，杨文娟，等. 悬臂式掘进机视觉导航与定向掘进控制技术[J]. 煤炭学报，2021,46(7):2186-2196.

[93] 张延军，许鹏，孙融，等. 矿用轨道式自动测风机器人研究与设计[J]. 煤矿机械，2021,42(2):18-20.

[94] 张泽. 掘锚机在煤巷快速掘进中的应用[J]. 能源与节能，2022(4):209-211.

[95] 张志智. 软岩条件下大断面交岔点施工工艺及支护对策研究[J]. 煤炭工程，2017,49(增刊 2):74-77.

[96] 赵俊，冀畔俊，邹照胜. 浅谈掘进工作面自动风门的设计[J]. 内蒙古煤炭经济，2016(2):136,141.

[97] 赵俊杰. 轨道运输与无轨运输结合下支架换装的研究与实践[J]. 神华科技,2018,16(5):18-21.

[98] 赵维生,韩立军,赵周能,等. 主应力对巷道交岔点围岩稳定性影响研究[J]. 岩土力学,2015,36(6):1752-1760.

[99] 赵兴东. 井巷工程[M]. 2 版. 北京:冶金工业出版社,2014.

[100] 赵艳飞. 矿用自动风门的设计[J]. 机械管理开发,2021,36(7):34-36.

[101] 中国矿业学院,等. 井巷工程[M]. 修订本. 北京:煤炭工业出版社,1984.

[102] 周浩仓,李俊斌. 非典型拒爆原因分析与安全处理措施[J]. 采矿技术,2019,19(6):157-159.

[103] 周志鸿,耿晓光,马飞. 我国液压凿岩机产品概况[J]. 凿岩机械气动工具,2017(2):1-10.

[104] 朱本超,刘文波,许健,等. 井下中央水泵房集中控制系统的设计与研究[J]. 控制工程,2010,17(增刊 3):42-44.

[105] 朱登兴. 浅埋无墙体沿空留巷围岩失稳机理与控制技术[D]. 徐州:中国矿业大学,2020.

[106] 朱祝稳. 爆破工程中电爆网络拒爆事故分析及对策探究[J]. 四川水泥,2018(7):306.

[107] 祝雁辉. 煤矿避难硐室通风及温度调控关键技术研究[D]. 徐州:中国矿业大学,2014.

[108] 邹虎诚. 普通毫秒导爆管雷管逐孔起爆在某露天深孔台阶爆破的应用实例[J]. 云南冶金,2022,51(1):26-30.

[109] 邹宗旺,邢斌,高成章. 深部矿井自动化风门风窗设计及应用[J]. 内蒙古煤炭经济,2019(22):38,40.